"十三五"职业教育规划教材

电子与电气
工程制图项目教程

主　编　孙宏伟　赵　威
副主编　张雪燕　黎华芳　陈　远
编　写　杨　林　吴　丹　乔鸿海
　　　　文福林　王　艳　阳　妮

中国电力出版社
CHINA ELECTRIC POWER PRESS

内 容 简 介

本书为"十三五"职业教育规划教材。本书从实用出发，介绍了AutoCAD 2014简单图形的绘制、样板文件的创建、三视图及仪器面板图的绘制、电气图的绘制、Altium Designer 2014原理图与印制电路板的设计以及元器件及其封装的制作。本教材编写以工作任务为导向，通过大量实例，快速、有效地引导学习者掌握AutoCAD 2014 和 Altium Designer 2014 的应用。

本书适合高等职业院校电子类和自动化类专业理实一体教学，可作为应用电子技术、电子信息工程技术、物联网应用技术和电气自动化技术等专业的教材，也可供电子绘图爱好者参考。

图书在版编目（CIP）数据

电子与电气工程制图项目教程/孙宏伟，赵威主编. —北京：中国电力出版社，2016.9（2019.6重印）

"十三五"职业教育规划教材

ISBN 978-7-5123-9591-6

Ⅰ.①电… Ⅱ.①孙…②赵… Ⅲ.①电子技术-工程制图-职业教育-教材②电气制图-职业教育-教材 Ⅳ.①TN02②TM02

中国版本图书馆CIP数据核字（2016）第174851号

中国电力出版社出版、发行
（北京市东城区北京站西街19号 100005 http://www.cepp.sgcc.com.cn）
三河市百盛印装有限公司印刷
各地新华书店经售

*

2016年9月第一版 2019年6月北京第三次印刷
787毫米×1092毫米 16开本 21.25印张 519千字
定价 48.00元

版 权 专 有 侵 权 必 究

本书如有印装质量问题，我社营销中心负责退换

前 言

工程图样是一门技术语言,是表达和交流技术思想的重要工具。电子与电气工程制图项目教程是培养电子行业工程技术人员的纽带,也是电子和自动化专业学生向电子工程制图领域发展的桥梁。

本书共分 6 个项目:项目一 AutoCAD 2014 简单图形的绘制;项目二 AutoCAD 2014 样板文件的创建;项目三 AutoCAD 2014 三视图及仪器面板图的绘制;项目四 AutoCAD 2014 电气图的绘制;项目五 Altium Designer 2014 原理图与印制电路板的设计;项目六 Altium Designer 2014 元器件及其封装的制作,各项目任务的编排遵循由浅入深的原则,适合理实一体教学的开展。

本书体现了高职教育的特色,针对高等技术应用型人才的培养目标和高职高专的特点编写。以工作任务为导向,引导学习者获得应用 AutoCAD 2014 和 Altium Designer 2014 进行绘图及设计的能力,并注重其创新能力的培养。另外,各项目精心安排了拓展训练与课后练习,学习者通过巩固训练,能达到举一反三的效果,提高学生对电子与电气设备电路原理图、印制电路板图及整机装配图的绘图和识图能力。

本书由孙宏伟、赵威任主编,张雪燕 、黎华芳、陈远任副主编,参加部分编写工作的还有杨林、吴丹、乔鸿海、文福林、王艳、阳妮。同时,本书参考了大量文献,对参考文献著作者,表示诚挚的谢意!

书中不足和疏漏之处,敬请读者批评指正。

编 者

2016 年 2 月

目 录

前言

项目一　AutoCAD 2014 简单图形的绘制　1
 任务一　认识 AutoCAD 中的绘图工具　1
 任务二　认识 AutoCAD 中的修改工具　26
 拓展训练　不规则图形的绘制　55
 项目小结　57
 课后训练　57

项目二　AutoCAD 2014 样板文件的创建　59
 任务　A4 样板文件的创建　59
 拓展训练　A3 样板文件的创建　109
 项目小结　109
 课后训练　110

项目三　AutoCAD 2014 三视图及仪器面板图的绘制　111
 任务一　三视图的绘制　111
 任务二　信号发生器面板结构图的绘制　131
 拓展训练一　信号发生器薄膜面板图的绘制　135
 拓展训练二　串联开关型稳压电源电路方框图的绘制　136
 项目小结　138
 课后训练　138

项目四　AutoCAD 2014 电气图的绘制　139
 任务一　电气原理图的绘制　139
 任务二　电气接线图的绘制　180
 拓展训练　建筑平面图的绘制　199
 项目小结　210
 课后训练　210

项目五　Altium Designer 2014 原理图与印制电路板的设计　218
 任务一　分压偏置放大电路原理图的绘制　218
 任务二　分压偏置放大电路 PCB 图的设计　243
 任务三　模数转换电路原理图的绘制　261
 任务四　模数转换电路 PCB 图的设计　278

拓展训练　层次原理图的绘制 ·· 297
　　项目小结 ·· 303
　　课后训练 ·· 303
项目六　Altium Designer 2014 元器件及其封装的制作 ················· 305
　　任务一　数码管的制作 ··· 305
　　任务二　数码管封装的制作 ·· 315
　　拓展训练　数码管集成元件库的创建 ·· 323
　　项目小结 ·· 328
　　课后训练 ·· 328
参考文献 ··· 333

项目一 AutoCAD 2014 简单图形的绘制

随着计算机图形学理论和技术的不断发展,过去烦琐的绘图任务现在都可以由计算机来完成,人们可以边设计边修改,直到设计出满意的结果,再利用绘图设备输出图形即可。而传统的绘图手段是利用各种绘图工具和仪器进行手工绘制。这种方式不但劳动强度大、绘图效率低,而且同样的图形在不同的位置也无法进行复制。同传统的手工绘图相比,计算机绘图不但速度快、准确度高,而且便于共享数据、协同工作,并且可以通过网络快速交流。本项目通过实例讲解,使学习者具备利用 AutoCAD 2014 绘制简单图形的能力,图形文件的扩展名为 .dwg。

目标要求

(1) 掌握 AutoCAD 2014 软件启动方式,具有使用不同方法启动 AutoCAD 软件的能力。
(2) 熟悉 AutoCAD 2014 软件的用户界面,能熟练说明用户界面的特点。
(3) 熟悉 AutoCAD 2014 命令的调用方法,能根据个性需求配置合适的用户界面。
(4) 具有文件的基本操作能力,能快速准确地进行新建、保存和打开文件的操作。
(5) 初步掌握直线、多边形工具的使用方法,能绘制简单图形。
(6) 初步掌握图形的简单编辑方法,能编辑简单图形。

任务一 认识 AutoCAD 中的绘图工具

任务描述

本任务是绘制如图 1.1 所示的简单图形,具体要求:绘制外接圆半径为 100mm 的正五边形,使用捕捉端点的方法在其内部绘制五角星,再绘制五角星中间连线,将完成的图形以 cad1-1.dwg 为文件名存入练习目录中。

任务分析

如图 1.2 所示,外围正五边形可以应用 AutoCAD 的正多边形命令绘制;中间的五角星轮廓是五边形各顶点间的内接连线 AD、AC、BE、BD、CE,应用直线命令绘制;再应用修剪命令将线段 F-J、F-G、G-H、H-I、I-J 剪切掉;最后连接 AI、BJ、CF、DG、EH 五条线,具体步骤可参考图 1.3。

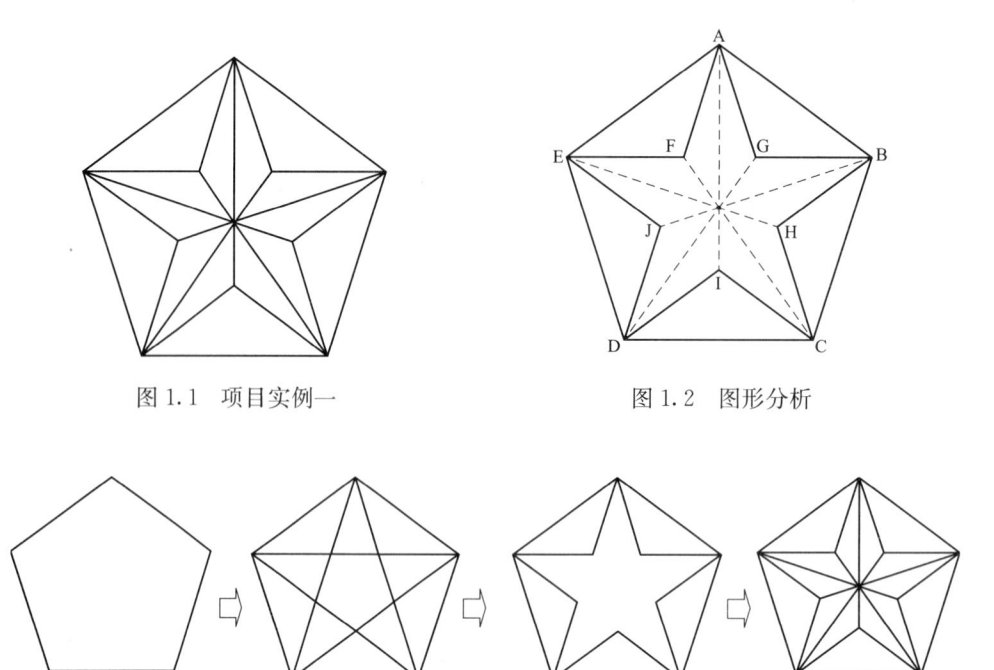

图 1.1　项目实例一　　　　　　　　图 1.2　图形分析

图 1.3　绘制顺序

操作步骤

➲ 步骤一：启动 AutoCAD 2014

启动 AutoCAD 2014 的方法有以下 3 种：

（1）双击桌面快捷方式图标 直接启动。

（2）使用"开始"菜单方式。

单击 Windows 操作系统桌面左下角的开始按钮，打开"开始"菜单，并进入"程序"级联菜单中的 Autodesk→AutoCAD 2014-Simplified Chinese→AutoCAD 2014，即可启动 AutoCAD 2014。

（3）双击打开的 AutoCAD 格式的文件（如 *.dwg、*.dwt）。

这里，选择第二种方式，即出现图 1.4 所示界面，并在状态栏中单击动态输入按钮。

➲ 步骤二：绘制外层正五边形

首先绘制图 1.2 所示的外层正五边形，其外接圆半径为 100mm，如图 1.5 所示，具体操作步骤如下：

① 单击"绘图"面板上的"正多边形"按钮 ；

② 在弹出的"输入边的数目"文本框中输入"5"；

③ 按"空格"键或"回车"键；

④ 在绘图区任意一点单击鼠标，确定圆心位置；

⑤ 在弹出的"输入选项"中点击选择"内接于圆（I）"；

⑥ 在弹出的"指定圆的半径"文本框中输入"100"；

图 1.4　AutoCAD 2014 中文版工作界面

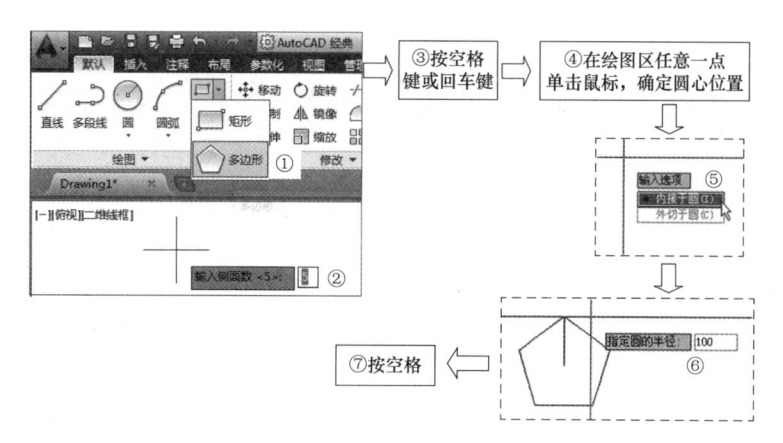

图 1.5　绘制外层正五边形操作

⑦ 按"空格"键，得到图 1.6 所示的正五边形。
→ 步骤三：绘制五角星，即绘制 AD、AC、BE、BD、CE 连线
绘制五角星的操作如图 1.7 所示，具体操作如下：
① 单击图 1.7 中"绘图"面板上的"直线"按钮；
② 将光标移至图 1.7 中②点，出现捕捉提示后单击鼠标左键；
③ 将光标移至图 1.7 中③点，自动出现"端点"提示后，单击鼠标左键；
④ 将光标移至图 1.7 中④点，自动出现"端点"提示后，单击鼠标左键；
⑤ 将光标移至图 1.7 中⑤点，自动出现"端点"提示后，单击鼠标左键；
⑥ 将光标移至图 1.7 中⑥点，自动出现"端点"提示后，单击鼠标左键；
⑦ 将光标移至图 1.7 中②点，自动出现"端点"提示后，单击鼠标左键；
⑧ 按"回车"键，即完成五角星的绘制。
→ 步骤四：修剪 FJ、FG、GH、HI、IJ 之间的线段
修剪 FJ、FG、GH、HI、IJ 之间线段的操作如图 1.8 所示，具体操作如下：

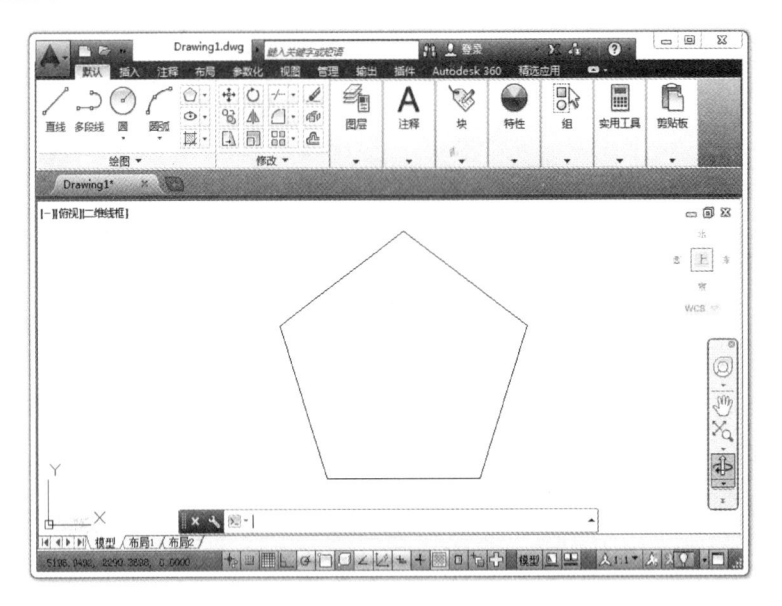

图 1.6 绘制外层正五边形效果

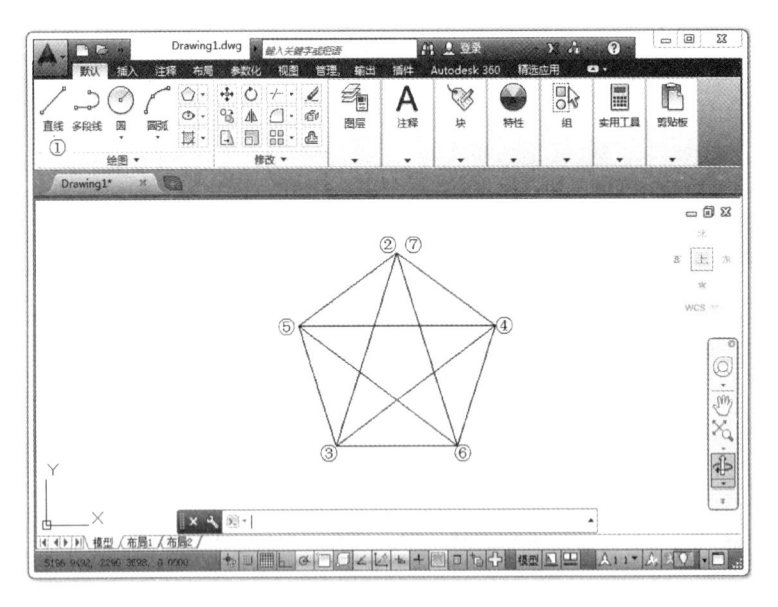

图 1.7 五角星的绘制

① 单击"修改"面板上的"修剪"按钮 ;
② 按住鼠标左键自左上方向右下方拖,直至选中图形;
③ 按"回车"键,结束选择,如图 1.9 所示;
④ 单击鼠标选择要修剪的 FJ、FG、GH、HI、IJ 之间线段;
⑤ 最后按"空格"键,完成修剪后得到图 1.10 所示效果。
⊖ **步骤五:连接 AI、BJ、CF、DG、EH 五条线**
连接 AI、BJ、CF、DG、EH 五条线,具体操作如下:
① 单击"绘图"面板上的"直线"按钮 ;

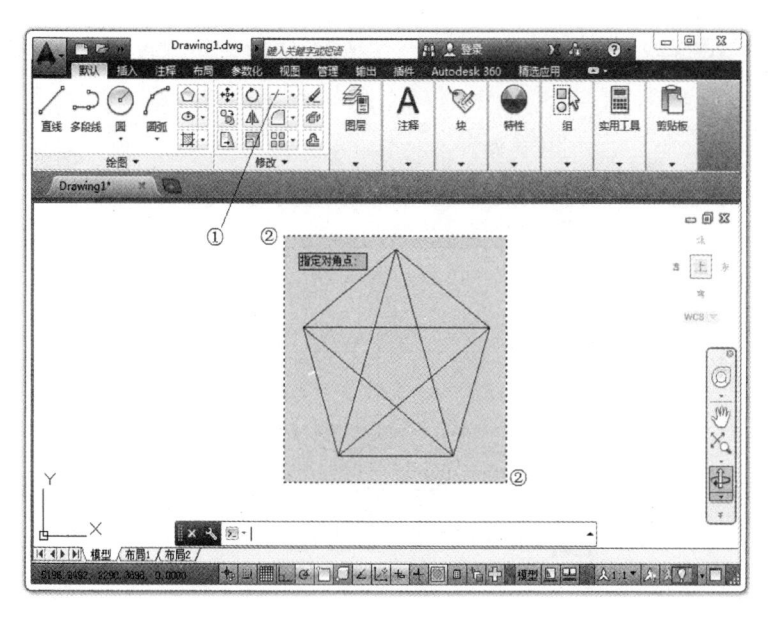

图 1.8 修剪操作 1

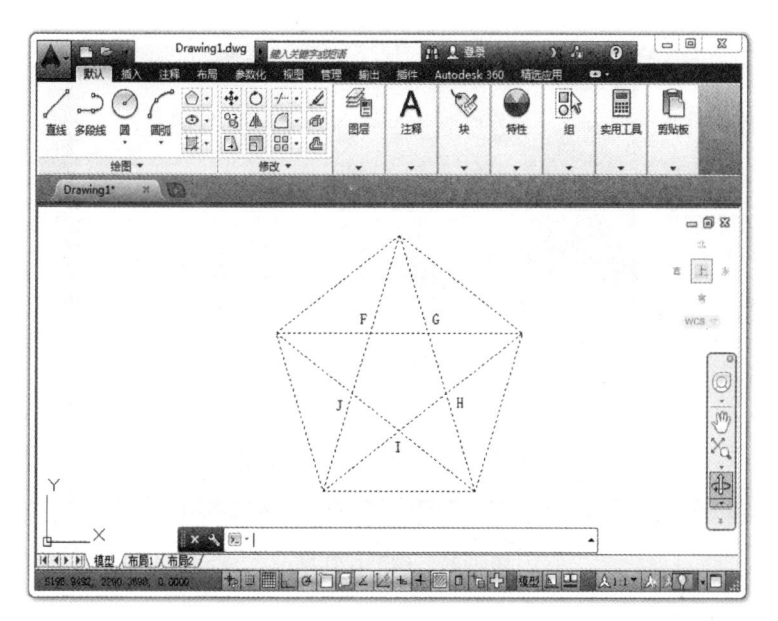

图 1.9 修剪操作 2

② 将光标移至 A 点,出现捕捉提示后单击鼠标左键;
③ 将光标移至 I 点,出现捕捉提示后单击鼠标左键;
④ 敲击"回车"键,即完成线段 AI 线段的绘制。

同样操作,完成 BJ、CF、DG、EH 线段的绘制,得到图 1.11 所示效果。

> **步骤六:另存图形**

如图 1.12 所示,另存图形操作如下:
① 单击工具栏上的"另存为"按钮;

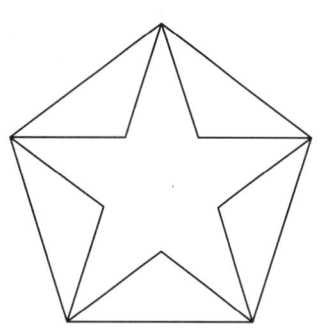

图 1.10 修剪后的效果

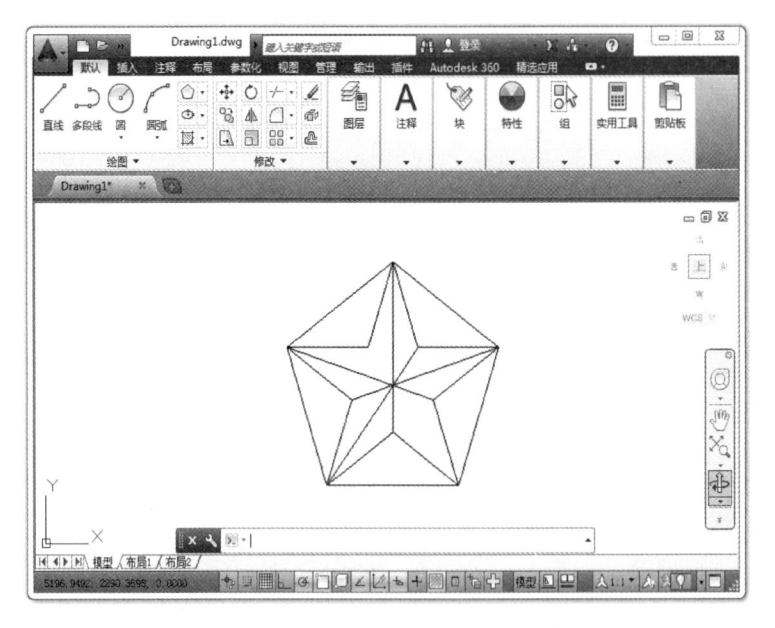

图 1.11 绘制效果

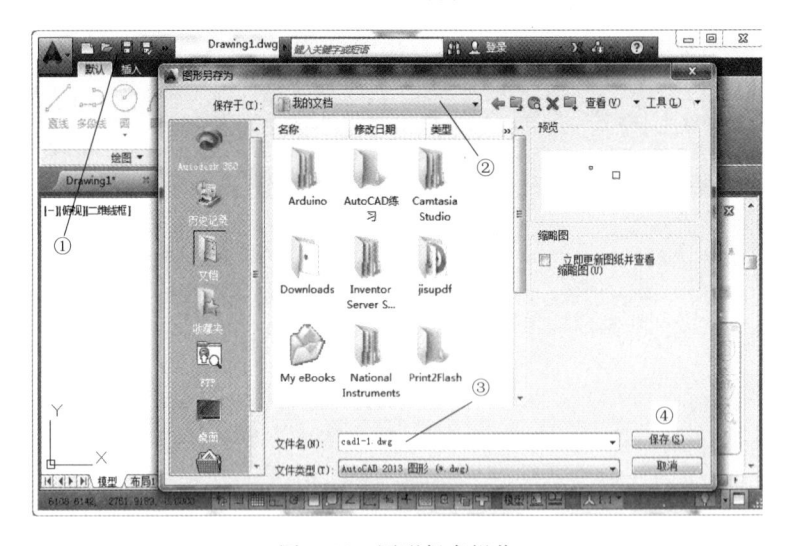

图 1.12 图形保存操作

② 在弹出的"图形另存为"对话框中选择文件保存路径；
③ 在"文件名（N）"文本框中输入"cad1-1"；
④ 单击"保存"按钮 保存(S) 完成图形绘制。

相关知识

一、认识 AutoCAD

1. AutoCAD 概述

AutoCAD（Auto Computer Aided Design）是美国 Autodesk 公司首次于 1982 年开发的自动计算机辅助设计软件，用于二维绘图、详细绘制、设计文档和基本三维设计。现已经成为国际上广为流行的绘图工具。AutoCAD 具有良好的用户界面，通过交互菜单或命令行方式便可以进行各种操作。在不断实践的过程中更好地掌握它的各种应用和开发技巧，从而不断提高工作效率。

2. 应用领域

AutoCAD 广泛应用于土木建筑、装饰装潢、城市规划、园林设计、电子电路设计、机械设计、航空航天、轻工化工等诸多领域。

3. 主要特点

① 具有完善的图形绘制功能。
② 有强大的图形编辑功能。
③ 可以采用多种方式进行二次开发或用户定制。
④ 可以进行多种图形格式的转换，具有较强的数据交换能力。
⑤ 支持多种硬件设备。
⑥ 支持多种操作平台。
⑦ 具有通用性、易用性，适用于各类用户。

此外，从 AutoCAD2000 开始，系统又增添了许多强大的功能，如 AutoCAD 设计中心（ADC）、多文档设计环境（MDE）、Internet 驱动、新的对象捕捉功能、增强的标注功能以及局部打开和局部加载的功能。

4. 基本功能

（1）平面绘图

AutoCAD 以多种方式创建直线、圆、椭圆、多边形、样条曲线等基本图形对象，提供了正交、对象捕捉、极轴追踪、捕捉追踪等绘图辅助工具。正交功能使用户可以很方便地绘制水平、竖直直线，对象捕捉可帮助拾取几何对象上的特殊点，而追踪功能使画斜线及沿不同方向定位点变得更加容易。

（2）编辑图形

AutoCAD 具有强大的编辑功能，可以移动、复制、旋转、阵列、拉伸、延长、修剪、缩放对象等。

① 标注尺寸。可以创建多种类型尺寸，标注外观可以自行设定。
② 书写文字。能轻易在图形的任何位置、沿任何方向书写文字，可设定文字字体、倾斜角度及宽度缩放比例等属性。
③ 图层管理功能。图形对象都位于某一图层上，可设定图层颜色、线型、线宽等特性。

（3）三维绘图

AutoCAD 可创建 3D 实体及表面模型，能对实体本身进行编辑。

① 网络功能。可将图形在网络上发布，或是通过网络访问 AutoCAD 资源。
② 数据交换。AutoCAD 提供了多种图形图像数据交换格式及相应命令。
③ 二次开发。AutoCAD 允许用户定制菜单和工具栏，并能利用内嵌语言 Autolisp、Visual Lisp、VBA、ADS、ARX 等进行二次开发。

二、AutoCAD 2014 基本操作

1. AutoCAD 2014 用户界面

启动 AutoCAD 2014 后，出现 AutoCAD 2014 初始操作界面，如图 1.13 所示。

图 1.13　AutoCAD 2014 的初始界面

> **说　明**
>
> AutoCAD 2014 版本有 4 个工作空间，分别为草图与注释、三维基础、三维建模和 AutoCAD 经典。本书以默认状态下"草图与注释"工作空间为基本界面，来讲解 AutoCAD 2014 的基本操作。

（1）标题栏

标题栏位于应用程序窗口的最上面，用于显示当前正在运行的程序名及文件名等信息，如果是 AutoCAD 默认的图形文件，其名称为 DrawingN.dwg（N 是数字）。

（2）快速访问工具栏

AutoCAD 2014 的快速访问工具栏中包含最常用操作的快捷按钮，方便用户使用。在默认状态下，快速访问工具栏中包含 6 个快捷按钮，分别为："新建"按钮、"打开"按钮、"保存"按钮、"打印"按钮、"放弃"按钮和"重做"按钮。

> **说　明**
>
> 单击鼠标右键快速访问工具栏，在弹出的快捷菜单中，可以通过选择"自定义快速访问工具栏"、"显示菜单栏"、"工具栏"命令选择合适的界面工具，如图 1.14 所示。

图 1.14　快速访问工具栏

(3) 菜单浏览器

AutoCAD 2014 用户界面包含一个位于左上角的"菜单浏览器"按钮■，单击此按钮，可以弹出菜单浏览器，如图 1.15 所示。使用菜单浏览器可以方便地访问菜单命令和文档等。

(4) 下拉菜单

下拉菜单是调用命令的一种方式。菜单栏共包含 11 个主菜单，菜单命令几乎包括了 AutoCAD 中全部的功能和命令。菜单栏以级联的层次结构来组织各个菜单项，并以下拉的形式逐级显示。

在默认状态下，AutoCAD 的工作空间中不显示菜单栏，如需要显示菜单栏，应单击鼠标右键快速访问工具栏，在弹出的快捷菜单中选择"显示菜单栏"命令即可。

菜单命令和快捷键的使用与 Windows 的操作方式相同，可以根据自己的习惯，记住一些快捷键，以便于快速绘图。

图 1.15　菜单浏览器

(5) 快捷菜单

AutoCAD 2014 还提供了快捷菜单操作，可以利用快捷菜单，快速执行各种命令，快捷菜单的选项随环境和位置的不同而变化。

(6) 功能区

功能区位于绘图窗口的上方，是用于显示基于任务的工具和控件的选项板。在默认状态下，每个选项卡包含若干个面板，每个面板又包含许多由图标表示的命令按钮，如图 1.16 所示。

图 1.16　【功能区】面板

(7) 工具栏

AutoCAD 中常用的操作可以利用工具栏中的命令按钮来完成。常用的工具栏样式如图 1.17 所示。

> **提示**
>
> 当工作空间选择 AutoCAD 经典时，只要将鼠标指针放置在任意一个工具按钮上，停留一段时间即可显示该工具按钮的名称、命令和简单说明；若继续将鼠标指针放置在工具按钮上，则显示更加详细的说明。

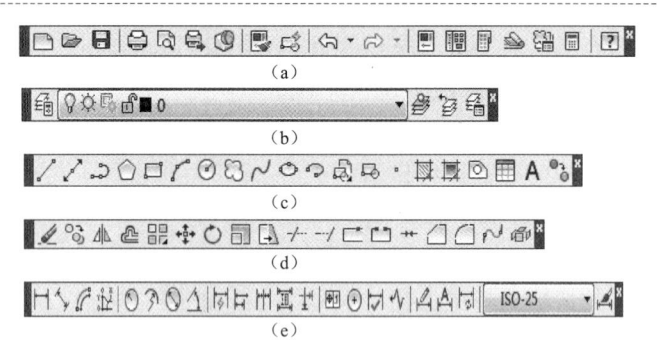

图 1.17　常用工具栏
(a) 标准工具栏；(b) 图层工具栏；(c) 绘图工具栏；(d) 修改工具栏；(e) 标注工具栏

（8）工具选项板

在菜单栏中选择"视图"→"选项板"→"工具选项板"命令打开"工具选项板"。在光标处单击鼠标左键，可显示各个选项板组成，如图 1.18 所示。

（9）绘图窗口

在 AutoCAD 中，绘图窗口是绘图工作区域，所有的绘图结果都反映在这个窗口中。用户可以根据需要缩放"功能区"选项面板，以增大绘图空间。如果图纸比较大，需要查看未显示部分时，可以单击状态栏上的"全屏显示"按钮，以增大空间。用户还可以按住鼠标滚轮，此时十字光标会变成手形，然后拖拽鼠标指针即可移动图纸。

（10）命令行

"命令行"窗口位于绘图窗口的底部，用于输入命令，并显示 AutoCAD 提示的信息。默认设置下，AutoCAD 在"命令行"窗口中显示所执行的命令或提示信息。在执行任何一个命令的过程中，"命令行"窗口将提示下一步操作。用户在执行各种命令时，应随时关注命令行窗口的提示，确定下一步操作的内容，如图 1.19 所示。

另外，还可以通过拖动窗口边框的方式改变"命令行"窗口的大小，使其显示不同行数的信息。

（11）状态栏

状态栏位于绘图屏幕的底部，用于显示坐标、提示信息等，同时还提供了一系列的控制按钮。状态栏左边显示

图 1.18　工具选项板

光标位置的坐标值，右边是控制按钮，如图 1.20 所示。

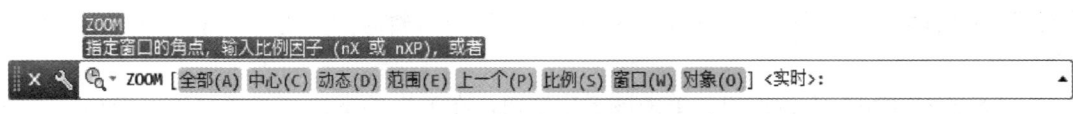

图 1.19　命令行窗口

图 1.20　状态栏

AutoCAD 2014 提供了坐标显示功能，它可以随时跟踪当前光标位置的坐标值，并显示于状态栏左边。如果单击状态栏坐标值位置，可以取消其高亮显示，则光标移动时将不再显示坐标值。紧挨坐标的按钮从左到右分别表示当前是否启动了推断约束、捕捉、栅格、正交、极轴追踪、对象捕捉、三维对象捕捉、对象捕捉追踪、允许/禁止动态 UCS 和动态输入、显示/隐藏线宽、显示/隐藏透明度、快捷特性、选择循环和注释监视器等功能。单击控制按钮，使其高亮显示就可以使用该按钮的功能；否则关闭其功能。

其余按钮也均可将鼠标指针悬停在按钮上面，通过出现的提示了解到各个按钮的功能，如图 1.21 所示。

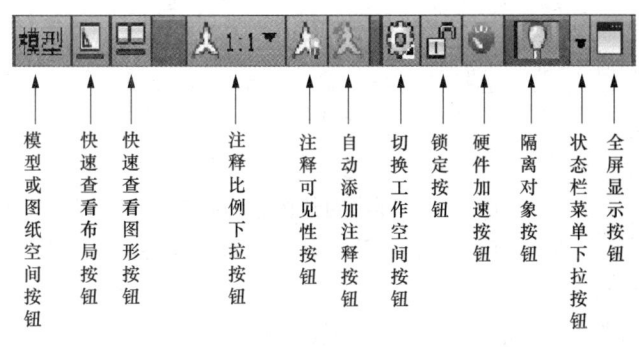

图 1.21　状态栏说明

①"模型或图纸空间"按钮：在模型空间与图纸空间之间进行转换。
②"快速查看布局"按钮：快速查看当前图形在布局空间的布局。
③"快速查看图形"按钮：快速查看当前图形在模型空间的位置。
④"注释比例"下拉按钮：在弹出的注释比例下拉列表框中可以根据需要选择适当的注释比例。
⑤"注释可见性"按钮：当该按钮亮显时表示显示所有比例的注释性对象；当其变暗时表示仅显示当前比例的注释性对象。
⑥"自动添加注释"按钮：注释比例更改时，自动将比例添加到注释对象。
⑦"切换工作空间"按钮：工作空间是由分组组织的菜单、工具栏、选项板和功能区控制面板组成的集合，使用户可以在专门的、面向任务的绘图环境中工作。除"AutoCAD 经典"工作空间外，每个工作空间都显示功能区和应用程序菜单，单击此按钮可以在"草图与注释"、"三维基础"和"三维建模"等各个工作空间之间进行转换。
⑧"锁定"按钮：控制是否锁定工具栏或图形窗口在图形界面上的位置。
⑨"硬件加速"按钮：设定图形卡的驱动程序以及硬件加速的相应选项。

⑩"隔离对象"按钮：当选择隔离对象时，在当前视图中将显示选定对象，而其他所有对象都会暂时隐藏；当选择隐藏对象时，在当前视图中将暂时隐藏选定对象，而其他所有对象都可见。

⑪"状态栏菜单"下拉按钮：单击该下拉按钮，在弹出的下拉列表框中可以选择打开或锁定相关选项位置。

⑫"全屏显示"按钮：单击该按钮，可以清除操作界面中的标题栏、工具栏和选项板等界面元素，使 AutoCAD 的绘图区全屏显示。

2. 配置绘图系统

由于每台计算机所使用的显示器、输入/输出设备的类型不同，用户喜好的风格不同，所以每台计算机的设置都是独特的。一般来说，使用 AutoCAD 2014 的默认配置就可以进行绘图，但为了提高用户的绘图效率，在绘图前建议先进行必要的配置。

（1）执行方式

命令行：preferences。

菜单栏："工具"→"选项"。

快捷菜单：选项（单击鼠标右键，在弹出的快捷菜单中选择"选项"命令，如图 1.22 所示）。

（2）操作步骤

执行上述命令后，在打开的"选项"对话框中选择相应的选项卡，即可对绘图系统进行配置。下面仅就其中几个主要的选项卡进行说明，其他配置选项将在后面用到时再作具体说明。

图 1.22　快捷菜单

1）"系统"选项卡。

"系统"选项卡如图 1.23 所示，主要用来设置 AutoCAD 2014 的有关特性。

图 1.23　"系统"选项卡

2）"显示"选项卡。

"显示"选项卡如图 1.24 所示，主要用于控制 AutoCAD 2014 窗口的外观。在该选项卡中，用户可以根据需要对"窗口元素"、"布局元素"、"显示精度"、"显示性能"、"十字光标大小"及"淡入度控制"等性能参数进行详尽的设置。有关各选项的具体设置，读者可自己参照"帮助"文件学习。

在默认情况下，AutoCAD 2014 的绘图窗口是白色背景、黑色线条。如果需要修改绘图窗口颜色，可按以下步骤操作。

单击鼠标右键选择"选项"命令，在弹出的"选项"对话框中选择"显示"选项卡，如图 1.24 所示。单击"窗口元素"选项组中的"颜色"按钮，打开如图 1.25 所示的"图形窗口颜色"对话框。

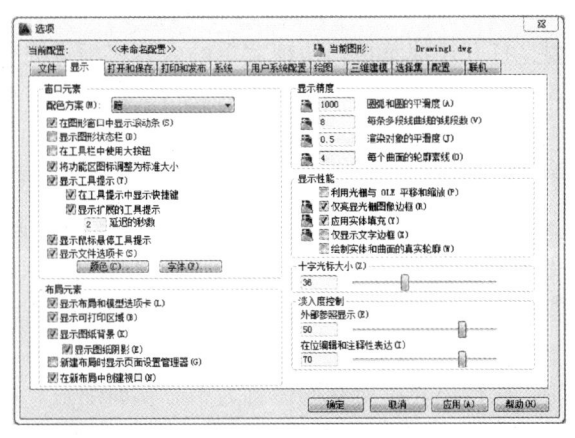

图 1-24 "显示"选项卡

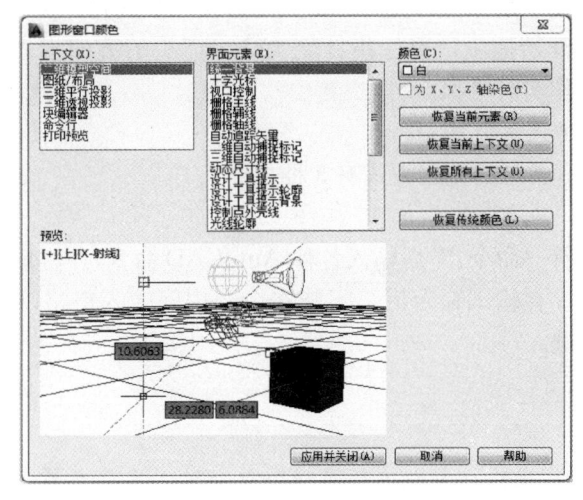

图 1.25 "图形窗口颜色"对话框

单击"颜色"右侧的下拉按钮，在弹出的下拉列表框中选择需要的图形窗口颜色，然后单击"应用并关闭"按钮，即可将 AutoCAD 2014 的绘图窗口更改为所选的背景色。

3. 鼠标的操作

鼠标是 AutoCAD 中最主要也是最重要的输入设备，没有鼠标就无法在 AutoCAD 中进行操作。绘图者可以利用鼠标的左、右键和滚轮来实现操作，鼠标各键功能如图 1.26 所示。

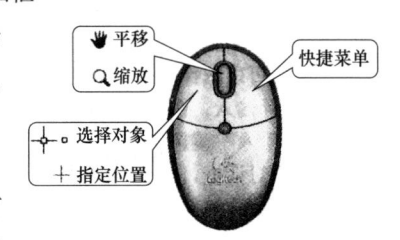

图 1.26 Auto CAD 2014 中鼠标各键的功能

> **提示**
>
> AutoCAD 支持鼠标左键双击功能，在对象上双击鼠标左键将弹出其特性选项板或者相应的对话框。

(1) 鼠标左键

鼠标左键的功能主要是选择对象和定位，如单击可以选择菜单栏中的菜单项、选择工具栏中的图标按钮、在绘图窗口选择图形对象等。

(2) 鼠标右键

鼠标右键的功能主要是打开快捷菜单，快捷菜单的内容将根据光标所处的位置和系统状态的不同而变化。

> **提示**
>
> 鼠标右键的功能也可以进行自定义，在选择"工具"→"选项"命令后，在弹出的"选项"对话框的"用户系统配置"选项卡中，可自定义鼠标右键功能。

(3) 滚轮

向前或向后旋转滚轮，执行以光标所在的位置为中心实时缩放；按住滚轮并拖曳，鼠标指针变为 ，执行实时平移；双击滚轮，执行范围缩放命令，缩放成实际范围；按住 Shift 键并按住滚轮不放并拖曳，鼠标指针变为 ，则图形作三维旋转；按住 Ctrl 键并按住滚轮不放，鼠标指针变为 ，开始拖曳，鼠标指针变为 （箭头的方向沿着光标移动方向改变），则沿着光标指定的方向作实时平移。

4. AutoCAD 命令的调用方式

AutoCAD 2014 命令常见的调用方式有 5 种。

(1) 键盘

在命令行中的提示符"命令："后输入各种 AutoCAD 命令，并按 Enter 键或"空格"键确认，提交给系统执行。在输入命令时，不能在命令中间输入空格，在 AutoCAD 中，"空格"键等同于按 Enter 键。

> **提示**
>
> 按 Esc 键为取消所有操作。多次执行同一个命令时，只需在第一次执行该命令后，直接按 Enter 键或"空格"键重复执行，无需再进行输入。

(2) 下拉菜单

下拉菜单包含了一系列命令，在下拉菜单栏中单击一个标题，然后单击选中所需要的条目，即可启动命令或控制操作。

(3) 工具条按钮

AutoCAD 2014 的工具条提供了利用鼠标输入命令的简便方法，工具条由一系列图标按钮组成，单击某一按钮启动命令。

(4) 功能区的面板按钮

AutoCAD 2014 功能区的面板，以简洁的界面形式显示命令按钮，单击某一命令按钮与单击工具条中的相应按钮的功能是一样的。

(5) 快捷菜单

在 AutoCAD 中用户可根据选择实体和不选择实体的情况，单击鼠标右键，在弹出的快捷菜单中选择要执行的命令。

5. 数据的输入方法

在绘制工程图时，需要确定点的坐标，如线段的起点、终点，圆的圆心坐标等，坐标的输入有两种工具：鼠标和键盘。使用鼠标选择位置比较直观，而键盘往往用于精确位置的坐标输入。

AutoCAD 设置二维直角坐标系，规定 X 轴为水平轴，Y 轴为垂直轴，X 轴上原点右方坐标值为正，左方为负；Y 轴上原点上方坐标值为正，下方为负。

AutoCAD 提供了 3 种常用的点输入方式：坐标值键盘输入、鼠标指定点、捕捉特殊点，下面将分别进行介绍。

(1) 坐标值键盘输入

确定点的坐标值分为绝对坐标和相对坐标两种形式，可以使用任意一种来给定实体的 X、Y 坐标值。

1) 绝对坐标

绝对坐标是指相对于当前坐标系坐标原点的坐标，以坐标原点为基准。包括直角坐标和极坐标两种。

直角坐标：绝对直角坐标值是点相对于原点 O（0，0）的坐标值。已知坐标值后，直接输入：X 坐标值，Y 坐标值。

例如，在绘制二维直线的过程中，点的位置直角坐标为（100，80），则输入"100，80"后，按 Enter 键或"空格"键确定点的位置，如图 1.27（a）所示。

极坐标：点的极坐标是指利用坐标原点与该点的距离和这两点之间连线与坐标系 X 轴正方向的夹角来表示该点的坐标，则输入"距离值＜角度数值"，系统默认 X 轴正方向为 0°，Y 轴正方向为 90°。

> **提示**
> 角度方向默认逆时针方向为正，顺时针方向为负。

例如，在绘制二维直线的过程中，确定点坐标的二维极坐标为（150＜30°），则输入"150＜30"后，按 Enter 键或空格键即可确定点的位置，如图 1.27（b）所示。

2) 相对坐标

相对坐标是指在已经确定一点的基础上，下一点相对于该点的坐标差值。

相对坐标有直角坐标和极坐标两种，在输入的坐标前面加上符号"@"，即可输入相对坐标。

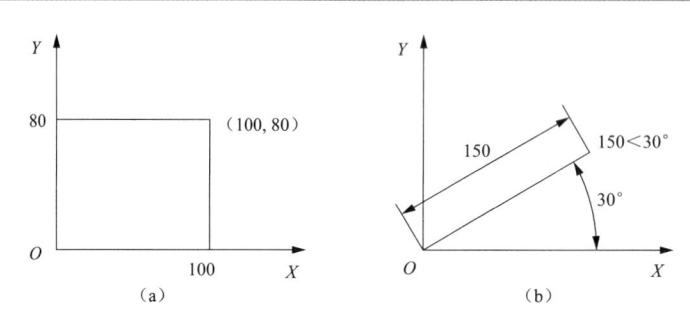

图 1.27 绝对坐标系的输入方式
(a) 绝对直角坐标；(b) 绝对极坐标

> **提示**
>
> 动态输入默认为打开，其输入方式为相对坐标，不需要加符号"@"。

例如，绘制直线时，确定第一点位置为（120，100）后，在命令行提示输入第二点位置，关闭动态输入，采用相对直角坐标方式，如图 1.28（a）所示，则输入"@60，50"后按 Enter 键或空格键，确定第二点位置；若采用相对极坐标，如图 1.28（b）所示，在命令行输入"@60<45"后按 Enter 键或"空格"键，确定第二点的位置，此时 60 为此直线的长度，45 为此点和第一点的连线与 X 轴正方向的夹角。

> **提示**
>
> 绝对坐标如果在第一点的坐标轴的反方向，则输入数值为负，加以负号；相对坐标的长度和角度也可以为负，读者可以自己体会。

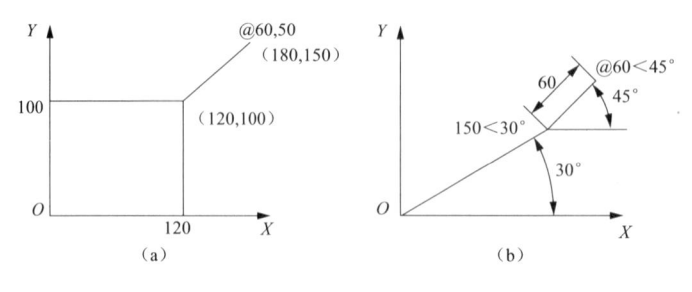

图 1.28 相对坐标系的比较
(a) 相对直角坐标；(b) 相对极坐标

（2）鼠标指定点

在绘图窗口中，光标移动到某一合适的位置后，单击鼠标左键，即可以确定该点，此方式只能确定点的大概位置。

（3）捕捉特殊点

AutoCAD 提供了对象捕捉、对象追踪等命令方式，可以精准定位点在绘图窗口与已有的图线具有各种关系的位置，具体方式将在后续项目任务中介绍。

6. 控制视图显示方式

利用视图的缩放功能，可以在绘图窗口显示要观察的全部或部分图形，使操作更加方便。

(1) 缩放

执行缩放命令的方式以下几种。

① 单击图 1.29 中 的下三角按钮进行缩放方式选择。

② 命令行：输入"zoom"或"z"后按两次 Enter 键或"空格"键。

③ 在绘图窗口单击鼠标右键，在弹出的快捷菜单中选择"缩放"命令。

执行"实时缩放"命令后，鼠标指针将变为 ，上方有"＋"号，下方有"－"号，按住鼠标左键，向上拖动鼠标，图形放大；向下拖动鼠标，图形变小。根据光标放置的位置不同，放大或缩小的范围不同。当图形变为合适大小后，按 Esc 键、Enter 键或单击鼠标右键，可完成实时缩放的操作。

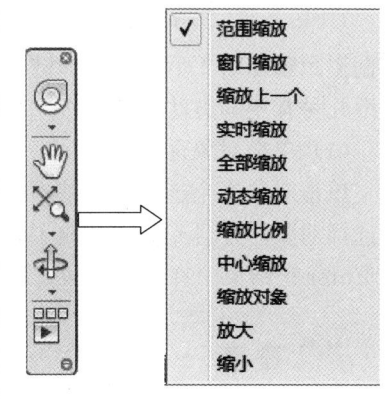

图 1.29 视图显示方式

> **提 示**
> 若向上滚动鼠标滚轮则放大图形；反之则缩小图形。注意光标位置为放大和缩小的中心。

(2) 图形的平移

使用"平移"命令或窗口滚动条可以移动视图的位置。使用平移的"实时"选项，可以通过移动鼠标进行动态平移，不改变图形中对象的位置和放大比例，只改变视图在屏幕中显示的位置。

执行实时平移命令的方式以下几种。

① 单击图 1.29 中的 按钮。

② 命令行：输入"pan"后按 Enter 键或"空格"键。

③ 快捷菜单：在绘图窗口中单击鼠标右键，在弹出的快捷菜单中选择"平移"命令。

执行"实时平移"命令后，光标形状变为手形 。在绘图窗口按住鼠标左键移动鼠标，则图形随光标一同移动；松开左键，平移就停止；将光标移动到图形的其他位置，然后再按左键，接着从该位置开始平移。需要停止平移时，按 Enter 键或 Esc 键，将回到显示的视图，完成实时缩放。

> **提 示**
> 若按住鼠标中键，也可以执行"平移"(pan)命令。

7. 对象及对象的选择

对象在 AutoCAD 中也叫作实体，绘制的点、线、圆、圆弧、多边形、文字、剖面线、尺寸标注等都是对象，用户在编辑图形的过程中是以对象为单位来进行操作的。当对象被选

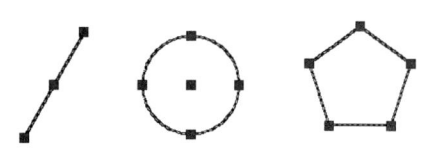

图 1.30　选择对象的显示

中时，会出现若干个蓝色小方框，称为夹点，如图 1.30 所示。

在对图形进行编辑操作时，需要选择要编辑的对象。编辑图形的方式一般有两种，一种是先选择对象，然后执行命令操作；另一种是先执行命令操作，然后根据提示选择对象后按 Enter 键完成。在 AutoCAD 中，选择对象的方法有很多种，在此只介绍几种常用的方法。

（1）单击对象逐个选择

单击对象逐个选择是最基本的对象选择方式。当要执行某一编辑命令时，命令行中会提示选择对象，并且光标也变成了拾取框，此时可以用拾取框直接单击对象，直至完成选择，按 Enter 键结束；在不执行命令时，也可以直接单击对象进行选取。

> **提　示**
>
> 如果在选择对象的过程中，多选择了对象，可以按住 Shift 键，单击多选择的对象，将这个对象从选择集中删去。

（2）窗口选择方式（window）——W 窗口选择方式（简称窗选）

窗选时，只有将要选择的对象全部放到矩形窗口里才能被选中，若有部分在矩形窗口外，则不能被选定。在要选择对象左边单击确定一点，然后拖动鼠标向右移动，即可出现选择窗口，移动方向从左上→右下或左下→右上方向，当要选择的对象都在窗口内时，再次单击确认矩形窗口大小，即可选定对象。

若是先执行命令，后选择对象，则执行窗选方式时，被选择的对象变为虚线点显示；若是先选择对象，后执行命令，则选择的对象就变为带夹点（若干个蓝色小方框）样式，如图 1.31 所示。

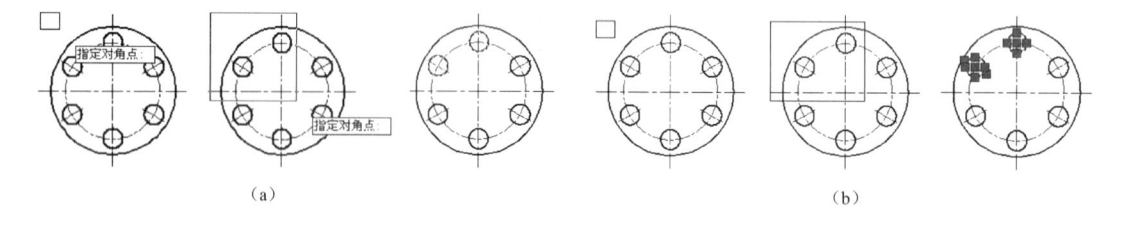

图 1.31　窗选格式

(a) 先执行命令，后选择对象；(b) 先选择对象，后执行命令

（3）交叉窗口选择方式（crossing）——C 窗口选择方式（简称叉选）

叉选时，只要将要选择的对象与拖动的矩形窗口交叉就能被选中。在绘图窗口与要选择的对象右边单击确定一点，然后拖动鼠标向左移动，即可出现选择窗口，移动方向从右上→左下或右下→左上方向，当所选的对象部分与窗口交叉（不必全部在矩形窗口里面），再次单击确认矩形窗口大小，即可选定对象。

基本同样大小的矩形窗口，采用窗选和叉选两种方式所选择的对象的比较如图 1.32 所示。

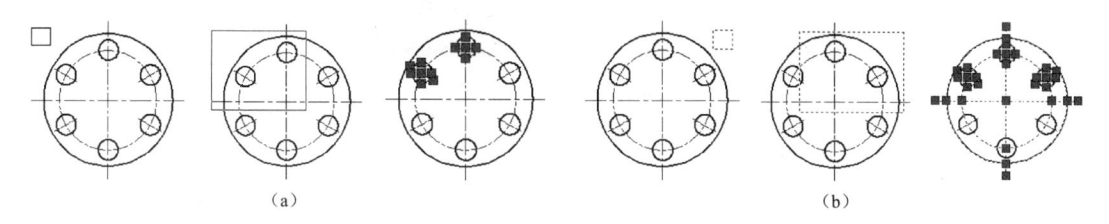

图 1.32　窗选与叉选比较
(a) 窗选；(b) 叉选

> **提　示**
> 窗选格式的矩形窗口为实线框，叉选格式的矩形窗口为虚线框。

三、文件的基本操作

AutoCAD 2014 图形文件的常用格式见表 1.1。

表 1.1　　　　　　　　　　文 件 的 基 本 格 式

格式	说　　　明
*.dwg	图形文件的基本格式，一般 CAD 图形都保存为此格式
*.dws	图形文件的标准格式，为维护图形文件的一致性，可以创建标准文件以定义常用属性
*.dxf	图形输出为 DXF 图形交换格式文件，DXF 文件是文本或二进制文件，其中包含可由其他 CAD 程序读取的图形信息
*.dwt	样板图文件，用户可以将不同大小的图幅设置为样板图文件，画图时可以从"新建"命令中直接调用

文件的基本操作包括创建新文件、打开文件以及保存文件。

1. 创建新文件

"新建"命令的执行方式有以下 5 种。
① 菜单命令：选择"文件"→"新建"命令（工作空间：AutoCAD 经典模式）。
② 标准工具栏：单击"新建"按钮。
③ 快速访问工具栏：单击"新建"按钮。
④ 命令行：输入"new"后按 Enter 键或"空格"键。
⑤ 快捷方式：按 Ctrl+N 组合键。

执行"新建"命令后，打开"选择样板"对话框，如图 1.33 所示，在下拉列表中选择合适的样板，然后单击"打开"按钮，即可新建一个图形文件；也可单击"打开"按钮后的下三角按钮，选择其他打开方式。

2. 打开文件

"打开"命令的执行方式有以下 5 种。
① 菜单命令：选择"文件"→"打开"命令（工作空间：AutoCAD 经典模式）。
② 标准工具栏：单击"打开"按钮。

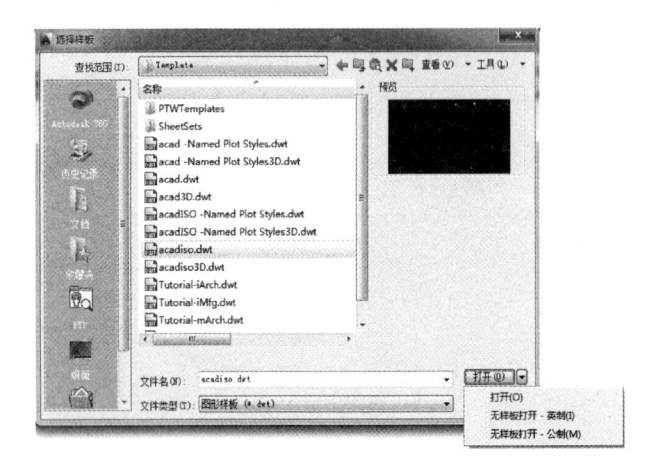

图 1.33 "选择样板"对话框

③ 快速访问工具栏：单击"打开"按钮 。
④ 命令行：输入 open 后按 Enter 键或"空格"键。
⑤ 快捷方式：按 Ctrl+O 组合键。

执行"打开"命令后，出现"选择文件"对话框，在该对话框中的"文件名"下拉列表框中输入文件名，或在其下拉列表中选择文件，然后单击"打开"按钮，即可打开图形文件，如图 1.34 所示。

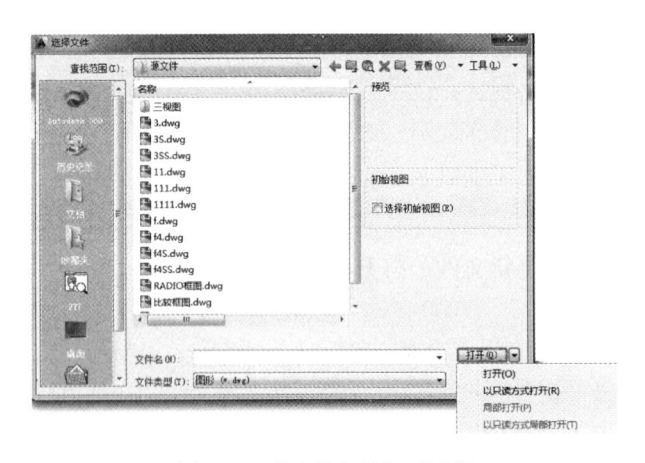

图 1.34 "选择文件"对话框

AutoCAD 2014 提供了不同的打开文件方式和文件类型，用户可以根据自己的需要选择。

> **提示**
>
> 要打开多个文件，可按住 Ctrl 键后，用鼠标选择需要打开的多个文件；局部打开命令一次只能打开一个文件，不能打开多个文件。

3. 保存文件

"保存"命令的执行方式有以下 5 种。

① 菜单命令：选择"文件"→"保存"命令（工作空间：AutoCAD 经典模式）。
② 标准工具栏：单击"保存"按钮 ■。
③ 快速访问工具栏：单击"保存"按钮 ■。
④ 命令行：输入"save"后按 Enter 键或"空格"键。
⑤ 快捷方式：按 Ctrl＋S 组合键。

对于未保存过的文件，执行"保存"命令后，打开"图形另存为"对话框，如图 1.35 所示。选择要另存文件的位置和文件类型，在"文件名"下拉列表框中输入文件名，单击"保存"按钮实现对文件的另存。

图 1.35 "图形另存为"对话框

AutoCAD 2014 保存图形文件默认的文件类型为"AutoCAD 2013 图形（＊.dwg）"格式。如果要在其他装有低版本 AutoCAD 的计算机上使用该图形文件，则需选择保存为低版本的文件类型，生成低版本的 AutoCAD 文件。

四、相关的绘图命令

1. "直线"命令

直线是各种绘图中最常用的图形对象，指定了起点和终点的位置即可绘制一条直线。"直线"命令可以绘制一系列的首尾相接的直线段，可以自动重复连续的命令。每一条直线均为各自独立的对象，其对象类型为"直线"。

"直线"命令的执行方式有以下 3 种。
① 功能区"默认"选项卡→"绘图"面板：／。
② 绘图工具栏：单击"直线"按钮／。
③ 命令行：输入"line"或者 L 后，按 Enter 键或者"空格"键。

执行直线命令后，在命令行中出现如下提示信息。

命令：_line 指定第一点：按要求确定第一点，若无要求可以在屏幕上任意指定一点。
指定下一点或 [放弃 (U)]：指定下一点，也可以选择 U 放弃上一次的操作。
指定下一点或 [放弃 (U)]：指定下一点，也可以选择 U 放弃上一次的操作。
指定下一点或 [闭合 (C)/放弃 (U)]：指定下一点，也可以选择 C 做一个三角形，即选择闭合方式使起点和终点闭合。
指定下一点或 [闭合 (C)/放弃 (U)]：可以连续操作。

提示

闭合 (C)，如果绘制 3 条以上的线段，图形是可以闭合的，绘制最后一条线段时输入字母 C，就可以完成直线的绘制，绘制出封闭的图形。放弃 (U)，如果在执行直线命令时，其中一条直线的端点输入错误，可以输入字母 U，取消上一步的错误输入，也可以连续向上取消前面的操作。

绘制如图 1.36 所示的图形。

分析：

① 图 1.36 所示的图形中标注了各条线段的长度，可以利用直角坐标确定各个点的位置；假如 A 点的绝对直角坐标为 (0, 0)，根据图形的尺寸，依次确定各个点的绝对直角坐标，如图 1.37 所示，再绘制图形，其操作方法非常简单，这里不予演示。

值得说明的是这种方法由于计算麻烦，一般不用。

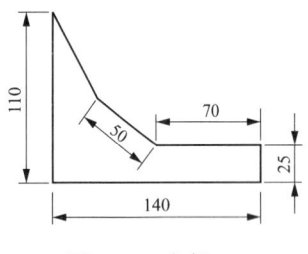

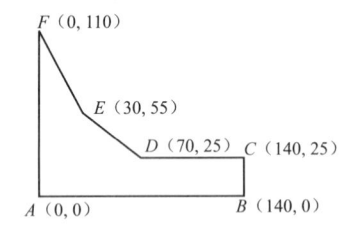

图 1.36 实例 1-1　　　　　　　图 1.37 绝对坐标值

② 用鼠标左键在屏幕任意位置确定 A 点的坐标后，用相对直角坐标确定各个点的坐标，其绘制思路可以从 F 点（F 点位置任意）出发，绘制 FA→AB→BC→CD→DE→输入 "C" 使之闭合，具体如下：

命令：L LINE 指定第一点：　　　　　　　（在屏幕上任意指定一点 F）
指定下一点或 [放弃 (U)]：@110<-90　　　（输入相对极坐标至 A 点）
指定下一点或 [放弃 (U)]：@140<0　　　　（输入相对极坐标至 B 点）
指定下一点或 [闭合 (C)/放弃 (U)]：@25<90　（输入相对极坐标至 C 点）
指定下一点或 [闭合 (C)/放弃 (U)]：@70<180　（输入相对极坐标至 D 点）
指定下一点或 [闭合 (C)/放弃 (U)]：@-40,30　（输入相对直角坐标至 E 点）
指定下一点或 [闭合 (C)/放弃 (U)]：C　　　　（输入 C 执行闭合命令）

> **提示**
>
> 动态输入打开时,相对坐标不需要加"@"符号;若后续点要使用绝对坐标,坐标数据加前缀"#"。

2. 正多边形命令

创建多边形是绘制等边三角形、正方形、五边形、六边形等图形的简单方法,AutoCAD 2014 可创建具有 3~1024 边的正多边形。

多边形命令提供了创建规则多边形(例如:等边三角形、正方形、五边形、六边形等)的有效方法,可以使用"分解"命令将生成的多段线对象转换为直线对象。

"多边形"命令的执行方式有以下 3 种。

① 功能区"默认"选项卡→"绘图"面板: 。
② 绘图工具栏:单击"正多边形"按钮 。
③ 命令行:输入"polygon"后按 Enter 键或"空格"键。

执行"正多边形"命令后,命令行出现如下提示。

> 命令:_polygon 输入边的数目<4>:输入多边形的边数。
> 指定正多边形的中心点或 [边(E)]:指定中心点或输入选项。
> 输入选项 [内接于圆(I)/外切于圆(C)] <I>:确定选项。
> 指定圆的半径:指定圆的半径。

> **说明**
>
> "正多边形"命令中后选项说明如下。
> - 边(E):通过指定第一条边的端点来定义正多边形,按照逆时针方向绘制。
> - 内接于圆(I):指定外接圆的半径,正多边形的所有顶点都在此圆周上。用鼠标指定圆周的半径,决定正多边形的旋转角度和尺寸。指定半径值点即为当前位置绘制正多边形的底边端点。
> - 外切于圆(C):指定从正多边形中心点到各边中点的距离。用鼠标指定半径,决定正多边形的旋转角度和尺寸。指定半径值点即为当前位置绘制正多边形的底边的中点。

绘制如图 1.38 所示的图形,其中中间的正六边形的外接圆直径为 100mm。

操作步骤如下。

① 执行"正多边形"命令绘制内接于圆半径为 100 的粗实线圆。
② 执行"正多边形"命令,确定边数为"5",状态栏出现"指定正多边形的中心点或 [边(E)]"时,输入"E"之后选择步骤①绘制的正六边形一条边的端点和终点。
③ 重复第②步,按顺序选择正六边形的各边,逐一完成 6 个正五边形。

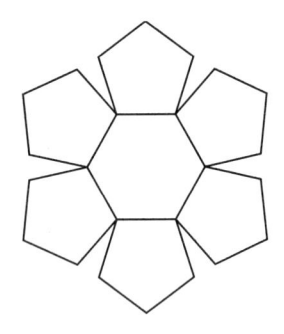

图1.38 平面图形

3. "修剪"命令

通过"修剪"命令可以使对象与其他对象的边相接，若选择的剪切边与修剪对象相交，则将对象修剪至剪切边的交点。如果未指定边界并在"选择对象"提示下按 Enter 键，则所有显示的对象都将成为潜在边界。

"修剪"命令的执行方式有以下几种。

① 功能区"默认"选项卡→"修改"面板：。

② 修改工具栏：单击"修剪"按钮。

③ 命令行：输入"trim"或"tr"后按 Enter 键或空格键。

执行"修剪"命令后，命令行出现如下提示。

```
命令：_trim
当前设置：投影=UCS，边=无
选择剪切边…
选择对象或<全部选择>：选择一个或多个对象后按 Enter 键，或者按 Enter 键选择所有显示的对象作为剪切的边界。
选择要修剪的对象，或按住 Shift 键选择要延伸的对象，或 [栏选 (F) /窗交 (C) /投影 (P) /边 (E) /删除 (R) /放弃 (U)]：选择对象或输入选项来指定一种对象选择方法来选择要修剪的对象。如果有多个可能的修剪结果，那么第一个选择点的位置将决定结果。
```

说 明

各选项的含义如下。
- 选择要修剪的对象：指定修剪对象。可以选择多个修剪对象，按 Enter 键退出命令。
- 按住 Shift 键选择要延伸的对象：延伸选定对象而不是修剪它们，此选项提供了一种在修剪和延伸之间切换的简便方法。
- 栏选 (F)：选择与选择栏相交的所有对象。
- 窗交 (C)：选择矩形区域内部或与之相交的对象。
- 投影 (P)：指定修剪对象时使用的投影方法。
- 边 (E)：确定对象是在另一对象的延长边处进行修剪。

4. "删除"命令

在绘制图形的过程中，可能会出现一些误操作，从而需要编辑图形以删除绘制错误的部分。执行"删除"命令后，即可删除选择的对象。

"删除"命令的打开方式有以下几种。

① 功能区"默认"选项卡→"修改"面板：。

② 修改工具栏：单击"删除"按钮。

③ 快捷键：选择要删除的对象，然后按 Delete 键。

④ 命令行：输入"erase"或"e"后按 Enter 键或"空格"键。

5. "恢复删除"命令

在绘制图形的过程中，可能会出现由于误操作而删除了本来需要的图形对象，一般可用"恢复删除"命令来恢复最后一次使用删除命令删除的所有对象。由于在执行块或写块命令时，在创建块后可以删除选定的对象，因此可以创建块之后使用恢复"删除"命令。

"恢复删除"命令的执行方式如下。

命令行：输入"oops"后按 Enter 键或"空格"键。

> **提示**
> 此恢复删除命令只能恢复最后一次删除的对象。

6. "撤销"命令

在绘制图形的过程中，如果要撤销前面的误操作，一般可以用"撤销"命令恢复最近的操作。可以向前恢复到最后一次保存文件的位置。

"撤销"命令的执行方式有以下几种。

① 快速访问工具栏：单击"放弃"按钮。
② 标准工具栏：单击"放弃"按钮。
③ 快捷键：按 Ctrl+Z 组合键。
④ 命令行：输入"undo"或"u"后按 Enter 键或"空格"键。

可以使用以下两种方法恢复最近的操作。

① 撤销单个操作。最简单的恢复方法是单击标准工具栏上的"放弃"按钮一次，或在命令行输入"undo"或"u"后，按 Enter 键或"空格"键撤销一个操作。许多操作和编辑命令包含自身的 U（放弃）选项，无需退出操作和编辑命令即可更正错误。例如，创建直线或多段线时，如果绘制多段图线后，出现失误，此时可不退出绘制命令，输入"u"即可放弃上一条线段。

② 一次撤销多步操作。先使用 undo 命令的"标记"选项标记执行的操作，然后使用 undo 命令的"后退"选项放弃在标记的操作之后执行的所有操作，即可一次撤销多步操作。使用 undo 命令的"开始"和"结束"选项可放弃一组预先定义的操作。

单击标准工具栏上的"放弃"按钮的下三角按钮，出现列表后选择要放弃的操作步骤，则立即放弃选择的操作。

7. "取消撤销"的操作

在执行"撤销"命令后，如果退回的操作步骤多了，可以立即使用"取消撤销"命令。"取消撤销"命令的执行方式以下 4 种。

① 快速访问工具栏：单击"重做"按钮。
② 标准工具栏：单击"重做"按钮。
③ 快捷键：按 Ctrl+Y 组合键。
④ 命令行：输入"redo"后按 Enter 键或"空格"键。

任务二 认识 AutoCAD 中的修改工具

任务描述

本项目的任务是利用图 1.39（a）所示的边长为 60mm 的正方形绘制图 1.39（b）所示的图形，具体要求如下。

（1）绘制图形：绘制边长为 60 的正方形。

（2）绘制图形：使用圆弧、直线等绘图命令，以及修剪、删除等编辑命令绘制基本图形。

（3）编辑图形：用阵列命令编辑图形，完成最终图形。

（4）将完成的图形以 cad1-2.dwg 为文件名存入练习目录中。

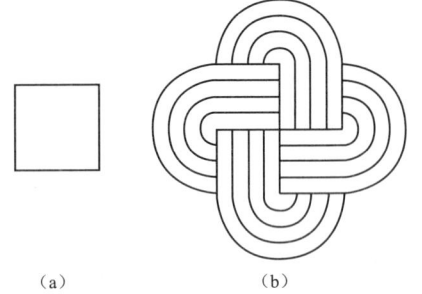

图 1.39 项目实例二
(a) 边长为 60mm 的正方形；
(b) 完成后的图形

任务分析

图 1.39（a）所示的基本图形为正方形，其边长为 60mm，以其为基准绘制圆弧、直线，再用删除、偏移等命令获得 1/4 图形，之后利用 AutoCAD 的阵列功能完成图 1.39（b）的绘制。绘图顺序如图 1.40 所示，具体分析如下：

① 绘制边长为 60mm 的正方形；
② 因步骤 c 需要绘制半圆弧，为了便于确定端点，绘制一条直线；
③ 绘制半圆弧；
④ 删除正方形上边直线；
⑤ 偏移圆弧和直线，偏距为 15mm；
⑥ 阵列图形，阵列数量为 4，阵列角度为 360°。

图 1.40 绘图顺序

操作步骤

⊙ **步骤一：启动 AutoCAD 2014**

单击 Windows 操作系统桌面左下角的开始按钮，打开"开始"菜单，并进入"程序"

级联菜单中的 Autodesk→AutoCAD 2014-Simplified Chinese→AutoCAD 2014，启动 AutoCAD 2014，并在状态栏中单击动态输入按钮。

步骤二：绘制正方形

绘制如图 1.39（a）所示的边长为 60mm 的正方形，其操作如图 1.41 所示，具体如下：

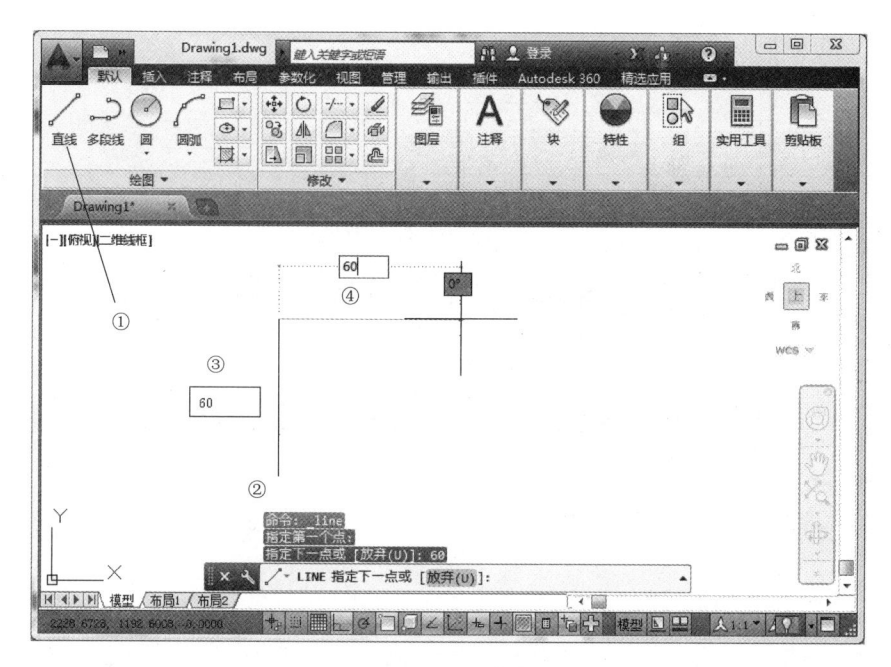

图 1.41 正方形绘制操作

① 单击"绘图"面板上的"直线"按钮 ；
② 将光标移至任意点，单击鼠标左键确定起点；
③ 将光标向正上方移动一段距离后，输入"60"，并单击"空格"键，完成第一条直线绘制；
④ 将光标向水平方向移动一段距离后，输入"60"，并单击"空格"键，完成第二条直线绘制；
⑤ 同样的操作方法完成另外两条直线绘制，得到图 1.42 所示的正方形效果。

> **提示**
>
> 因后续步骤要删除两条线段，所以不推荐使用正多边形绘制正方形，否则需要用分解命令将其分解之后才可删除。

步骤三：复制水平直线

为了便于后面绘制半圆弧，需要复制水平直线，其操作如图 1.43 所示，具体如下：

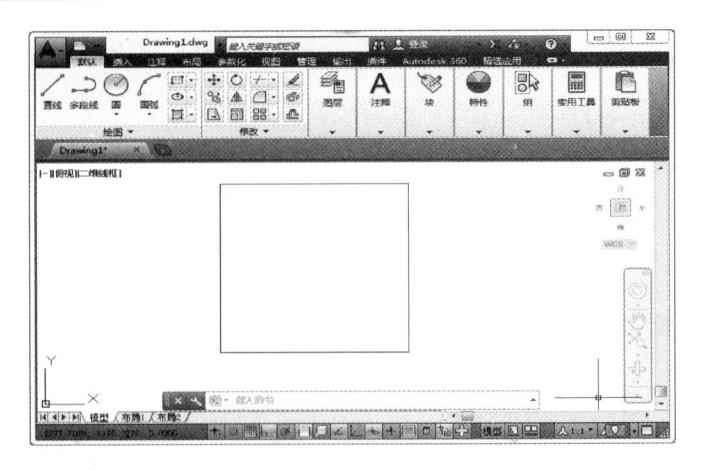

图 1.42　正方形绘制效果

(a)

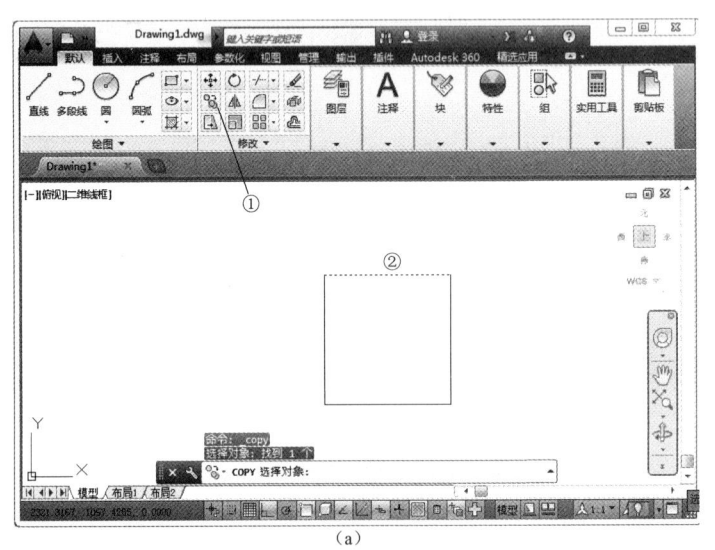

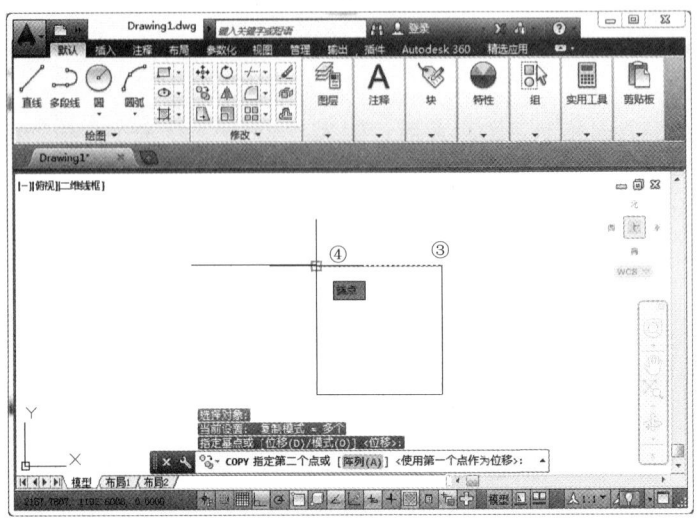

(b)

图 1.43　复制水平直线操作
(a) 选中水平直线；(b) 放置水平直线

① 单击"修改"面板上的"复制"按钮;
② 单击鼠标左键选中正方形的上方直线;
③ 单击鼠标左键选择选中直线的右端点为复制基点;
④ 单击鼠标左键选择选中直线的左端点为放置点,按键盘上的 Esc 键完成直线复制。

➔ **步骤四:绘制圆弧**

绘制圆弧操作如图 1.44 所示,具体如下:

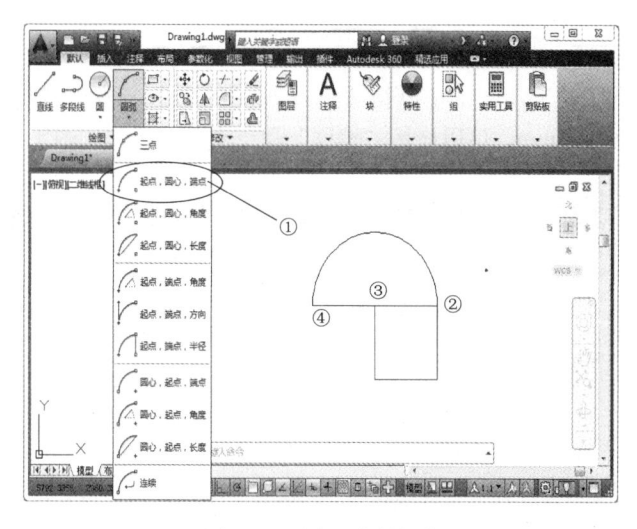

图 1.44　圆弧绘制操作

① 单击"绘图"面板上的"三点圆弧"按钮，在弹出的下拉菜单中选择"起点、圆心、端点"按钮;
② 按信息栏提示选择右端点为圆弧起点;
③ 选择交点为圆弧的圆心;
④ 选择圆弧的端点,则得到图 1.45 所示效果。

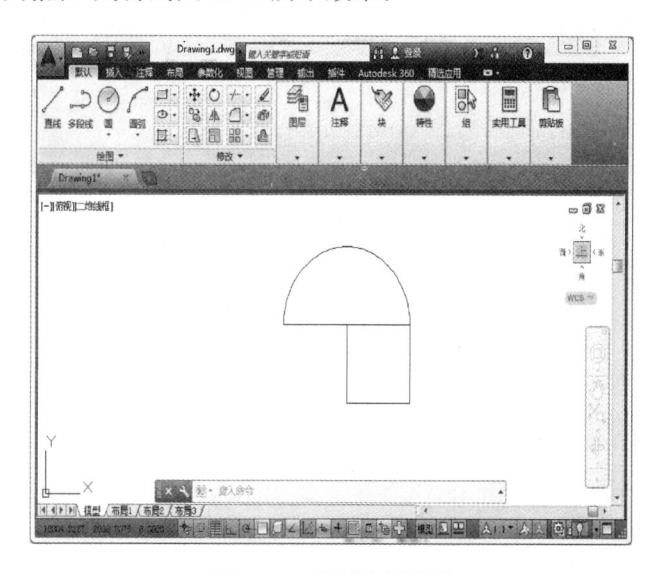

图 1.45　圆弧绘制效果

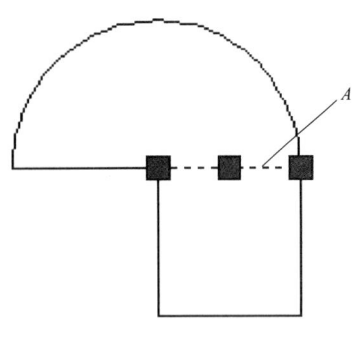

图 1.46 直线 A

◉ 步骤五：删除直线

图 1.37（d）中没有图 1.46 所示的直线 A，故需要删除。

删除直线 A 的操作如图 1.47 所示，具体如下：

① 单击鼠标左键选中直线 A；

② 单击"修改"面板上的"删除"按钮，得到图 1.48 所示效果。

◉ 步骤六：偏移直线和圆弧

获得图 1.48 所示的图形之后，需要绘制图形中间的三条直线和圆弧，相互间距为 15mm，可以应用"偏移"命令实现，操作如图 1.49 所示，具体如下：

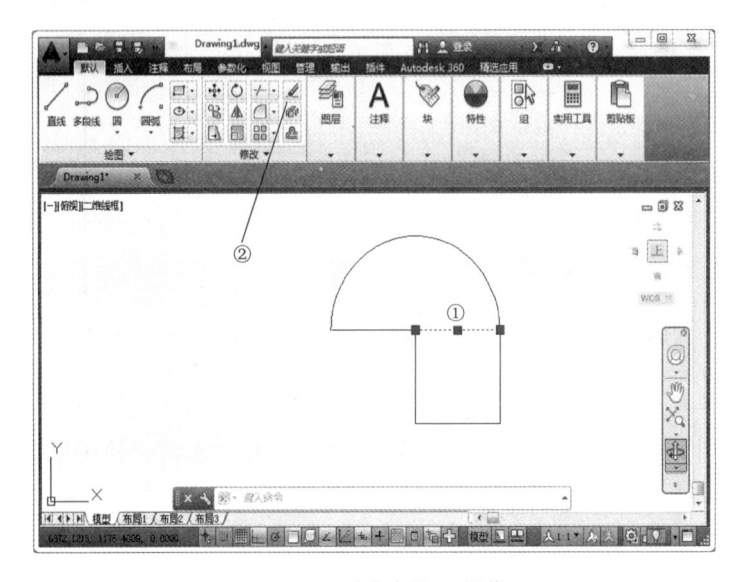

图 1.47 删除直线 A 操作

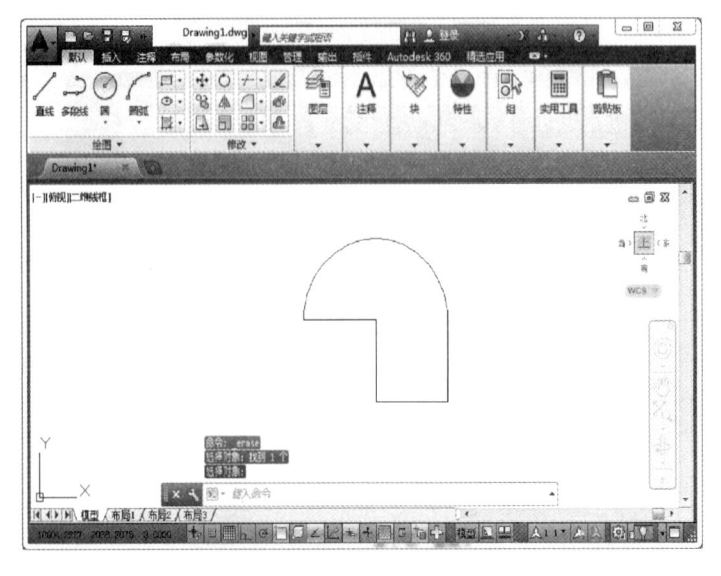

图 1.48 删除直线 A 的效果

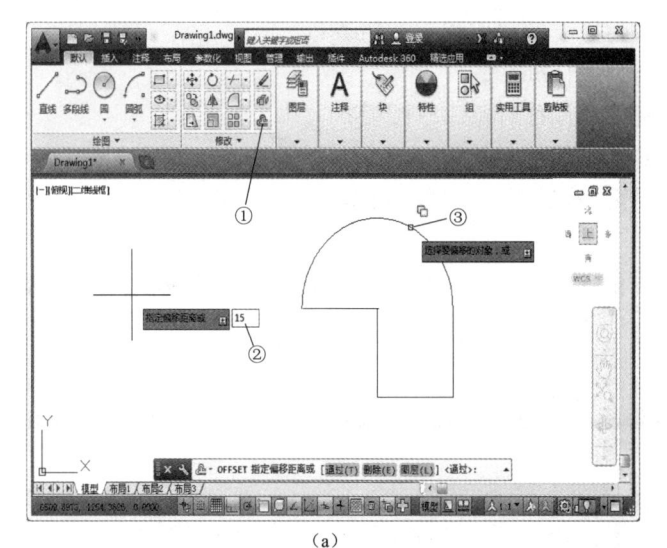

(a)

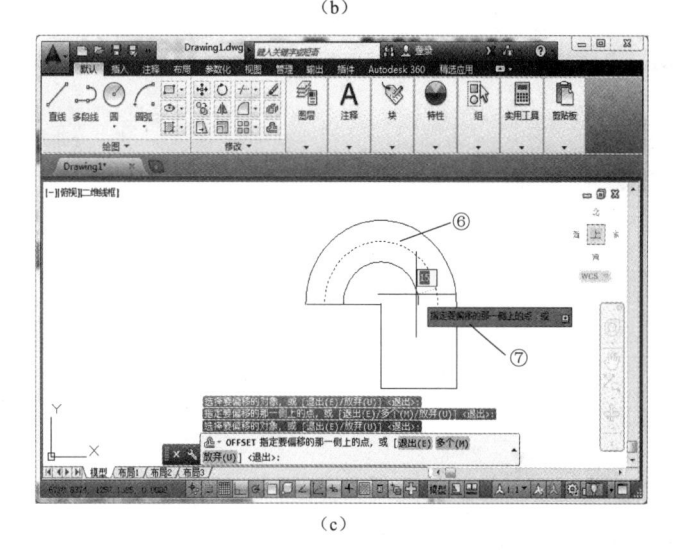

(b)

(c)

图 1.49　偏移操作

① 单击"修改"面板上的"偏移"按钮；
② 指定偏移距离为"15mm"；
③ 单击鼠标左键选择偏移对象——圆弧；
④ 单击鼠标左键指定偏移方向——图形内部区域，即可得到图 1.49（b）所示效果。
用同样的操作顺序选择圆弧和直线进行偏移，即可得到图 1.50 所示效果。

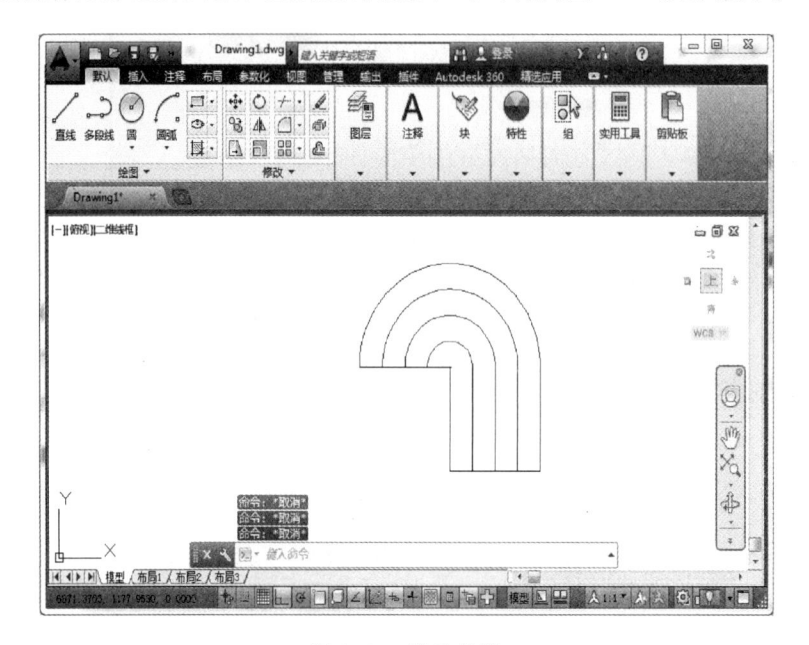

图 1.50　偏移效果

⊖ **步骤七：阵列图形**

将图 1.50 进行环形阵列，即可获得图 1.36（b）所示的图形，其操作如图 1.51 所示，具体如下：

（a）

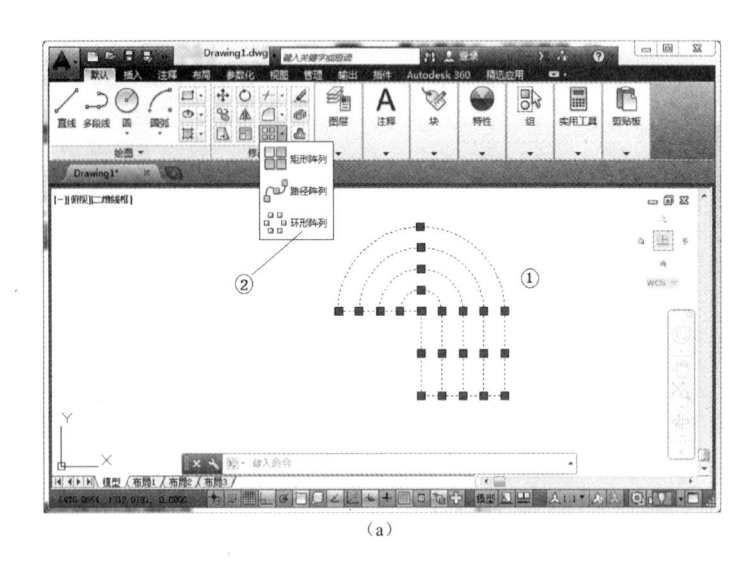

图 1.51　阵列操作（一）

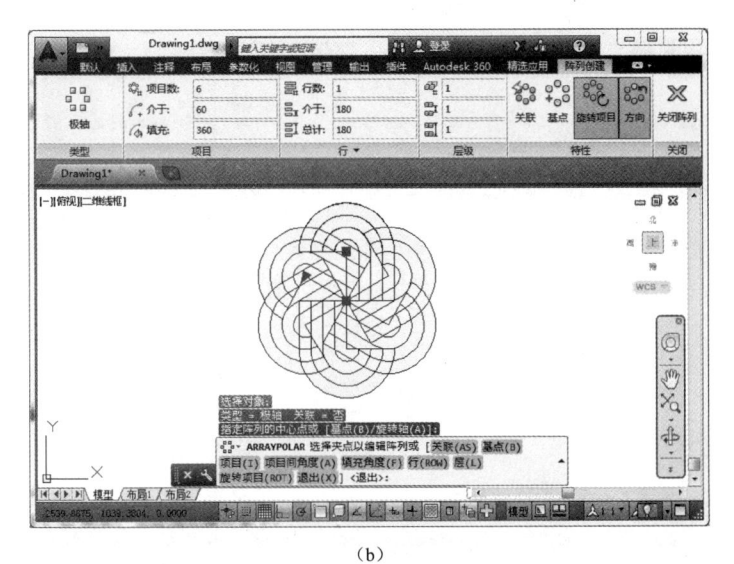

(b)

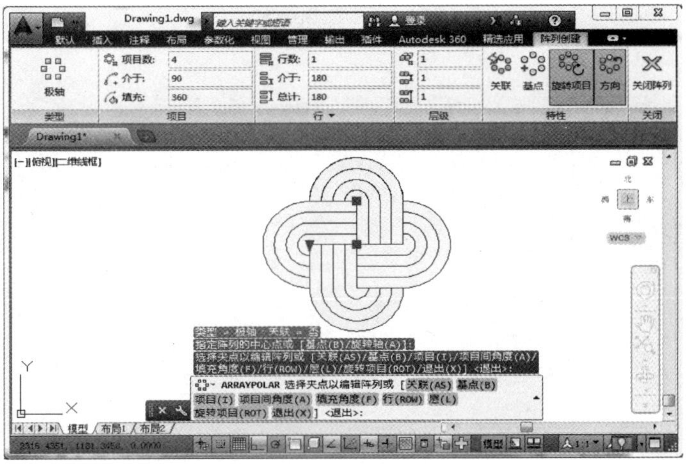

(c)

图1.51 阵列操作（二）

① 框选图形所有元素；

② 单击"修改"面板上的"阵列"按钮 右边的倒三角在下拉菜单中选择"环形阵列"；

③ 把默认的"项目总数"改为4，关闭阵列，即可得到图1.52所示效果。

→ **步骤八：另存图形**

如图1.53所示，另存图形操作如下：

① 单击工具栏上的"另保存"按钮 ；

② 在弹出的"图形另存为"对话框中选择文件保存路径；

③ 在"文件名（N）"文本框中输入"cad1-2"；

④ 单击"保存"按钮 保存(S) ，即完成图形绘制。

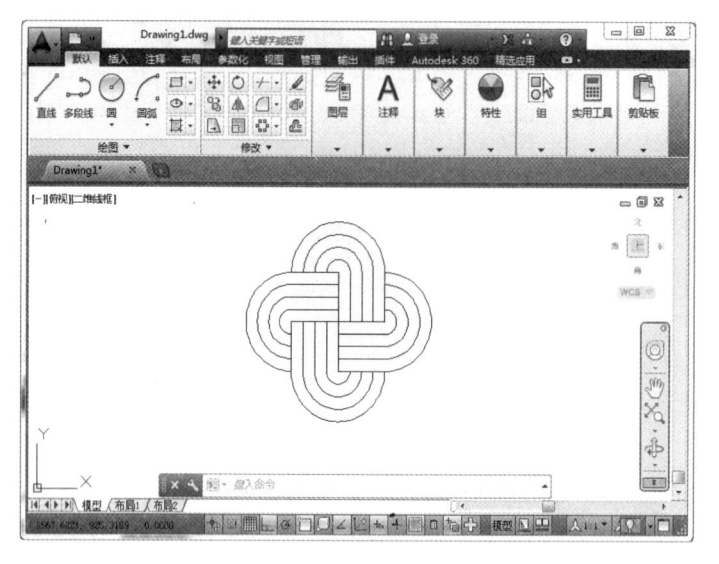

图 1.52　阵列效果

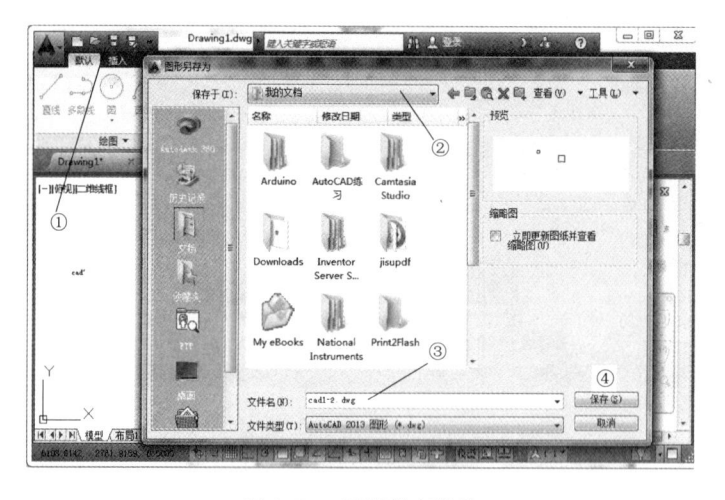

图 1.53　图形保存操作

相关知识

一、精确绘图方式

在绘制图形的过程中，需要准确定位各点的坐标，可借助于状态栏上的各种辅助工具和指定对象捕捉方式来辅助完成点的精确定位。用户可通过"绘图设置"对话框，对这些辅助工具进行设置，以便能更加灵活、方便地使用这些工具来绘图。

1. 栅格和捕捉

在绘制图形时，尽管可以通过移动光标来指定点的位置，但这种方法很难精确指定点的某一位置。在 AutoCAD 中，使用捕捉和栅格功能，可以精确定位点，提高绘图效率。

栅格是一种可见的、由许多排列规则的点组成的矩形图案，可以利用栅格的捕捉功能准确地定位点。栅格可以在确定的图纸范围内显示,但不参与打印。打开和关闭栅格的方式有以下 5 种。

① 菜单命令:选择"工具"→"绘图设置"命令,在"绘图设置"对话框中进行设置。
② 控制按钮:单击状态栏上的"栅格"按钮▦,使其亮显即打开,灰色即关闭。
③ 快捷键:按 F7 键,可以快速打开和关闭栅格。
④ 快捷菜单:右击状态栏上的"栅格"按钮▦,在弹出的快捷菜单中选择"启用"命令,或者选择"设置"命令,在弹出的"绘图设置"对话框中进行设置。
⑤ 命令行:输入"grid"后,按 Enter 键或"空格"键,然后在命令行提示下进行设置。

打开栅格后,在绘图区域显示如图 1.54 所示。

确定栅格后,还不能将光标具体定位到栅格上的点。如果打开栅格捕捉,移动光标时会发现,光标会在栅格之间跳跃移动,光标只能停在其附近的栅格点上,而且可以精确地选择这些栅格点,但却无法选择栅格点以外的地方,这个功能称为捕捉(snap)。因此,在绘制图形的过程中,确定栅格间距后,无须在命令行中输入点坐标,就可以直接利用光标准确地捕捉到目标点,快速确定图线的位置。

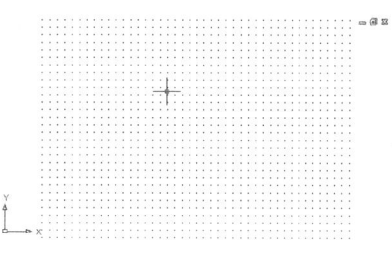

图 1.54 栅格显示

打开和关闭栅格捕捉的方式有以下 5 种。
① 菜单命令:选择"工具"→"绘图设置"命令,在"绘图设置"对话框中进行设置。
② 控制按钮:单击状态栏上的"捕捉"按钮▦,其状态为亮显即打开捕捉,其状态为灰色则关闭捕捉。
③ 快捷键:按 F9 键,可以快速打开和关闭栅格的捕捉。
④ 快捷菜单:右击状态栏上的"捕捉"按钮▦,在弹出的快捷菜单中选择"启用栅格捕捉"或"关"命令;也可选择"设置"命令,在弹出的"绘图设置"对话框中进行设置。
⑤ 命令行:输入"snap"后,按 Enter 键或者"空格"键,然后在命令行提示下进行设置。

在实际绘图时,栅格间的距离需要根据具体情况而定,可以在"绘图设置"对话框中进行设置。

打开"绘图设置"对话框的方法有以下 3 种。
① 菜单命令:选择"工具"→"绘图设置"命令,在出现的"绘图设置"对话框中切换到"捕捉和栅格"选项卡。
② 快捷菜单:右击状态栏上的"捕捉"或"栅格"按钮,在弹出的快捷菜单中选择"设置"命令,在打开的"绘图设置"对话框中切换到"捕捉和栅格"选项卡。
③ 命令行:输入"dsettings"后,按 Enter 键或者"空格"键,在打开的"绘图设置"对话框中切换到"捕捉和栅格"选项卡。

执行"绘图设置"命令后,出现"绘图设置"对话框,切换到"捕捉和栅格"选项卡,在选项卡中可以选择是否启用捕捉和是否启用栅格,设置捕捉 X、Y 轴间距,栅格的 X、Y 轴间距以及捕捉的类型和方式,如图 1.55 所示。

图 1.55 "捕捉和栅格"选项卡

2. 正交模式

AutoCAD 提供的正交模式也可以用来精确定位点，它将定点设备的输入限制为水平或垂直。在正交模式下，可以方便地绘出与当前 X 轴或 Y 轴平行的线段。

打开正交功能后，输入的第 1 点可以任意确定，但当移动光标准备指定第 2 点时，不论光标在屏幕的什么位置，引出的橡皮筋线只能是水平线或垂直线，绘制出的直线为水平线还是垂直线究竟取决于光标位置和上一点连线与水平方向和垂直方向的夹角，与哪个方向的夹角小，直线即在那个方向上。

打开和关闭正交模式的方式有以下 4 种。

① 控制按钮：单击状态栏上的"正交"按钮，使其亮显即打开，灰色则关闭。

② 快捷键：按 F8 键，可以快速打开和关闭正交模式。

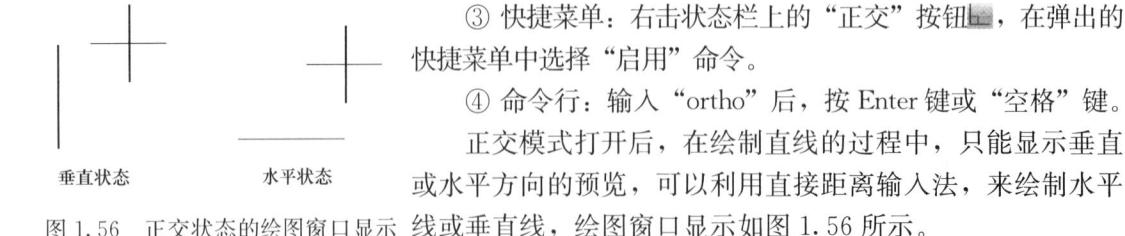

③ 快捷菜单：右击状态栏上的"正交"按钮，在弹出的快捷菜单中选择"启用"命令。

④ 命令行：输入"ortho"后，按 Enter 键或"空格"键。

正交模式打开后，在绘制直线的过程中，只能显示垂直或水平方向的预览，可以利用直接距离输入法，来绘制水平线或垂直线，绘图窗口显示如图 1.56 所示。

垂直状态　　水平状态

图 1.56　正交状态的绘图窗口显示

提示

正交模式打开后，输入坐标值可以绘制斜线。

3. 极轴追踪模式

在 AutoCAD 中，使用自动追踪功能可按指定角度绘制对象，或者绘制与其他对象有特定关系的对象。自动追踪功能分极轴追踪和对象捕捉追踪两种，是非常有用的辅助绘图工具，极轴追踪和对象捕捉追踪可以同时使用。极轴追踪是按事先给定的角度增量来追踪特征点,对象捕捉追踪将在后面讲述。

打开和关闭极轴追踪的方式有以下 4 种。

① 控制按钮:单击状态栏上的"极轴"按钮,使其亮显即打开,灰色则关闭。

② 快捷键:按 F10 键,可以快速打开和关闭极轴追踪模式。

③ 快捷菜单:右击状态栏的"极轴"按钮,在弹出的快捷菜单中选择"启用"命令。

④ 命令行:输入"ddrmodes"后,按 Enter 键或空格键,在打开的对话框中切换到"极轴追踪"选项卡,选中"启用极轴追踪"复选框。

用户可以根据自己的需要对极轴追踪的极轴角的设置以及追踪的方式进行设置。

打开设置极轴追踪的极轴角以及追踪方式的对话框的方式有以下 3 种。

① 菜单命令:选择"工具"→"绘图设置"命令,在出现的"绘图设置"对话框中切换到"极轴追踪"选项卡。

② 快捷菜单:右击状态栏上的"极轴"按钮,从弹出的快捷菜单中选择"设置"命令,在出现的"绘图设置"对话框中切换到"极轴追踪"选项卡。

③ 命令行:输入"ddrmodes"后,按 Enter 键或空格键,在出现的"绘图设置"对话框中保留"极轴追踪"选项卡。

执行"绘图设置"命令后,将出现"绘图设置"对话框,如图 1.57 所示,可以在"极轴追踪"选项卡中进行启用极轴追踪、极轴角以及对象捕捉追踪等设置。

"极轴角设置"选项组中各选项的含义如下。

"增量角"下拉列表框:用来设置显示极轴追踪对齐路径的极轴角增量,默认的角度是 90。可输入任意角度,也可以从下拉列表中选择 90、45、30、22.5、18、15、10 或 5 其中之一的常用角度。在光标移动到增量角的倍数数值的位置时,将显示极轴(一条虚点线)。

增量角的设置,也可以在快捷菜单中进行,可以设定其给定常用的增量角,方法为:右击状态栏上的极轴按钮,在弹出的快捷菜单中,直接选择需要的角度就可以了,如图 1.58 所示。

图 1.57 "极轴追踪"选项卡   图 1.58 极轴追踪快捷菜单

"附加角"复选框:对于极轴追踪使用列表中增加的一种附加角度。

> **提示**
> 附加角度是绝对的,而非增量的,有几个附加角,就增加几个极轴位置显示。

"对象捕捉追踪设置"选项组中各选项的含义如下。

"仅正交追踪"单选按钮:当打开对象捕捉和对象追踪时,仅显示已获得的对象捕捉点的正交(水平/垂直)对象捕捉追踪路径。

"用所有极轴角设置追踪"单选按钮:将极轴追踪设置应用于对象捕捉追踪。使用对象捕捉和对象追踪时,光标将从获取的对象捕捉点起沿极轴对齐角度进行追踪。

"极轴角测量"选项组中各选项的含义如下。

"绝对"单选按钮:根据当前用户坐标系(UCS)确定极轴追踪角度。

"相对上一段"单选按钮:根据上一个绘制线段方向确定极轴追踪角度。

打开极轴追踪,则正交模式自动关闭,极轴追踪与正交模式只能二选一,不能同时使用。绘制直线时,确定第一点后,绘图窗口内显示样式(增量角为 $45°$),如图 1.59 所示,用户可以移动光标,确定第二点的方向即与 X 轴正方向的夹角,然后利用直接距离输入法,在命令行输入线段的长度,绘制图形。

图 1.59 极轴追踪的显示

4. 对象捕捉模式

在绘图过程中,经常要指定一些对象上已有的点,例如端点、圆心、两个对象的交点等。在 AutoCAD 中,可以通过"对象捕捉"工具栏和"绘图设置"对话框等方式调用对象捕捉功能,以便迅速、准确地捕捉到某些特殊点,从而精确地绘制图形。

对象捕捉模式又可分为临时替代捕捉模式和自动捕捉模式。

在执行命令的过程中,当命令行提示确定一点的位置时,输入关键字(如 mid、cen、qua 等)或单击"对象捕捉"工具栏中的工具或在对象捕捉快捷菜单中选择相应命令,称为临时替代捕捉模式。它仅对本次捕捉点有效,在命令行中显示一个"于"标记,AutoCAD 会根据用户指定的对象捕捉方式,快速而精确地把十字光标定位于指定对象的相应的特征点上。只要光标在要捕捉点的位置附近,显示捕捉特征点符号时单击,就可以选择要确定的点。

执行临时替代捕捉的方式有以下 3 种。

① 快捷菜单:按住 Shift 键或者 Ctrl 键,并在绘图窗口右击,打开对象捕捉快捷菜单,选择对象捕捉方式。

② "对象捕捉"工具栏:单击"对象捕捉"工具栏上的"捕捉对象"按钮选择对象捕捉的方式。

③ 命令行:命令行内输入对象捕捉方式的名称。

> **提示**
> 在提示输入点时,执行临时替代对象捕捉,对象捕捉只对指定的下一点有效。如果在没有要求输入点时,执行对象捕捉方式,命令行将显示错误信息。

临时替代捕捉的各个工具选项说明见表 1.2。

表 1.2 对象捕捉模式的含义

按钮	名称	说明
	临时追踪点（TT）	确定临时参照点，在图形上单击一点，获取点将显示小加号（+），移动光标将相对于该临时点显示自动追踪对齐路径
	自（FROM）	确定临时参照或基点后，输入自该基点的偏移坐标为@X,Y
	端点（END）	捕捉离光标最近图线的端点。圆弧、椭圆弧、直线、多线、多段线、样条曲线、面域和射线的端点，或捕捉到宽线、实体或三维面域的角点
	中点（MID）	捕捉离光标最近图线的中点。圆弧、圆、椭圆、椭圆弧、直线、多线、多段线、面域、实体、样条曲线或参照线的中点
	交点（INT）	捕捉离光标最近两图线的交点。圆弧、圆、椭圆、椭圆弧、直线、多线、多段线、射线、面域、样条曲线或参照线的相互交点
	外观交点（APPINT）	捕捉两不相交图线延伸交点。单击两条不相交的图线，自动捕捉到延伸交点。也可捕捉到不在同一平面但当前视图中相交的两个对象的外观交点
	延长线（EXT）	捕捉离光标最近图线的延伸点，光标经过对象的端点时（不能单击），端点将显示小加号（+），沿着线段或圆弧的方向移动光标，用户在延长线上指定点
	圆心（CEN）	捕捉离光标最近曲线的圆心。圆弧、圆、椭圆或椭圆弧的圆心，或实体、面域中圆弧的圆心
	象限点（QUA）	捕捉离光标最近曲线的象限点。圆弧、圆、椭圆或椭圆弧的象限点
	切点（TAN）	捕捉离光标最近的图线切点。该命令可以捕捉到直线与曲线或曲线与曲线的切点。如果作两个圆的公切线，执行切点捕捉时，公切线的位置与选择切点的位置有关
	垂足（PER）	捕捉外面一点到指定图线的垂足。直线、圆弧、圆、多段线、射线、参照线、多线或三维实体的边等作为绘制垂直线的基础对象
	平行线（PAR）	捕捉与已知直线平行的直线。指定矢量的第一个点后，执行捕捉平行线命令，将光标移动到另一个对象的直线段上（注意，不要单击），该对象上显示平行捕捉标记，移动光标到指定位置，屏幕上将显示一条与原直线平行的虚线对齐路径，用户可在此虚线上选择一点
	插入点（INS）	捕捉离光标最近的块、形或文字的插入点
	节点（NOD）	捕捉离光标最近的点对象、标注定义点或标注文字起点
	最近点（NEA）	捕捉离光标最近圆弧、圆、椭圆、椭圆弧、直线、多线、点、多段线、射线、样条曲线或参照线等图线上的点
	无捕捉（NON）	暂时关闭所有对象捕捉模式，禁止对当前的选择执行对象捕捉
	对象捕捉设置（OSNAP）	设置对象自动捕捉的模式

在绘图过程中，使用对象捕捉的频率非常高，为此，AutoCAD 提供了一种自动对象捕捉模式。对象捕捉模式始终处于运行状态，直到关闭为止，称为自动捕捉模式。

当把光标放在一个对象上时，系统自动捕捉到对象上所有符合条件的几何特征点，并显示相应的标记。如果把光标放在捕捉点上多停留一会，系统还会显示捕捉的提示。这样，在选择点之前，就可以预览和确认捕捉点。

打开和关闭自动对象捕捉模式的方式有以下 4 种。

① 控制按钮：单击状态栏上的"对象捕捉"按钮，使其亮显即打开，灰色即关闭。

② 快捷键：按 F3 键，可以快速打开和关闭自动对象捕捉模式。

③ 快捷菜单：右击状态栏上的"对象捕捉"按钮，在弹出的快捷菜单中选择"启用"命令。

④ 命令行：输入"ddrmodes"，在出现的"绘图设置"对话框中切换到"对象捕捉"选项卡，如图 1.60 所示，选中"启用对象捕捉"复选框。

图 1.60 "对象捕捉"选项卡

用户可以根据自己的需要设置对象捕捉模式。

打开"绘图设置"对话框的方法有以下 4 种。

① 菜单命令：选择"工具"→"绘图设置"命令，在打开的对话框中切换到"对象捕捉"选项卡。

② 快捷菜单：右击状态栏上的"对象捕捉"按钮，在弹出的快捷菜单中选择"设置"命令。

③ 控制按钮：单击"对象捕捉设置"按钮。

④ 命令行：输入"ddrmodes"后按 Enter 键或"空格"键，在出现的"绘图设置"对话框中切换到"对象捕捉"选项卡。

执行"绘图设置"命令后，出现"绘图设置"对话框，可以先选中"启用对象捕捉"复选框；再选中需要自动捕捉的对象捕捉模式。在自动对象捕捉模式下，不能选中太多的对象捕捉模式，否则会因显示的捕捉点太多而降低绘图的操作性。

> **提示**
> 如果希望对象捕捉忽略图案填充对象，则需将OSNAPHATCH系统变量设置为0。

5. 对象捕捉追踪模式

对象捕捉追踪是按照与对象的某种特定关系来追踪对象。使用对象捕捉追踪功能可以快速、精确地定位点，很大程度上提高了绘图效率。

对象捕捉追踪模式的打开方式有以下4种。

① 控制按钮：单击状态栏上的"对象追踪"按钮，使其亮显即打开，灰色即关闭。

② 快捷键：按F11键，可以快速打开或关闭对象捕捉追踪模式。

③ 快捷菜单：右击状态栏上的"对象追踪"按钮，在弹出的快捷菜单中选择"启用"命令。

④ 命令行：输入"ddrmodes"，按Enter键或"空格"键，在出现的"绘图设置"对话框中切换到"对象捕捉"选项卡，选中"启用对象捕捉追踪"复选框。

对象捕捉将指定点限制在现有对象的确切位置上，例如中点或交点。使用对象捕捉可以迅速定位对象上的点的精确位置，而不需要知道坐标。

对象追踪有助于沿指定方向（称为对齐路径）按指定角度或与其他对象的指定关系绘制对象。当自动追踪打开时，临时对齐路径有助于以精确的坐标和角度创建对象。自动追踪包括两个选项：极轴追踪和对象捕捉追踪。这两个选项一般与对象捕捉一起使用，只有设置了对象捕捉，才能从对象的捕捉点进行追踪。

使用对象捕捉追踪，可以沿着基于对象捕捉点的对齐路径进行追踪。已获取的点将显示一个小加号（＋），一次最多可以获取7个追踪点，用户可以移动光标靠近某一特征点来选取临时追踪点（不能单击）。获取点之后，当在绘图路径上移动光标时，将显示相对于获取点的水平、垂直或极轴对齐路径，如图1.61所示。

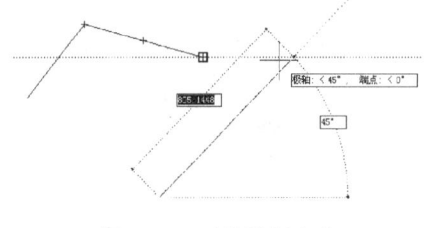

图1.61 对象捕捉追踪

下面举一个例子说明对象捕捉追踪和极轴追踪。启用端点和圆心自动对象捕捉，极轴角的增量角设置为15°，执行绘制直线命令后，单击直线的起点1开始绘制直线，将光标移动到另一条圆弧的端点2处获取该点（不能单击），继续移动光标，获取点3、点4，则2、3、4点处出现小加号（＋），然后移动光标，利用某点的极轴交点确定点的位置，或两点的水平垂直交点获取点的位置，如图1.62所示。

默认情况下，对象捕捉追踪设置为正交模式。对齐路径将显示在始于已获取的对象点的0°、90°、180°和270°方向上。也可以在"极轴追踪"选项卡中的"对象捕捉追踪设置"中，选择"用所有极轴角设置追踪"，这样确定追踪的路径就比较多了。

6. 动态输入模式

动态输入功能可以在光标位置处显示标注输入和命令提示等信息，从而极大地方便了绘图。

动态输入模式是在光标附近提供了一个命令界面，用户可以在绘图窗口直接观察下一步的提示信息和一些有关的数据；该信息随光标移动而动态更新。当某命令被激活时，提示工具栏将为用户提供输入命令和数据的坐标。

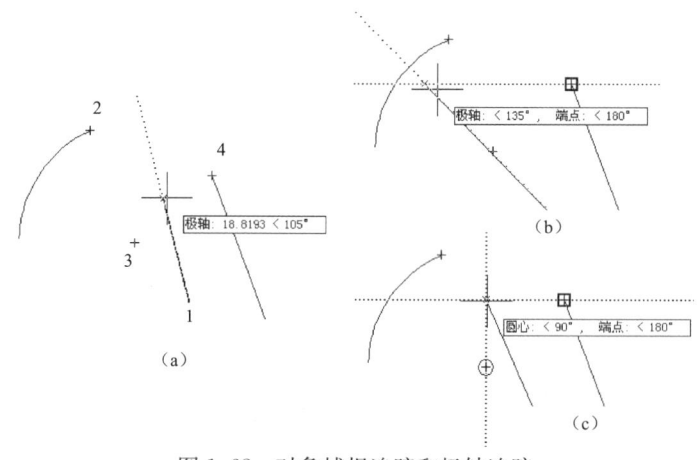

图 1.62 对象捕捉追踪和极轴追踪

(a) 原图；(b) 1 点极轴追踪；(c) 2 点极轴追踪

动态输入模式的提示工具栏与命令行中的提示类似，其区别是动态输入模式可以观察光标附近的图形，可以快速绘制图形。

打开和关闭动态输入的方式有以下 3 种。

① 控制按钮：单击状态栏上的动态输入按钮，使其亮显即打开，灰色即关闭。

② 快捷键：按 F12 键，可以快速打开和关闭动态输入模式。

③ 快捷菜单：右击状态栏上的动态输入按钮，在出现的快捷菜单中选择"启用"命令，或选择"设置"命令后在出现的对话框中切换到"动态输入"选项卡。

动态输入模式有 3 个组件：指针输入、标注输入和动态提示。在"动态输入"选项卡中单击"设置"按钮，进行各种设置，以控制启用动态输入时每个组件所显示的内容。

> **提 示**
>
> 打开"动态输入"后确定第二个点及后续点的默认坐标输入方式为相对坐标，此时不需要输入"@"符号；如果需要使用绝对坐标，坐标数据加前缀"#"号。

二、相关的绘图命令

1. 圆弧的绘制

圆弧也是 AutoCAD 中的常见对象，根据圆弧的绘制条件的不同，AutoCAD 2014 提供了 10 种绘制圆弧的方式，这些方式是基于圆心和直径（或半径）以及与绘制圆弧相关的参数点来绘制圆弧。

"圆弧"命令的执行方式有以下 3 种。

① 功能区"默认"选项卡→"绘图"面板：。

② 绘图工具栏：单击"圆弧"按钮。

③ 命令行：输入 arc 后按 Enter 键或"空格"键。

执行菜单的"圆弧"命令或单击功能区"绘图"面板的圆弧按钮下三角时，有 11 种选择，其中 10 种是绘制一般圆弧的方式，另外一种是绘制连续相切的圆弧，可以根据需要分别选择不同的绘制方式。

执行"圆弧"命令时，在命令行出现如下提示信息。

项目一　AutoCAD 2014 简单图形的绘制

命令：arc
指定圆弧的起点或 [圆心 (C)]：指定圆弧的第一个点为起点。
指定圆弧的第二个点或 [圆心 (C)/端点 (E)]：指定圆弧的第二个点是圆弧线上的一个点。
指定圆弧的端点：指定圆弧的第三个点是圆弧终点。

"圆弧"命令中各选项说明如下。
圆心（C）：指定圆弧所在圆的圆心。
端点（E）：使用圆心点，从起点向端点逆时针方向绘制圆弧。
圆弧的方向由起点和端点的方向确定，圆弧沿着从起点开始到端点结束的逆时针方向旋转。
在执行"起点-端点-半径圆弧"命令绘制圆弧的时候，在确定起点和端点后，若输入半径为正值，则圆弧的圆心角小于 180°；若输入半径为负值，则圆弧的圆心角大于 180°。

提示
如果绘制与直线相切的圆弧，或者绘制与圆弧相切的直线，在绘制前一对象后，执行下一命令，起始点无须指定，按 Enter 键即可自动找到上一命令结束的终止点，圆弧和直线之间的连接则自动相切。

绘制如图 1.63 所示的图形。
具体步骤如下。
① 在动态输入模式下，执行直线命令画出 GH 线段长 80，以及 HI、IJ 线段分别长 20。
② 执行圆弧命令画出 JK 圆弧，其半径为 10。在执行直线命令画出水平 KL 线段长 20，垂直 LM 线段长 40，然后执行圆弧命令画出 LM 圆弧，其半径为 20，最后删除 LM 线段。
③ 执行直线命令画出 MN 线段长 20，在执行圆弧命令画出 NO 圆弧，然后执行直线命令画出 OP、PA 线段分别长 20，以及 AB 线段长 80。

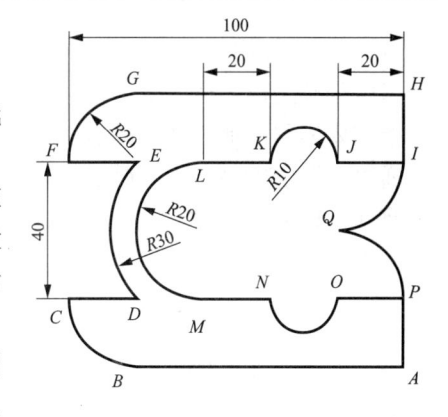

图 1.63　圆弧练习

④ 执行直线命令画出 GE、EF 线段分别长 20，在执行圆弧命令画出 GF 圆弧，其半径为 20，最后删除 GE 线段。
⑤ 执行直线命令画出 BD、DC 线段分别长 20，在执行圆弧命令画出 CB 圆弧，其半径为 20，最后删除 BD 线段。
⑥ 执行圆弧命令画出 ED 圆弧，其半径为 30。在执行直线命令连接 JO，通过对象捕捉确定 Q 点位置，然后执行圆弧命令画出 QI、PQ 圆弧，其半径分别为 20，最后删除 JO 线段。

提示
画圆弧时可采用圆弧（起点、端点、半径）的方式绘制，还要注意在选择起点时要考虑到圆弧默认的旋转方向是逆时针。

2. 偏移

"偏移"命令用于创建与选定对象平行且形状相同的新对象。偏移圆或圆弧可以创建更大或更小的圆或圆弧，具体是放大还是缩小取决于向哪一侧偏移。偏移的对象必须是一个实体。

可偏移的对象有：直线、圆弧、圆、椭圆、椭圆弧（形成椭圆形样条曲线）、二维多段线、构造线（参照线）和射线、样条曲线。

"偏移"命令的执行方式有以下 3 种。

① 功能区"默认"选项卡→"修改"面板：。

② 修改工具栏：单击"偏移"按钮。

③ 命令行：输入 offset 后按 Enter 键或"空格"键。

执行"偏移"命令后，命令行出现如下提示信息。

> 命令：_offset
> 当前设置：删除源＝否 图层＝源 OFFSETGAPTYPE=0
> 指定偏移距离或 ［通过（T）/删除（E）/图层（L）］＜通过＞：
> 选择要偏移的对象，或 ［退出（E）/放弃（U）］＜退出＞：
> 指定要偏移的那一侧上的点，或 ［退出（E）/多个（M）/放弃（U）］＜退出＞：
> 选择要偏移的对象，或 ［退出（E）/放弃（U）］＜退出＞：

"偏移"命令中的各选项说明如下。

指定偏移距离：可以输入值或使用鼠标指定两点的距离。

指定要偏移的那一侧上的点：在要偏移的一侧任意指定一点。

通过（T）：输入"T"后按 Enter 键，在要偏移的一侧指定要偏移到的一点。

删除（E）：输入"E"后按 Enter 键，确定是否删除源对象。

图层（L）：输入"L"后按 Enter 键，确定偏移对象用当前层还是源对象层。

偏移多段线和样条曲线的特例：如果二维多段线和样条曲线在偏移距离大于可调整的距离时将自动进行修剪，如图 1.64 所示。

图 1.64 自动修剪偏移

3. 多段线与编辑多段线

多段线是作为单个对象创建的相互连接的序列线段。可以创建直线段、弧线段或两者的组合线段。绘制过程是一次多段线命令，连续绘制的。

多段线提供了单条直线所不具备的编辑功能。例如，可以调整多段线的宽度和曲率。创建多段线之后，可以使用"编辑多段线"命令对其进行编辑，或者使用分解命令将其转换成单独的直线段和弧线段。

（1）多段线

"多段线"命令的执行方式有以下 3 种。

① 功能区"默认"选项卡→"绘图"面板：。

② 绘图工具栏：单击"多段线"按钮。

③ 命令行：输入"pline"或"pl"后按 Enter 键或"空格"键。

执行"多段线"命令后，命令行出现如下提示。

命令：_ pline
指定起点：根据需要指定一点后命令行将显示下面信息
当前线宽为 0.0000
指定下一个点或 [圆弧（A）/半宽（H）/长度（L）/放弃（U）/宽度（W）]：指定一点或输入选项。
指定下一点或 [圆弧（A）/闭合（C）/半宽（H）/长度（L）/放弃（U）/宽度（W）]：指定一点或输入选项。

"多段线"命令的各选项说明如下。

指定下一个点：绘制一条直线段。命令行将显示前一个提示。

圆弧（A）：将弧线段添加到多段线中。

半宽（H）：指定从多段线线段的中心到其一边的宽度。

长度（L）：在与上一线段相同的角度方向上绘制指定长度的直线段。如果上一线段是圆弧，程序将绘制与该弧线段相切的新直线段。

放弃（U）：删除最近一次添加到多段线上的线段。

宽度（W）：指定下一条直线段的宽度。输入"W"后按 Enter 键，要分别输入图线起点和终点的宽度值。

对于圆弧（A）选项中，出现的命令行提示的部分选项说明如下。

角度（A）：指定弧线段的从起点开始的包含角。

闭合（CL）：用弧线段将多段线闭合。

直线（L）：退出"圆弧"选项并返回多段线命令的初始提示。

绘制如图 1.65 所示的图形。

具体步骤如下。

① 从图形的左下角开始绘制。执行多段线命令，先绘制起点和终点宽度为 0 长为 10 的线段，接着绘制起点宽度为 10、终点宽度为 0 长为 9 的线段。

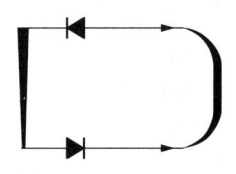

图 1.65　多段线练习

② 绘制起点和终点宽度都为 10 长为 1 的线段，接着绘制起点和终点宽度为 0 长为 10 的线段，然后绘制起点宽度为 2、终点宽度为 0 长为 10 的线段。

③ 转换绘制圆弧，绘制起点宽度为 0、终点宽度为 2、包含角为 90°、半径 R 为 10、圆弧的弦方向为 45°的圆弧；转换绘制直线，向上绘制宽度为 2 长为 10 的线段。

④ 转换绘制圆弧，绘制起点宽度为 2、终点宽度为 0、包含角为 90°、半径 R 为 10、圆弧的弦方向为 135°的圆弧；转换绘制直线，向左绘制起点宽度为 0、终点宽度为 2 长为 10 的线段。

⑤ 绘制起点和终点宽度为 0 长为 10 的线段，接着向左绘制起点宽度为 10、终点宽度为 0 长为 9 的线段，向左绘制起点和终点宽度都为 10 长为 1 的线段。

⑥ 向左绘制起点和终点宽度为 0 长为 10 的线段，确定起点宽度为 3、终点宽度为 1，执行闭合，绘制结束。

(2) 编辑多段线

编辑多段线命令可以用来闭合和打开多段线，以及移动、添加或删除单个顶点来编辑多段线；可以在任何两个顶点之间拉直多段线，也可以切换线型以便在每个顶点前或后显示虚线；可以为整个多段线设置统一的宽度，也可以分别控制各条线段的宽度；还可以通过多段线创建线性近似样条曲线。

"编辑多段线"命令的执行方式有以下 3 种。

① 功能区"默认"选项卡→"修改"面板：。

② 修改工具栏："编辑多段线"按钮。

③ 命令行：输入"Pedit"后按 Enter 键或"空格"键。

执行"编辑多段线"命令后，在命令行出现如下提示。

命令：_Pedit
选择多段线或 [多条 (M)]：使用对象选择方法或输入 m（选择对象后或者先选择对象再执行命令则显示如下所示）。
输入选项 [闭合 (C)/合并 (J)/宽度 (W)/编辑顶点 (E)/拟合 (F)/样条曲线 (S)/非曲线化 (D)/线型生成 (L)/放弃 (U)]：输入选项或按 Enter 键结束命令。

如果选定对象是直线或圆弧，则出现如下提示。

选定的对象不是多段线。
是否将其转换为多段线？<Y>：输入 y 或 n，或者按 Enter 键。

如果输入"y"，则对象被转换为可编辑的单段二维多段线，此操作可以将直线和圆弧合并为多段线。

"编辑多段线"命令的各选项说明如下。

多条 (M)：启用多个对象选择。

闭合 (C)：删除多段线的闭合线段。如果选择的是闭合多段线，则"打开"会替换提示中的"闭合"选项。

合并 (J)：在开放的多段线的尾端点添加直线、圆弧或多段线。对于合并到多段线的对象，除非第一次编辑多段线提示出现时使用多条选项，否则它们的端点必须重合。在这种情况下，如果模糊距离设置得足以包括端点，则可以将不相接的多段线合并。

提示

如果两条直线与一条多段线相接构成 Y 型，将选择其中一条直线合并到多段线。

编辑顶点 (E)：在屏幕上绘制×标记多段线的第一个顶点。如果已指定此顶点的切线方向，则在此方向上绘制箭头。

执行合并后多段线的特性：如果被合并到多段线中的若干对象的特性不相同，则得到的多段线将继承所选择的第一个对象的特性。合并后程序将放弃原多段线和与之合并的所有多段线的样条曲线信息，但一旦完成了合并，就可以拟合新的样条曲线生成多段线。

4. 阵列

在绘制图形时，经常遇到一些呈规则分布的实体，用多重复制命令不是十分方便、快捷。AutoCAD 中提供了阵列命令，从而可以快捷、准确地解决这类问题。

利用阵列命令可以在矩形或环形（圆形）阵列中创建对象的副本。

"阵列"命令的执行方式有以下 3 种。

①"修改"面板：单击"阵列"按钮 矩形阵列，按照命令行的提示，选择对象后，按 Enter 键，然后出现如图 1.66 所示阵列创建对话框，在其对话框内可以进行相关参数的修改，按 Enter 键即完成修改，最后关闭阵列。

图 1.66 "阵列"对话框

②"修改"面板：单击"阵列"按钮 环形阵列，按照命令行的提示，选择对象后，按 Enter 键，然后再按照命令行的提示，选择中心点，同时出现如图 1.67 所示阵列创建对话框，在其对话框内可以进行相关参数的修改，并按 Enter 键即完成修改，最后关闭阵列。

③命令行：输入"array"后按 Enter 键或"空格"键。

图 1.67 "阵列"对话框

（1）矩形阵列

在"行数"文本框中输入行的数目，如果只指定了一行，则必须指定多列。在"列数"文本框中输入列的数目，如果只指定了一列，则必须指定多行。

利用矩形阵列命令绘制如图 1.68 所示的图形。

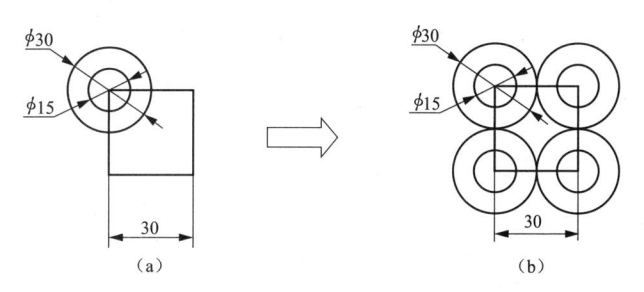

图 1.68 矩形阵列示例
（a）原图；（b）矩形阵列后的图形

先绘制如图 1.68（a）所示的原图。

单击"阵列"按钮 矩形阵列，按照命令行的提示，选择对象后，按 Enter 键，然后出现阵列创建对话框，在其对话框内进行如图 1.69 所示的参数修改，并按 Enter 键完成修改，最后关闭阵列。

图 1.69　矩形阵列设置示例

（2）环形阵列

环形阵列是指将选择的对象的基点，绕着中心点旋转得到所需数目和角度的相同样式的对象。因此在做环形阵列的时候，需要选择好中心点和基点。

要构造环形阵列，array 将确定从阵列中心点到最后一个选定对象上的参照点（基点）之间的距离。所使用的对象基点取决于对象类型，对于对象的基点可以设为默认值。默认值的基点设置见表 1.3。

表 1.3　　　　　　　　　　环形阵列对象基点默认设置

对象类型	默认基点
圆弧、圆、椭圆	圆心
多边形、矩形	第一个角点
圆环、直线、多段线、三维多段线、射线、样条曲线	起点
块、段落文字、单行文字	插入点
构造线	中点
面域	栅格点

利用"环形阵列"命令绘制如图 1.70 所示的图形。

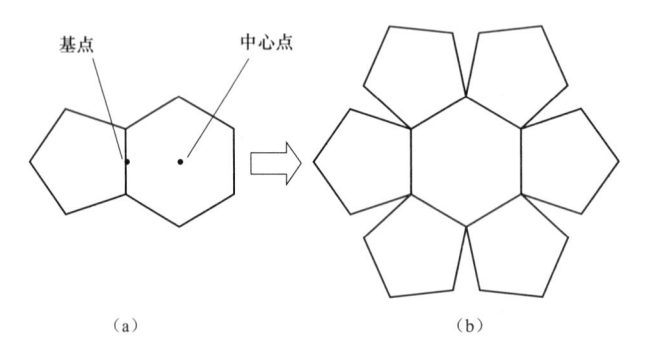

图 1.70　环形阵列示例
（a）原图；（b）环形阵列后的图形

具体步骤如下。

① 先绘制如图 1.70（a）所示的原图。

② 单击"阵列"按钮 环形阵列，按照命令行的提示，选择对象后，按 Enter 键，然后再

按照命令行的提示，选择中心点，同时出现阵列创建对话框，在其对话框内进行如图 1.71 所示的参数修改，并按 Enter 键完成修改，最后关闭阵列。

图 1.71　环形阵列设置示例

5. 圆的绘制

圆是 AutoCAD 中的常见对象之一，根据圆的绘制条件的不同，AutoCAD 2014 提供了 6 种绘制圆的方式，这些方式是基于圆心和直径（或半径）以及与绘制圆的相关的参数点来绘制圆。

"圆"命令的执行方式有以下 3 种。

① 功能区"默认"选项卡→"绘图"面板：⊙。

② 绘制工具栏：单击"圆"按钮⊙。

③ 命令行：输入"circle"或"c"后按 Enter 键或"空格"键。

在绘制工具栏上单击"圆"按钮⊙的下三角将有 6 种选择，如图 1.72 所示。这 6 种绘制圆的方式，可以根据不同的需要分别进行选择。

图 1.72　"绘图"工具栏中的"圆"命令选项

若选择"圆心、半径"方式绘制图，则在命令行出现如下提示信息。

> 命令：_circle 指定圆的圆心或 [三点 (3P) /两点 (2P) /相切、相切、半径 (T)]：指定点或输入选项。
> 指定圆的半径或 [直径 (D)] <当前>：指定圆心点、输入半径值或者输入"d"按 Enter 键后输入直径值。

"圆"命令中各选项的含义如下。

① 三点（3P）：基于圆周上的三点绘制圆。

② 两点（2P）：基于圆直径上的两个端点绘制圆。

③ 相切、相切、半径（T）：基于指定半径和两个相切对象绘制圆。

④ 相切、相切、相切（A）：基于圆周上与已知图线相切的三点绘制圆。

6. "复制"命令

"复制"命令是指从源对象以指定的角度和方位创建对象的副本，"复制"命令可连续将选定的对象粘贴到指定位置，直至按 Enter 键或 Esc 键退出"复制"命令。

"复制"命令的执行方式有以下 3 种。

① 功能区"默认"选项卡→"修改"面板：⊙。

② 修改工具栏：单击"复制"按钮⊙。

③ 命令行：输入"copy"后按 Enter 键或"空格"键。

执行"复制"命令后，命令行出现如下提示。

命令：_copy
选择对象：选择要复制的对象。
选择对象：继续选择要复制的对象或者按 Enter 键结束选择。
指定基点或 [位移 (D)] <位移>：指定复制的对象移动的基准点。
指定第二个点或 [退出 (E)/放弃 (U)] <退出>：指定要粘贴的位置。
指定第二个点或 [退出 (E)/放弃 (U)] <退出>：继续指定位置复制或者按 Enter 键结束复制命令。

还有其他的复制方式，如利用 Windows 中的"复制"命令进行操作，可以将选中的对象复制到粘贴板上，在不同的 DWG 文件中粘贴；还可应用在其他应用程序中，例如，可以将图形粘贴到 Microsoft Word 文件中，使其成为 AutoCAD drawing 对象，在其他计算机中打开此 Word 文件，且此计算机中装有 AutoCAD 软件时，双击图形可以启动 AutoCAD 对图形进行编辑。

7．缩放

绘制局部放大图时，要将图形按照放大的比例绘制，AutoCAD 提供的"缩放"命令，可以完成比例缩放操作。利用比例缩放功能可以将选中的对象以指定基点进行比例缩放，选中的对象即按统一比例放大和缩小或按照指定长度缩放。比例缩放分为两种：比例因子缩放和参照缩放。

"缩放"命令的执行方式有以下 3 种。

① 功能区"默认"选项卡→"修改"面板：图标。

② 修改工具栏：单击"缩放"按钮图标。

③ 命令行：输入"scale"或"sc"后按 Enter 键或"空格"键。

执行"缩放"命令后，在命令行出现如下提示。

命令：_scale
选择对象：利用选择方式选择要缩放的对象；
选择对象：按 Enter 键完成选择；
指定基点：指定缩放的基点（缩放的中心点）；
指定比例因子或 [复制 (C)/参照 (R)] <2.0000>：输入比例即可完成或输入选项。

"缩放"命令的各选项说明如下。

指定比例因子：按指定的比例缩放选定对象。大于 1 的比例因子将使对象放大；介于 0 和 1 之间的比例因子会使对象缩小。还可拖动鼠标使对象任意变大或变小。

复制 (C)：创建要缩放的选定对象的副本。

参照 (R)：按参照长度和指定的新长度缩放所选对象。命令行出现如下提示。

指定参照长度<1>：指定缩放选定对象的起始长度；
指定新的长度或 [点 (P)]：指定将选定对象缩放到的最终长度，或输入 p，使用两点来定义长度。

将图 1.73（a）所示的图形变成图 1.73（b）和图 1.73（c）所示的图形。

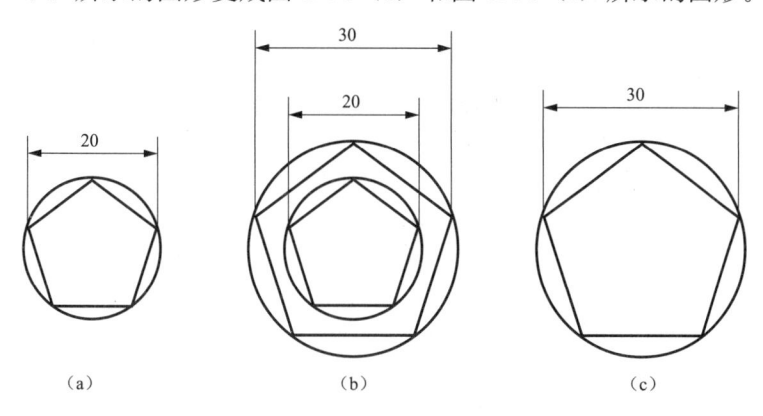

图 1.73　比例缩放绘制图形

(a) 原图；(b) 复制缩放后的图形；(c) 不复制缩放后的图形

先绘制任意五边形和其外接圆，执行"缩放"命令，选择"参照"方式，将五边形和圆缩放为图 1.73（a）所示距离为 20；再次执行缩放命令，选择"复制"和"参照"方式，将对角距设置为 30，得到如图 1.73（b）所示图形；若不执行"复制"方式，用"参照"方式，将对角距设置为 30，得到如图 1.73（c）所示图形。在绘制过程，其"文本窗口"显示如下信息。

命令：_polygon
输入边的数目<5>：确定绘制正五边形。
指定正多边形的中心点或［边（E）］：任意指定中心点。
输入选项［内接于圆（I）/外切于圆（C）］<I>：输入字母 I（内接于圆）。
指定圆的半径：任意确定大小。
命令：_circle
指定圆的圆心或［三点（3P）/两点（2P）/相切、相切、半径（T）］：输入 3p，绘制圆。
指定圆上的第一个点：在五边形上指定一点。
指定圆上的第二个点：在五边形上指定另一点。
指定圆上的第三个点：在五边形上指定另一点。
命令：_scale：执行比例缩放命令。
选择对象：选择圆和正五边形。
选择对象：按 Enter 键结束选择。
指定基点：指定圆心为基点。
指定比例因子或［复制（C）/参照（R）］<当前>：输入 r 确定为参照。
指定参照长度<当前>：分别指定五边形的标注尺寸的两点。
指定新的长度或［点（P）］<20.0000>：输入数字 20，则其距离为 20。
命令：_dimlinear：执行标注尺寸命令。
指定第一条尺寸界线原点或<选择对象>：指定第一点。
指定第二条尺寸界线原点：指定第二点。

指定尺寸线位置或
[多行文字（M）/文字（T）/角度（A）/水平（H）/垂直（V）/旋转（R）]：
标注文字＝20
命令：_scale
选择对象：利用选择方式选择要缩放的对象3个（圆、五边形、尺寸）。
选择对象：按Enter键选择结束。
指定基点：确定圆心为基点。
指定比例因子或[复制（C）/参照（R）]＜当前＞：输入c。
缩放一组选定对象。
指定比例因子或[复制（C）/参照（R）]＜当前＞：输入比例因子1.5得到图7.8（b）所示图形。
命令：_scale
选择对象：利用选择方式选择要缩放的对象3个（圆、五边形、尺寸）。
选择对象：按Enter键结束选择。
指定基点：确定圆心为基点。
指定比例因子或[复制（C）/参照（R）]＜1.5000＞：输入r。
指定参照长度＜当前＞：指定五边形左右两端点作为要确定的长度。
指定新的长度或[点（P）]＜20.0000＞：输入新的长度数值30，按Enter键得到图7.8（c）所示图形。

8. 填充

在工程设计中，常常要把某种图案（如机械设计中的剖面线、建筑设计中的建筑材料符号）填入某一指定的区域，这就是图案填充，也就是绘制剖面线。AutoCAD提供了各种不同材料的剖面线形式可供选择。

（1）创建图案填充

"图案填充"命令的执行方式有以下3种。

① 功能区"默认"选项卡→"绘图"面板：▨。

② 绘图工具栏：单击"图案填充"按钮▨。

③ 命令行：输入"hatch"（或h）、bhatch（或bh）后按Enter键或"空格"键。

执行"图案填充"命令后，出现如图1.74所示的"图案填充和渐变色"对话框，可以设置其中三项内容：填充的图案、填充的区域、填充的方式。

图1.74 "图案填充和渐变色"对话框

1）类型和图案

预定义：AutoCAD提供了实体填充及50多种行业标准填充图案，可用于区分对象的部件或表示对象的材质；还提供了符合ISO（国际标准化组织）标准的14种填充图案，用户可以根据自身需求选择所需的图案。

用户定义：临时定义的一种图案，是平行线，用户可以通过设置角度及比例来确定平行线之间的距离和方向。

自定义：用户可以自己定制图案的类型，属于 AutoCAD 定制与开发。

2）图案填充原点

"图案填充原点"命令可于控制填充图案生成的起始位置。某些图案填充（例如砖块图案）需要与图案填充边界上的一点对齐。默认情况下，所有图案填充原点都对应于当前的 UCS 原点。

3）边界

"边界"命令可以从多个方法中进行选择以指定图案填充的边界。

添加拾取点：指定对象封闭的区域中的点。单击该按钮，系统临时关闭对话框，并在命令行提示：拾取内部点或［选择对象（S）/删除边界（B）］，可以直接用鼠标单击要填充的区域，这种方式默认确定填充边界要求图形必须是封闭的。

填充图形时，将忽略不在对象边界内的整个对象或局部对象。如果填充线遇到对象（例如文本、属性）或实体填充对象，并且该对象被选为边界集的一部分，则 HATCH 将填充该对象的四周，如图 1.75 所示。

（2）编辑填充图案

填充图案的编辑可以在"图案填充和渐变色"对话框中进行，只要打开对话框重新进行设置即可。

图 1.75 填充内部有对象方式

还可以执行以下 2 种方式。

① 修改工具栏：单击"编辑图案填充"按钮。

② 命令行：输入"hatchedit"后按 Enter 键或"空格"键。

9. 镜像

镜像是将对象以某一直线为对称轴创建对称复制的图像。

镜像对于创建对称对象非常有用，因为可以只绘制一半对象，然后将其镜像，而不必绘制完整对象。执行"镜像"命令，要指定临时对称轴，可以在绘图窗口指定两点，将其连线作为对称轴，然后选择是删除源对象还是保留源对象。

"镜像"命令的执行方式有以下 3 种。

① 功能区"默认"选项卡→"修改"面板：。

② 修改工具栏：单击"镜像"按钮。

③ 命令行：输入"mirror"后按 Enter 键或"空格"键。

执行"镜像"命令后，命令行出现如下提示。

选择对象：使用对象选择方法并按 Enter 键结束命令。
指定镜像线的第一点：指定点（1）。
指定镜像线的第二点：指定点（2）。
要删除源对象吗？［是（Y）/否（N）］＜否＞：输入 y 或 n，或按 Enter 键。

10. 打断

"打断"命令可以将一个对象打断为两个对象，对象之间可以具有间隙，还可以将对象上两点之间的部分删除，当指定的两点相同时，可以没有间隙。"打断"命令对象包括直线、圆弧、圆、多段线、椭圆、样条曲线和圆环等。"打断"命令分为两种：打断和打断于点。

（1）打断命令

打断命令将一个对象打断为两个对象，对象之间可以具有间隙。

打断命令的执行方式有以下 3 种。

① 功能区"默认"选项卡→"修改"面板：单击"打断"按钮。

② 修改工具栏：单击"打断"按钮。

③ 命令行：输入"break"或"br"后按 Enter 键或"空格"键。

执行打断命令后，命令行出现如下提示。

> 命令：_ break
> 选择对象：使用点选方法选择一个对象，系统把选择点作为第一断点。
> 指定第二个打断点或 [第一点（F）]：指定第二个打断点或输入"第一点（F）"选项。
> 指定第二个打断点：指定用于打断对象的第二个点。

"打断"命令的各选项含义如下。

第一点（F）：用指定的新点替换原来的第一个打断点。

使用打断命令，两个指定点之间的对象部分将被删除。如果第二个点不在对象上，将选择在对象上与该点最接近的点，因此要删除直线、圆弧或多段线的一端，可以在要删除的一端附近指定第二个打断点。

要将对象一分为二并且不删除某个部分，则应使第一个和第二个打断点相同，输入@后按 Enter 键完成第二个点的指定。

圆弧、圆、多段线、椭圆、样条曲线、圆环以及其他几种对象类型都可以拆分为两个对象或将其中某个对象的一端删除。对于圆，程序将按逆时针方向删除圆上第一个打断点到第二个打断点之间的部分，从而将圆转换成圆弧。

（2）打断于点命令

打断对象时，将一个对象变成两个相连的对象，则在使用打断命令时，输入符号@按 Enter 键后，将一个对象变成相连的两个对象；打断于点命令是自动完成输入"第一点（F）"的，指定第一个打断点后，是默认了@选项的。

"打断于点"命令的执行方式有以下两种。

①"功能区"面板：切换到"常用"→"修改"选项卡，单击"打断于点"按钮。

② 修改工具栏：单击"打断于点"按钮。

执行"打断于点"命令后，命令行出现如下提示。

命令：_break
选择对象：使用点选方法选择一个对象。
指定第二个打断点或 [第一点（F）]：_f（自动完成）
指定第一个打断点：指定要断开的位置。
指定第二个打断点：@（自动完成）。

> **提示**
>
> 执行"打断于点"命令时，要设置好自动对象捕捉，不能在使用自动捕捉的情况下采用捕捉替代（指定捕捉）方式，因此执行"打断于点"命令时，应关闭自动捕捉，使用捕捉替代方式，或全部都用自动捕捉；整圆不能执行打断于点命令。

绘制如图 1.76 所示的图形。

操作步骤如下：

① 利用建立的样板文件，新建文件。

② 将粗实线图层转换为当前层，执行矩形命令绘制如图 1.76 右图所示的图形。

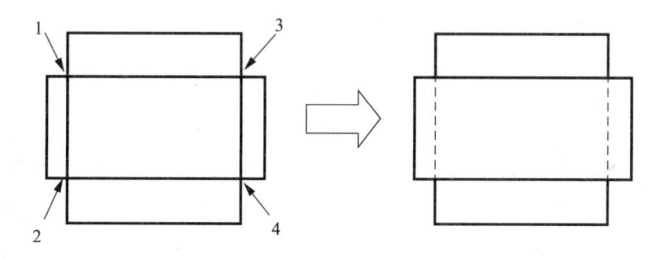

图 1.76　打断于点图形

③ 执行"打断于点"命令（打开自动捕捉），选择大的矩形，继续选择图 1.76 所示的 1 点，将图线打断于 1 点。

④ 多次执行打断于点命令，依次选择 2、3、4 点。

⑤ 多次选择打断后中间的线段变为图 1.76 右图中虚线的图层。

拓展训练　不规则图形的绘制

任务描述

本拓展项目任务是绘制如图 1.77 所示的图形（不需标尺寸）。要绘制这个平面图形，需要先对图形进行分析，确定各点的位置和长度，然后运用"绘制直线"命令来绘制，将完成的图形以 cad1-3.dwg 为文件名存入练习目录中。

任务分析

如图 1.77 所示的图形中标注了各条线段的长度，可通过直角坐标确定各个点的位置。如图 1.78 所示，假如左下角 A 点的绝对直角坐标为（100，100），根据图形的尺寸，可依次确定各个点的绝对直角坐标，绘制图形；也可以用鼠标左键在屏幕任意位置确定左下角点的位置后，用相对直角坐标和极坐标确定各个点的位置，绘制图形。本例采用动态输入模式下绘制图形，各点的位置由方向和距离或者坐标确定，绘制图形的速度比较快。

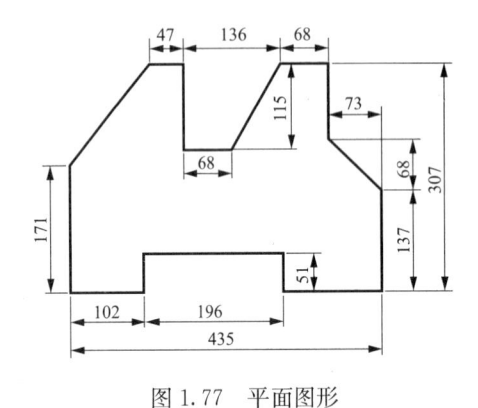

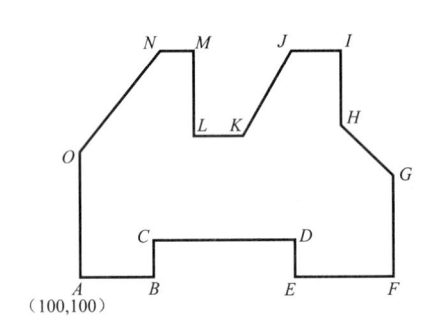

图 1.77　平面图形

图 1.78　图形分析

操作参考

① 单击状态栏的"动态输入"按钮，再单击"绘图"面板上的"直线"按钮，在动态输入模式下，输入 A 点坐标为（100，100），按"空格"键之后则确定了 A 点位置。

② 在"动态输入"模式下，输入距离为 102，角度为 0，按"空格"键之后则确定了 B 点位置。

③ 同样的操作确定 C、D、E、F、G 等 5 个点，相对距离和角度分别如下：

C 点——距离为 51，角度为 90°；

D 点——距离为 196，角度为 0°；

E 点——距离为 51，角度为 90°；

F 点——距离为 137，角度为 0°；

G 点——距离为 137，角度为 90°

注意

如果将"状态栏"中的"正交模式"按钮打开，则对于水平和垂直可以不输入角度，只需要移动鼠标指定方向即可。

④ 在"动态输入"模式下，输入"-73，68"，即可完成图 1.79 所示的 H 点的绘制。

⑤ 用同样的操作确定 I、J、K、L、M、N、O 等 7 个点的坐标输入分别如下：

I 点——在"动态输入"模式下，输入距离为 102，角度为 90°；

J 点——在"动态输入"模式下，距离为 68，角度为 180°；

K 点——在"动态输入"模式下，输入坐标：−68，−115；

L 点——在"动态输入"模式下，输入距离为 68，角度为 180°；

M 点——在"动态输入"模式下，输入距离为 115，角度为 90°；

N 点——在"动态输入"模式下，输入距离为 47，角度为 180°；

O 点——在"动态输入"模式下，输入坐标：−111，−136；

最后输入 C 执行闭合命令。

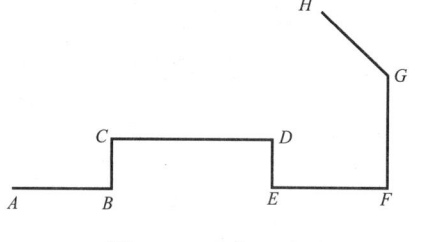

图 1.79 确定 H 点

项目小结

通过本项目的任务训练，介绍了 AutoCAD 的启动方式，AutoCAD 2014 用户界面中的标题栏、快速访问工具栏、菜单浏览器、下拉菜单、功能区面板、工具栏等概念和简单的操作方式。讲解了文件的创建、保存和打开的方法，命令的调用方式，利用坐标确定点位置的方法，利用直线命令以及极轴追踪方式绘制简单图形。圆与圆弧、多段线、填充等绘图命令的应用，以及复制、偏移、阵列、缩放、镜像等编辑命令的使用。读者应该对 AutoCAD 2014 有一个总体的了解，并能进行简单的绘图操作。

课后训练

1. 利用绘图工具及修剪工具绘制如图 1.80～图 1.84 所示的图形（不需标尺寸），并将完成的图形以 cad1-80.dwg、cad1-81.dwg、cad1-82.dwg、cad1-83.dwg、cad1-84.dwg 为文件名存入练习目录中。

2. 绘制如图 1.85～图 1.89 所示的图形（不需标尺寸），将完成的图形以 cad1-85.dwg、cad1-86.dwg、cad1-87.dwg、cad1-88.dwg、cad1-89.dwg 为文件名存入练习目录中。

图 1.80 课后训练一

图 1.81 课后训练二

图 1.82　课后训练三

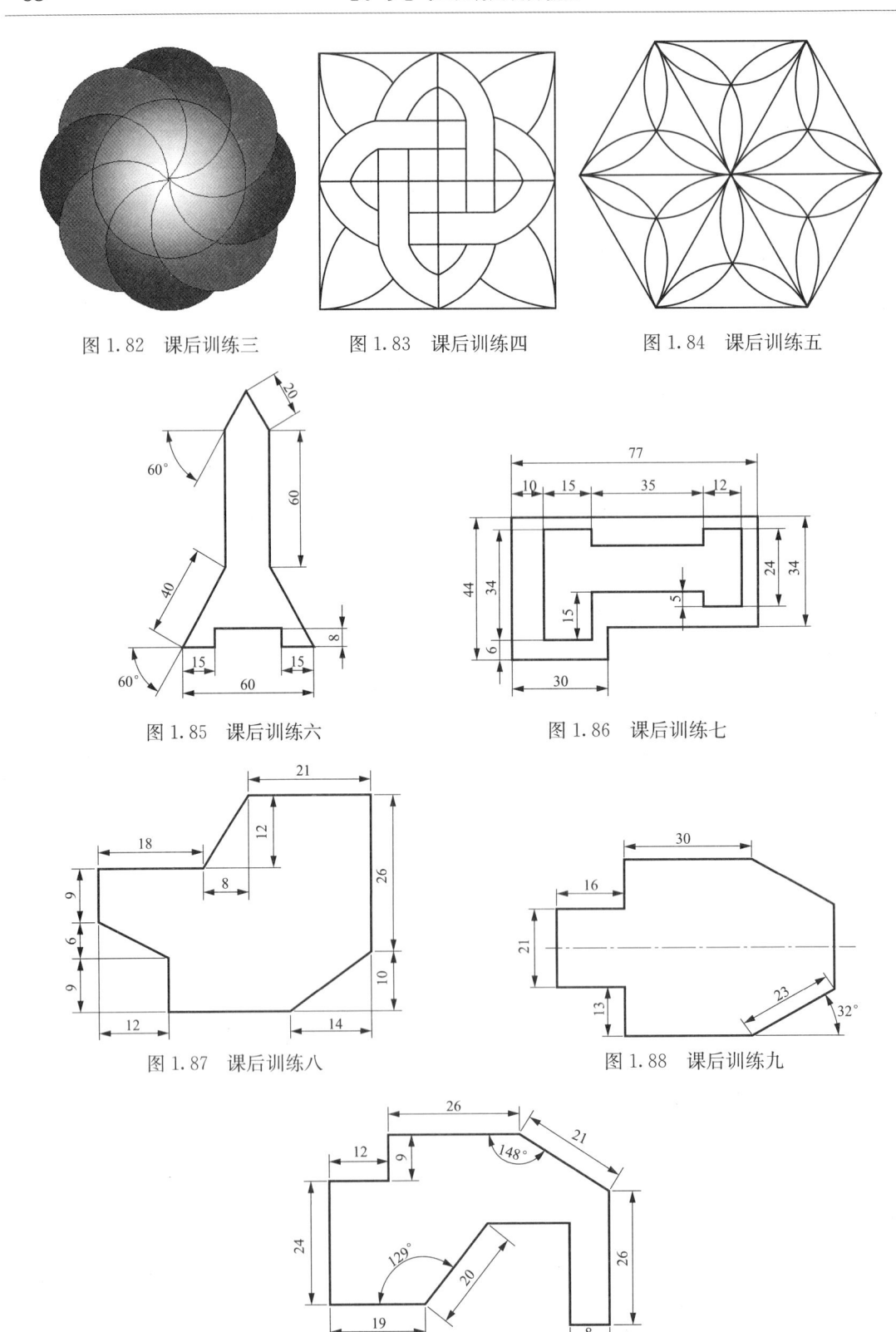

图 1.83　课后训练四

图 1.84　课后训练五

图 1.85　课后训练六

图 1.86　课后训练七

图 1.87　课后训练八

图 1.88　课后训练九

图 1.89　课后训练十

项目二 AutoCAD 2014 样板文件的创建

在实际图纸设计工作中，有许多项目都需要采取统一的标准，如图层、字体、标注样式等。为了减少重复操作，提高绘图效率，需要采用样板图来创建绘图环境，因为在样板图中保存了各种标准设置。当要创建新图形时，就可以使用样板文件为原型图，将它的设置复制到当前图形中，这样新图就具有了与样板图相同的绘图环境，从而实现图形标准的一致。本项目通过实例的讲解，使学习者具备创建样板文件的能力，图形样板文件的扩展名为.dwt。

目标要求

(1) 掌握利用向导进行基本设置。
(2) 掌握相关标准进行图层设置。
(3) 熟悉国标要求设定合理的文字样式。
(4) 熟悉制图要求设置符合标准的标注样式。
(5) 掌握图块的创建。

任务 A4 样板文件的创建

任务描述

本项目的任务是绘制如图 2.1 所示的学校用 A4 样板文件。要求样板文件中包括：单位类型和精度的设置，标题栏、边框和徽标，图层的设置，捕捉、栅格和正交设置，栅格界限的设置，标注样式的设置，文字样式的设置，线型的设置等内容。将完成的样板以"cad2-1.dwt"为文件名存入练习目录中。

任务分析

按照样板文件要求包含的内容，确定在进行样板绘制之前要掌握相应的操作规范和国标要求，具体如下：

(1) 图纸幅面和格式（GB/T 14689—1993）
GB/T 14689—1993 规定了图纸宽度（B）和长度（L），以及图框格式的尺寸要求。

(2) 标题栏（GB/T 10609.1—1989）
每张图样上都应有标题栏，用来填写图样上的综合信息。GB/T 10609.1—1989 中规定了标题栏的格式、尺寸，以及其中文字。本任务中选用的标题栏是学校使用格式。

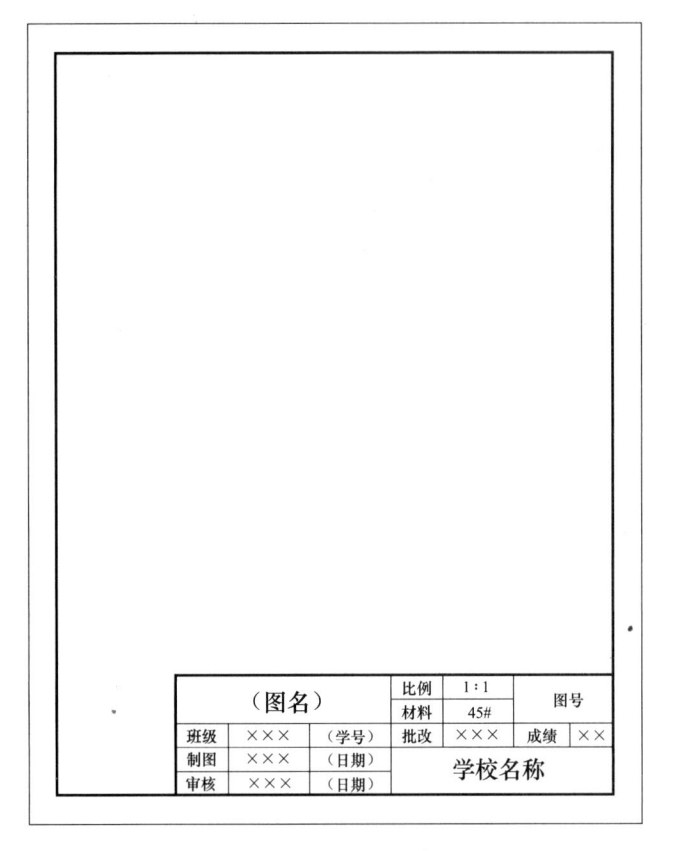

图 2.1 A4 样板文件

(3) 图线(GB/T 17450—1998、GB/T 4457.4—2002)

在制图中常用的线型有实线、虚线、点画线、双点画线、波浪线、双折线等,GB/T 17450—1998 和 GB/T 4557.4—2002 严格规定了线型、线宽以及画法。

(4) **字体**(GB/T 14691—1993)

GB/T 14691—1993 中规定了技术图样及有关技术文件中书写的汉字、字母、数字的结构形式及基本尺寸。

(5) **尺寸标注**(GB/T 4458.4—2003、GB/T 19096—2003)

GB/T 4458.4—2003 和 GB/T 19096—2003 中规定了标注尺寸的规则和方法,在样板文件绘制中需要对相关内容进行合适的设置。

图 2.2 "启动"对话框的启动界面

操作步骤

➔ 步骤一:启动 AutoCAD 2014

双击桌面快捷方式图标,启动 AutoCAD 2014,会弹出如图 2.2 所示的"启动"对话框。

项目二 AutoCAD 2014样板文件的创建

> **提示**
>
> 如果没有弹出"启动"对话框,可以进行以下操作。
> ① 执行startup命令,设定新值为1,选择新建图形后,会弹出创建新图纸对话框,设定新值为0,就直接弹出选择模板对话框。
> ② 在命令行执行filedia命令,指定新值为1。选择新建图形后,也会弹出创建新图纸对话框。

步骤二:使用向导进行基本设置

(1) 使用"高级设置"向导

如图2.3所示,选用"高级设置"向导进行基本设置,具体操作如下:
① 单击"启动"对话框上的"使用向导"按钮；
② 在"使用向导"栏目中选择"高级设置";
③ 单击"确定"按钮 完成设置。

(2) 单位设置

如图2.4所示,保留系统默认的单位设置,测量单位为"小数",精度为0.0000。单击"下一步"按钮 ,进行角度设置。

图2.3 使用高级设置向导操作　　　　图2.4 单位设置

> **注意**
>
> 用AutoCAD作图时,经常用到复制、阵列、修剪、镜像等命令,为了提高这些命令的作图精度,在实际应用中尽量设置更高的精度。

(3) 角度设置

如图2.5所示,进行角度测量起始方向设置,该对话框保留默认设置即可。单击"下一步"按钮 ,进行"角度测量"设置。

> **注意**
>
> 一般情况下,角度的起始角度是X轴的正方向,即0°角都位于相对于时钟三点的位置,最好不要修改,以免造成混乱。

如图 2.6 所示，进行角度测量起始方向设置，该对话框保留默认设置即可。单击"下一步"按钮 下一步(N) ，进行"角度方向"设置。

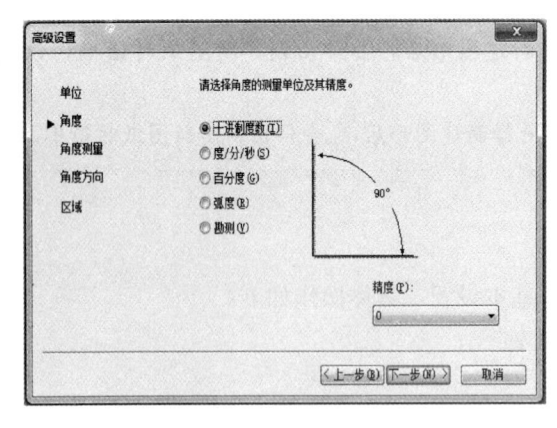

图 2.5　角度设置单位　　　　　　　　图 2.6　角度测量的起始方向

如图 2.7 所示，选择角度测量的方向，保留默认的设置即可。单击"下一步"按钮 下一步(N) ，进行"区域"设置。

> **注意**
> 一般情况下，都以逆时针作为角度的正方向，顺时针作为角度的负方向。

（4）区域设置

如图 2.8 所示，在"宽度"文本框中输入 A4 图纸的长边尺寸 210，在长度文本框中输入 A4 图纸的短边尺寸 297。单击"完成"按钮 完成 ，结束基本设置。

图 2.7　角度测量方向　　　　　　　　图 2.8　区域

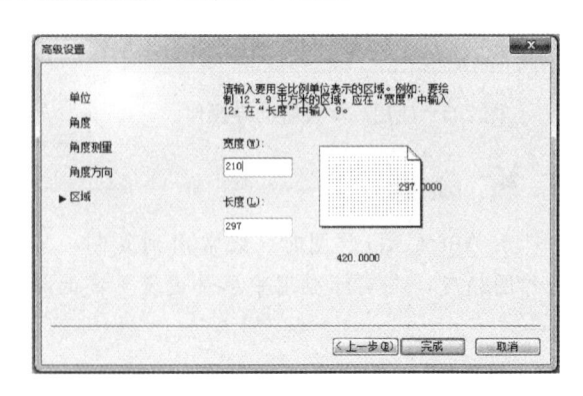

⊙ 步骤三：创建与设置图层

如图 2.9 所示进行图层设置，具体如下：

① 单击"图层特性"按钮。

② 在弹出的"图层特性管理器"对话框中单击"新建图层"按钮，弹出新的图层。之后在"图层特性管理器"对话框中设置图层名称、颜色、线型、线宽等。

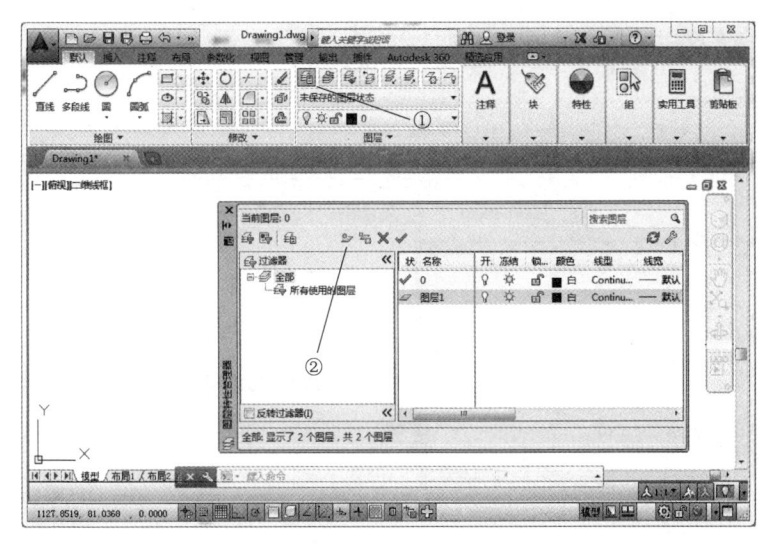

图 2.9　图层设置

(1) 设置名称

在图 2.9 所示的"图层特性管理器"对话框中将"图层 1"改为"中心线",即将该图层设置为中心线图层。

(2) 颜色设置

如图 2.10 所示将中心线图层颜色设置为红色,具体操作如下:

① 单击"图层特性管理器"话框中"中心线"图层的颜色;

② 弹出的"选择颜色"对话框中选择红色;

③ 击确定按钮 确定 完成"中心线"图层的颜色设置。

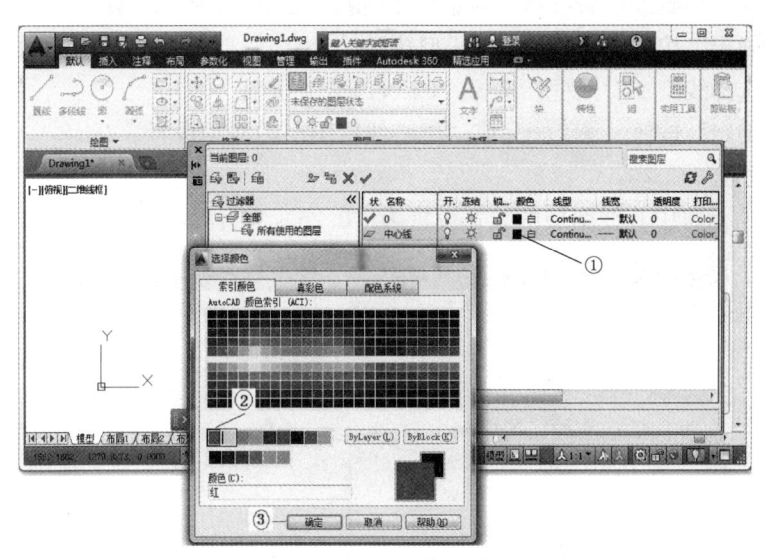

图 2.10　"中心线"图层的颜色设置

(3) 线型设置

如图 2.11 所示将中心线图层的线型设置为"CENTER2",具体操作如下:

① 单击"图层特性管理器"对话框中线型的"Continuous"。

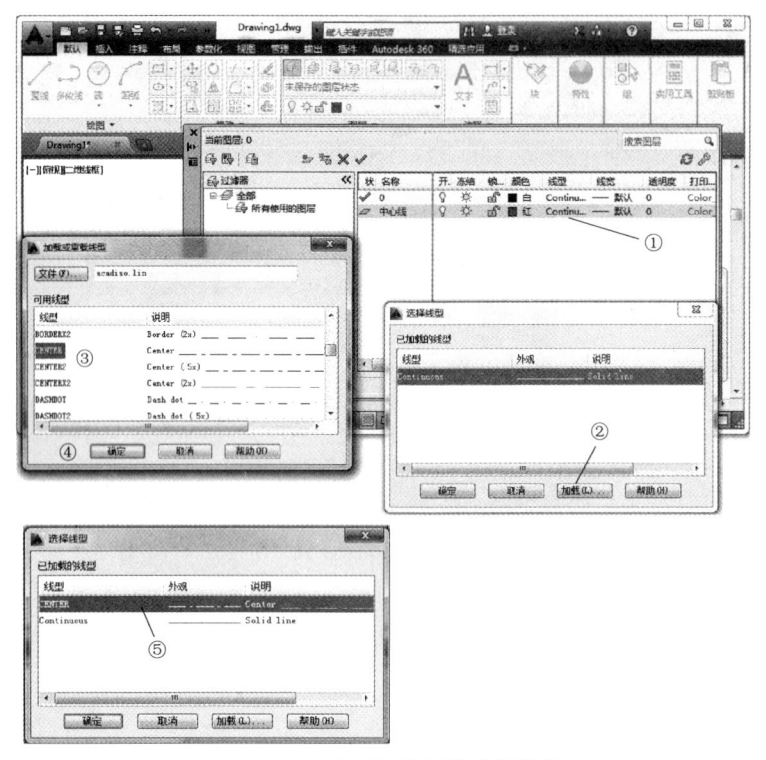

图 2.11 "中心线"图层的线型设置

② 在弹出的"选择线型"对话框中没有需要的"CENTER"线型，则单击"加载"按钮 加载(L)... 。

③ 在弹出的"加载或重载线型"对话框中选择"CENTER"线型。

④ 单击"确定"按钮 确定 完成线型选择。

⑤ 回到"选择线型"对话框，选择"CENTER"线型。

⑥ 单击"确定"按钮 确定 完成"中心线"图层的线型设置。

(4) 线宽设置

如图 2.12 所示将中心线图层的线宽设置为"0.25"，具体操作如下：

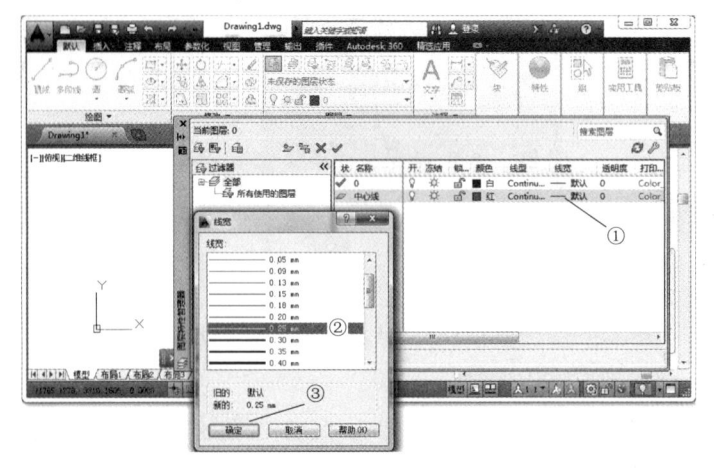

图 2.12 "中心线"图层的线宽设置

① 单击"图层特性管理器"对话框中线宽的"——默认"。
② 在弹出的"线宽"对话框中选择"0.25 毫米"。
③ 单击"确定"按钮 确定 ，完成线宽选择。
其他图层设置见表 2.1，具体操作参照"中心线"图层的设置方法，得到如图 2.13 所示效果。

表 2.1 图层设置

图层名称	颜色	线型	线宽	用途
中心线	红色	CENTER	0.25	中心线
细实线	青色	Continuous	0.25	细线、标注
虚线	黄色	HIDDEN	0.25	虚线
粗实线	绿色	Continuous	0.50	轮廓线等
文字	蓝色	Continuous	0.25	文字、符号等

图 2.13 图层设置效果

⊙ **步骤四：设置文字样式**

如图 2.14 所示进行文字样式设置，具体如下。

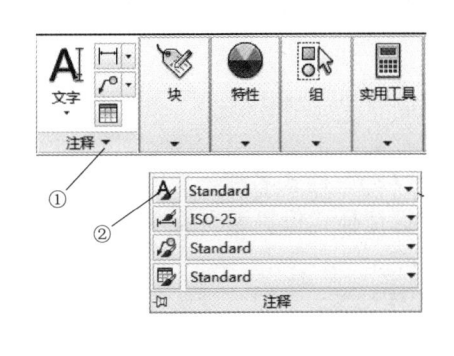

图 2.14 文字样式设置
(a)"注释"工具栏；(b) 文字样式对话框

① 单击"注释"面板→"文字样式"按钮中。
② 在弹出的"文字样式"对话框中的"字体"→"SHX 字体"文本框中选择

"gbeitc.shx"。

③ 勾选"使用大字体"。

④ 在"字体"→"大字体"文本框中选择"gbcbig.shx"。

⑤ 单击"应用"按钮 应用(A) ，完成文字样式设置。

> **提 示**
>
> 在"SHX 字体"文本框中选择"gbeitc.shx"时，只需要选中该下拉菜单，再输入"gb"即可迅速显示"gbeitc.shx"字体。"大字体"文本框中选择"gbcbig.shx"时，同理。

⊖ 步骤五：设置标注样式

（1）设置标注样式

如图 2.15 所示设置标注样式，具体操作如下：

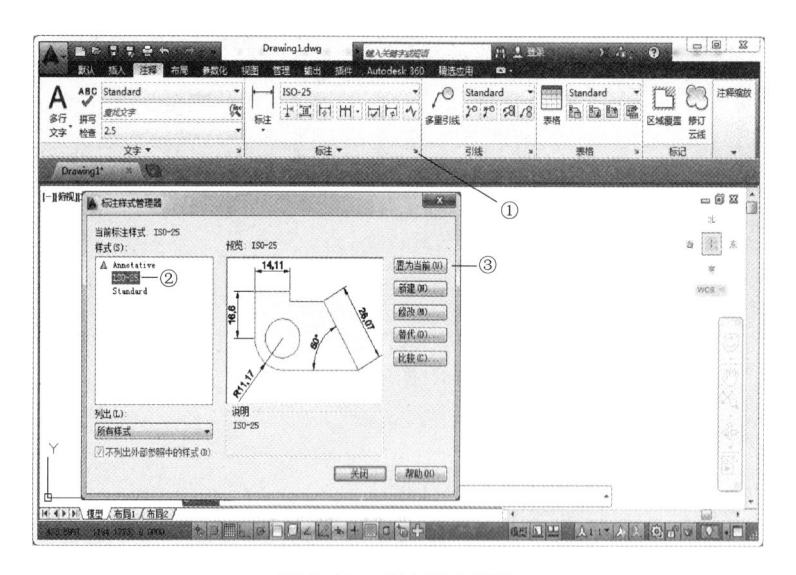

图 2.15　标注样式设置

① 单击"注释"面板→"标注样式"按钮。
② 在弹出的"标注样式管理器"对话框中，选中"ISO-25"样式名称。
③ 单击"置为当前"按钮 置为当前(U) ，即将"ISO-25"标注样式设置为当前样式。

（2）新建"角度"子尺寸标注样式

如图 2.16 所示设置"角度"子尺寸标注样式，具体操作如下：

① 单击"标注样式管理器"中的"新建"按钮 新建(N)... 。
② 在弹出的"创建新标注样式"对话框中，单击"用于（U）"下拉按钮选择"角度样式"。
③ 单击"继续"按钮 继续 后弹出如图 2.17 所示的"新建标注样式：机械：角度"对话框。

图 2.16 新建"角度"子尺寸标注样式

图 2.17 设置"角度"子尺寸标注样式

④ 在对话框中选择"文字"标签,在"文字对齐(A)"选项组中选择"水平"单选按钮。

⑤ 单击"确定"按钮 确定 ,即实现机械制图中要求的角度标注的文字水平的要求。

(3) 新建并设置"半径"子尺寸标注样式

如图 2.18 和图 2.19 所示设置"半径"和"直径"子尺寸标注样式,并参考图 2.17 所示将半径和直径标注文字设置为水平。

图 2.18 新建"半径"子尺寸标注样式

图 2.19 新建"直径"子尺寸标注样式

⭢ 步骤六：绘制图框

(1) 绘制图纸外框

图纸外框线为细实线，故如图 2.20 所示选择"细实线"图层为当前图层。

因 AutoCAD 中 A4 图纸打印区域为 204mm×290mm，故该外框尺寸为 204mm× 290mm，且左下角起点为绝对坐标 (0, 0)，具体操作步骤如下：

① 单击"绘图"面板上的"矩形"按钮 ▭。
② 在坐标位置中输入"0, 0"。
③ 在坐标位置中输入"204, 290"。
④ 按"空格"键，得到图 2.21 所示的矩形。

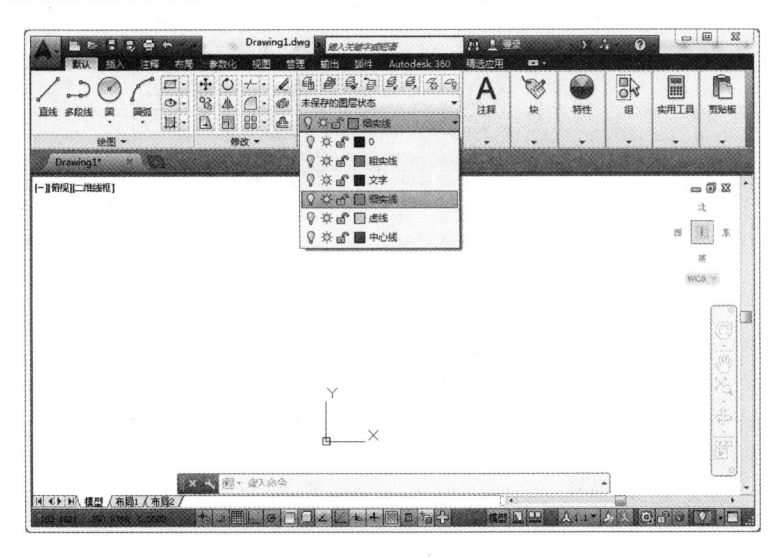

图 2.20 选择图层

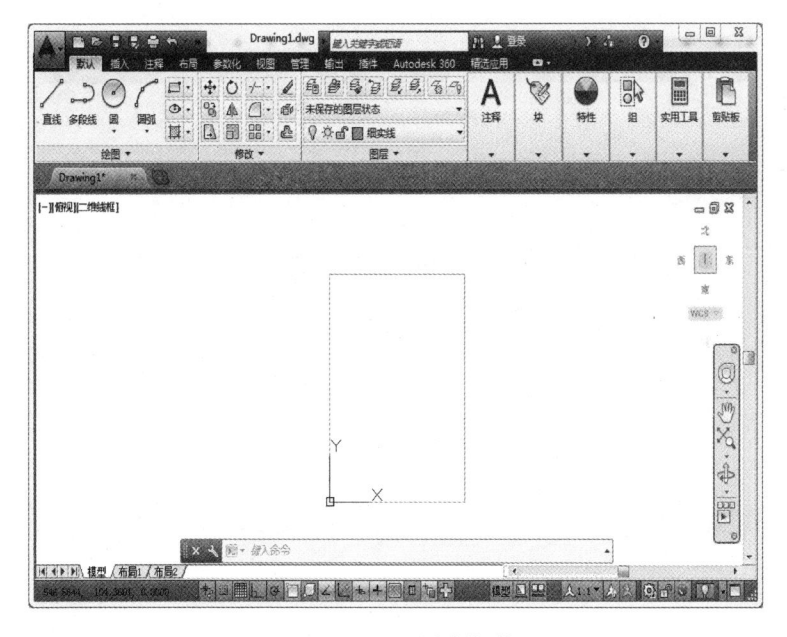

图 2.21 矩形绘制操作

(2) 绘制图框

图框线为粗实线,故如图 2.22 所示选择"粗实线"图层为当前图层。

图框与图纸外框周边距离为 10mm,故该外框尺寸为 184mm×270mm,且左下角起点为绝对坐标(10,10),具体操作步骤如下:

① 单击"绘图"工具栏上的"矩形"按钮▭。
② 在坐标位置中输入"10,10"。
③ 在坐标位置中输入"184,270"。
④ 按"空格"键,得到图 2.23 所示的矩形。

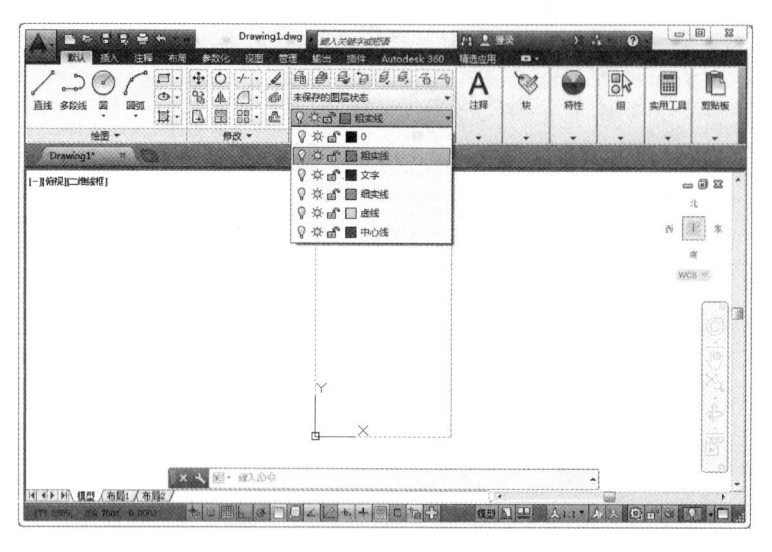

图 2.22 选择图层

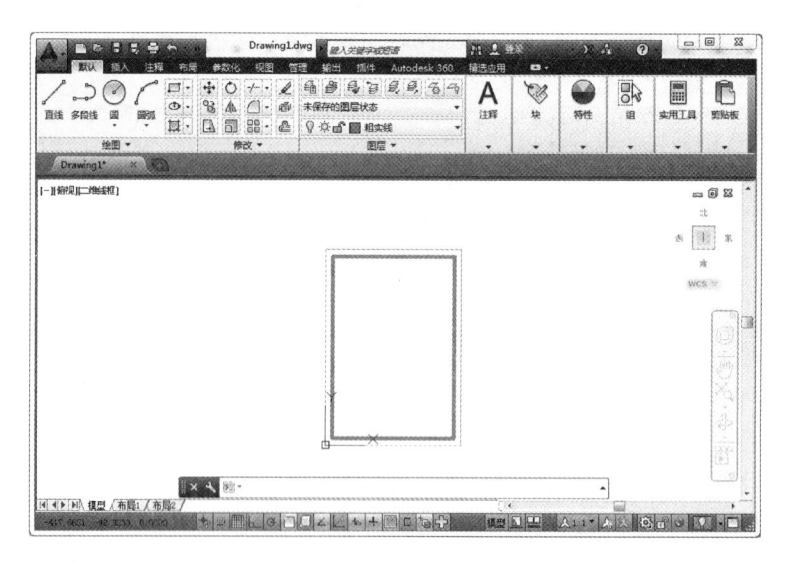

图 2.23 图框绘制效果

⊙ 步骤七：绘制标题栏

（1）绘制标题栏外框

标题栏外框为粗实线，故仍使用"粗实线"图层为当前图层。具体操作步骤如下：

① 单击"绘图"面板上的"矩形"按钮。
② 利用捕捉功能捕捉图框右下角点。
③ 在坐标位置中输入"-140，40"。
④ 按"空格"键，得到图 2.24 所示的矩形。

（2）绘制标题栏内线段

标题栏内线段为细实线，故如图 2.25 所示使用"细实线"图层为当前图层。

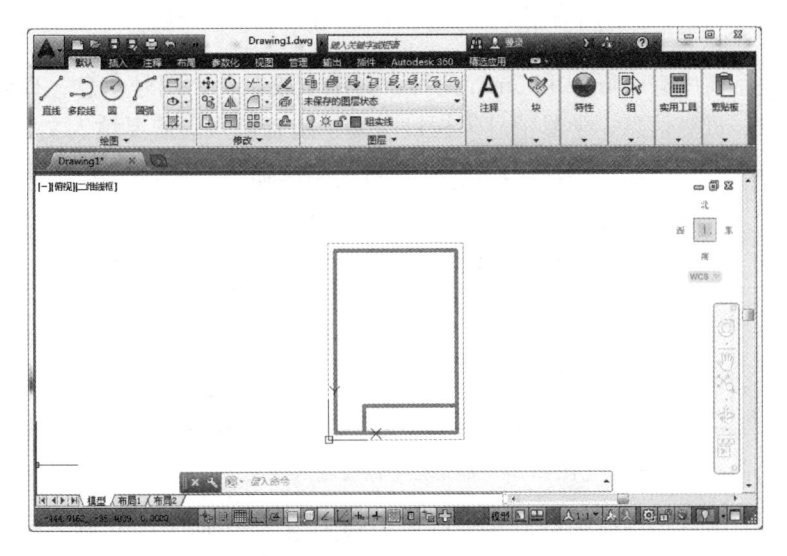

项目二　AutoCAD 2014 样板文件的创建

图 2.24　标题栏外框绘制效果

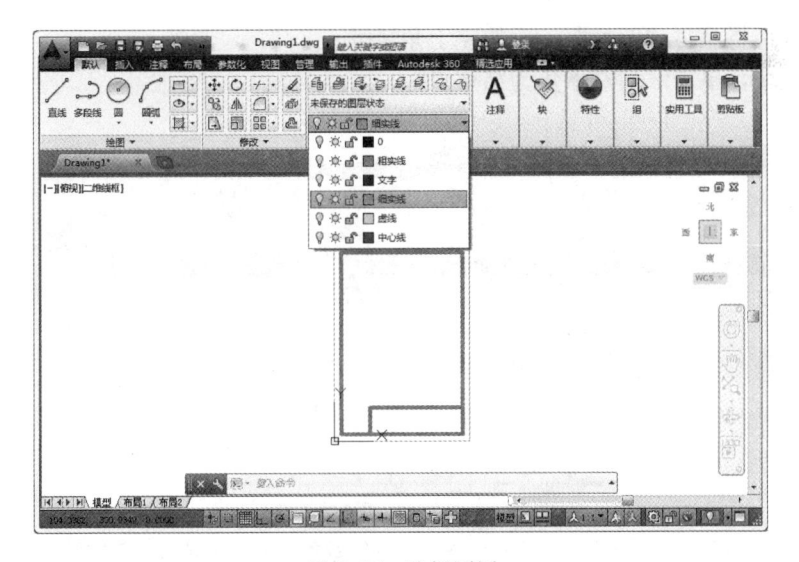

图 2.25　选择图层

利用"直线"命令绘制标题栏中的细实线,具体尺寸如图 2.26 所示。

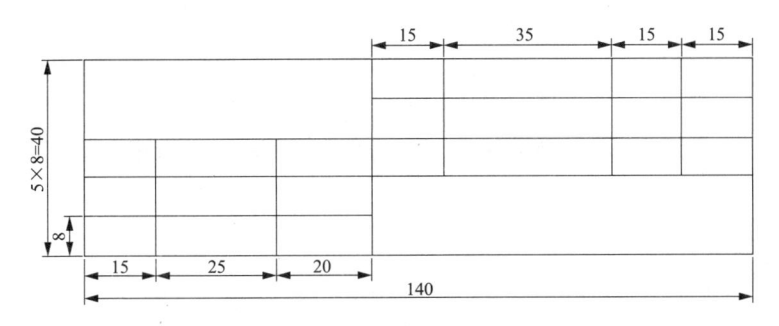

图 2.26　标题栏尺寸

⊙ 步骤八：输入标题栏内的文字

标题栏中文字高度有 10mm 和 5mm 两种，其中学校名称、图号信息、日期信息、成绩信息、图名信息、班级信息、学号信息等栏目需要绘图者填入。需要填入文字可利用 Auto-CAD 的属性功能将其定义为带属性的文字，其余文字则输入，即在这个步骤中输入图 2.27 所示的文字。

（图名）		材料		比例	
		数量		图号	
班级		（学号）	批改		成绩	
制图		（日期）	学校名称			
审核		（日期）				

图 2.27 标题栏中需要输入的文字

选择"文字"图层为当前图层，在标题栏中输入图 2.27 所示的文字。如图 2.28 所示，进行文字输入区选定：

① 单击"注释"工具栏中的按钮 A，选择"多行文字"按钮 A。
② 单击选择将填写"图号"一栏的左上角。
③ 拖动区域，单击区域左下角为结束点。

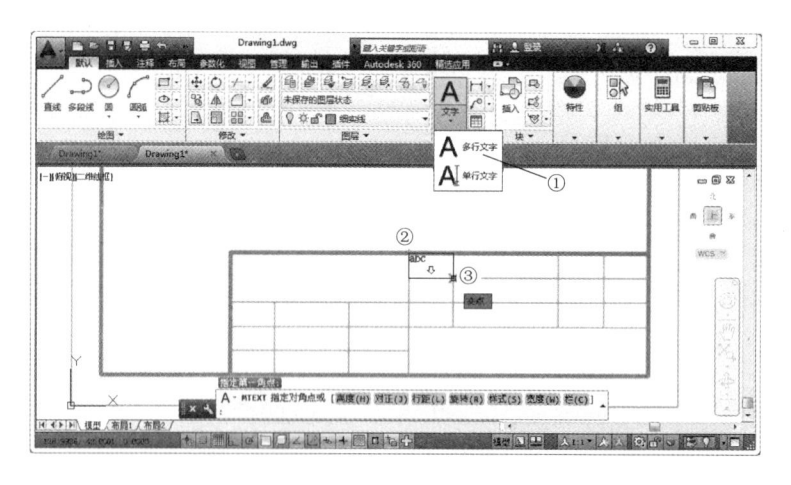

图 2.28 文字输入区选定

如图 2.29 所示，进行文字输入格式设定：

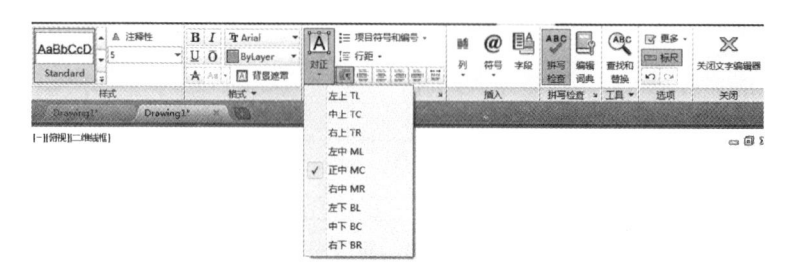

图 2.29 文字输入格式设定

① 在"样式"工具栏中的"文字高度"文本框中输入"5"并按 Enter 键，确定文字高度为 5mm。

② 单击"段落"工具栏中的"对正"按钮，在弹出的下拉菜单中选择"正中 MC"。

如图 2.30 所示，在文本框中输入"图号"，则完成 5mm 高的、位置处于正中的"图号"文字。

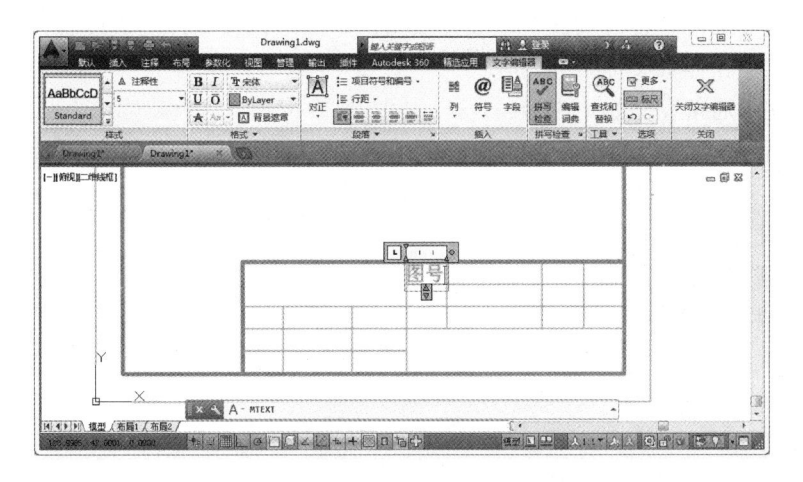

图 2.30　文字输入

用同样方法将其余文字输入，具体内容如图 2.27 所示。

⊙ 步骤九：保存为样板图文件

如图 2.31 所示，图形文件另存操作如下：

图 2.31　文件保存操作

① 选择"文件"→"另存为（A）"。

② 在弹出的"图形另存为"对话框中，"文件类型"选择"AutoCAD 图形样板"，"文件名"文本框中输入"A4 纵向零件图（学校用）"。

③ 单击"保存"按钮，即完成 A4 样板文件创建。

相关知识

一、图形样板文件

可以根据现有的样板文件创建新图形，而新图形的修改不会影响样板文件。用户可以使用程序提供的样板文件，也可创建自定义样板文件。图形样板文件的扩展名为 .dwt。

（1）通常存储在样板文件中的内容

在样板文件中通常存储如下内容：

① 单位类型和精度的设置。

② 标题栏、边框和徽标。

③ 图层的设置。

④ 捕捉、栅格和正交设置。

⑤ 栅格界限的设置。

⑥ 标注样式的设置。

⑦ 文字样式的设置。

⑧ 线型的设置。

（2）从现有图形创建图形样板文件的步骤

选择"文件"→"打开"命令，在"选择文件"对话框中，选择要用作样板的文件后，单击"确定"按钮。删除现有文件图形内容，选择"文件"→"另存为"命令，在出现的"图形另存为"对话框的"文件类型"下拉列表框中，选择"AutoCAD 图形样板（*.dwt）"文件类型；在"文件名"文本框中，输入此样板的名称，确定要保存的位置，单击"保存"按钮，在弹出的对话框中输入样板说明，单击"确定"按钮，新样板即可保存在用户要保存的文件夹中（系统默认的是保存文件夹为 AutoCAD 安装目录下的 template 文件夹）。

（3）从新建图形创建图形样板文件的步骤

新创建一个 AutoCAD 文件，对存储在样板文件中的内容进行设置和绘制后，单击"保存"按钮，出现"图形另存为"对话框，以后的操作同"从现有图形创建图形样板文件的步骤"。

（4）图形样板文件的设置

对图形样板文件进行设置，主要包括：单位类型、单位精度、栅格捕捉、栅格和正交的设置，一般选择默认设置即可。

二、绘图国标要求

（1）图纸幅面和格式（GB/T 14689—1993）

图纸幅面是指图纸宽度（B）和长度（L）组成的图面，为了合理利用图纸和便于图样管理，国标中规定了 5 种标准图纸的幅面，其代号分别为 A0、A1、A2、A3、A4。绘制技术图样时，优先选用表 2.2 中的基本幅面规格尺寸。必要时，可以选用加长幅面规格尺寸。加长幅面是按基本幅面的短边成整数倍增加。

无论图纸是否装订，都必须用粗实线画出图框，其格式分为不留装订边和留装订边，如图 2.32 所示。e、c、a 等值均按表 2.2 中的规定。但应注意，同一产品的图样只能采用一种格式。

表 2.2　　　　　　　　　　　　　　图纸幅面尺寸和图框尺寸

幅面代号	A0	A1	A2	A3	A4
$B×L$	841×1189	594×841	420×594	297×420	210×297
e	20			10	
c	10			5	
a	25				

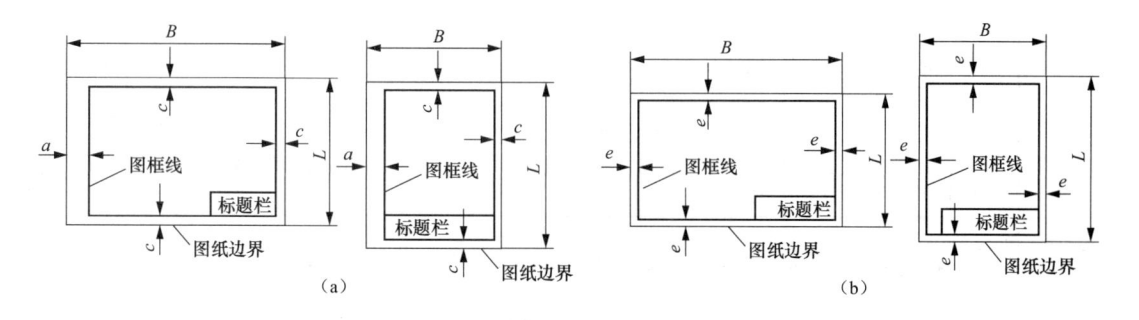

图 2.32　图框格式
(a) 留有装订边的图框格式；(b) 不留装订边的图框格式

为了使图样复制和缩微摄影时定位方便，均应如图 2.33 所示在图纸各边的中点处分别画出对中符号。

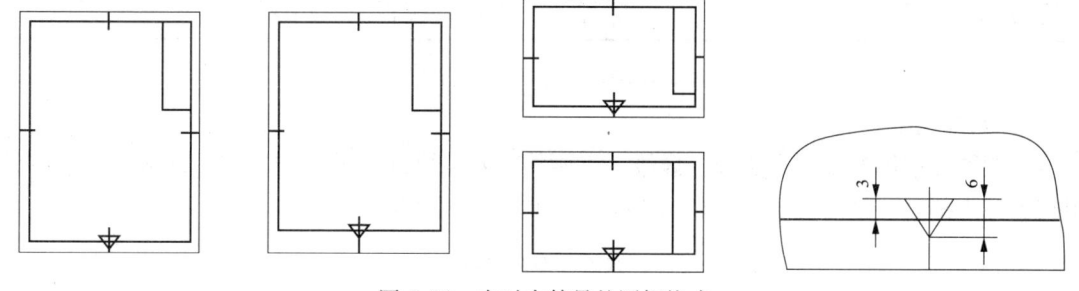

图 2.33　有对中符号的图框格式

(2) 标题栏（GB/T 10609.1—1989）

每张图样上都应有标题栏，用来填写图样上的综合信息，标题栏配置在图纸的右下方，其底边与下图框线重合，右边与右图框线重合。其格式如图 2.34 所示。明细栏是装配图中才有的。在学校的制图作业中标题栏也可采用简化形式。

(3) 比例（GB/T 14690—1993）

图样中机件要素的线性尺寸与实际机件相应要素的线性尺寸之比称为比例。即比例＝图形中线性尺寸大小：实物上相应线性尺寸大小。

比例一般分为原值比例、缩小比例及放大比例 3 种类型。绘制图样时，尽可能采用原值比例，以便从图中看出实物的大小。根据需要也可采用放大或缩小的比例，但不论采用何种比例，图中所注尺寸数字仍为机件的实际尺寸，且图样按比例放大或缩小，仅限于图样上各线性尺寸而与角度无关。绘制同一机件的各个视图应采用相同的比例，并在标题栏中统一填写，当某个视图采用了不同的比例时，必须在该图形的上方加以标注。常用的比例见表 2.3。

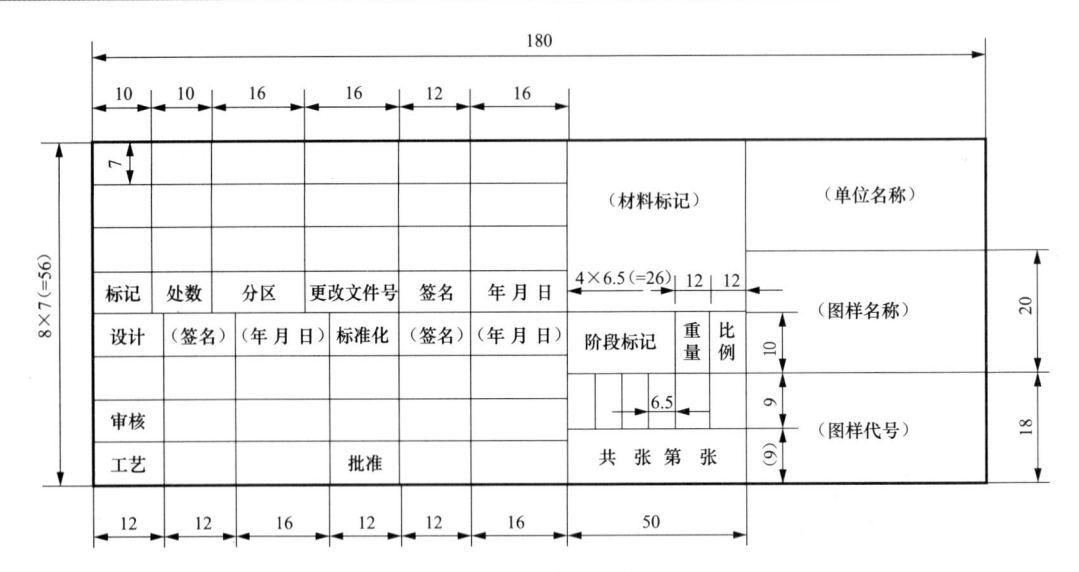

图 2.34 标题栏

表 2.3　　　　　　　　　　　　　　　　比　　例

原值比例	1∶1
缩小比例	1∶1.5　　1∶2　　1∶2.5　　1∶3　　1∶4　　1∶5　　1∶10^n 1∶1.5×10^n　　1∶2×10^n　　1∶2.5×10^n　　1∶5×10^n
放大比例	2∶1　　2.5∶1　　4∶1　　5∶1　　(10×n)∶1

(4) 图线 (GB/T 17450—1998、GB/T 4457.4—2002)

1) 基本线型

在制图中常用的线型有实线、虚线、点画线、双点画线、波浪线、双折线等，它们的使用在国标中都有严格的规定（见表 2.4），使用时应严格遵守。

表 2.4　　　　　　　　　　　　　基本线型及应用

图线名称	代码 No.	线型	线宽	一般应用
细实线	01.1		$d/2$	尺寸线、尺寸界线、剖面线、引出线、螺纹牙底线、重合断面轮廓线、可见过渡线
波浪线				断裂处边界线、局部剖分界线
双折线				断裂处边界线、视图与局部剖视图的分界线
粗实线	01.2		d	可见轮廓线、螺纹牙顶线
细虚线	02.1		$d/2$	不可见轮廓线、不可见过渡线

续表

图线名称	代码 No.	线型	线宽	一般应用
粗虚线	02.2	4~6　1	d	允许表面处理的表示线
细点画线	04.1	15~30　3	$d/2$	轴线、对称中心线、分度圆（线）
粗点画线	04.2	15~30　3	d	限定范围表示线（特殊要求）
细双点画线	05.1	~20　5	$d/2$	相邻辅助零件的轮廓线、可动零件的极限位置的轮廓线

2）图线宽度

在图样中采用粗细两种线宽，它们之间的比例为 2∶1。

图线的宽度 d 应根据图形的大小和复杂程度，在下列数系中选择：0.13，0.18，0.25，0.35，0.5，0.7，1，1.4，2mm。该数系的公式为 1∶2。通常情况下，粗线的宽度采用 0.7mm，细线的宽度采用 0.35mm。在同一图样中，同类图线的宽度应一致。

3）图线的应用

图 2.35 所示为上述几种图线的应用举例。在图示零件的视图上，粗实线表示该零件的可见轮廓线；虚线表示不可见轮廓线；细实线表示尺寸线、尺寸界线及剖面线；波浪线表示断裂处的边界线及视图和剖视的分界线；细点画线表示对称中心线及轴线；双点画线表示相邻辅助零件的轮廓线及极限位置轮廓线。

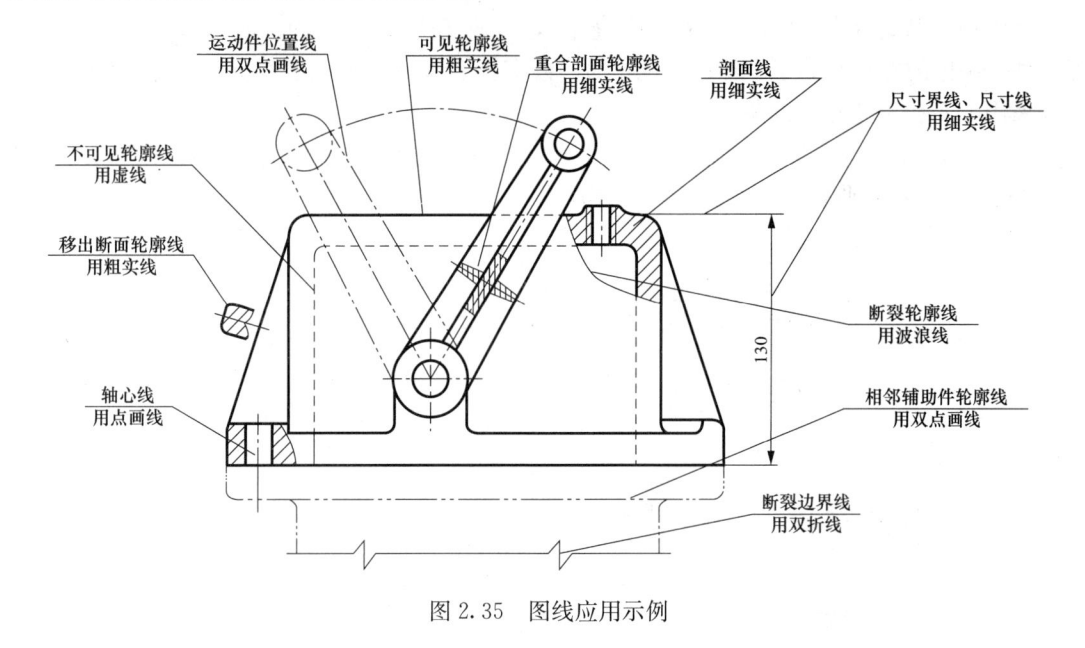

图 2.35 图线应用示例

4）图线的画法

① 同一图样中同类图线的宽度应基本一致。虚线、点画线及双点画线的线段长度和间隔应各自大致相等。图 2.36 所示为图线交界处的画法。

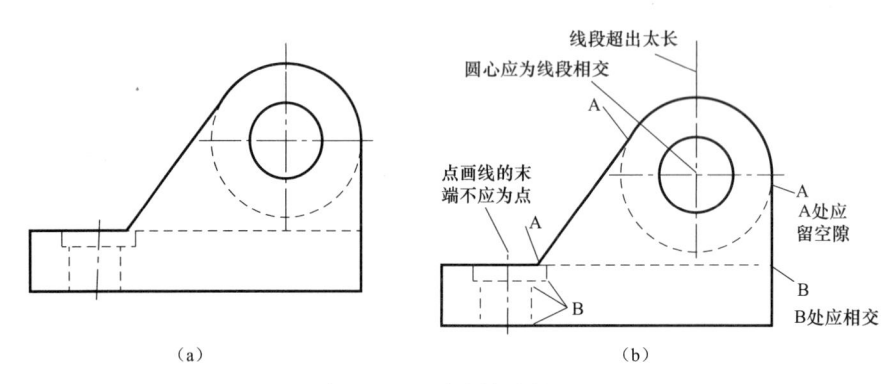

图 2.36 图线交接处的画法
(a) 正确；(b) 错误

② 绘制圆的对称中心线时，圆心应为线段的交点。点画线和双点画线的首末两端应是线段而不是点，且应超出图形外约 2～5mm。

③ 在较小的图形上绘制点画线或双点画线有困难时，可用细实线代替。

④ 虚线、点画线、双点画线相交时，应该是线段相交。当虚线是粗实线的延长线时，在连接处应断开。

⑤ 当各种线型重合时，应按粗实线、虚线、点画线的优先顺序画出。

(5) 字体（GB/T 14691—1993）

图样中除图形外，还需用汉字、数字和字母等进行标注或说明，它是图样的重要组成部分。字体包括汉字、数字及字母的字体。

图样中书写的字体必须做到：字体端正、笔画清楚、排列整齐、间隔均匀。

字体的号数即字体的高度（单位为毫米），分别为 20、14、10、7、5、3.5、2.5、1.8 等 8 种，字体的宽度约等于字体高度的 2/3。数字及字母的笔画宽度约为字高的 1/10。汉字不宜采用 2.5 和 1.8 号，以免字迹不清。

汉字应写成长仿宋字体，并应采用国家正式公布的简化字。汉字要求写得整齐匀称。书写长仿宋体的要领为：横平竖直、注意起落、结构匀称、填满方格。图 2.37 为长仿宋体字示例。

10 号字

字体端正　笔画清楚

排列整齐　间隔均匀

7 号字

结构匀称　填满方格　横平竖直　注意起落

5 号字

国家标准机械制图技术要求公差配合表面粗糙度倒角其余

图 2.37 长仿宋字体示例

数字及字母有直体和斜体之分。在图样中通常采用斜体。斜体字的字头向右倾斜，与水平线成 75°角。拉丁字母以直线为主体，减少弧线，以便书写及计算机绘图。数字和字母的笔画粗度约为字高的 1/10。罗马数字上的横线不连起来。国家标准规定的数字和字母的书写形式如图 2.38 所示。

用作指数、分数、极限偏差、注脚等的字母及数字，一般采用小一号的字体，如图 2.39 所示。

图 2.38　数字和字母示例

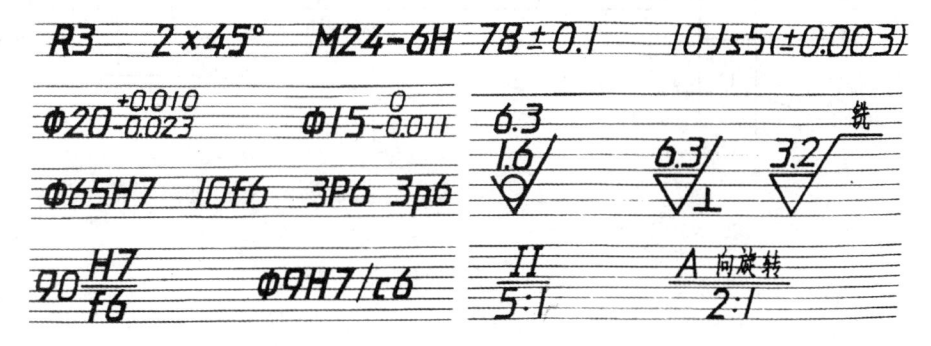

图 2.39　字体组合应用示例

（6）尺寸标注（GB/T 4458.4—2003、GB/T 19096—2003）

国家标准中规定了标注尺寸的规则和方法。绘图时必须严格遵守。

1）基本规则

① 机件的真实大小应以图样上所注的尺寸数值为依据，与图形的大小及绘图的准确度无关。

② 图样中（包括技术要求和其他说明）的尺寸，以毫米为单位时，不需标注计量单位符号或名称，如采用其他单位，则应注明相应的单位符号。

③ 图样中所标注的尺寸，为该图样所示机件的最后完工尺寸，否则应另加说明。

④ 一般机件的每一尺寸只标注一次，并应标注在反映该结构最清晰的图形上。

2）尺寸标注的组成

一个完整的尺寸，由尺寸数字、尺寸线、尺寸界线和尺寸的终端（箭头或斜线）组成，如图 2.40 所示。

① 尺寸界线。尺寸界线用细实线绘制，并应由图形的轮廓线、轴线或对称中心线处引

出。也可利用轮廓线、轴线或对称中心线作尺寸界线。尺寸界线一般应与尺寸线垂直，必要时允许倾斜，如图2.40（b）所示。

② 尺寸线。尺寸线表明尺寸度量的方向，必须单独用细实线绘制，不能用其他图线代替，也不得与其他图线重合或画在其延长线上。标注线性尺寸时，尺寸线必须与所标注的线段平行。在同一图样中，尺寸线与轮廓线以及尺寸线与尺寸线之间的距离应大致相当，一般以不小于5mm为宜，如图2.40（a）所示。

③ 尺寸线的终端。尺寸线的终端可以有两种形式，如图2.41所示。机械图一般用箭头，其尖端应与尺寸界线接触，箭头长度约为粗实线宽度的6倍。土建图一般用45°斜线，斜线的高度应与尺寸数字的高度相等。电气图尺寸线终端表示方法两种均可。

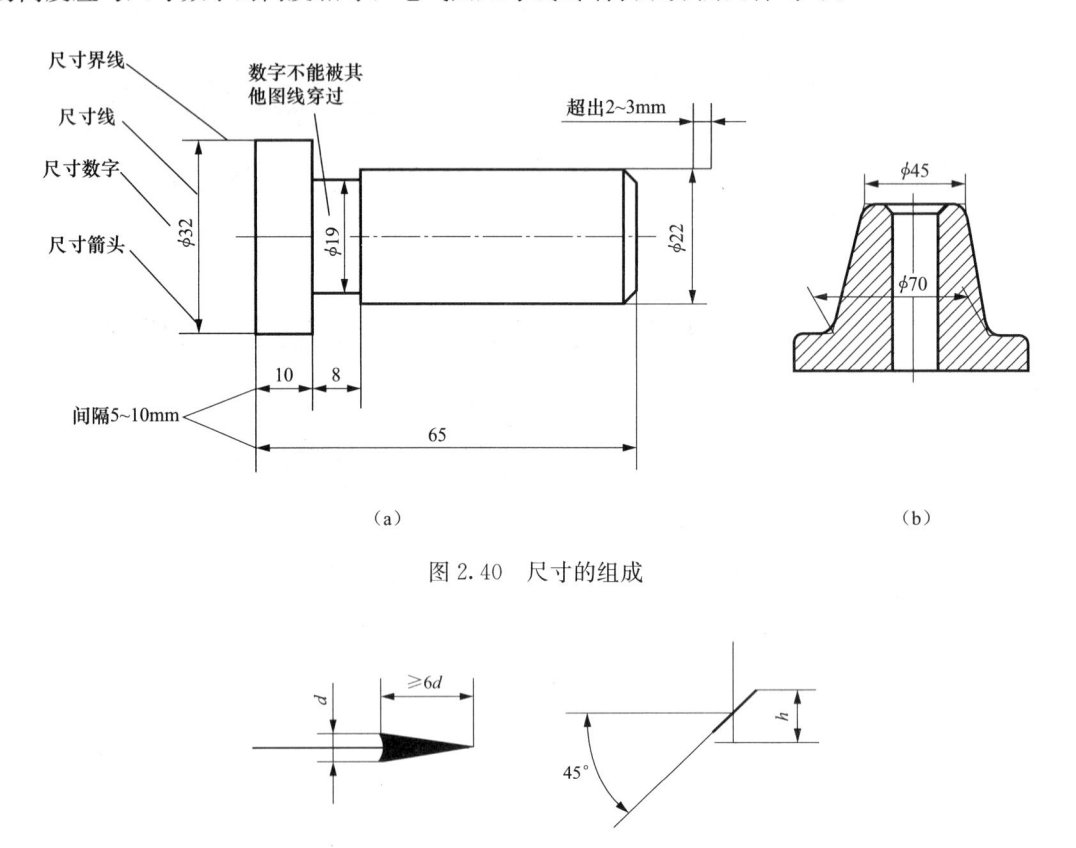

图2.40 尺寸的组成

图2.41 尺寸线终端的形式

④ 尺寸数字。线性尺寸的数字一般应注写在尺寸线的上方，或注写在尺寸线的中断处，尺寸数字不可被任何图线所穿过，如图2.42所示。

线性尺寸的数字方向，一般应按图2.42所示方向注写，即水平方向的尺寸数字字头朝上；垂直方向的尺寸数字字头朝左；倾斜方向尺寸数字字头有朝上的趋势，如图2.42（a）所示。应避免在图示30°范围内标注尺寸，当无法避免时，可按图2.42（b）的形式标注。

3）常用尺寸注法

在实际绘图中，尺寸标注的形式很多，常用尺寸的标注方法见表2.5。

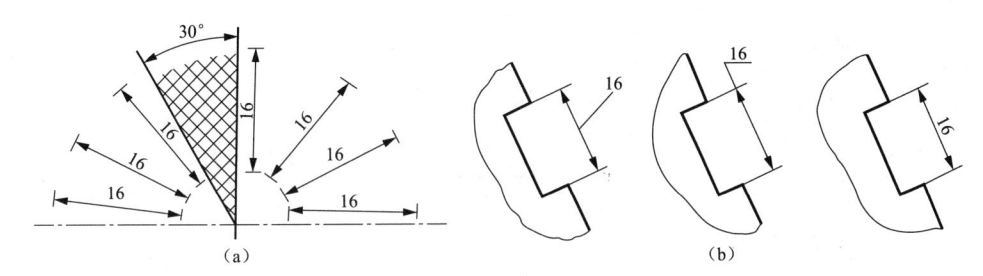

图 2.42 线性尺寸数字的方向

4）标注尺寸的符号及缩写词

标注尺寸的符号及缩写词应符合表 2.6 的规定。

表 2.5　　常用尺寸的注法

尺寸种类	图例	说明
圆和圆弧		在直径、半径尺寸数字前，分别加注符号 Φ、R；尺寸线应通过圆心（对于直径）或从圆心画出（对于半径）
大圆弧		需要标明圆心位置，但圆弧半径过大，在图纸范围内又无法标出其圆心位置时，用左图；不需标明圆心位置时，用右图
角度		尺寸界线沿径向引出；尺寸线为以角度顶点为圆心的圆弧。尺寸数字一律水平书写，一般写在尺寸线的中断处，也可注在外边或引出标注
小尺寸和小圆弧		位置不够时，箭头可画在外边，允许用小圆点或斜线代替两个连续尺寸间的箭头。在特殊情况下，标注小圆的直径允许只画一个箭头；有时为了避免产生误解，可将尺寸线断开
对称尺寸		对称机件的图形如只画出一半或略大于一半时，尺寸线应略超过对称中心线或断裂线。此时只在靠尺寸界线的一端画出箭头

续表

尺寸种类	图例	说明
球 面	(SΦ16 球；SR10 球头螺钉)	一般应在"Φ"或"R"前面加注符号"S"。但在不致引起误解的情况下，也可不加注
弧长和弦长	(弧长30；弦长32)	尺寸界线应平行于该弦的垂直平分线；表示弧长的尺寸线用圆弧，同时在尺寸数字上加注"⌒"

表 2.6　　尺寸标注常用符号及缩写词

名词	直径	半径	球直径	球半径	厚度	正方形	45°倒角	深度	沉孔或锪平	埋头孔	均布
符号或缩写词	Φ	R	SΦ	SR	t	□	C	▼	⊔	∨	EQS

三、样板设置

（1）绘图环境设置

1）单位的设置

在绘制图形时，首先要确定图形的单位以及类型，根据需要修改默认的设置。单位设置对话框的打开方式有以下 3 种。

① 菜单命令：选择"格式"→"单位"命令。

② 单击 CAD 2014 软件左上角的"A"处的下三角按钮，在弹出的快速启动栏中单击"图形实用工作"→"单位"，如图 2.43 所示。

③ 命令行：输入"units"后按 Enter 键或"空格"键。

执行"单位"命令后，将出现"图形单位"对话框，如图 2.44 所示。

用户可以根据对话框中的选项设置长度和角度的类型以及精度，同时也可以确定角度的正方向。若单击"方向"按钮，则出现方向控制对话框，以定义 0°的方向。

一般使用默认的设置即可，若有特殊需要，可以自行设置。

2）图形界限的设置

在绘制图样时，首先要确定图纸幅面的大小，图纸幅面要以 1∶1 的比例设置。设置图形界限命令的执行方式有以下两种。

① 菜单命令：选择"格式"→"图形界限"命令。

② 命令行：输入"limits"后按 Enter 键或"空格"键。

执行"图形界限"命令后，在命令行将有如下显示。

图 2.43　快速启动栏　　　　　　　图 2.44　"图形单位"对话框

> 命令：'_limits
> 重新设置模型空间界限：
> 指定左下角点或 [开（ON）/关（OFF）] <当前位置>：指定图纸幅面的左下角的位置，输入坐标值。
> 指定右上角点<当前位置>：根据图纸幅面的大小确定右上角的位置，输入坐标值。

例如：确定 A4 图纸幅面的操作步骤如下。

> 命令：'_limits
> 重新设置模型空间界限：
> 指定左下角点或 [开（ON）/关（OFF）] <0.0000, 0.0000>：0, 0
> 指定右上角点<420.0000, 297.0000>：210, 297

在设定图纸幅面的时候，若左下角坐标值不设置在原点，则其右上角的坐标值为左下角的坐标值加上图纸幅面的大小。

(2) 图层的设置

图层相当于图纸绘图中使用的重叠图纸。绘制图形需要用到各种不同的线型和线宽，为了明显地显示各种不同的线型，可以在图层里面将不同的颜色来赋予不同的线型。将所绘制的对象放在不同的图层上，可提高绘图效率。

1) 图层的基本操作

系统对一幅图中图层数没有限制，对每一图层上的实体数也没有任何限制。每一个图层都应有一个名字加以区别，当开始绘制新图时，AutoCAD 自动生成层名为"0"的图层，这是 AutoCAD 的默认图层，其余图层需要由用户自己定义。

"图层特性管理器"用来设置图层的特性，允许建立多个图层，但绘图只能在当前层上进行。

打开"图层特性管理器"对话框的方式有以下 3 种。

① 功能区"默认"选项卡→"绘图"面板：⌸。

② 图层工具栏：单击"图层特性"按钮⌸。

③ 命令行：输入"layer"或"la"后按 Enter 键或"空格"键。

执行"图层特性"命令后，将出现"图层特性管理器"对话框，如图 2.45 所示。在此对话框中，可以进行新建图层、删除图层、命名图层等操作。

"图层特性管理器"对话框中部分按钮的含义如下。

⌸：新建图层。

⌸：在所有视口中都被冻结的新图层视口。

✕：删除图层。

✓：将选定的图层置为当前层。

图 2.45 "图层特性管理器"对话框

2）图层的状态

在"图层特性管理器"对话框中可以控制图层特性的状态，例如：图层的打开/关闭、解冻/冻结、解锁/锁定等，这些在图层管理器和图层工具栏都有显示，如图 2.46 所示。

图 2.46 图层状态的控制

① 打开/关闭图层 (). 当图层打开时,绘制的图形是可见的,并且可以打印。当图层关闭时,绘制的图形是不可见的,且不能打印,即使"打印"选项是打开的。

② 解冻/冻结所有视口图层 (). 可以冻结模型空间和图纸空间所有视口中选定的图层。冻结图层可以加快缩放、平移和许多其他操作的运行速度,便于对象的选择并减少复杂图形的重生成时间。冻结图层上的实体对象在绘图窗口不显示、不能打印,也不参与渲染或重生成对象。解冻冻结图层时,AutoCAD将重生成并显示冻结图层上的实体对象。可以冻结除当前图层外所有的图层,已冻结的图层不能设为当前层。

③ 解冻/冻结当前视口图层 (). 冻结图纸空间当前视口中选定的图层。可以冻结当前层,而不影响其他视口的图层显示。

④ 解锁/锁定图层 (). 锁定和解锁图层。不能编辑锁定图层中的对象,但是可以查看图层信息。当不需要编辑图层中的对象时,将图层锁定以避免不必要的误操作。

⑤ 打印/不打印图层 (). 确定本图层是否参与打印。

3) 线型设置

绘图时,经常要使用不同的线型,如虚线、中心线、细实线、粗实线等。AutoCAD提供了丰富的线型,用户可根据需要从中选择线型。

表2.7所示为中华人民共和国国家标准《CAD工程制图规则》(Rules of CAD Engineering Drawings) GB/T 18229—2000规定的图线样式和颜色。

表2.7　　　　　　　　　　　　　国标图线和颜色的规定

名称	样　式	颜　色
粗实线	——————	白(黑)色
细实线	——————	绿色
波浪线	～～～～	
双折线	―∧∨∧―	
虚线	- - - - - -	黄色
细点画线	— · — · —	红色
粗点画线	— — —	棕色
双点画线	— ·· — ·· —	粉红色

> **提示**
> RGB颜色代码参考:棕色为RGB (165,42,42),粉红色为RGB (255,192,203)。

图层的线型是指在图层上绘图时所用的线型,每一层都应有一个相应的线型。系统默认的线型只有一个,单击"图层特性管理器"中要修改的图层线型名称时出现"选择线型"对话框，如图 2.47 所示。单击"加载"按钮出现"加载或重载线型"对话框，如图 2.48 所示。从"加载或重载线型"对话框中选择需要的线型，单击"确定"按钮将其加载到"选择线型"对话框中，然后选择需要的线型，单击"确定"按钮。

图 2.47 "选择线型"对话框

图 2.48 "加载或重载线型"对话框

> **提 示**
> 加载或重载线型时可以按住 Ctrl 键选择所需要的多个线型，一起加载。

在使用各种线型绘图时，除了 Continuous 线型外，每一种线型都是由实线段、空白段、点或文本、图形所组成。默认的线型比例是 1，以 A3 图纸作为基准，因此在不同的绘图界限下屏幕上显示的结果不一样。当图形界限缩小或放大时，中心线或虚线线型显示的结果几乎成了一条实线，这就必须通过改变线型比例来调整线型的显示结果。

"改变线型比例"命令的执行方式有以下 3 种。

① 菜单命令：选择"格式"→"线型"命令。

② 功能区"默认"选项卡→"特性"面板："线型"按钮。

执行"线型"命令后，将出现"线型管理器"对话框，如图 2.49 所示。

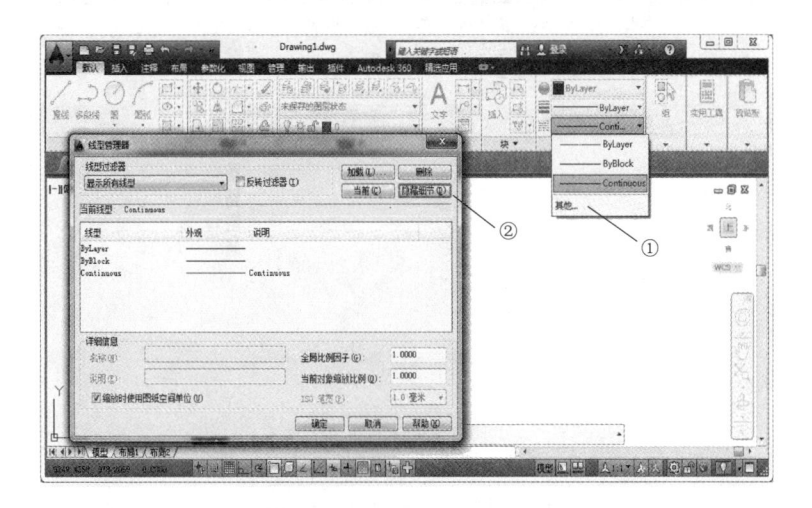

图 2.49 "线型管理器"对话框的操作

③ 命令行：输入"ltscale"后按 Enter 键或"空格"键。

线型比例＝全局比例因子×当前对象缩放比例。

① 全局比例因子：该系统变量可以全局修改新建和现有对象的线型比例。即对屏幕上已存在对象和新输入对象的线型均起作用，持续到下一个线型比例命令为止。

② 当前对象缩放比例：该系统变量可设置新建对象的线型比例。设置该比例后，只会对新绘制的线型起作用，不影响已经绘制的线型。

4）颜色的设置

屏幕上图线的颜色，一般每一个图层应具有各自的颜色，可以在"图层特性管理器"对话框中指定图层对象的颜色，也可以在"对象特性"工具条中指定某一对象的颜色。

在"图层特性管理器"中，单击要修改的图层颜色名称时出现"选择颜色"对话框，如图 2.50 所示。用户可以在这里选择线型对应的颜色。

改变颜色命令的执行方式有以下 3 种。

① 菜单命令：选择"格式"→"颜色"命令。

② 功能区"默认"选项卡→"特性"面板："对象颜色"按钮。

③ 命令行：输入"color"后按 Enter 键或"空格"键。

执行"对象颜色"命令后，将出现"选择颜色"对话框，用户可以在这里选择表 2.1 中国标规定的每种线型对应的颜色并进行修改，如图 2.51 所示。

图 2.50 "选择颜色"对话框

5）线宽的设置

AutoCAD 为用户提供了设置线宽的功能，使用线宽功能，可以用粗线和细线清楚地表现出图样的表达方式。

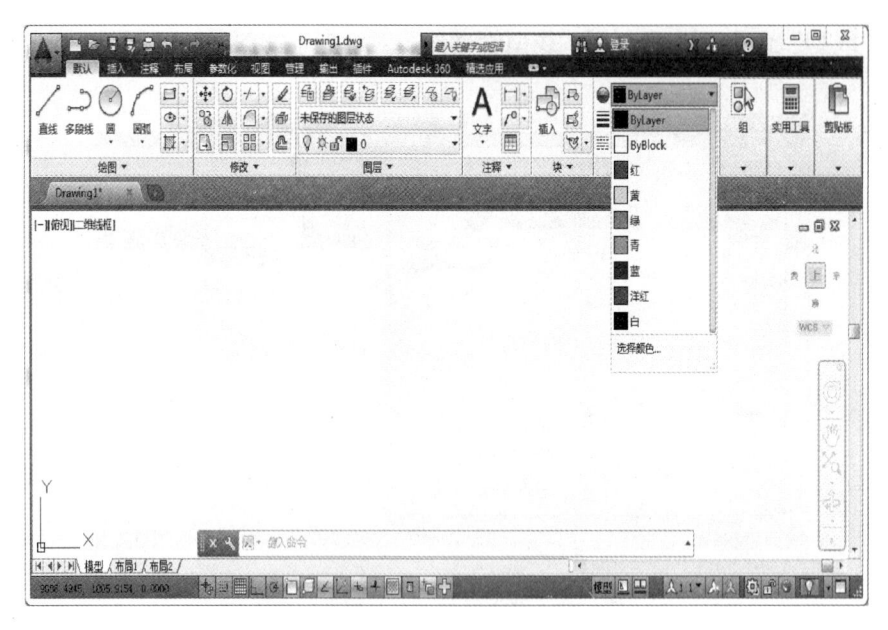

图 2.51　改变颜色文本框

图 2.52　"线宽"对话框

在"图层特性管理器"中，单击新建图层的线宽时会出现"线宽"对话框，如图 2.52 所示，用户可以选择线型对应的宽度。

改变线宽命令的执行方式有以下 4 种。

① 菜单命令：选择"格式"→"线宽"命令。

② 功能区"默认"选项卡→"特性"面板："线宽"按钮。"线宽"选项如图 2.53（a）所示。

③ 状态栏"显示/隐藏线宽"按钮 ➕：右击状态栏，在弹出的快捷菜单中选择"设置"命令。

④ 命令行：输入"lweight"后按 Enter 键或"空格"键。

选择"线宽设置"后，将出现"线宽设置"对话框，如图 2.53（b）所示，用户可以按照国标规定的每种线型对应的线宽进行修改。

> **提示**
> 显示线宽也可以利用状态栏的功能按钮 ➕（显示/隐藏线宽）来控制其打开和关闭。

在模型空间操作时，如果要优化性能，请将线宽的显示比例设置为最小值或完全关闭线宽显示，这样可以加快计算机的运行速度。

为了便于机械工程的 CAD 制图，国家标准对线宽也有规定，国标将表 2.1 中所规定的几种线型的线宽分成以下几组，见表 2.8。一般优先采用第 4 组。

项目二　AutoCAD 2014 样板文件的创建

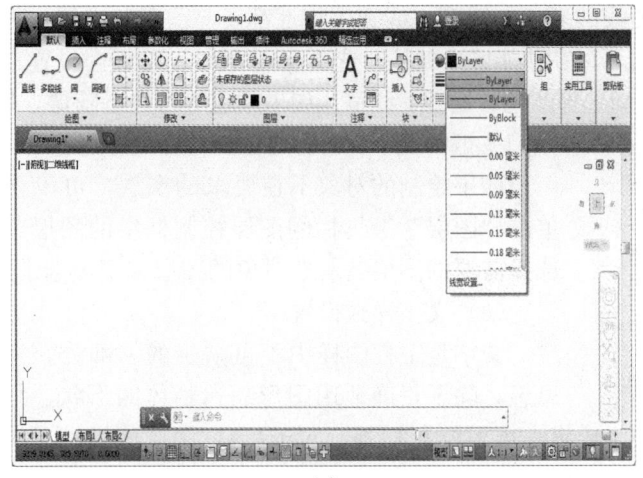

(a)

(b)

图 2.53 "线宽"和"线宽设置"对话框
(a)"线宽"选项；(b)"线宽设置"对话框

表 2.8　　　　　　　　　　　　　　　线　宽　的　设　置

项目	组别					一般用途
	1	2	3	4	5	
线宽/mm	2.0	1.4	1.0	0.7	0.5	粗实线、粗点画线
	1.0	0.7	0.5	0.35	0.25	细实线、波浪线、双折线、虚线、细点画线、双点画线

6）其他设置

在绘制图形时要选用某一线型绘图，需将该线型的图层设置为当前层。

将图层设为当前层的方法一般用以下3种。

① 在"图层"工具栏或者功能区"默认"选项卡→"图层"的图层控制框中单击图层名，在出现的菜单中单击需要的图层，该图层即可设为当前层。

② 在"图层特性管理器"对话框中选择图层，然后单击"置为当前"按钮即可。

③ 使选定对象的图层成为当前图层的步骤：先选择对象，然后在"图层"工具栏或者"功能区"→"图层"上单击"将对象的图层置为当前"按钮，则所选对象的图层变为当前图层。

一般情况下，图线的颜色、线型、线宽等特性都要与图层的设置一样，默认的设置都是随层（ByLayer），也可以在功能区"默认"选项卡→"特性"面板内设置，如图 2.54 所示。使用时可以根据情况重新选择颜色、线型、线宽。如果颜色等特性不随层，那么画出的图形与图层设置的特性就不一致了，所以一般情况下，各种对象的特性最好是随层，以便于编辑。

如果绘制的对象不在要求的图层，可以先选择此对象，然后单击"图层"工具栏的图层控制框中的图层名，在出现的菜单中选择需要的图层，所选对象的图层将变为选定图层。

（3）文字样式设置

文字是工程图样中不可缺少的一部分。为了完整地表达设计思想，除了正确地用图形表达物体的形状、结构外，还要在图样中标注尺寸、注写技术要求、填写标题栏等。AutoCAD 中文版提供了符合国家标准的汉字和西文字体。

图 2.54 对象特性

1）文字样式

图形中的所有文字都具有与之相关联的文字样式。输入文字时，程序使用当前的文字样式设置的字体、字号、倾斜角度、方向和其他文字特征。默认的文字样式是 Standard 样式，用户可根据需要设置相应的文字样式，如尺寸文字样式、汉字文字样式等。

文字样式命令的执行方式有以下 4 种。

① 菜单命令：选择"格式"→"文字样式"命令。

② 功能区"默认"选项卡切换到"注释"选项卡：单击"文字样式"按钮。

③ 文字工具栏：单击"文字样式"按钮。

④ 命令行：输入"style"后按 Enter 键或"空格"键。

执行"文字样式"命令后，将出现"文字样式"对话框，如图 2.55 所示。

图 2.55 "文字样式"对话框

2）文字样式的设置

根据国家标准，文字样式可以选择使用大字体，中文大字体是 gbcbig.shx。其具体选项可以设置中文字体为 gbenor.shx、数字和字母等西文字体为 gbeitc.shx。只有在"字体名"

下拉列表框中指定 SHX 文件，才能使用大字体。

如不选用大字体，也可以自己设定字体，汉字可选用仿宋_GB2312，尺寸标注选用 isocp.shx 或 romanc.shx。表 2.9 为推荐字体选用设置。

> **提示**
> 当所选的字体前面带@符号时，标注的文本字头向左旋转 90°，即字头向左。

表 2.9　　　　　　　　　　　　　　文字样式的推荐设置

样式名		字体名	文字宽度因子	文字倾斜角度/°
不使用大字体	文字	仿宋_GB2312	0.75	15
	数字	isocp.shx 或 romanc.shx	0.75	0
使用大字体 gbcbig.shx	文字	gbenor.shx	—	—
	数字（斜）	gbeitc.shx	—	—

用户可以根据需要设置新的文字样式，单击"新建"按钮，出现"新建文字样式"对话框，如图 2.56 所示，输入样式名称，单击"确定"按钮。

返回如图 2.55 所示的"文字样式"对话框，用户可以按照推荐的设置进行操作。对于文字的高度，用户可以按照国家标准进行设置，表 2.10 所示为中华人民共和国国家标准《CAD 工程制图规则》(Rules of CAD Engineering Drawings) GB/T 18229—2000 规定的 CAD 工程图的字体与图纸幅面之间的大小关系。

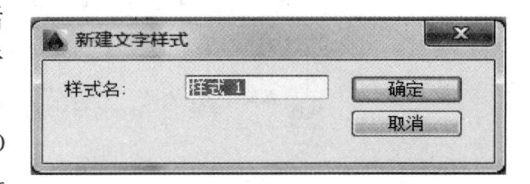

图 2.56　"新建文字样式"对话框

表 2.10　　　　　　　　　　字体与图纸幅面之间的选用关系

字体＼幅面	A0	A1	A2	A3	A4
汉字 h	5		3.5		
字母与数字 h					

注　h＝汉字、字母和数字的高度。

在"大小"选项组中有"注释性"选项，注释性是注释图形对象的一个特性，此特性可自动完成缩放注释的过程，从而使注释能够以正确的大小在图纸上打印或显示。

常用于注释图形的对象有：文字、标注、图案填充、公差、多重引线、块和属性；如果这些对象的注释性特性处于启用状态（设置为"是"），则其被称为注释性对象。

在定义了图纸大小后，用户可以为布局视口和模型空间设置注释比例，以确定这些空间中注释性对象的大小。

图 2.57　注释性文字屏幕显示的比较

如图 2.57 所示，有注释性文字和无注释性文字的比较，其中在屏幕的显示比例为1∶1和1∶2，其注释比例显示在屏幕的右下角。

> **提示**
>
> 用户可以建立注释性文字，以便用于打印比例不是1∶1的输出。

（4）尺寸标注的设置

尺寸标注是绘制图形的一项重要内容。尺寸标注描述了图形各部分的实际大小和位置关系，是实际生产的重要依据。AutoCAD提供了设置尺寸标注样式的平台和各种尺寸标注方法，以适用于各种类型的尺寸标注。

1）尺寸标注的类型和组成

尺寸标注显示了对象的测量值、对象之间的距离和角度以及特征、距指定原点的距离。AutoCAD提供了基本的标注类型：线性标注、径向（半径、直径和折弯）标注、角度标注、坐标标注、弧长标注、坐标标注和公差。标注工具栏如图2.58所示。

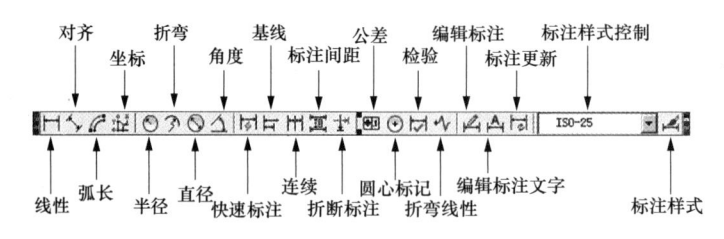

图2.58 标注工具栏

标注具有其独特的元素：标注文字、尺寸线、箭头和尺寸界线，如图2.59所示。

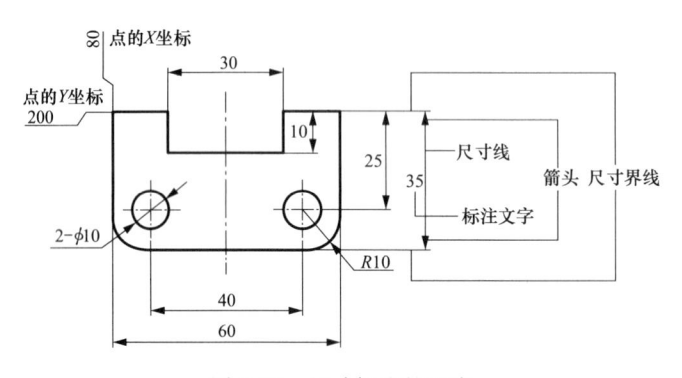

图2.59 尺寸标注的组成

尺寸标注是作为一个图块存在的，即尺寸线、尺寸界线、标注文字和箭头是一个组合实体，是一个对象。当标注的图形被修改，或单独用夹点拖动尺寸时，系统会自动更新尺寸标注，尺寸文本自动改变的特性被称为尺寸标注的关联性。可以用分解命令将尺寸标注变为非关联性。

标注文字是用于指示测量值的字符串，文字还可以包含前缀、后缀和公差；尺寸线用于指示标注的方向和范围,对于角度标注,尺寸线是一段圆弧;箭头也称为终止符号,显示在尺寸线的两端;尺寸界线是标注尺寸的起始线;中心标记是标记圆或圆弧中心的小十字。

2)尺寸标注基本样式的设置

AutoCAD 默认的标注样式不完全符合国标,所以必须重新设置尺寸标注的样式。尺寸标注样式的设置主要是对尺寸线、尺寸界线、标注文字、箭头、单位、公差等进行设置。AutoCAD 2014 默认的尺寸标注样式是 ISO-25。

尺寸标注样式可通过"标注样式管理器"对话框进行设置。"标注样式管理器"对话框的打开方式有以下 4 种。

① 功能区"默认"选项卡→"注释"面板:"标注样式" ◢。
② 功能区"注释"选项卡→"标注"面板:"标注样式" ◢。
③ 样式或标注工具栏:单击"标注样式"按钮 ◢。
④ 命令行:输入"dimstyle"后按 Enter 键或"空格"键。

执行"标注样式"命令后,将出现如图 2.60 所示的"标注样式管理器"对话框。

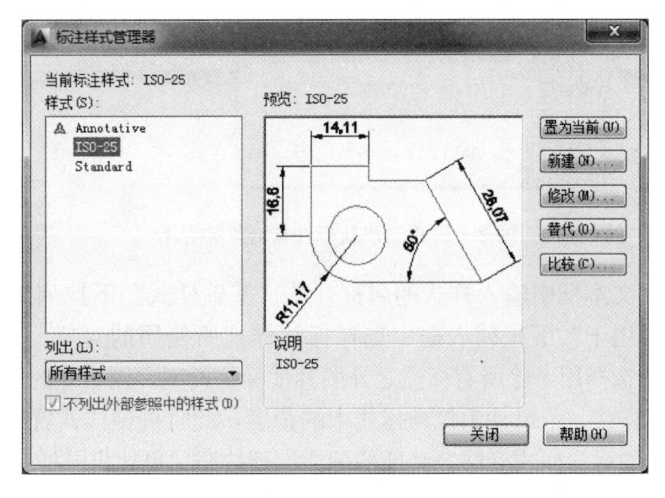

图 2.60 "标注样式管理器"对话框

在"标注样式管理器"对话框中,可以创建新样式 ▲ Annotative、设置当前样式、修改样式、替代当前样式以及比较样式。

默认的标注样式为 ISO-25。ISO-25 样式为注释性标注样式。在"样式"列表框中,列出了图形中的标注样式,当前样式被高亮显示。在列表框中右击可显示快捷菜单及选项,用于设置当前标注样式、重命名样式和删除样式,但不能删除当前样式或当前图形使用的样式。

单击"置为当前"按钮,可将在"样式"列表框中选定的标注样式应用于要进行标注的样式。

单击"新建"按钮,显示"创建新标注样式"对话框,从中可以定义新的标注样式。
单击"修改"按钮,显示"修改标注样式"对话框,从中可以修改标注样式。

3) 创建新机械标注样式

对于标注样式设置，不同图纸幅面所设置的字体大小、箭头大小、基线间距等都不一样，计算机绘图时采用1∶1的比例绘制，输出时再缩小相应的比例，所以在进行标注样式设置时一般以 A0、A1、A2、A3、A4 图纸作为最基本的设置样式。设置好后可以根据图纸放大或缩小的比例在标注样式设置中调整统一比例。

选择"标注样式管理器"对话框中的 Annotative 样式，单击"新建"按钮，出现"创建新标注样式"对话框，注意，"注释性"复选框是选中的，如图 2.61 所示。

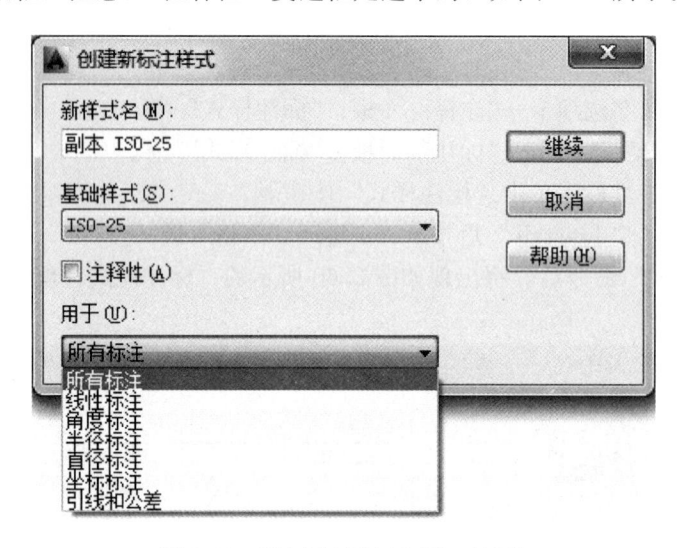

图 2.61 "创建新标注样式"对话框

在"新样式名"文本框中输入样式的名称，从"基础样式"下拉列表框中选择已有的样式为基础样式，在"用于"下拉列表框中选择标注样式所使用的对象。选择用于所有标注，则建立一个父尺寸；选择用于除所有标注之外的其他标注类型，则建立的是子尺寸。如图 2.62 所示，父尺寸为机械样式，子尺寸为机械样式中的角度，此时机械样式置于当前，标注角度的时候，按照角度设置的标注样式标注，其他的标注类型按照父尺寸机械样式的设置标注。

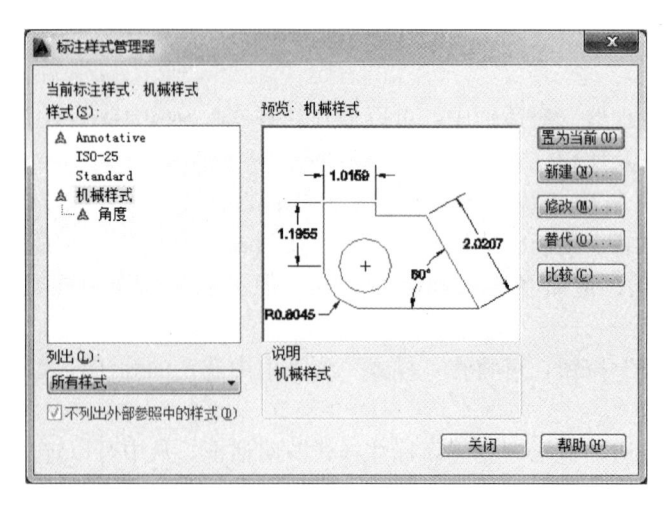

图 2.62 父尺寸和子尺寸

> **提示**
>
> 子尺寸样式不在标注样式里面显示。

下面用建立一个机械样式的父尺寸及其他一些机械常用的尺寸标注的样式，来说明标注尺寸样式的设置。

在如图 2.61 所示的"创建新标注样式"对话框中，新建一个样式名为"机械样式"的父尺寸，用于所有标注，选择的基础样式是 Annotative，创建注释性尺寸标注样式，单击"继续"按钮，出现"新建标注样式：机械样式"对话框，如图 2.63 所示。

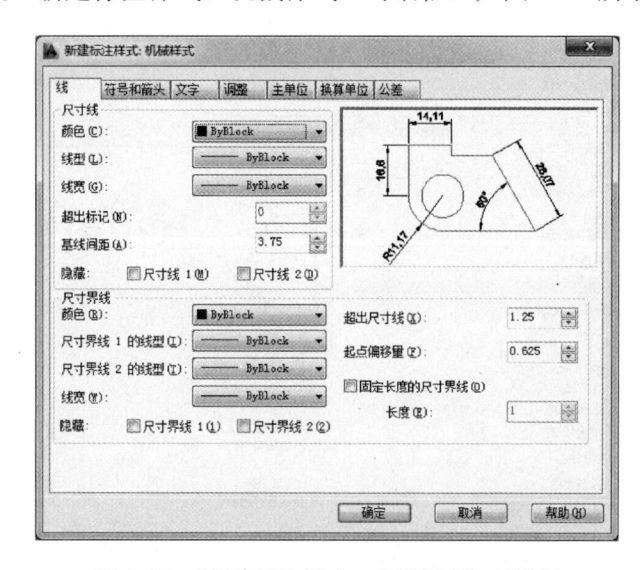

图 2.63 "新建标注样式：机械样式"对话框

在"线"选项卡中，将"基线间距"微调框内的数值改为 7，"超出尺寸线"微调框内的数值改为 2.5，"起点偏移量"微调框内的数值改为 0，其余颜色、线型、线宽、尺寸界线等都设置为随块（ByBlock），其他为默认设置。设置位置说明如图 2.64 所示。

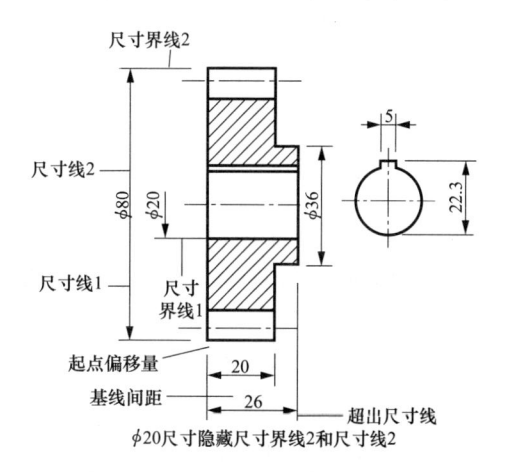

图 2.64 选项卡中尺寸样式各部分名称的说明

> **提示**
>
> 如果标注一个边的尺寸，标注尺寸时应确定两点，第一点的尺寸界线和尺寸线为1，第二点的尺寸界线和尺寸线为2。隐藏单边尺寸线和尺寸界线，可以对半剖视图以及其他样式的图形进行标注。

在"符号和箭头"选项卡中，将"箭头"设置为实心闭合，"箭头大小"微调框内的数值改为3，在"弧长符号"选项组中选中"标注文字的上方"单选按钮，其他为默认设置，如图2.65所示。

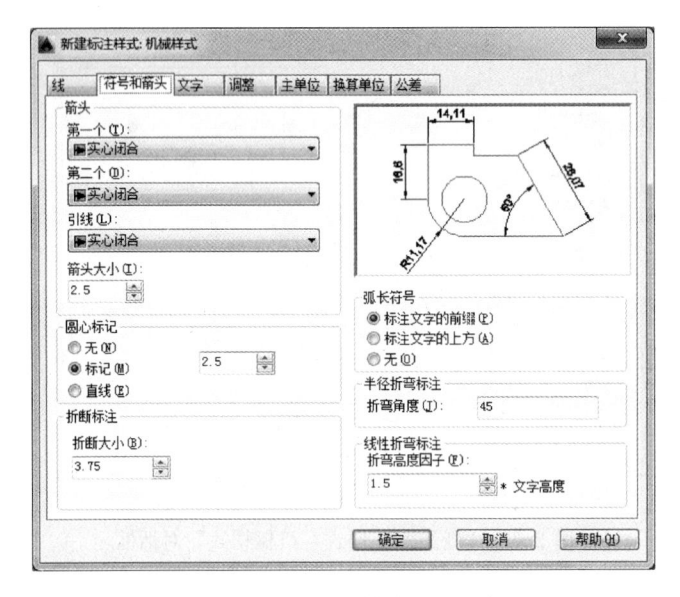

图2.65 "符号和箭头"选项卡

在"文字"选项卡中，将"文字样式"设置为已经建立的"数字"样式，"文字颜色"设置为随块（ByBlock），"文字高度"微调框内的数值改为3.5，"填充颜色"设置为"无"，其他为默认设置，如图2.66所示。

"调整"选项卡均选择默认设置，如图2.67所示。

在"主单位"选项卡中，精度选择保留两位小数，小数的分隔符为句点，其他为默认设置，如图2.68所示。

若要标注半径、直径、角度等尺寸，则采用该标注样式标注图形时尺寸都将标注上前缀和后缀所设的参数，所以在设置前缀和后缀时应根据需要单独设置一个父尺寸。例如，在直线上标注直径时可以设置前缀为直径的符号。

在"换算单位"选项卡中，主要对各种单位的换算进行设置，一般选择默认设置。

在"公差"选项卡中，主要对标注公差的格式进行设置，一般用于机械标注。公差的类型有以下几种方式：无、对称、极限偏差、极限尺寸和基本尺寸。一旦设置了公差标注，所有的尺寸在标注的过程中都带有相同的公差数值，所以一般不设置公差类型，选择无。公差标注最好采用在位编辑器的方式完成，或者标注完成后在特性管理器中修改。

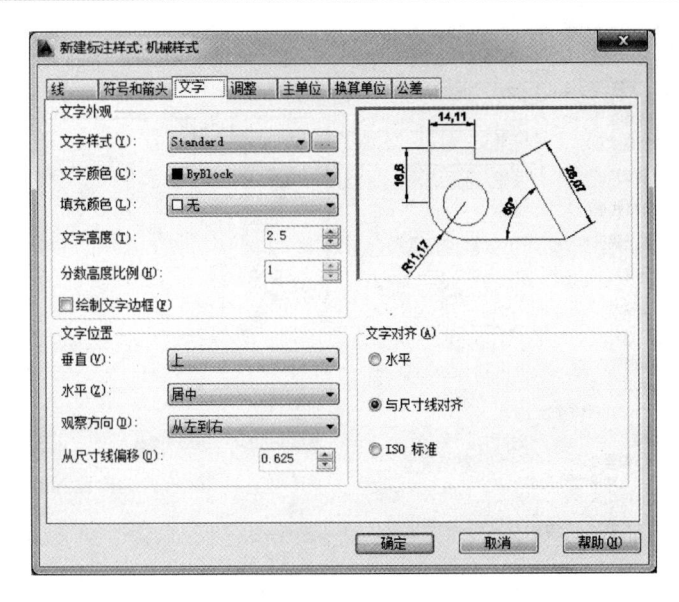

图 2.66 "文字"选项卡

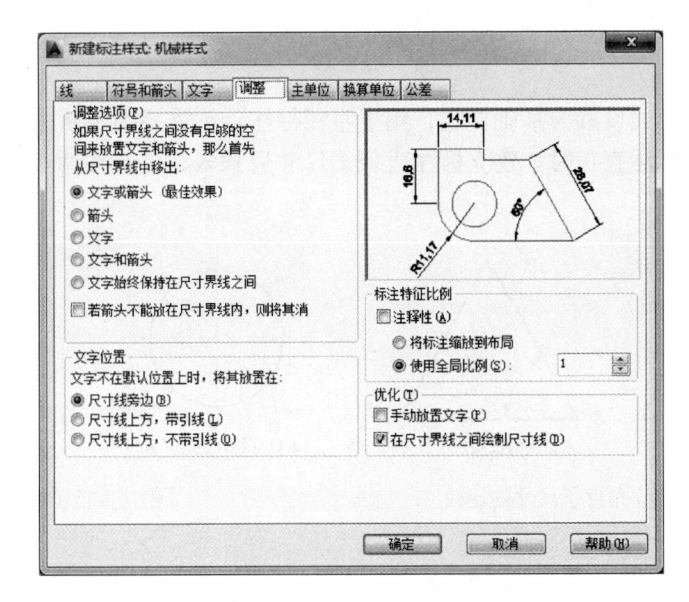

图 2.67 "调整"选项卡

4)创建机械样式的角度标注子尺寸

将机械样式置为当前样式,创建新的标注样式,将机械样式设置为基础样式,用于角度标注,不需要确定新的样式名称,单击"继续"按钮。在如图 2.66 所示"文字"选项卡中,将文字位置的垂直方向选择外部,水平方向选择居中;文字对齐则选择水平,其他为默认机械样式。

建立标注角度子尺寸后和未建立标注角度子尺寸的比较,如图 2.69 所示。

5)创建机械样式的直径标注子尺寸

由于机械样式的基本设置中无直径的标注,当尺寸在圆弧内时,其默认的标注是只显示一半,不符合国标的要求,因此要进行设置。首先将机械样式置为当前样式,然后创建新的

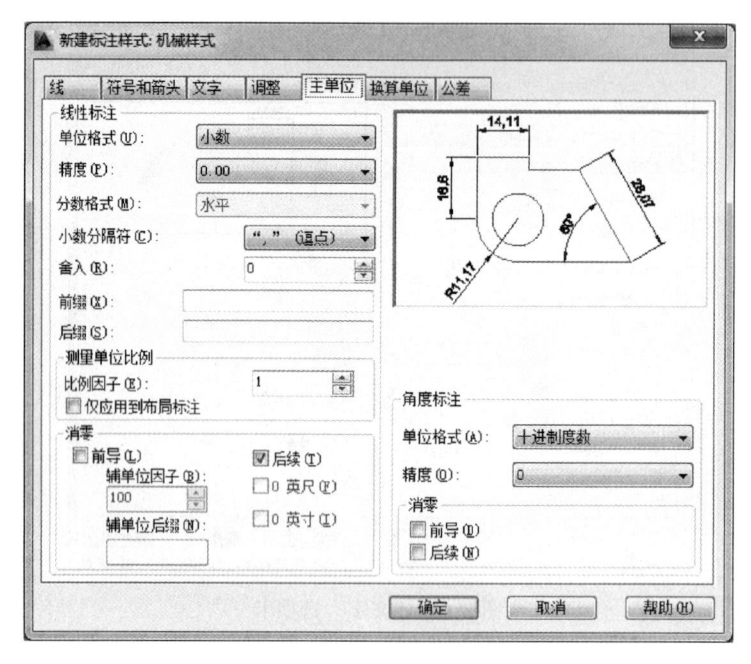

图 2.68 "主单位"选项卡

标注样式,将机械样式设置为基础样式,用于直径标注,不需要确定新的样式名称。

在用机械样式标注直径时,建立标注直径子尺寸后和未建立标注直径子尺寸的比较,如图 2.70 所示。

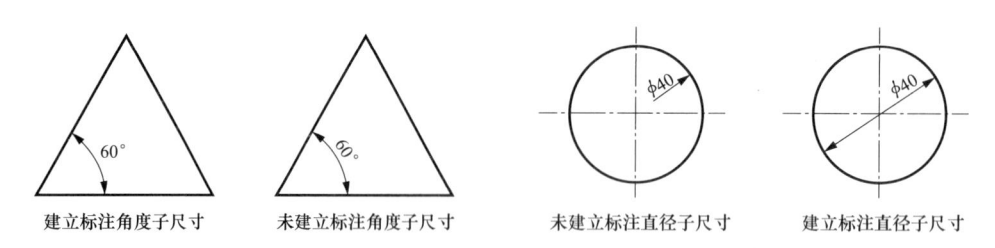

图 2.69 建立角度子尺寸的比较

图 2.70 建立直径子尺寸的比较

6)创建非圆直径父尺寸

对于机械图样,圆柱、圆锥等回转体的直径一般标注在非圆视图上,也就是标注在投影为直线的视图上,标注直线尺寸前面没有直径符号 ϕ。可以在特性管理器中加前缀,当建立一个非圆直径的父尺寸时,在标注的过程中,将父尺寸的样式置为当前,直接进行标注。

具体过程为:在"创建新标注样式"对话框中,输入新样式的名称为"非圆直径",基础样式为机械样式,选择用于所有标注,单击"继续"按钮后,在出现的对话框中切换到"主单位"选项卡,设置前缀为直径的符号%%C,单击"确定"按钮即可。

7)创建带引线的标注父尺寸

对于机械图样,在标注圆弧的半径和直径时,有时需要引出标注,而在机械样式中默认是不能加引线的,因此需要设置一个带引线标注的父尺寸。

具体过程为:打开"创建新标注样式"对话框,输入新样式的名称为引线标注,基础样式为机械样式,选择用于所有标注,单击"继续"按钮,在出现的对话框中切换到"文字"

选项卡,设置文字对齐为"水平",在"调整"选项卡中设置文字不在默认位置上时,将其放置在"尺寸线上方,带引线",其他选项为默认机械样式,单击"确定"按钮即可。

此时,带引线标注样式还带有尺寸线,若要不带尺寸线,可在"调整"选项卡的"优化"选项组中,取消选中"在延伸线之间绘制尺寸线"复选框。

(5) 系统选项的设置

系统选项的打开方式有以下 4 种。

① 菜单命令:选择"工具"→"选项"命令。

② 快捷菜单:在图形区右击,在弹出的快捷菜单中选择"选项"命令。

③ 菜单浏览器:单击菜单浏览器最底部的深灰色条上的"选项"按钮。

④ 命令行:输入"options"后按 Enter 键或"空格"键。

执行"选项"命令后,出现如图 2.71 所示的"选项"对话框。该对话框中有"文件"、"显示"、"打开和保存"、"打印和发布"、"系统"、"用户系统配置"、"草图"、"三维建模"、"选择集"和"配置"10 个选项卡,下面对于部分的选项卡,进行简单的说明。

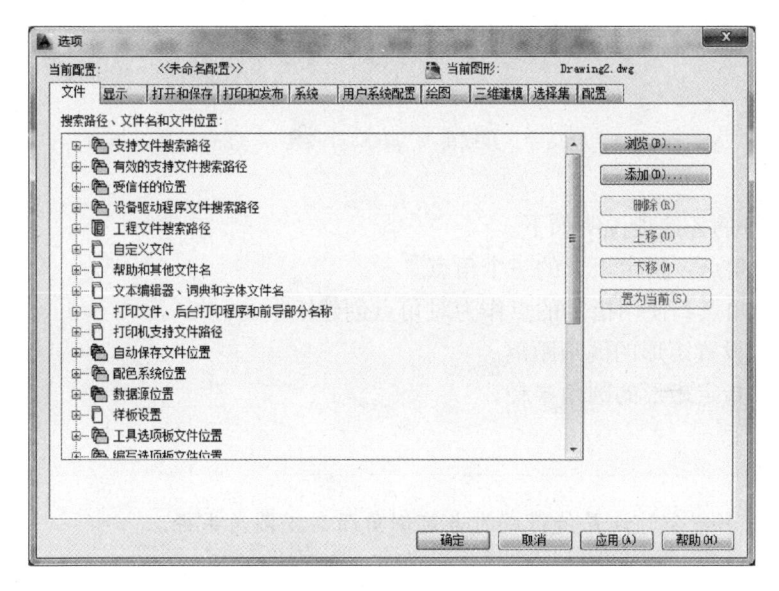

图 2.71 "选项"对话框

在"显示"选项卡中,"窗口元素"的设置一般用默认的,"颜色"按钮用于选择图形区的颜色,"字体"按钮用于确定文本窗口和命令行的字体,用户可以根据自己的喜好设置,"十字光标大小"可以输入数值来确定十字光标的大小,其他选项用默认的。

在"打开和保存"选项卡中,一般可以修改"另存为"的类型、自动保存和自动保存的间隔时间,其他选项用默认的。由于用户的计算机中装的 AutoCAD 软件的版本不同,在此将"另存为"的类型选择低版本的类型,可以实现在其他低版本的 AutoCAD 软件中打开 AutoCAD 的图形文件。

在"选择集"选项卡中,可以在选择对象时,确定选择的方法和显示的方式。对于选择集的模式,选中"先选择后执行"复选框时,可以先选择对象,然后执行命令,也可以先执行命令,再选择;反之,必须先执行命令,然后再选择对象。如果要选择多个对象,勾选

"用 Shift 键添加到选择集"复选框,则要按住 Shift 键添加对象,反之,则可以直接选择添加;其他选项用默认的。

四、相关的绘图命令

(1) 矩形绘制

"矩形"命令提供了创建矩形的有效方法,从而可以快速创建矩形。创建的矩形可以使用分解命令将生成的多段线对象转换为多个直线对象。

矩形命令的执行方式有以下 3 种。

① 功能区"默认"选项卡→"绘图"面板:▭。

② 绘图工具栏:单击"矩形"按钮▭。

③ 命令行:输入"rectang"、"rectangle"或"rec"后按 Enter 键或"空格"键。

执行"矩形"命令后,命令行出现如下提示。

命令:_rectang
指定第一个角点或 [倒角 (C)/标高 (E)/圆角 (F)/厚度 (T)/宽度 (W)]:指定点 (1) 或输入选项。
指定另一个角点或 [面积 (A)/尺寸 (D)/旋转 (R)]:指定点 (2) 或输入选项。

"矩形"命令的各选项说明如下。

指定第一个角点:指定矩形的一个角点。

指定另一个角点:使用指定的点作为对角点创建矩形。

倒角 (C):设置矩形的倒角距离。

圆角 (F):指定矩形的圆角半径。

提示

以后执行矩形命令时设置值将成为当前倒角距离或圆角半径。

标高 (E)/厚度 (T):用于三维绘图。

宽度 (W):为要绘制的矩形指定多段线的宽度。

面积 (A):使用面积与长度或宽度创建矩形。

尺寸 (D):使用长和宽创建矩形。

旋转 (R):按指定的旋转角度创建矩形。

绘制如图 2.72 所示的图形。

具体步骤如下。

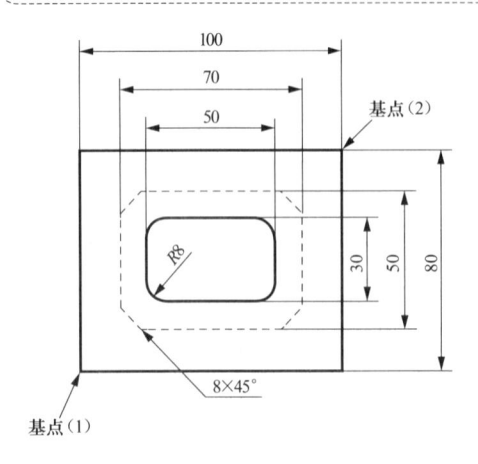

图 2.72 实例图形

```
命令：_rectang
指定第一个角点或 [倒角 (C)/标高 (E)/圆角 (F)/厚度 (T)/宽度 (W)]：指定点 (1)
指定另一个角点或 [面积 (A)/尺寸 (D)/旋转 (R)]：@100，80
命令：_rectang
指定第一个角点或 [倒角 (C)/标高 (E)/圆角 (F)/厚度 (T)/宽度 (W)]：c
指定矩形的第一个倒角距离<0.0000>：8
指定矩形的第二个倒角距离<8.0000>：8
指定第一个角点或 [倒角 (C)/标高 (E)/圆角 (F)/厚度 (T)/宽度 (W)]：_from 基点：<偏移>：@15，15
指定另一个角点或 [面积 (A)/尺寸 (D)/旋转 (R)]：_from 基点：<偏移>：@-15，-15
命令：_rectang
当前矩形模式：倒角=8.0000x8.0000
指定第一个角点或 [倒角 (C)/标高 (E)/圆角 (F)/厚度 (T)/宽度 (W)]：f
指定矩形的圆角半径<8.0000>：
指定第一个角点或 [倒角 (C)/标高 (E)/圆角 (F)/厚度 (T)/宽度 (W)]：_from 基点：<偏移>：@25，25
指定另一个角点或 [面积 (A)/尺寸 (D)/旋转 (R)]：_from 基点：<偏移>：@-25，-25
```

（2）文字输入

文字是工程图样中用来表达设计思想不可缺少的一部分。在图样中标注尺寸、注写技术要求、填写标题栏等，这些内容都需要注写文字或数字。AutoCAD 2014 根据不同需要提供了如下两种文字输入方式。

1）标注单行文字

单行文字命令的执行方式有以下 4 种。

① 菜单命令：选择"绘图"→"文字"→"单行文字"命令。

② 功能区"默认"选项卡→"注释"面板：单击"单行文字"按钮A。

③ 绘图工具栏：单击"文字"按钮A。

④ 命令行：输入"text"、"dtext"或"dt"后按 Enter 键或"空格"键。

执行单行文字命令后，命令行出现如下提示。

```
命令：_dtext
当前文字样式：Standard 当前文字高度：2.5000
指定文字的起点或 [对正 (J) /样式 (S)]：指定文字的起点或输入选项；指定起点后，执行下一步。
指定高度<2.5000>：指定两点或输入值后按 Enter 键确定高度。
指定文字的旋转角度<0>：
```

单行文字命令的各选项说明如下。

指定文字的起点：确定文字的起始位置。
指定高度<当前高度>：指定两点或输入值后按 Enter 键确定高度。

> **提示**
> 只有当前文字样式没有固定高度时才显示"指定高度"的提示。

指定文字的旋转角度<当前角度>：确定旋转的角度。
样式（S）：指定文字样式。
输入样式名或[？]<当前样式>：输入文字样式名称或输入？列出所有文字样式。
对正（J）：控制文字的对正方式，命令行出现如下提示。

> [对齐（A）/调整（F）/中心（C）/中间（M）/右（R）/左上（TL）/中上（TC）/右上（TR）/左中（ML）/正中（MC）/右中（MR）/左下（BL）/中下（BC）/右下（BR）]：

对正的方式很多，在这里重点介绍部分选项的说明。
对齐（A）：通过指定基线端点来指定文字的高度和方向；输入 A 后命令行出现如下提示。

> 指定文字基线的第一个端点：指定点（1）。
> 指定文字基线的第二个端点：指定点（2），这两点之间的距离，就是文字的范围。
> 然后在单行文字的在位文字编辑器中，输入文字。

> **提示**
> 字符的大小根据其高度按比例调整。文字字符串越长，字符越窄，即高宽之比不改变，只改变文字的高度。

调整（F）：指定文字按照由两点定义的方向和一个高度值布满一个区域。只适用于水平方向的文字。

> **提示**
> 字符高度保持不变，字符串越长，字符越窄。

中心（C）：从基线的水平中心对齐文字，基线是由用户给出的点指定的。
中间（M）：文字在基线的水平中点和指定高度的垂直中点上对齐。中间对齐的文字不保持在基线上。
在输入文字的时候，经常会遇到一些特殊字体，除了使用 Unicode 字符输入特殊字符外，还可以为文字加上划线和下划线，或通过在文字字符串中包含控制信息来插入特殊字符。每个控制序列都通过一对百分号引入。用户可以使用具有标准 AutoCAD 文字字体和 Adobe PostScript 字体的控制代码：％％nnn，其具体符号和代码示例见表 2.11。

表 2.11　　　　　　　　　　　　　　控　制　代　码

输入符号	控制代码	键盘输入示例	显示样式
上画线	％％O	％％OAutoCAD％％O 2014	$\overline{\text{AutoCAD 2014}}$
		％％OAutoCAD 2014	$\overline{\text{AutoCAD2014}}$
下画线	％％U	％％UAutoCAD％％U 2014	AutoCAD 2014
		％％UAutoCAD 2014	AutoCAD 2014
上下画线	％％O％％U	％％O％％U AutoCAD 2014	AutoCAD2014
角度符号（°）	％％D	60％％D	60°
直径符号（φ）	％％C	％％C100	φ100
公差符号（±）	％％P	％％P0.012	±0.012

2）标注多行文字

标注多行文字可以创建多行文字对象，或从其他文件输入、粘贴文字以用于多行文字段落。一般用于书写技术要求等较多的文字。

多行文字命令的执行方式有以下 3 种。

① 菜单命令：选择"绘图"→"文字"→"多行文字"命令。
② 功能区"默认"选项卡→"注释"面板：单击"多行文字"按钮 **A**。
③ 命令行：输入"mtext"或"mt"后按 Enter 键或"空格"键。

执行多行文字命令后，命令行出现如下提示。

命令：_mtext
当前文字样式:"Standard"　当前文字高度：当前
指定第一角点：在屏幕上指定一点，作为多行文字的起点；
指定对角点或 [高度 (H)/对正 (J)/行距 (L)/旋转 (R)/样式 (S)/宽度 (W)]：

多行文字命令的各选项说明如下。

指定第一角点：指定点 (1)，确定文字的起始位置。

指定对角点：指定点 (2)，确定多行文字对象的位置和尺寸，出现多行文字编辑器，如图 2.73 所示。

实例：输入尺寸公差 $\phi 80^{+0.009}_{-0.021}$。

使用多行文字编辑器，在文字输入区域输入"％％C80+0.009^(Shift+6 键)-0.021"，在文字输入区域将显示"φ80+0.009^-0.021"，选定"+0.009^-0.021"，单击"选项"按钮，在弹出的菜单中选择"堆叠"命令，则"+0.009^-0.021"变为"+0.009-0.021"，如图 2.74 所示。

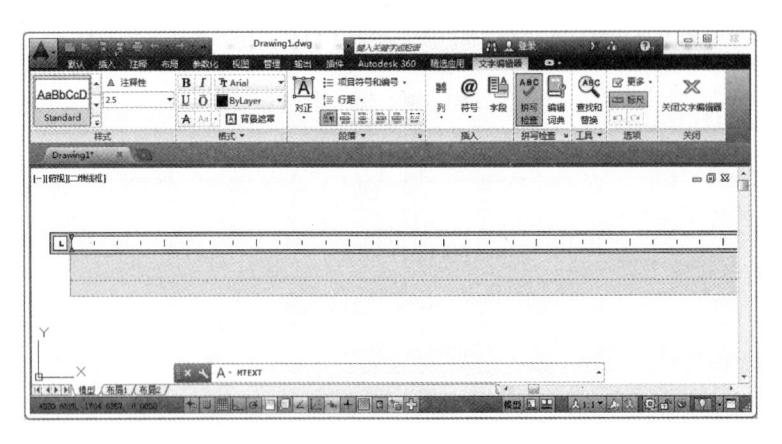

图 2.73　多行文字编辑器

图 2.74　尺寸公差的标注

说　明

如果输入上下标，则可以用空格代替字符，如 X^a+Y^b，则在文字输入区域输入"Xa^（空格）+Y（空格）^b"，选择"Xa^（空格）"并选择"堆叠"选项，选择"Y（空格）^b"并选择"堆叠"选项，则会出现 X^a+Y^b 的样式。

（3）图块

图块是一组对象的集合，整体是一个对象。用户可以将常用的图形定义成图块，然后在需要的时候将图块插入到当前图形的指定位置上，并且可以根据需要调整其大小比例及旋转角度。符号集可作为单独的图形文件存储并编组到文件夹中。设计时，常常会遇到一些重复出现的图，如果把这些经常出现的图做成图块，存放到一个图形库中，绘制图形时，就可以作为图块插入到其他图形中，这样可以避免大量的重复工作，而且还可以提高绘图速度与质量。

AutoCAD 中的块分为内部块（block 或 bmake）和外部块（wblock）两种，用户可以通过"块定义"对话框设置创建块时的图形基点和对象取舍。

1）内部块的创建

所谓内部块即数据保存在当前文件中，只能被当前图形文件访问的块。

创建块命令的执行方式有以下 3 种。

① 功能区"默认"选项卡→"块"面板：。

② 绘图工具栏：单击"创建"按钮。

③ 命令行：输入"block"、"bmake"或"b"后按 Enter 键或"空格"键。

创建块定义的具体步骤如下。

① 将要定义的图块的图形画好，如表面粗糙度符号（注意选好图层），如图 2.75 所示。

② 执行创建块命令后，弹出"块定义"对话框，如图 2.76 所示。

图 2.75 表面粗糙度符号　　　　　　图 2.76 "块定义"对话框

"块定义"对话框中的部分选项说明如下。

"名称"下拉列表框：定义创建块的名称。可以直接在下拉列表框中输入（如粗糙度）。选定对象后，在"块定义"对话框"名称"后面有块的预览图像。

"基点"选项组：指定块的插入基点。默认值是（0，0，0）。可以在 X、Y、Z 文本框中直接输入 X、Y、Z 的坐标值；也可以单击"拾取点"按钮，用十字光标直接在作图区域里取点（如捕捉粗糙度符号最下面的交点）。

"对象"选项组：选取要定义块的实体。

"选择对象"按钮：暂时关闭"块定义"对话框，允许用户选择块对象。完成对象选择后，按 Enter 键重新显示"块定义"对话框，在对话框中显示选中对象的总和。

③ 创建粗糙度块的选择样式，如图 2.76 所示，基点为图形的最下点，单击"确定"按钮，完成粗糙度符号的图块的创建。

2）外部块的创建

所谓外部块（写块）即创建的图形文件可作为块插入到其他图形中，它所创建的外部块与前面用"块定义"对话框创建图块的最大区别在于它是保存在独立的图形文件中的，可以被所有图形文件访问，而"块定义"对话框创建的图块只能在当前的图形文件中使用。

"写块"命令的执行方式如下。

命令行：输入"wblock"或"w"后按 Enter 键或"空格"键。

"写块"命令的步骤如下。

① 在命令行中输入"WBLOCK"命令，如图 2.77 所示。

图 2.77 输入"WBLOCK"命令

② 按"Enter"键确认，AutoCAD 将弹出"写块"对话框，如图 2.78 所示。

图 2.78 "写块"对话框

"写块"对话框中的部分选项说明如下。

"块"单选按钮：指定要保存为文件的现有块，可从列表中选择已有块名称。

"整个图形"单选按钮：选择当前图形作为一个块。

"对象"单选按钮：在图形中选择要写块的对象，其基点和对象选择和 block 含义一样。

③ 在"目标"选项组中点击 按钮，选择要保存块的路径和文件名，如图 2.79 所示。

图 2.79 选择快的路径和文件名

④ 保存后返回写块的对话框，单击"确定"按钮退出写块操作。

4) 插入块

"插入块"命令的执行方式有以下 3 种。

① 功能区"默认"选项卡→"块"面板：。

② 绘图工具栏：单击"插入"按钮。

③ 命令行：输入"ddinsert"、"insert"或"i"后按 Enter 键或"空格"键。

执行插入块命令后，弹出"插入"对话框，如图 2.80 所示。

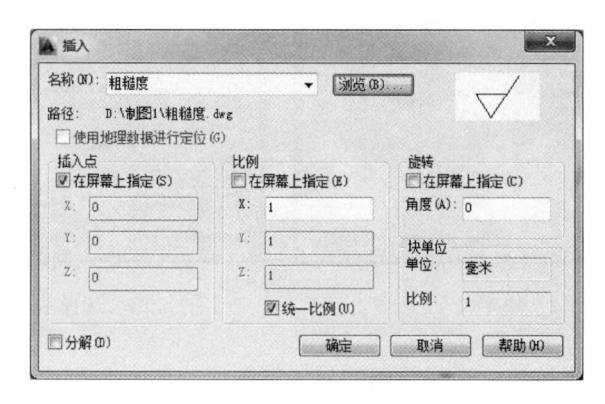

图 2.80　选择粗糙度符号块

"插入"对话框中的部分选项说明如下。

"名称"下拉列表框：若是内部块可直接从"名称"下拉列表中选择定义的图块，若是外部块则单击"浏览"按钮，找到外部块保存的位置，然后打开图形即可。

"插入点"选项组：指定插入点的位置。可以使用鼠标在屏幕上指定插入点或直接输入点的坐标。

"比例"选项组：该选项用来确定块在 X、Y、Z 三个方向的比例。

"旋转"选项组：用来确定插入块的旋转角度。

(4) 属性

属性是将数据附着到块上的标签或标记。属性中可包含的数据有零件编号、价格、注释和单位的名称等。

创建属性定义后，定义块时可以将属性定义当作一个对象来选择。插入块时都将用指定的属性文字作为提示。对于每个新的插入块，可以为其属性指定不同的值。

如果要同时使用几个属性，应先定义这些属性，然后将它们赋给同一个块。例如，可以定义标记为 Ra、Ry、Rz 的属性，然后将它们赋给名为"粗糙度"的块。

定义属性。利用"定义属性"命令可以创建用于在块中存储数据的属性定义，"定义属性"命令的执行方式有以下 3 种。

① 菜单命令：选择"绘图"→"块"→"定义属性"命令。

② 功能区"默认"选项卡→"块"面板：定义属性。

③ 命令行：输入"attdef"或"att"后按 Enter 键或"空格"键。

在实际绘图中往往需要创建和保存所需元器件的符号库，以便重复使用。以 NPN 型晶体管符号库的创建为例，说明块的另一个应用。

① 绘制 NPN 型晶体管符号，如图 2.81 所示。

② 单击绘图工具上的 按钮创建块，如图 2.82 所示。

在"名称"项中输入"晶体管 N 型"，单击"基点"选项组中的 （拾取点）按钮，选择所绘制的晶体管基极为基点，返回块定义，如图 2.83 所示。

图 2.81　绘制的晶体管

图 2.82 块定义　　　　　　　　　图 2.83 选择基点后的块定义

单击"对象"的选择按钮，选择绘制的晶体管图形，如图 2.84 所示。
按"Enter"键返回块块定义如图 2.83 所示，单击"确定"按钮退出块定义操作。
③ 在命令行中输入"WBLOCK"命令，如图 2.85 所示

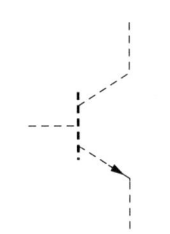

图 2.84 选择的晶体管　　　　　　图 2.85 输入"WBLOCK"命令

按 Enter 键确认，AutoCAD 将弹出"写入"对话框，如图 2.86 所示在源选项中的"块"中下拉列表中选择"晶体管 N 型"。

在"目标"选项组中单击 按钮，要保块的路径和文件名，如图 2.87 所示，保存后返回写块的对话框，单击"确定"按钮退出写块操作。

图 2.86 "写块"对话框　　　　　　图 2.87 选择快的路径和文件名

④ 单击"绘图"工具中的 按钮可进行插入块的操作，如图 2.88 所示。

图 2.88　选择 N 型晶体管符号块

拓展训练　A3 样板文件的创建

任务描述

本拓展项目任务是利用已经创建的 A4 样板文件来建立 A3 样板文件。

操作参考

利用已创建的 A4 样板文件建立 A3 样板文件只需要将纸张大小改为 420mm×297mm。
① 单击"新建文件"按钮 ，选择已经创建的"cad2-2.dwt"样板文件为新建文件样式。
② 执行图形界限命令，设置 A3（420，297）图纸幅面。
③ 打开"线型管理器"对话框，将"全局比例因子"设置为 1。
④ 依次单击绘制的图框，按 Delete 键，删除绘制的图线；将辅助线图层设置为当前层，执行直线命令，起点坐标为（0，0），绘制 420×297 的矩形，作为图纸边界；将边框标题栏图层设置为当前层，执行直线命令，起点坐标为（25，5），绘制 390×287 的矩形，作为图样边框；执行直线命令，起点坐标为（235，5），向上绘制长度为 56 的竖直线，然后水平向右绘制 180 长的直线，作为标题栏的边框。
⑤ 单击"保存"按钮，选择保存文件类型为"AutoCAD 图形样板（*.dwt）"，保存文件名为"A3.dwt"的样板文件。

项目小结

通过本项目的任务训练，掌握了样板文件的建立和设置，以及怎样利用样板文件创建新文件。读者可以根据自己的需要设置样板文件，这样可以在以后的绘图过程中，利用样板文件创建新文件，从而节省时间，以便快速绘制图形。对于样板文件的设置，用户要尽量使设置的内容与国标一致，要学会怎样进行设置；标注样式的设置，可以设置部分样式，有特殊要求的本书在以后的介绍中进行补充。
在绘制图形时，注意要应用极轴追踪，其显示的带点的线为极轴角度，用于确定绘制的方向，希望读者要注意运用。

课后训练

1. 建立 A3 样板文件（图纸大小为 420mm×297mm），注意标题栏和明细栏都必须设定为块属性，将完成的样板文件以"cad2-3.dwt"为文件名存入练习目录中。

2. 创建如图 2.89 所示的图层，将完成的图层以"cad2-93.dwt"为文件名存入练习目录中。

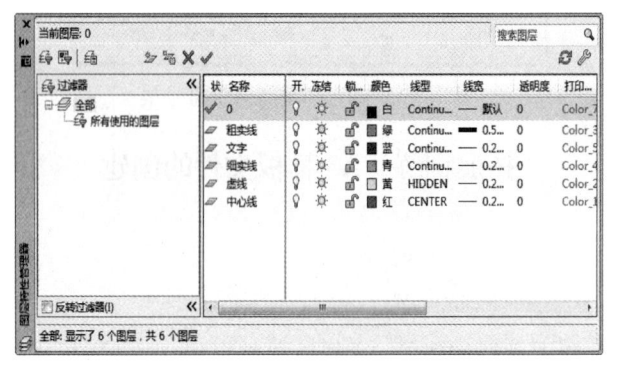

图 2.89　课后训练 2

3. 绘制如图 2.90 和图 2.91 所示的图形，将完成的图形以 cad2-90.dwg 和 cad2-91.dwg 为文件名存入练习目录中。

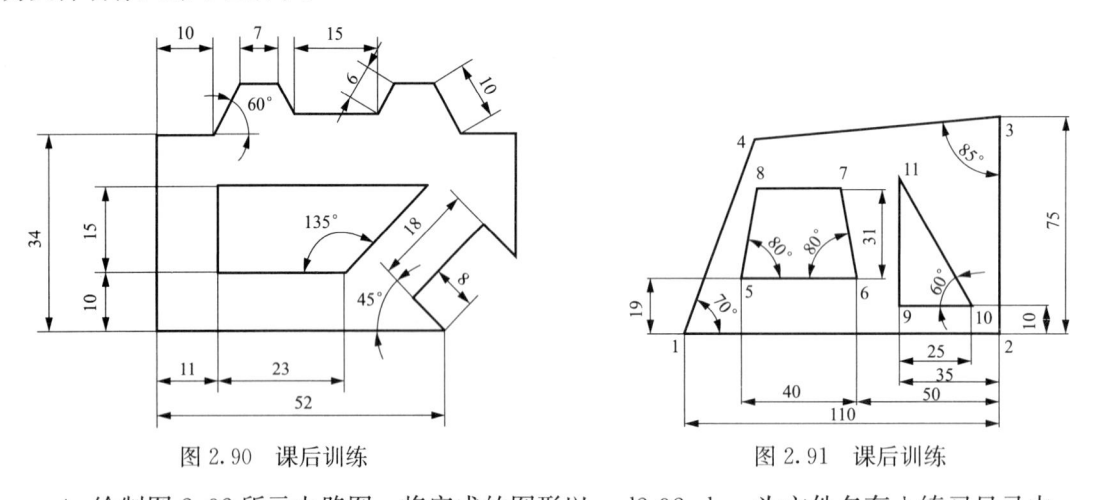

图 2.90　课后训练

图 2.91　课后训练

4. 绘制图 2.92 所示电路图，将完成的图形以 cad2-92.dwg 为文件名存入练习目录中。

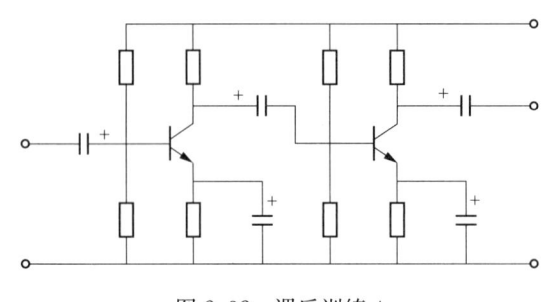

图 2.92　课后训练 4

项目三 AutoCAD 2014 三视图及仪器面板图的绘制

随着科学技术的不断发展，工程图的种类、功能、表达形式、绘图方法等也在不断地发展和完善。在工程图样中，表征形体结构及几何尺寸的最基本、最重要、最常用的图样设计绘图方法是三视图画法。本项目通过实例的讲解，使学习者具备利用绘图和修剪工具绘制三视图及仪器面板图的能力。

目标要求

（1）了解投影与视图的基本知识。
（2）了解三视图的配置与投影关系。
（3）掌握绘制三视图及仪器面板图的步骤和方法。
（4）掌握三视图及仪器面板图尺寸的正确标注。

任务一 三视图的绘制

任务描述

绘制如图 3.1 所示的三视图并标注其尺寸，将完成的三视图以 cad3-1.dwg 为文件名存入练习目录中。

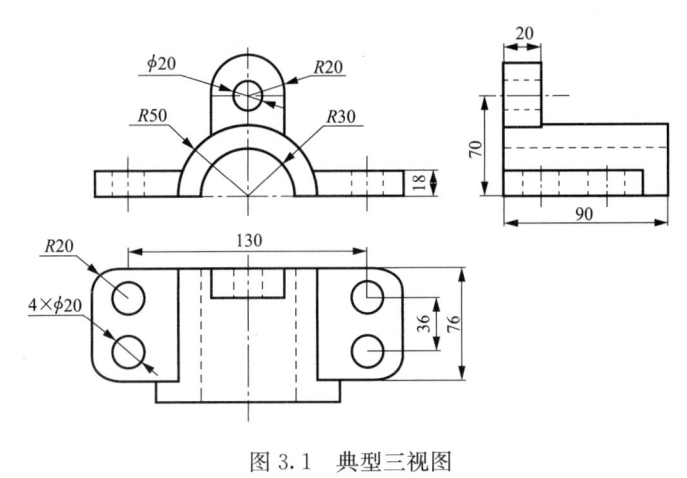

图 3.1 典型三视图

任务分析

视图是假想地以人的视线代替投射线，使物体向某个投影面上进行正投影而得到的投影图。在绘制三视图时，要保证三视图之间的投影关系为主视图和俯视图之间长度方向尺寸相等，主视图和左视图之间高度方向尺寸相等，俯视图和左视图之间宽度方向尺寸相等。

操作步骤

⊙ 步骤一：启动 AutoCAD 2014

这里，我们选择双击桌面快捷方式图标 的方式打开软件。

⊙ 步骤二：设定图层

如图 3.2 所示进行图层设置，具体如下：

① 单击"图层"面板上的"图层特性"按钮 。

② 在弹出的"图层特性管理器"对话框中单击新建图层按钮 ，弹出图层控制之后，如图 3.3 所示设置图层。

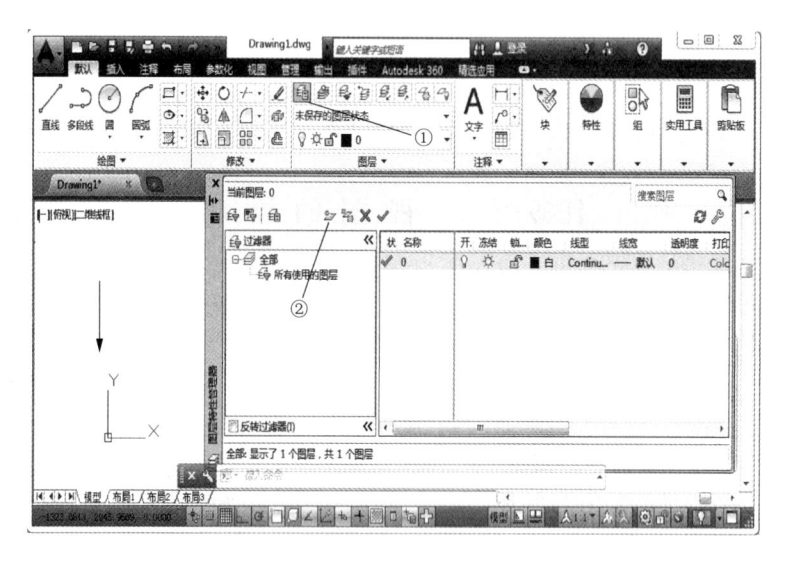

图 3.2 图层设置操作

图 3.3 图层设置

> **提示**
>
> 1）粗实线层：线宽 0.5mm，线型为 continuous。
> 2）细实线层：线宽 0.25mm，线型为 continuous。
> 3）中心线层：线宽 0.25mm，线型为 center。
> 4）虚线层：线宽 0.25mm，线型为 hidden。

步骤三：绘图

① 综合使用"动态标注输入"、"对象捕捉"、"偏移复制"命令等初步确定图中各关键要素的位置。绘制-45°方向的参照线为保证"宽相等"的辅助线，如图3.4所示。

② 绘制圆（弧）部分，以及主要的定位图线。完成图形如图3.5所示。

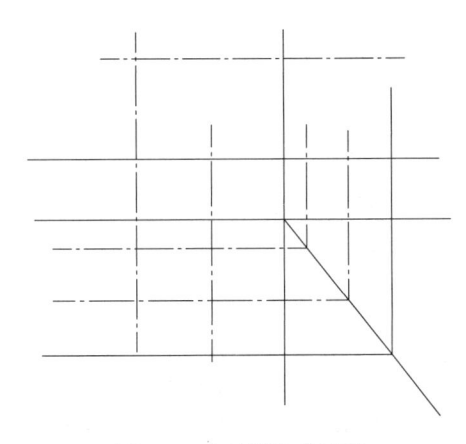

图 3.4　先绘制定位图线 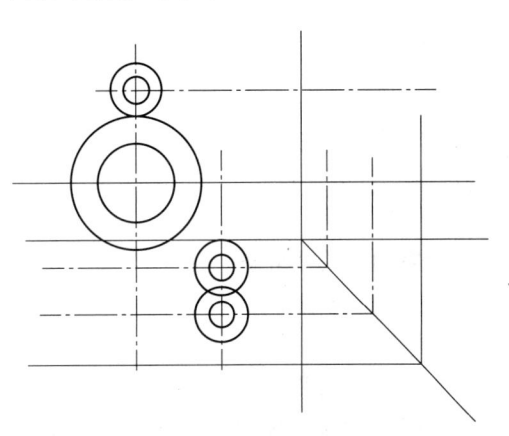　　　　　图 3.5　绘制圆（弧）图线

③ 修剪圆弧及多余的图线，结果如图3.6所示。

④ 使用"对象捕捉追踪"功能，根据投影关系绘制视图间可见轮廓线，如图3.7所示。

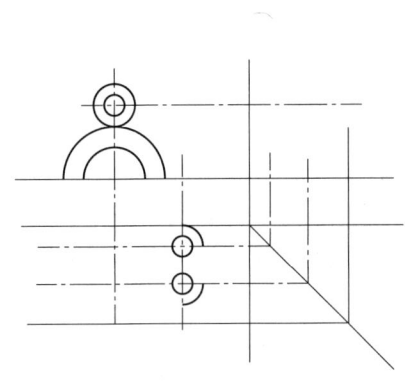

图 3.6　修剪圆弧 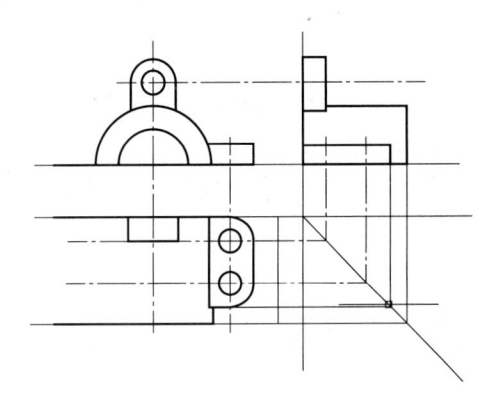　　　　　图 3.7　连线

⑤ 使用对象捕捉追踪、偏移命令，在虚线图层绘制视图间不可见轮廓线，修剪多余图线，删除参照线，如图3.8所示。

⑥ 使用"镜像"命令，将主视图右下角的图形和俯视图右半部分的图形镜像到左边，结果如图3.9所示。

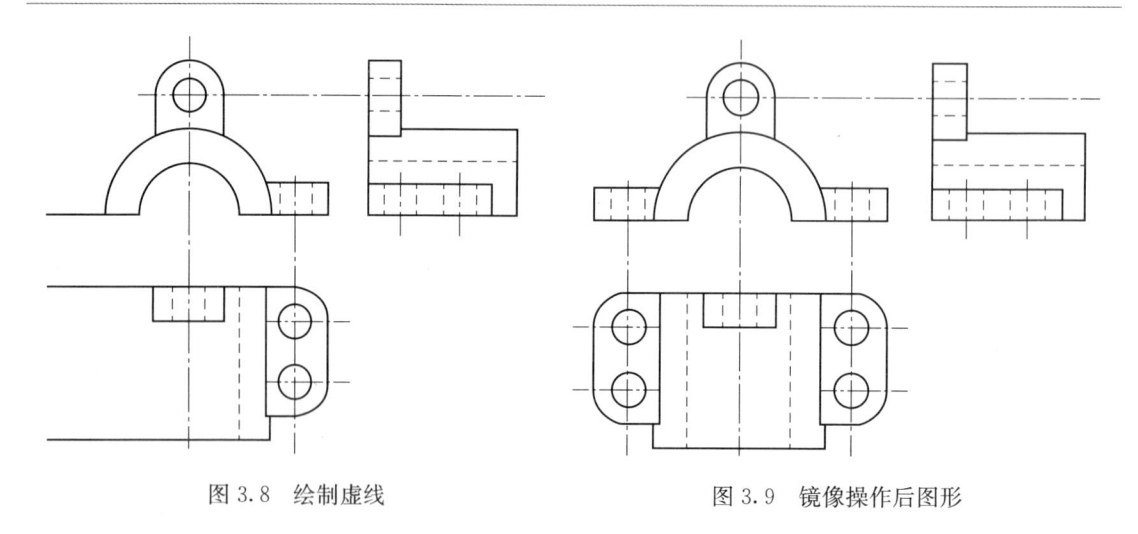

图 3.8　绘制虚线　　　　　　　　图 3.9　镜像操作后图形

⑦ 最后标注尺寸，完成三视图绘制，如图 3.1 所示。

相关知识

一、投影的方法及分类

(1) 投影的基本知识

1) 投影法

在日光或灯光的照射下，在地面或者墙壁上就会出现物体的影子，这是生活中的投影现象。投影法就是对这一现象的总结和抽象，从而形成的投影方法。根据投影法所得到的图形，称为投影图，简称投影。

如图 3.10 (a) 所示，定点 S 是所有投射线的起源点，称为投射中心；自投射中心且通过被表示物体上各点的直线，称为投射线；平面 P 是投影法中得到投影的面，称为投影面。

2) 投影法分类

根据投影中心、物体及投影面之间的关系将投影法分为中心投影法和平行投影法两类。

① 中心投影法

投射线汇交一点的投影法被称为中心投影法，用中心投影法得到的投影称为中心投影。如图 3.10 (a) 所示，P 为投影面，S 为投射中心。在中心投影得到的过程中，投影线互相不平行，所得的投影比物体轮廓大，可见中心投影不能得到物体真实大小的图形。

② 平行投影法

投射线互相平行的投影法被称为平行投影法，如图 3.10 (b) 和图 3.10 (c) 所示。平行投影法又分为斜投影法和正投影法。

投射线的方向被称为投射方向。如图 3.10 (b) 所示，投射线与投影面倾斜的平行投影法被称为斜投影法，用斜投影法得到的投影被称为斜投影。如图 3.10 (c) 所示，投射线与投影面垂直的平行投影法称为正投影法，用正投影法得到的投影被称为正投影。正投影法能够反映和表达物体的真实大小，且绘图简便，在工程实际中得到广泛的应用。这种投影法是绘制机械图样的基本原理和方法。

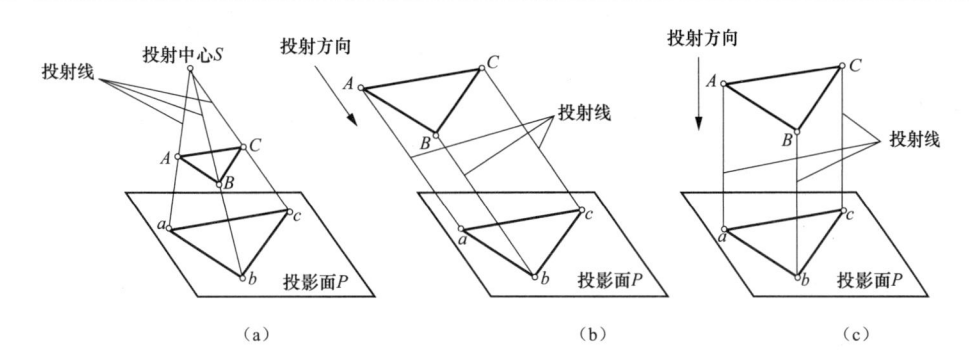

图 3.10 投影法及分类
(a) 中心投影法；(b) 斜投影法；(c) 正投影法

3) 平行投影的基本特性

① 投影的同类性。如图 3.11 所示，点的投影仍是点；直线的投影在一般情况下仍是直线；平面图形的投影在一般情况下是原图形的类似形。

② 投影的从属性。如图 3.11 所示，若点在直线上，则点的投影仍在该直线的投影上。

③ 投影的真实性。如图 3.12 所示，当直线或平面平行于投影面时，其投影反映原线段的实长或原平面图形的真实形状。

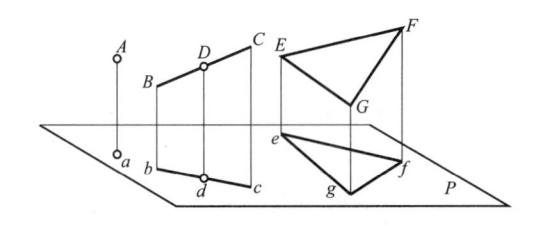

图 3.11 平行投影的同类性和从属性

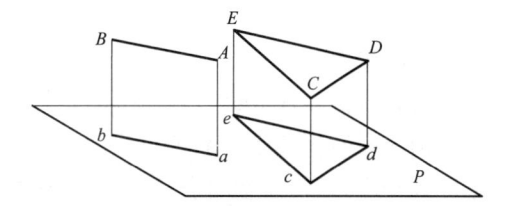

图 3.12 平行投影的真实性

④ 投影的积聚性。如图 3.13 所示，当直线或平面垂直于投影面时，直线的投影积聚成点，平面的投影积聚成直线。

(2) 工程上常用的投影图

1) 多面正投影图

物体在互相垂直的两个或多个投射面上所得到的正投影被称为多面正投影图。将这些投影面旋转展开到同一图面上，使该物体的各正投影图有规则地配置，并相互之间形成对应关系。根据物体的多面正投影图，便能确定其形状。

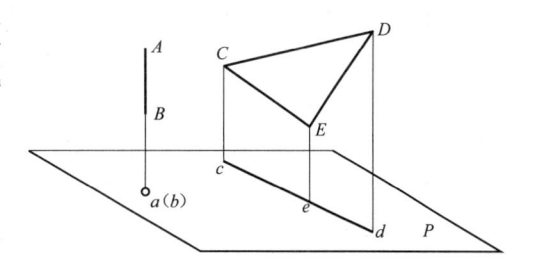

图 3.13 平行投影的积聚性

如图 3.14 所示为物体在三个相互垂直的投影面上的三面正投影图。正投影图的优点是能反映物体的实际形状和大小，即度量性好，且作图简便，因此在工程上被广泛使用，缺点是直观性较差。

2) 轴测投影图

如图 3.15 所示，将物体连同其直角坐标系，沿不平行于任一坐标平面的方向，用平行投影法将其投射在单一投影面上所得到的图形被称为轴测投影。

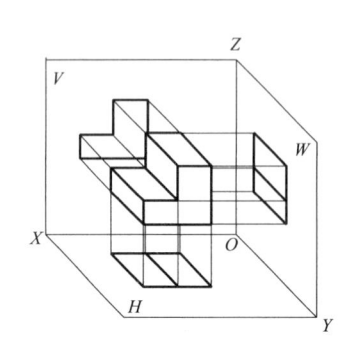

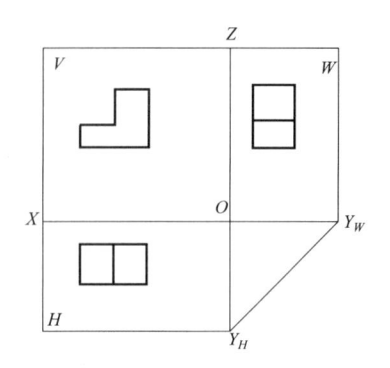

图 3.14 多面投影图

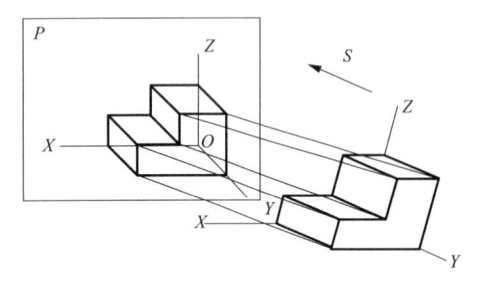

图 3.15 轴测投影图

轴测图是一种单面投影图，在一个投影面上能同时反映出物体三个坐标面的形状，并接近于人们的视觉习惯，形象、逼真，富有立体感。但轴测图一般不能反映出物体各表面的实形，因而度量性差，同时作图较复杂。因此，在工程上常把轴测图作为辅助图样，来说明机器的结构、安装、使用等情况，在设计中，用轴测图帮助构思、想象物体的形状，以弥补正投影图的不足。

二、点的投影

点是最基本的几何元素，本节说明点的正投影的基本原理和作图方法。

(1) 两面投影体系中点的投影

如图 3.16 所示，过空间点 A 向水平投影面作垂线，其垂足即为空间点 A 的投影 a。

空间一点在一个投影面上有唯一的一个正投影，反之，一个投影面上的点投影，不能确定空间点的位置。要能够准确地确定空间点的位置，须要两个或两个以上的投影面上的点投影。

如图 3.16 所示，点在两个投影面上的投影能唯一地确定空间点的位置。

(2) 三面投影体系中点的投影

虽然一个点的空间位置由两个投影可以确定下来，但对于较复杂的立体空间，有时仅有两个投影面是不能确定点的位置，故须建立三面投影体系。

如图 3.17 所示，建立一个与 H 面和 V 面同时垂直且放置在右边的平面，即侧

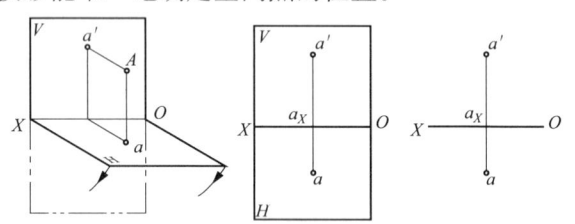

图 3.16 两面投影体系

立投影面，简称 W 面。三个相互垂直的投影面 V、H 和 W 构成三投影面体系，正立放置的 V 面称正立投影面，水平放置的 H 面称水平投影面，侧立放置的 W 面称侧立投影面。投影面的交线称投影轴，即 OX、OY、OZ，三投影轴的交点 O 称为投影原点。

三投影面体系将空间分为八个区域，分别称第一分角、第二分角……国家标准"图样画法"（GB/T 17451—1998）规定，技术图样优先采用第一角画法。所以本书主要讨论物体在第一分角的投影。

1) 三投影面的关系

投影面：$H \perp V \perp W$。

投影轴：OX 轴——表示物体的长度方向、左右方向，左为正；OY 轴——表示物体的宽度方向、前后方向，前为正；OZ 轴——表示物体的高度方向、上下方向，上为正。

2) 投影面的转换

如图 3.18 和图 3.19 所示，为了把物体的三面投影画在同一平面内，规定 V 面保持不动，H 面绕 OX 轴向下旋转 $90°$ 与 V 面重合，W 面绕 OZ 轴向后旋转 $90°$ 与 V 面重合。这样，V-H-W 就展开、摊平在一个平面上，得物体的三面投影，其中 OY 轴随 H 面旋转时以 OY_H 表示；随 W 面旋转时以 OY_W 表示。在投影图上一般不画出投影面的边界。

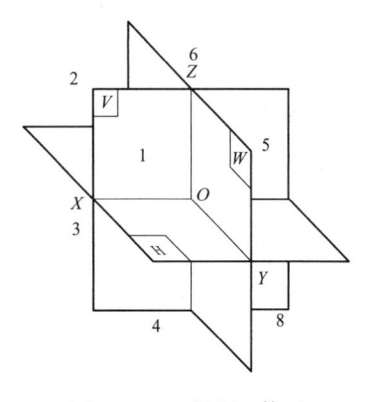

图 3.17　三投影面体系

3) 点的三面投影的形成及其投影规律

如图 3.19 所示，过空间点 A 分别向 H、V、W 面作垂线，其垂足即为 A 点的三面投影，分别记为：a、a'、a''。将其投影的连线称为连系线，将连系线与投影轴的交点分别记为：a_X、a_Y、a_Z。

点在三投影面体系中的投影规律为：①点的正面投影和水平投影的连线垂直于 OX 轴，即 $a'a \perp OX$；②点的正面投影和侧面投影的连线垂直于 OZ 轴，即 $a'a'' \perp OZ$；③点的水平投影到 OX 轴的距离和点的侧面投影到 OZ 轴的距离都等于该点到 V 面的距离，即 $aa_X = a''a_Z = Aa'$。

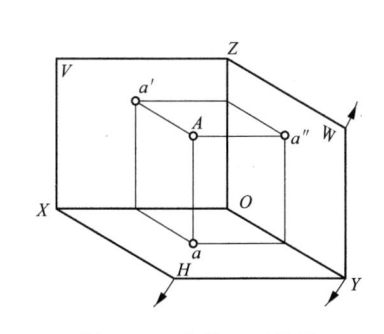

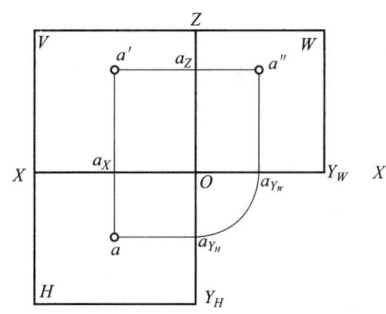

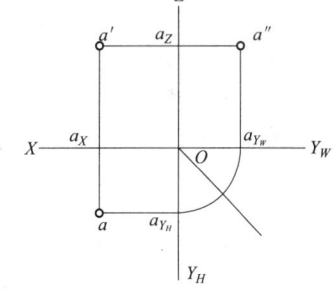

图 3.18　点的三面投影　　　　图 3.19　点的三面投影图及转换

如果把三投影面体系看作笛卡尔直角坐标系，则 H、V、W 面为坐标面，OX、OY、OZ 轴为坐标轴，O 为坐标原点。则点 A 到三个投影面的距离可以用直角坐标表示：

点 A 到 W 面的距离 $Aa'' =$ 点 A 的 X 坐标值 X_A，且 $Aa'' = aa_Y = a'a_Z = a_XO$；

点 A 到 V 面的距离 $Aa' =$ 点 A 的 Y 坐标值 Y_A，且 $Aa' = aa_X = a''a_Z = a_YO$；

点 A 到 H 面的距离 $Aa =$ 点 A 的 Z 坐标值 Z_A，且 $Aa = a'a_X = a''a_Y = a_ZO$。

点 A 的位置可由其坐标（X_A、Y_A、Z_A）唯一地确定。因此，已知一点的三个坐标，就可作出该点的三面投影。反之，已知一点的两面投影，也就等于已知该点的三个坐标，即可利用点的投影规律求出该点的第三面投影。

（3）两点间的相对位置及重影点

如图 3.20 所示，两点相对位置：左右关系由 X 坐标确定，$X_A > X_B$ 表示点 A 在点 B 左方；前后关系由 Y 坐标确定，$Y_A > Y_B$ 表示点 A 在点 B 前方；上下关系由 Z 坐标确定，$Z_A > Z_B$ 表示点 A 在点 B 上方。

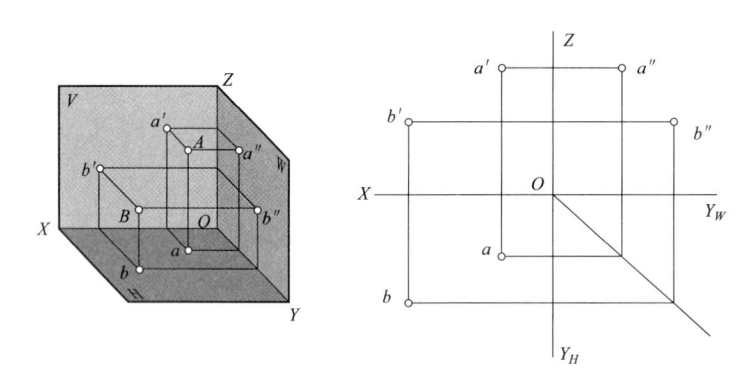

图 3.20 两点的相对位置

三、直线的投影

(1) 直线的三面投影

不重合的两个点可以确定一条空间直线。直线的投影一般仍为直线，特殊情况下积聚为一点。直线的方向可用直线对三个投影面 H、V、W 面的倾角 α、β、γ 表示。如图 3.21 所示。

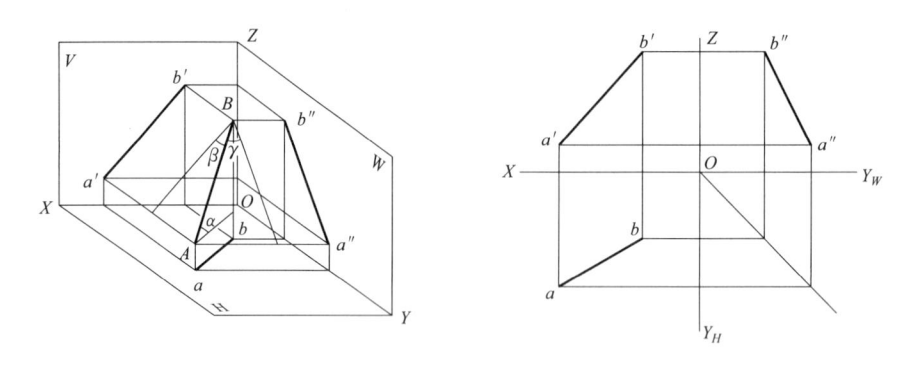

图 3.21 直线的三面投影

直线的三面投影可以由直线上的两个点的同面投影的来确定。如图 3.21 所示，线段的两个端点 A、B 的三面投影为 a、a'、a'' 和 b、b'、b''，分别连接两点的同面投影得到的 ab、$a'b'$、$a''b''$ 就是直线 AB 的三面投影。在实际的物体的投影分析中，直线的投影转化为直线段，直线段的三面投影取决于它的两个端点。

(2) 直线相对于投影面的位置

直线根据其对投影面的位置不同，可以分为三类：投影面的平行线、投影面的垂直线、一般位置直线，其中前两类直线统称为特殊位置直线。

1) 投影面的平行线

平行于某一投影面且与其余两投影面都倾斜的直线被称为投影面的平行线。在三投影面体系中，有三条投影面平行线，分别为：水平线——平行于 H 面，与 V、W 面倾斜；正平线——平行于 V 面，与 H、W 面倾斜；侧平线——平行于 W 面，与 V、H 面倾斜。

以表 3.1 中的水平线 AB 为例，投影特性如下：

① 水平投影 ab 反映直线 AB 的实长，即 $ab=AB$。

② 水平投影 ab 与 OX 轴的夹角反映直线 AB 对 V 面的倾角 β，与 OY_H 轴的夹角反映直线 AB 对 W 面的倾角 γ。

③ 正面投影 $a'b'$ 平行于 OX 轴，侧面投影 $a''b''$ 平行于 OY_W 轴。

同样，正平线和侧平线也有类似的投影特性，见表 3.1。

表 3.1　　　　　　　　　　　　　　投 影 面 的 平 行 线

名称	轴测图	投影图	投影特性
水平线			(1) $a'b'$∥OX $A''B''$∥OY_W (2) $ab=ab$ (3) 反映 β、γ 角
正平线			(1) cd∥OX $c''d''$∥OZ (2) $c'd'=CD$ (3) 反映 α、γ 角
侧平线			(1) ef∥OY_H $e'f'$∥OZ (2) $e''f''=EF$ (3) 反映 α、β 角

现在，可归纳出投影面平行线的投影特性：

① 直线在平行于该投影面上的投影反映实形，且同时反映直线与其余两投影面的倾角的大小。

② 其余两投影平行于相应的投影轴。

2) 投影面的垂直线

垂直于某一投影面的直线被称为投影面的垂直线。在三投影面体系中，有三条投影面垂直线：铅垂线——垂直于 H 面；正垂线——垂直于 V 面；侧垂线——垂直于 W 面。

以表 3.2 中的铅垂线 AB 为例，投影特性如下：

① 水平投影 ab 积聚为一点。

② 正面投影 $a'b'$ 垂直于 OX 轴；侧面投影 $a''b''$ 垂直于 OY_W 轴。
③ 正面投影 $a'b'$ 和侧面投影 $a''b''$ 均反映实长，即 $a'b'=a''b''=AB$。

同样，正垂线和侧垂线也有类似的投影特性，见表 3.2。

表 3.2　　　　　　　　　　　　　　　　投影面的垂直线

名称	轴测图	投影图	投影特性
铅垂线			(1) ab 积聚为一点 (2) $a'b' \perp OX$ $a''b'' \perp OY_W$ (3) $a'b'=A''B''=AB$
正垂线			(1) $c'd'$ 积聚为一点 (2) $cd \perp OX$ $c''d'' \perp OZ$ (3) $cd=c''d''=CD$
侧垂线			(1) $e''f''$ 积聚为一点 (2) $ef \perp OY_H$ $e'f' \perp OZ$ (3) $ef=e'f'=EF$

现在，可归纳出投影面垂直线的投影特性为：
① 投影面垂直线在所垂直的投影面上的投影积聚为一点。
② 投影面垂直线的另外两面投影分别垂直于该直线垂直的投影面所包含的两个投影轴，且均反映此直线的实长。

3）一般位置直线

如图 3.21 所示，与三投影面均倾斜的直线，被称为一般位置直线。

投影特性：直线的三面投影均小于直线的实长，成为缩小的类似形，并且也不反映直线与三投影面的夹角 α、β、γ 的大小。

四、平面的投影

(1) 平面的表示法

在空间，平面可以无限延展，几何上常用确定平面的空间几何元素表示平面。如图 3.22 所示，在投影图上，平面的投影可以用下列任何一组几何元素的投影来表示。不在同一直线上的三个点；一直线与该直线外的一点；相交两直线；平行两直线；任意平面图形（如三角形、圆等）。

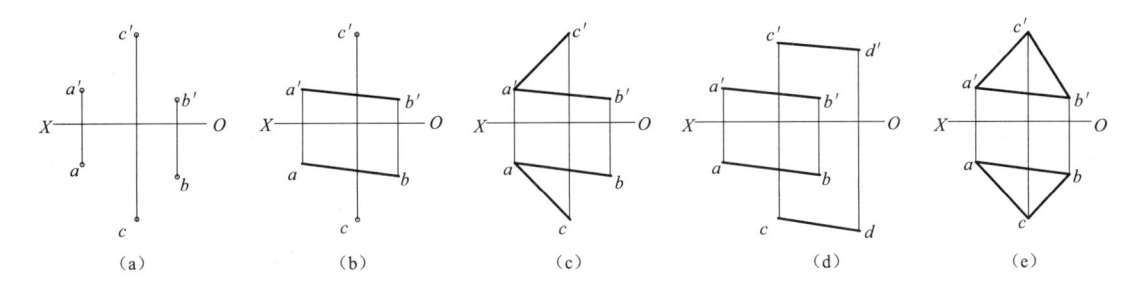

图 3.22　用几何元素的投影表示平面的投影
(a) 不在同一直线上三点表示；(b) 一直线与线外一线表示；
(c) 相交两直线表示；(d) 平行两直线表示；(e) 任意平面图形表示

(2) 各种位置平面的投影

平面根据其对投影面的相对位置不同，可以分为三类：投影面的垂直面、投影面的平行面、一般位置平面，其中前两类统称为特殊位置平面。

1) 投影面的垂直面

投影面的垂直面是指只垂直于某一投影面，并与另两个投影面都倾斜的平面。在三投影面体系中有三个投影面，所以投影面的垂直面有三种：铅垂面——只垂直于 H 面的平面；正垂面——只垂直于 V 面的平面；侧垂面——只垂直于 W 面的平面。

在三投影面体系中，投影面的垂直面只垂直于某一个投影面，与另外两个投影面倾斜。这类平面的投影具有积聚的特点，能反映平面对投影面的倾角，但不反映平面图形的实形。

以表 3.3 中的铅垂面为例，平面 P（△ABC）垂直于 H 面，同时倾斜于 V、W 面，其投影特性如下：

① 水平投影积聚为一条直线。

② 正面及侧面投影仍为三角形。

同样，正垂面和侧垂面也有类似的投影特性，见表 3.3。

总之，用平面图形表示的投影面垂直面在所垂直的投影面上的投影积聚为一条直线，该直线与投影轴的夹角反映平面对另两个投影面的倾角，另外两面投影均为类似形。

2) 投影面的平行面

投影面的平行面是指平行于某一个投影面的平面。在三投影面体系中有三个投影面，所以投影面的平行面有三种：水平面——平行于 H 面的平面；正平面——平行于 V 面的平面；侧平面——平行于 W 面的平面。

在三投影面体系中，投影面的平行面平行于某一个投影面，与另外两个投影面垂直。这类平面的一面投影具有反映平面图形实形的特点，另两面投影有积聚性。

以表 3.4 中的水平面为例，平面 P（△ABC）平行于 H 面，同时垂直于 V、W 面，其投影特性如下：

① 水平投影△abc 反映平面图形的实形。

② 正面投影和侧面投影均积聚为直线，分别平行于 OX 轴和 OY_W 轴。

同样，正平面和侧平面也有类似的投影特性，见表 3.4。

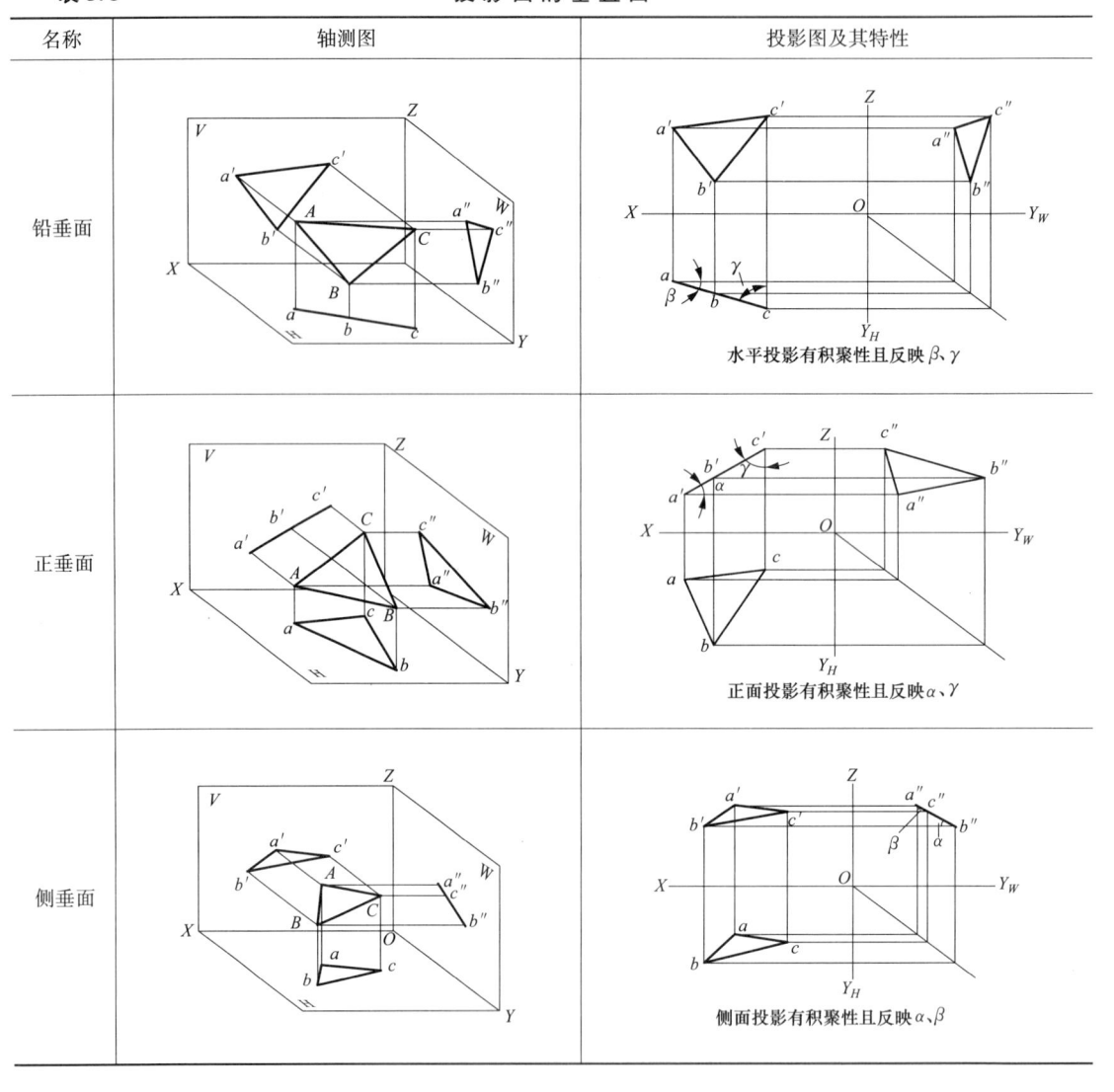

表 3.3　　　　　　　　　　　投影面的垂直面

名称	轴测图	投影图及其特性
铅垂面		水平投影有积聚性且反映 β、γ
正垂面		正面投影有积聚性且反映 α、γ
侧垂面		侧面投影有积聚性且反映 α、β

表 3.4　　　　　　　　　　　投影面的平行面

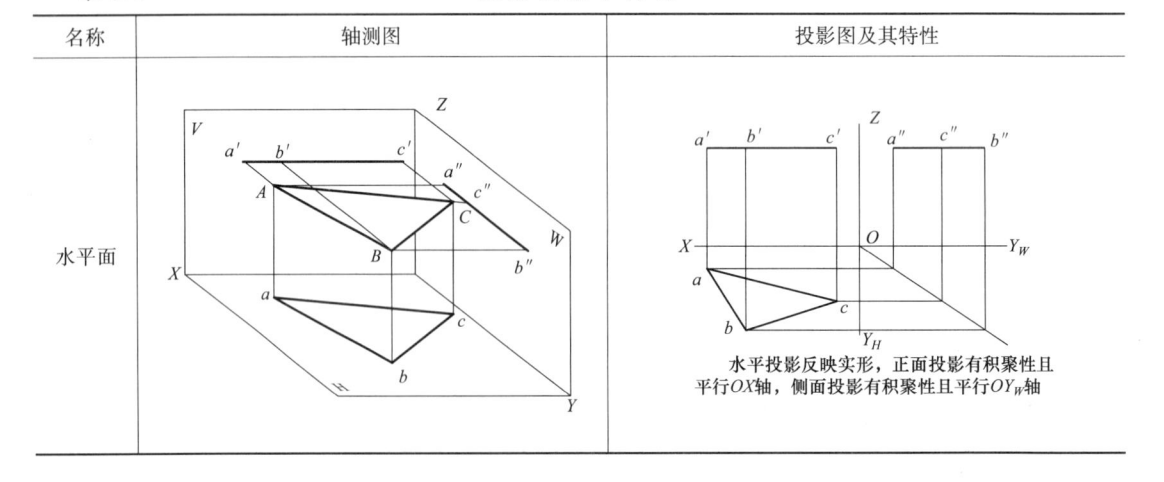

名称	轴测图	投影图及其特性
水平面		水平投影反映实形，正面投影有积聚性且平行 OX 轴，侧面投影有积聚性且平行 OY_W 轴

续表

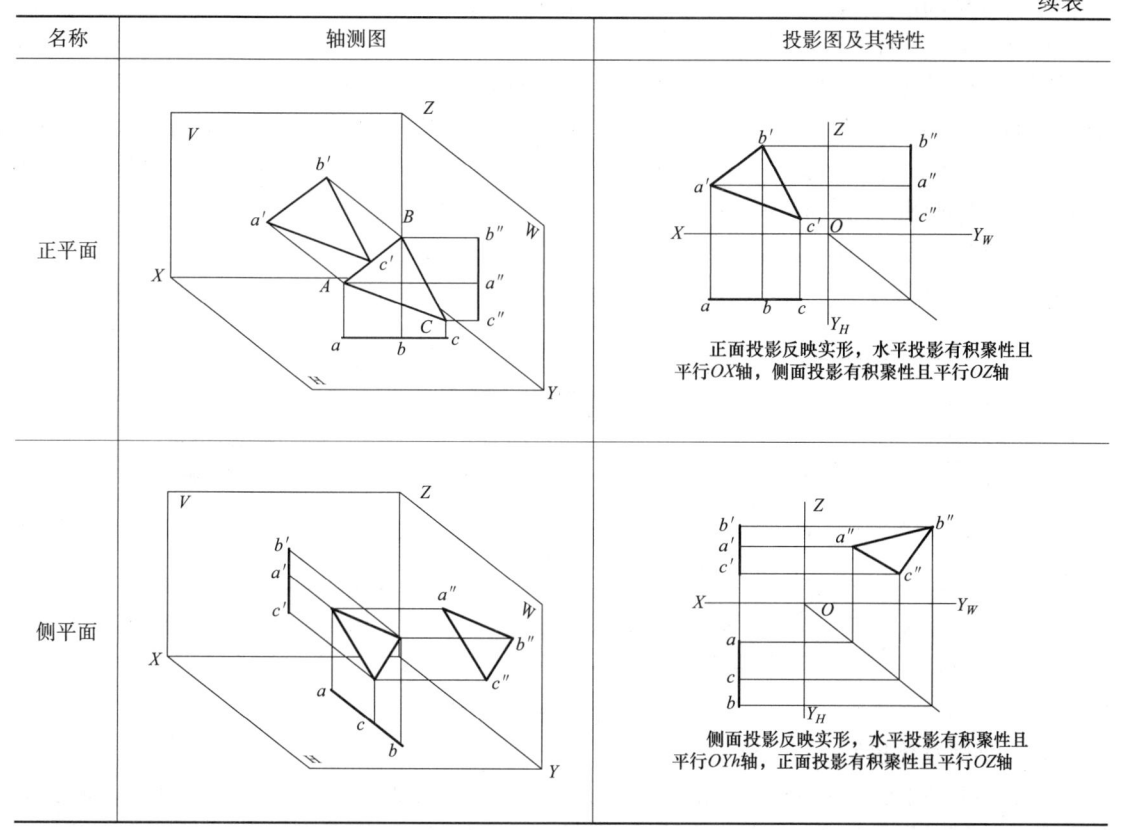

名称	轴测图	投影图及其特性
正平面		正面投影反映实形,水平投影有积聚性且平行OX轴,侧面投影有积聚性且平行OZ轴
侧平面		侧面投影反映实形,水平投影有积聚性且平行OYh轴,正面投影有积聚性且平行OZ轴

总之,用平面图形表示的投影面平行面在所平行的投影面上的投影反映实形;其余两面投影均积聚为直线,且分别平行于该投影面所包含的两个投影轴。

3) 一般位置平面

一般位置平面是指对三个投影面既不垂直又不平行的平面,如图 3.23 所示。平面与投影面的夹角被称为平面对投影面的倾角,平面对 H、V 和 W 面的倾角分别用 α、β 和 γ 表示。由于一般位置平面对 H、V 和 W 面既不垂直也不平行,所以它的三面投影既不反映平面图形的实形,也没有积聚性,均为类似形。

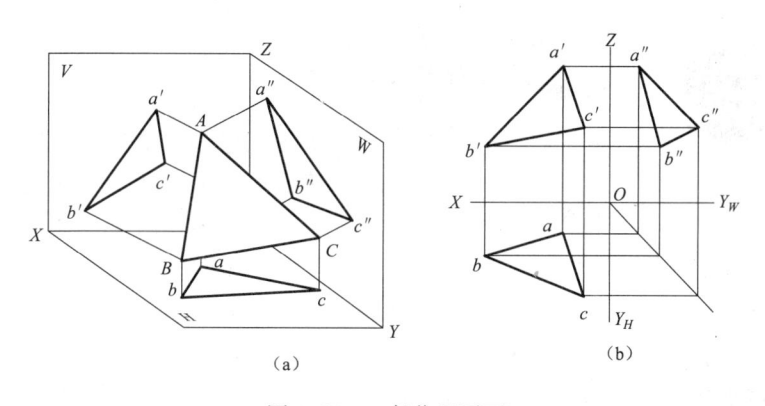

(a) (b)

图 3.23　一般位置平面

五、三视图的形成

在制图中，零件的投影被称为视图，正面投影为主视图，水平投影为俯视图，侧面投影为左视图。三视图的位置配置为：以主视图为基准，俯视图在主视图的下方，左视图在主视图的右方，如图3.24所示。三个视图要满足"长对正、高平齐、宽相等"的规律，保证物体的上、下、左、右和前、后6个部位在三视图中的位置及对应。俯视图的下边与左视图的右边都反映物体的前面，俯视图的上边与左视图的左边都反映物体的后面；俯视图与左视图同时反映物体的宽度方向的位置关系，画图时在隐去了投影轴的情况下，通常是在俯、左视图里选取同一作图基准（对称轴线、表面等），作为确定物体宽度方向的位置关系的度量基准，以保证对物体的正确表达。

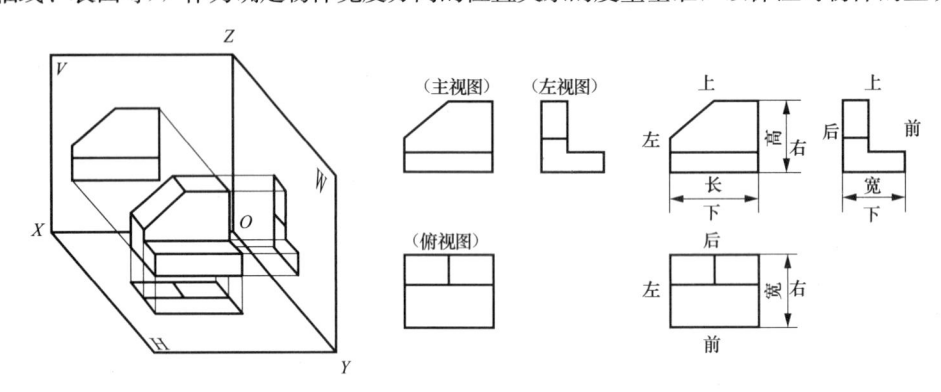

图3.24 三视图的形成

六、平面立体投影

表面都由是平面多边形所围成的立体称为平面立体，如图3.25（a）所示表面是曲面式平面的立体，称为曲面立体，如图3.25（b）所示。常见的平面立体有棱柱和棱锥两种。平面立体的投影是由立体各表面的投影组成，而各表面是由很多线段组成，只要绘制出各线段的投影即可绘制出平面立体的投影。所以绘制平面立体的投影图，可归纳为绘制其表面的交线（可称为棱线）和各顶点（棱线的交点）的投影。在绘图中凡是可见的轮廓线用粗实线画出，不可见的轮廓线用虚线画出，中心线、轴线和对称中心线等用细点画线画出。

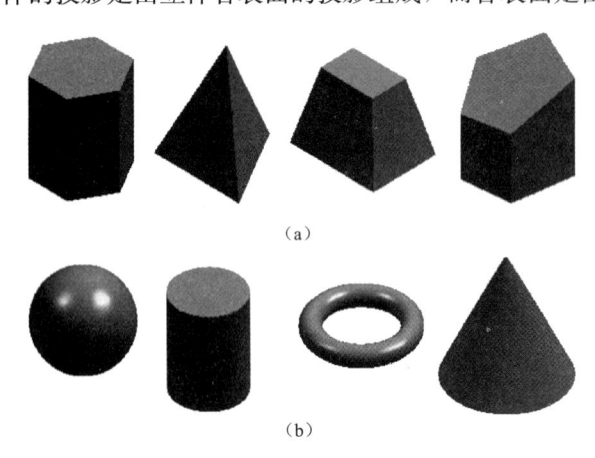

图3.25 常见的平面立体和曲面立体
(a) 平面立体；(b) 曲面立体

（1）棱柱和棱锥的投影

如图3.26所示为一个正六棱柱的投影图。它的顶面和底面为水平面，其六个棱面垂直于H面，且前后两个棱面平行于V面，六条棱线均垂直于H面，为铅垂线。作六棱柱的投影图时，先画出反映断面实形的投影。其水平投影反映实形，上下面的投影重合，为一正六边形，其余六个棱面均有积聚性，其投影积聚在六条边上；正面投影中，上顶面和下底面积聚为两线段，六个棱面中的前后两棱面在V面中反映实形，其余投影为类似形；在侧面投影中，上顶面和下底面积聚为两线段，六个棱面中的前后两棱面在W面中积聚为线段，其余投影为类似形。注意，在投影时,有些线段会重合在一起,当粗实线、虚线和点划线重合在一起时,按粗实线—虚线—点画线的先后顺序来画出。

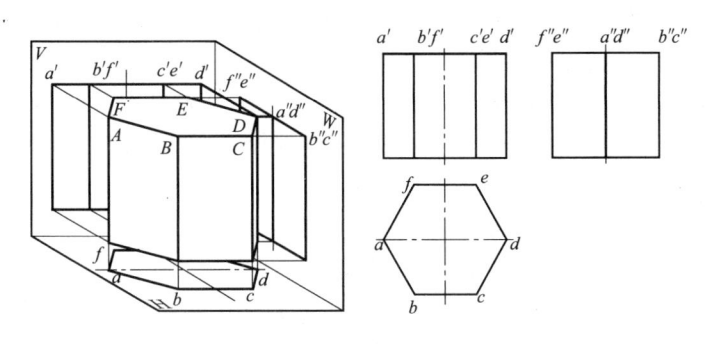

图 3.26 六棱柱的投影图

如图 3.27 所示为一个正三棱锥的投影图。该三棱锥的底面为水平面,三个棱面相交产生的三条棱线相较于一点 S,为三棱锥的锥顶。作投影图时,先作出反映断面实形的水平投影,为一等边三角形,其锥顶 S 的投影在三角形内,连接 sa、sb、sc 得到棱线的投影;在正面投影中,底面积聚为一线段,其三个棱面的投影均为类似形;在侧面投影中,底面积聚为一线段,由于底边 AC 为侧垂线,故棱面 SAC 积聚为一线段,其余为类似形。

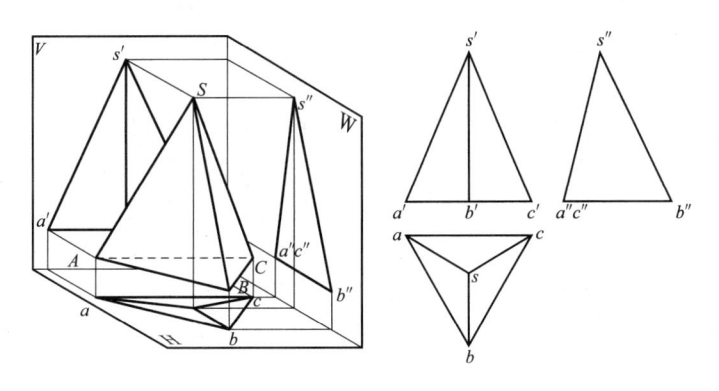

图 3.27 三棱锥的投影图

(2)棱柱和棱锥的表面取点

由于平面立体的表面都是由平面组成,所以,其表面取点的作图问题,可以采用前面讲到的平面内取点、取线的方法和原理。

[例 3-1] 如图 3.28(a)所示,已知六棱柱的 H、V 面投影及其表面上的 A、B、C 三点的一个投影 a、b' 和(c'),求作另外两个投影。

分析:根据六棱柱的投影特性,首先作出其 W 面投影;其次根据已知点的投影判断出点在其立体表面的位置,然后按照投影规律分别作出其投影,最后进行可见性的判别;点所在的表面投影可见,则点

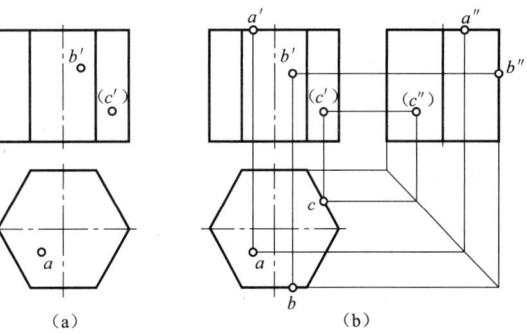

图 3.28 六棱柱表面取点
(a)原图;(b)投影

的投影即可见，反之，不可见（用括号括上）。作图 3.28（b）所示：

解： ① 作出棱柱的 W 面投影。

② 求作 a' 和 a''。由于点 A 的 H 面投影在六边形内且可见，故可判断点 A 在顶面上，则 a' 和 a'' 在积聚的线段上，按点的投影规律可求出。

③ 求作 b 和 b''。从已知的 V 面投影可知，点 B 是可见的且在棱面上，可判断它在正前方的棱面上。先求出有积聚性的 H 面投影 b，再根据投影规律作出其 W 面投影，它落在最前面的线段上。

④ 求作 c 和 c''。从已知的 V 面投影可知，点 B 是不可见的，它的位置在棱柱的右边的后面棱面上。先求出有积聚性的 H 面投影 c，再根据投影规律作出其 W 面投影，且不可见。

[**例 3-2**] 如图 3.29（a）所示，已知三棱锥的 H、V 面投影及其表面上的 M、N 两点的一个投影 m'、(n')，求作另外两个投影。

分析： 三棱锥的三个棱面在 H 面投影中都没有积聚性，棱面上点的投影必须用平面内取点的方法和原理求作。作图步骤如图 3.29（b）所示。

解： ① 按投影规律，作三出棱锥的 W 面投影；

② 求作 m 和 m''。过 m' 作辅助线 $e'f' \parallel a'b'$，根据直线 SA 上点 e' 的 H 面投影 e，过 e 作直线 $ef \parallel ab$，再根据直线 EF 上的点，作出 m；按点的投影规律求出 m''，并判别可见性为可见。

③ 求作 n 和 n''。连接 $s'(n')$ 并延长与底边 $b'c'$ 相交于 l'；作出直线 $s'l'$ 的 H 面投影 sl，根据直线 SL 上的点，作出 n；按点的投影规律求出 n''，并判别可见性为可见。

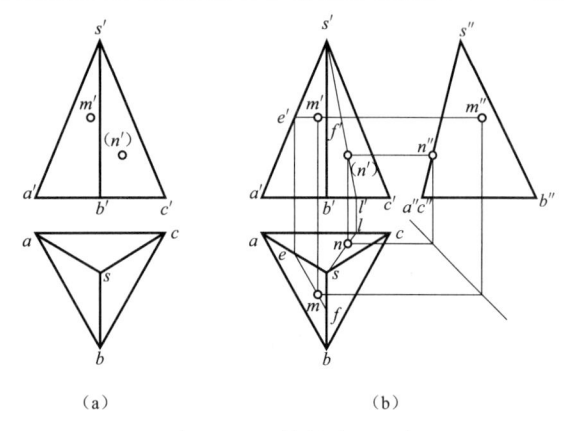

图 3.29 三棱锥表面取点
(a) 原图；(b) 投影后

七、常见回转体

表面是曲面或曲面和平面的立体，被称为曲面立体，若曲面立体的表面是回转曲面则被称为回转体。回转体是一动线绕一条定直线回转一周，形成一个回转面。这条定直线被称为回转体的轴线，动直线被称为回转体的母线。母线在回转体上任意位置称为素线，母线上每一点运动轨迹都是圆，称为纬圆，纬圆平面垂直于回转轴线。

（1）圆柱

1）圆柱的投影

如图 3.30 所示，以直线 AA 为母线，绕与它平行的轴线回转一周所形成的面称为圆柱面。圆柱面和两端平面围成圆柱体，简称圆柱。

图 3.30 所示为一轴线为铅垂线放置的圆柱，因此圆柱面的 H 面投影积聚为圆，此圆同时也是两底面的投影；在 V 投影和 W 投影上，两底面的投影各积聚成一条直线段。求圆柱面的投影要分别画出决定其投影范围的外形轮廓线的投影，该线也是圆柱面上可见和不可见部分的分界线。从图 3.30 中看出，圆柱面最左端的素线 AA 和最右端的素线 BB 处于正面投射方向的外形轮廓位置，称为 V 面转向轮廓素线，它们的 V 面投影 $a'a'$ 和 $b'b'$ 将圆柱分为前

半部和后半部，前半部圆柱面可见，后半部不可见，后半部投影与前半部重合。最前端的素线 CC 和最后端的素线 DD 处于侧面投射方向的外形轮廓位置，称为 W 面转向轮廓素线，它们的 W 面投影 $c''c''$ 和 $d''d''$ 将圆柱分为左半部和右半部，左半部投影可见，右半部投影不可见且与左半部重合。

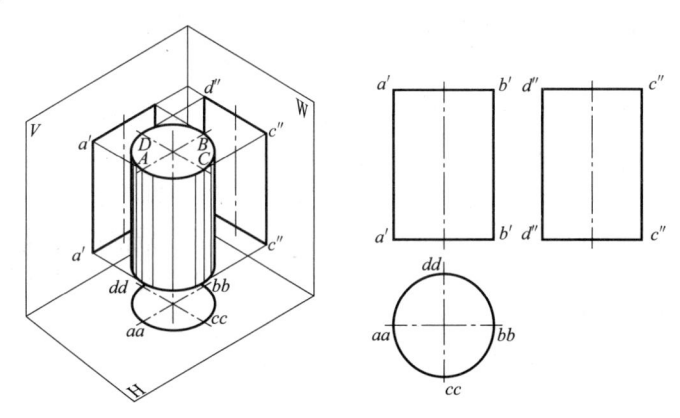

图 3.30　圆柱的三面投影

圆柱投影作图步骤：
① 用细点画线画出轴线的 V 面投影和 W 面投影以及 H 面投影的对称中心线。
② 画出圆柱面具有积聚性的 H 面投影：圆。
③ 按投影规律画出 V 面的转向轮廓素线投影。
④ 按投影规律画出 W 面的转向轮廓素线投影。

2）圆柱表面取点

当圆柱轴线处于投影面垂直线的位置时，圆柱面在与其轴线垂直的投影面的投影积聚为圆。在圆柱面上取点时，可以利用积聚性法求解。

[例 3-3]　如图 3.31（a）所示，已知在圆柱体的表面上有 A、B、C 三点的一个投影，求作点的其余两个投影。

分析：根据已知点的投影和位置，可以判断出点 A 和 B 在圆柱面上，而点 C 在圆内且可见，据此可判断出点 C 在圆柱的上顶面内。

解：① 求作 a 和 a''。点 A 位置在圆柱面的前半部的左半部，其 H 面投影 a 积聚在圆周上，其 W 面投影 a'' 按投影规律作出，且可见。

② 求作 b 和 b''。点 B 的位置在圆柱面的最后的转向轮廓素线上，其 H 面投影 b 积聚在圆周上，其 W 面投影 b'' 按投影规律作出，且可见。

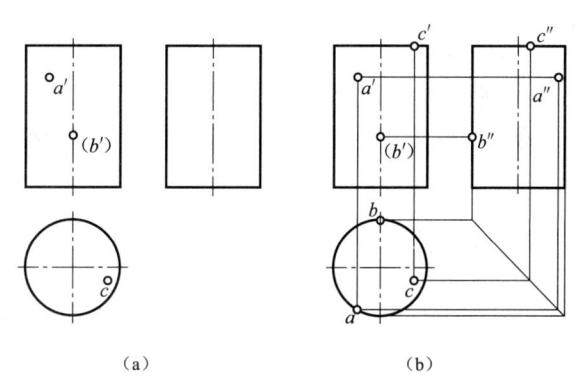

图 3.31　圆柱表面上取点
(a) 原图；(b) 投影后

③ 求作 c' 和 c''。圆柱的上顶面在 V 和 W 投影积聚为一线段，故 c' 和 c'' 也在该线段上，按投影规律作出。

(2) 圆锥

1) 圆锥的投影

如图 3.32 所示,以直线 SA 为母线,绕与它相交的轴线回转一周所形成的面被称为圆锥面。由圆锥面和锥底平面围成圆锥体,简称圆锥。

图 3.32 所示为一正圆锥,其轴线为铅垂线,底面为水平面。底面的正面和侧面投影积聚为一段水平直线,水平投影反映实形,是一个圆。圆锥面上点的水平投影都落在此圆范围内,圆锥面投影无积聚性。作圆锥的投影时,要分别画出圆锥面的转向轮廓线,即圆锥面上可见与不可见部分的分界线。圆锥面上最左端素线 SA 和最右端素线 SB 是 V 面的转向轮廓素线,其投影 $s'a'$ 和 $s'b'$ 为圆锥的 V 面转向轮廓线,它们将圆锥分为前半部和后半部,前半部圆锥面可见,后半部不可见,后半部投影与前半部重合;而最前端素线 SC 和最后端素线 SD 是 W 面的转向轮廓素线,其投影 $s''c''$ 和 $s''d''$ 为 W 面转向轮廓线,它们将圆锥分为左半部和右半部,左半部投影可见,右半部投影不可见且与左半部重合。

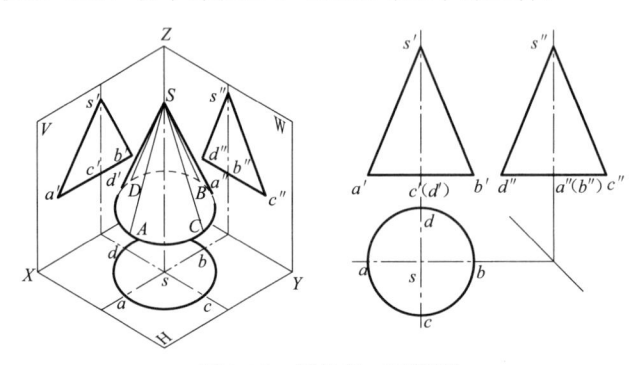

图 3.32 圆锥的三面投影

圆锥投影作图步骤:
① 用细点画线画出轴线的正面和侧面投影以及出圆锥水平投影的对称中心线。
② 画出锥底面的三面投影。
③ 画出锥顶点 s 的投影。
④ 画出各投影的转向轮廓线。

2) 圆锥表面取点

[例 3-3] 如图 3.33 所示,已知 M 点的正面投影 m',求 M 点的水平投影 m 和侧面投影 m''。

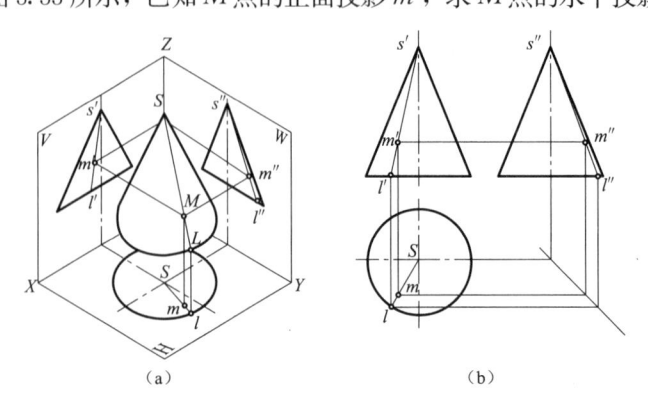

(a)　　　　　　　　　(b)

图 3.33 圆锥投影及其表面取点

分析：由 m' 可知，M 点在圆锥面上。由于圆锥面的投影无积聚性，因此欲在其表面取点需要添加辅助。

(1) 辅助素线法

作图步骤（见图 3.33）：

① 在正面作过锥顶 S 和点 M 的辅助素线。连接 $s'm'$ 并延长交锥底于 l'。

② 求出水平投影 sl 和侧面投影 $s''l''$。M 点的投影必在 SL 线的同面投影上。

③ 按投影规律由 m' 可求得 m 和 m''。M 点所在锥面的三个投影均可见，所以 m、m'、m'' 均可见。

(2) 辅助纬圆法

作图步骤（见图 3.34）：

① 过 M 点作一平行于底面的水平辅助纬圆，该纬圆的正面投影为过 m' 且垂直于轴线的直线段 $2'3'$；

② 它的水平投影为一直径等于 $2'3'$ 的圆；

③ m' 必在此纬圆上，由 m' 求得 m，再由 m'、m 求出 m''。

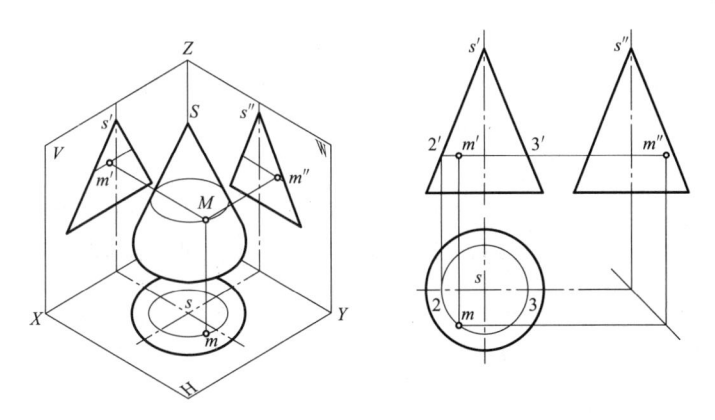

图 3.34 圆锥投影及其表面取点

圆锥的投影一般是在线的已知投影上适当选取若干点，利用辅助素线法或辅助纬圆法求出这些点的另外两投影，光滑地连接各点的同面投影，并判别可见性，即完成投影图。

(3) 圆球

1) 圆球的投影

以半圆为母线，绕其直径所在轴线回转一周形成的面称为球面。球面围成球体，简称球。

如图 3.35 所示，球由单纯的球面形成，它的三个投影均为圆，其直径与球的直径相等，三个投影分别是球面上三个投射方向的投影轮廓线。正面投影轮廓线是平行于 V 面的最大圆的投影；水平投影轮廓线是平行于 H 面的最大圆的投影；侧面投影轮廓线是平行于 W 面的最大圆的投影。

球投影作图步骤：

① 先用细点画线画出对称中心线，确定球心的三个投影位置；

② 再画出三个与球直径相等的圆。

2) 圆球表面取点

[例 3-5] 如图 3.35 所示，已知球面上 M 点的水平投影 m，求 m' 和 m''。

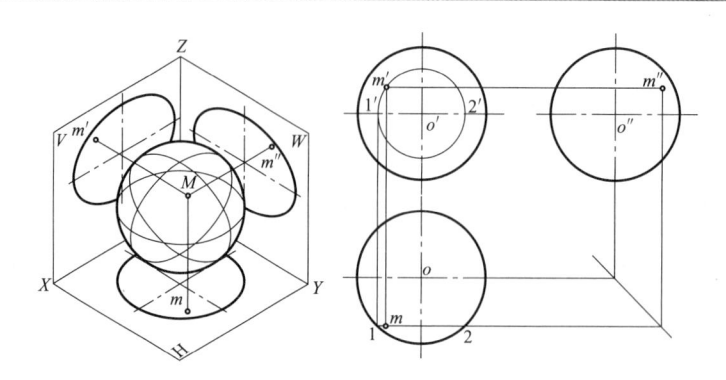

图 3.35 球的投影及其表面取点

分析：球的三个投影均无积聚性，在球面上取点只能用辅助纬圆法作图。

作图步骤如下：

① 过 M 点作一平行于正面的辅助纬圆，它的水平投影为直线段 12。

② m' 在该圆周上，由于 m 可见，所以 M 在前、上球面，m' 应在辅助纬圆的上部；

③ 再由 m 和 m' 作出 m''。

同理，也可过 M 点作平行于水平面的辅助纬圆或平行于侧面的辅助纬圆求解。

（4）圆环

1）圆环的投影

如图 3.36 所示，以圆 A 为母线，绕与该圆在同一平面内但不通过圆心的轴线回转一周所形成的面称为环面。环面围成环体，简称环，其中圆 A 的外半圆回转形成外环面，内半圆回转形成内环面。

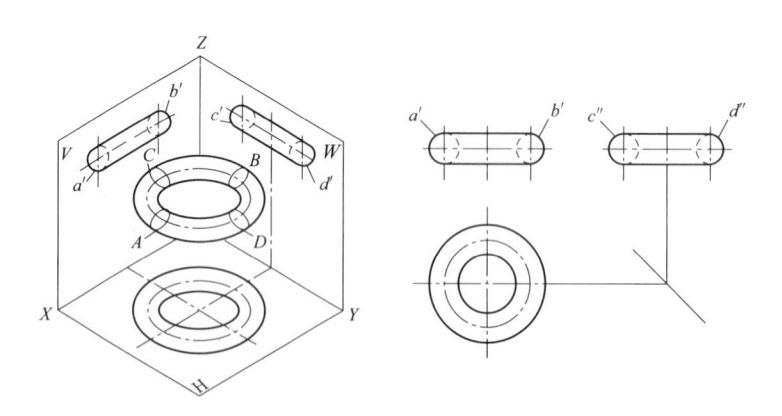

图 3.36 圆环的形成及投影

图 3.36 中所示的环的轴线为铅垂线，水平投影中的两个同心圆是赤道圆和喉圆的投影，也是可见的上环面和不可见的下环面分界线的投影；用细点画线画出的圆是各素线中心所在圆的投影。

在 V 面投影中，两个圆是最左、最右素线圆 A、B 的投影，也是环面前后分界线。两个粗实线半圆是外环面 V 面投影轮廓线，两个虚线半圆为内环面 V 面投影轮廓线。两个圆的上、下两条切线是环面上最高、最低纬圆的积聚投影。W 面投影与 V 面投影形状相同，但是，投影图中的两个圆应是环上 C、D 两圆的投影。

圆环投影作图步骤：

① 先用细点画线画出轴线的正面投影和侧面投影，并画出圆环水平投影的对称中心线。

② 在水平投影中，画出内、外水平投影轮廓线（两个粗实线圆），并用细点画线画出素线圆中心所在圆的投影。

③ 画出正面投影轮廓线，即圆 a'、b' 和两圆的上、下两条切线。

④ 画出侧面投影轮廓线，即圆 c''、d'' 和两圆的上、下两条切线。

2）圆环表面取点

圆环面是回转面，母线绕轴线旋转时母线上任意一点形成的轨迹都是圆。在圆环面上取点是利用圆作为辅助线。

[例 3-6] 如图 3.37 所示，已知 M 点的 V 面投影 m'，求点的其余两投影。

分析：M 点在圆环的上半部的外环面上，故可过 M 点作水平辅助纬圆。

作图步骤如下：

① 过点 m' 作水平辅助纬圆的 V 面投影 p。

② 求作水平辅助纬圆的 H 面投影—圆。

③ 由 m' 点求得 m。

④ 由 m 和 m' 求得 m''，并判断可见性，都可见。

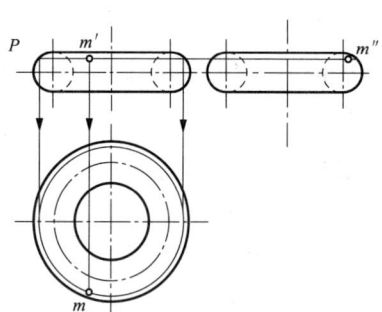

图 3.37　圆环表面取点

任务二　信号发生器面板结构图的绘制

任务描述

绘制如图 3.38 所示的信号发生器面板结构图（信号发生器前面板托版图），将完成的图形以 cad3-2.dwg 为文件名存入练习目录中。

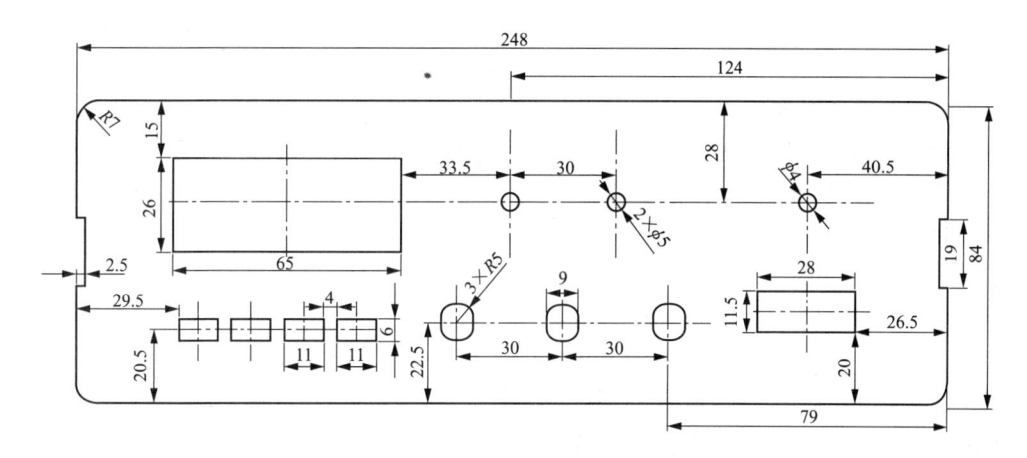

图 3.38　信号发生器面板图

任务分析

绘制信号发生器面板结构图时，要考虑图形的大小及位置，需合理、匀称地布图。在绘图过程中选用不同图层进行绘制，绘制完成后还要经过仔细检查校核，再根据各图形的大小及标注尺寸所需要的位置，所需标注尺寸的位置。

操作步骤

⊙ 步骤一：启动 AutoCAD 2014

单击 Windows 操作系统桌面左下角的开始按钮，打开"开始"菜单，并进入"程序"级联菜单中的"Autodesk"→"AutoCAD 2014-Simplified Chinese"→"AutoCAD 2014"，即可启动 AutoCAD 2014。

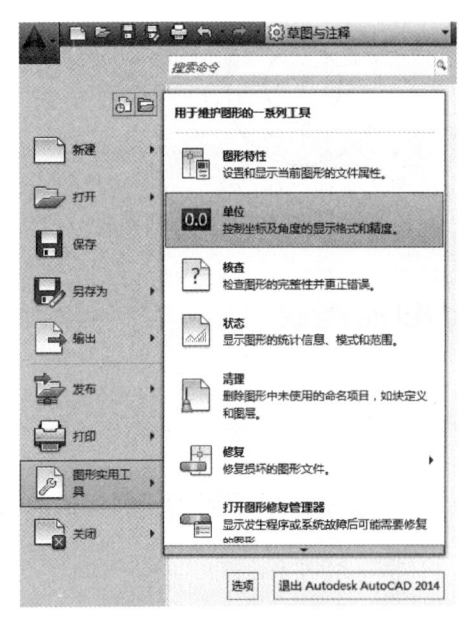

图 3.39 快速启动栏

⊙ 步骤二：设置角度、精度、方向等

单击 CAD 2014 软件左上角的"A"处的下三角按钮，在弹出的快速启动栏中单击图形实用工作→单位，如图 3.39 所示。

一般，AutoCAD 中默认单位为毫米（mm），在 AutoCAD 中输入"4"即表示图中尺寸为 4mm。需用厘米（cm）或米（m）作单位时，不建议改动"图形单位"选项卡中的单位，只需在附注中声明该图所用单位即可。

⊙ 步骤三：创建图层

① 单击"图层"工具栏上的"图层特性"按钮。

② 在弹出的"图层特性管理器"对话框中单击新建图层按钮，弹出图层控制之后，进行图层、颜色和线型的设置。需要设置粗实线、细实线、中心线、标注线四个图层。

⊙ 步骤四：绘制图形

① 选择"中心线"图层为当前图层。执行"直线"命令和"偏移"命令，绘制所有的中心定位线，如图 3.40 所示。

② 选择"粗实线"图层为当前图层。执行"直线"命令和"偏移"命令，再用"修剪"命令剪去多余的线，绘制 65×26、28×11.5、2.5×19、11×6、248×84 的矩形框。

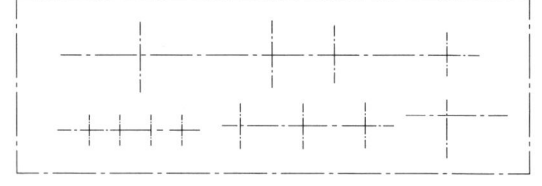

图 3.40 绘制中心定位线

单击图标 ⊙→AutoCAD 命令行提示：指定圆心→输入圆心坐标，按 Enter（回车）键。AutoCAD 命令行提示：指定半径→输入半径值，按 Enter（回车）键。用"圆"命令绘出 $\phi 4$、$\phi 5$、$R5$ 的圆，并通过"复制"命令得到

相同的圆若干个，如图 3.41 所示。

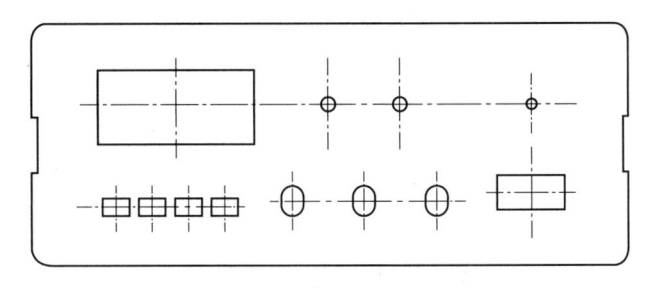

图 3.41　绘制面板开孔

③ 绘制面板边框的圆角轮廓。单击图标 →AutoCAD 命令行提示：指定圆角半径→输入半径值，按 Enter（回车）键→选择第一个对象→选择第二个对象，按 Enter（回车）键。

④ 选择"标注"→"线性"命令标注线段→指定线段的起点→指定线段的端点→指定小标注到线段的距离。选择"标注"→"半径"（"直径"），标注圆→指定圆弧→指定标注的位置和角度。标注后的面板图如图 3.38 所示。

⑤ 选择"移动"命令，移动图到图框中。

相关知识

一、圆角

在零件中有圆角过渡等工艺结构，AutoCAD 2014 软件中有圆角命令，可以用指定半径的圆弧将两个对象连接起来，并与之相切。内圆角与外圆角均可使用圆角命令创建。

可以进行圆角过渡的对象有：圆弧、圆、椭圆、椭圆弧、直线、多段线、射线、样条曲线、构造线和三维实体等。

"圆角"命令的执行方式有以下 3 种。

① 功能区"默认"选项卡→"修改"面板：。
② 修改工具栏：单击"圆角"按钮。
③ 命令行：输入"fillet"后按 Enter 键或"空格"键。

执行"圆角"命令后，命令行出现如下提示。

命令：_fillet
当前设置：模式＝当前修剪模式，半径＝当前半径值。
选择第一个对象或 [放弃（U）/多段线（P）/半径（R）/修剪（T）/多个（M）]：选择创建二维圆角中的第一个对象。
选择第二个对象，或按住 Shift 键选择要应用角点的对象：选择创建二维圆角中的第二个对象或按住 Shift 键选择第二个对象，使两延伸直线相交。

> **提示**
> 如果选择直线、圆弧或多段线为圆角过渡的对象，它们的长度将自动进行调整以适应圆角弧度。

其中各选项说明如下。

多段线（P）：在二维多段线中两条线段相交的每个顶点处插入圆角弧。
半径（R）：定义圆角弧的半径。
修剪（T）：控制 fillet 是否将选定的边修剪到圆角弧的端点。
多个（M）：连续多次执行同一半径的圆角。

> **提示**
> 选择对象可以为平行直线、参照线和射线圆角。若在平行直线之间圆角，圆角直径为平行线之间的距离。

二、倒角

在绘制倒角的时候，作圆相切后修剪相对比较麻烦，因此 AutoCAD 软件提供了倒角命令，用以快速绘制倒角。

倒角指使用成角度的直线连接两个对象，它通常用于表示角点上的倒角边。可以倒角的对象有直线、多段线、射线、构造线、三维实体。

"倒角"命令的执行方式有以下 3 种。
① 功能区"默认"选项卡→"修改"面板：⌐。
② 修改工具栏：单击"倒角"按钮⌐。
③ 命令行：输入"chamfer"后按 Enter 键或"空格"键。

执行"倒角"命令后，在命令行出现如下提示。

```
命令：_chamfer
（"修剪"模式）当前倒角距离 1＝当前，距离 2＝当前
选择第一条直线或 [放弃 (U)/多段线 (P)/距离 (D)/角度 (A)/修剪 (T)/方式 (E)/多个 (M)]：
选择对象或输入选项。
选择第二条直线，或按住 Shift 键选择要应用角点的直线：选择对象或按住 Shift 键并选择对象。
```

"倒角"命令的各选项说明如下。

选择第一条直线：指定二维倒角所需的两条边中的第一条边或要倒角的三维实体的边。

选择第二条直线，或按住 Shift 键选择要应用角点的直线：选择直线或多段线，它们的长度将调整以适应倒角线。选择对象时可以按住 Shift 键，用 0 值替代当前的倒角距离，即如果两条直线不相交，可以生成相交的直线；如果两条直线相交并延长，则修剪到相交点。

放弃（U）：恢复在命令中执行的上一个操作。

多段线（P）：对整个二维多段线倒角。

> **提示**
> 如果多段线包含的线段过短以至于无法容纳倒角距离，则不对这些线段倒角。

距离（D）：设置倒角至选定边端点的距离。

> **提示**
> 如果将两个距离都设置为 0，则修剪命令将延伸或修剪两条直线，它们终止于同一点。

角度（A）：用第一条线的倒角距离和第二条线的角度设置倒角距离。
修剪（T）：控制修剪命令是否将选定的边修剪到倒角直线的端点。
方式（E）：控制修剪命令是使用两个距离还是一个距离和一个角度来创建倒角。
多个（M）：为多组对象的边倒角。
"倒角"命令将重复显示主提示和"选择第二个对象"提示，直到用户按 Enter 键结束命令。

> **提示**
> 给通过直线段定义的图案填充边界加倒角会删除图案填充的关联性。如果图案填充边界是通过多段线定义的，将保留关联性。如果要被倒角的两个对象都在同一图层，则倒角线将位于该图层，否则，倒角线将位于当前图层上。

拓展训练一　信号发生器薄膜面板图的绘制

任务描述

绘制如图 3.42 所示的信号发生器薄膜面板图，将完成的图形以 cad3-3.dwg 为文件名存入练习目录中。

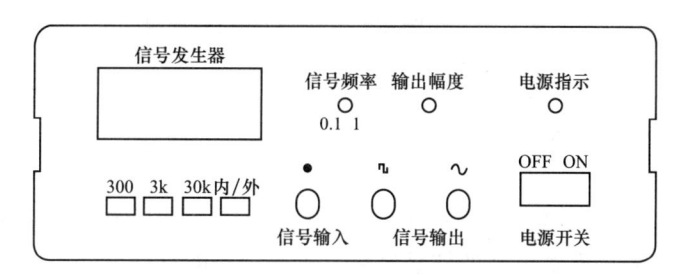

图 3.42　信号发生器薄膜面板图

任务分析

薄膜面板附于前面板托板表面,其几何尺寸图与前面板托板图完全相同,不同的是文字标识打印在薄膜面板层上。因此薄膜面板图在前面板托板图上略作改动即可得到。图 3.43 所示即为已经绘制完成的信号发生器薄膜面板图。

操作参考

① 启动 AutoCAD 2014 系统,进入 AutoCAD 2014 界面。

② 打开绘制完成的信号发生器面板图,将多余的部分用"Delete"键删除,如图 3.43 所示。

③ 单击图标 **A**→框选出与文字长度相符的矩形→选择"文字样式"与"字高"→录入文字,并用直线和圆标出"∿"、"·"、"⊓",如图 3.42 所示。

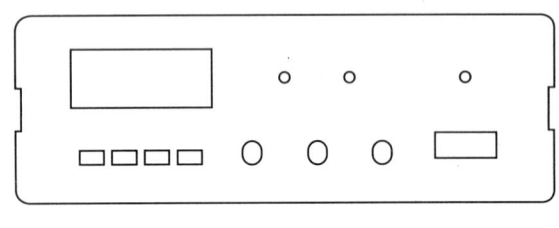

图 3.43 面板开孔图

拓展训练二 串联开关型稳压电源电路方框图的绘制

任务描述

绘制串联开关型稳压电源电路框图,如图 3.44 所示。将完成图形以 cad3-4.dwg 为文件名存入练习目录中。

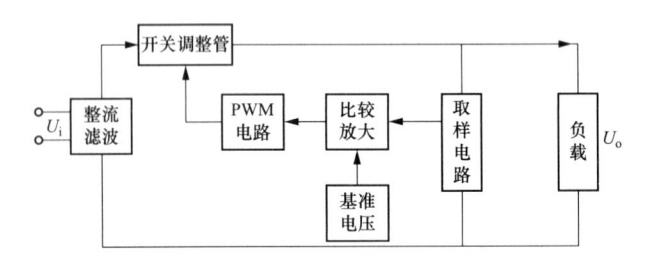

图 3.44 串联开关型稳压电源电路框图

任务分析

从图 3.44 中可以看出,虽然电路框图的图形符号是以单一的方框为主,但是简明清晰地表明了串联开关型稳压电源电路的信号流程、各部分功能电路之间的相互关系等,这就是电路框图的典型特点和主要作用。绘图时,需依据电路框图构成情况综合考虑,合理布局,如确定行列形式、方框个数、方框大小、方框中心间隔的尺寸等。对于电路框图的整体布局，通常采用功能布局法，也可采用位置布局法，或者两者综合运用。

操作参考

① 合理布局，如图 3.45（a）所示。
② 绘制方框符号，如图 3.45（b）所示。
③ 写方框文字符号，如图 3.45（c）所示。
④ 绘制作用线条和箭头。根据电路信号的作用方向、各电路单元的功能控制作用过程，用线条和箭头连接各方框。
⑤ 完成全图。检查无误，加深线条，完成全图，如图 3.45 所示。

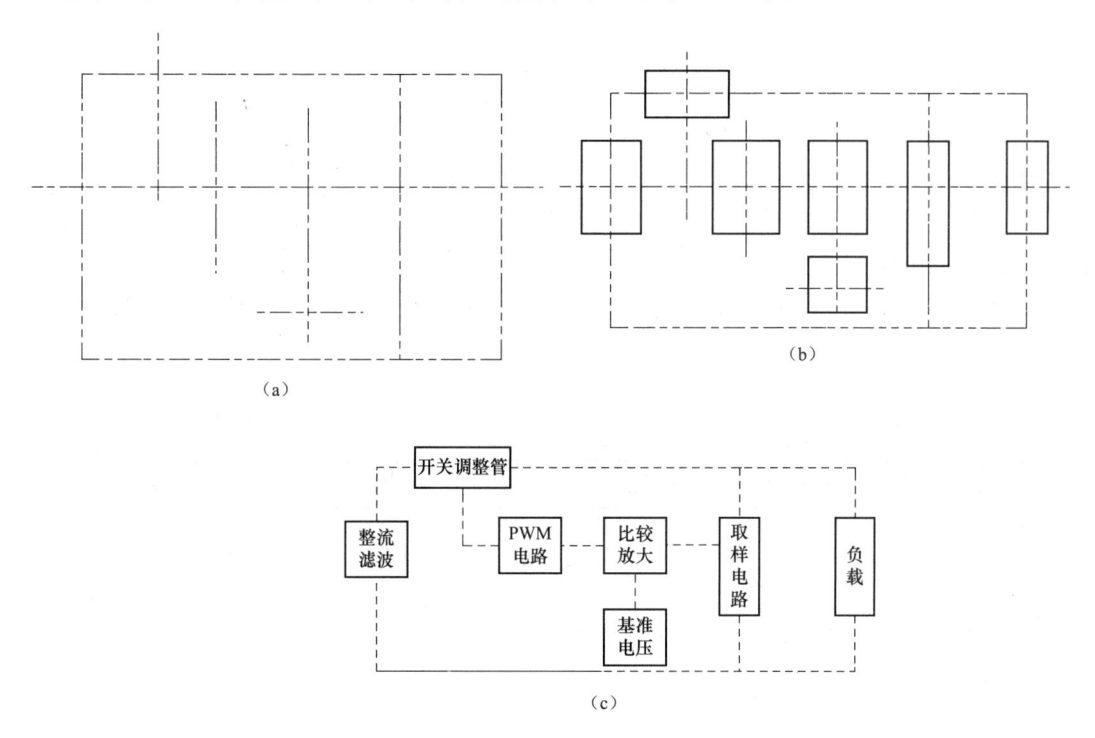

图 3.45　串联开关型稳压电源电路框图绘制步骤
(a) 稳压电源电路框图的整体布局；(b) 绘制方框符号；(c) 写方框文字符号

以上电路原理框图的绘制步骤和方法，原则上都适用于其他电子电气工程图样的绘制。

说明

"框图"又称方框图，是一个方框，方框内有说明文字，一个方框代表一个基本单元电路或者集成电路中一个功能单元电路等。电气设备中任何复杂的电路都可以用相互关联的方框图形象地表述出来。电路框图主要有：信号流程框图、电路组成原理框图、各种集成电路内部功能单元电路框图、各单元电路的具体电路框图等。

提示

绘制箭头时，选择多线段工具，拾取箭头的起点，输入"W"，设置起点的宽度为0，端点宽度为4，然后拾取端点，即可以绘制出箭头。

项目小结

通过本项目的任务训练，介绍了三视图、产品面板图、框图的绘制，读者应该掌握绘制三视图、仪器面板图的方法以及三视图和仪器面板图尺寸的正确标注。

课后训练

1. 绘制如图 3.1 所示的三视图，将完成的图形以 cad3-1.dwg 为文件名存入练习目录中。

2. 绘制如图 3.38 所示的信号发生器前面板托板图，将完成的图形以 cad3-38.dwg 为文件名存入练习目录中。

3. 绘制如图 3.43 所示的信号发生器薄膜面板图，将完成的图形以 cad3-43.dwg 为文件名存入练习目录中。

4. 绘制如图 3.46 所示的超外差式半导体收音机组成框图，将完成的图形以 cad3-46.dwg 为文件名存入练习目录中。

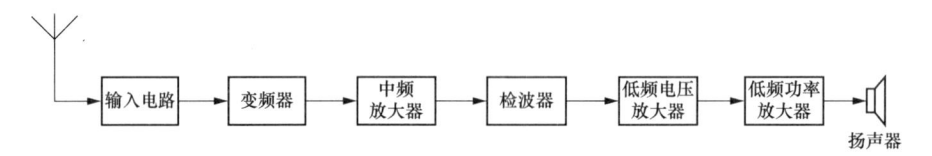

图 3.46 超外差式半导体收音机组成框图

5. 绘制如图 3.47 所示的闭环控制系统框图，将完成的图形以 cad3-47.dwg 为文件名存入练习目录中。

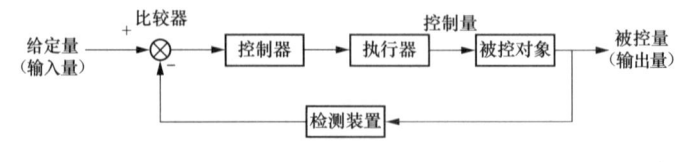

图 3.47 闭环控制系统框图

项目四 AutoCAD 2014 电气图的绘制

电气图是采用国家标准规定的电气图形符号和文字符号绘制而成，用以表达电气控制系统原理、功能、用途及电气元件之间的布置、连接和安装关系的图样。电气图的种类很多，本项目将主要介绍电气控制原理图、电气元件布置图、电气接线图、电气元件明细表等绘制的基本方法与原则。

目标要求

（1）掌握各类电气图的作用及绘制方法。
（2）熟悉电气图形符号和电气技术中的文字符号及项目代号。
（3）熟悉电气图的基本表示方法。

任务一 电气原理图的绘制

任务描述

按照相关尺寸要求绘制如图 4.1 所示的电气原理图，将完成的原理图以 cad4-1.dwg 为文件名存入练习目录中。

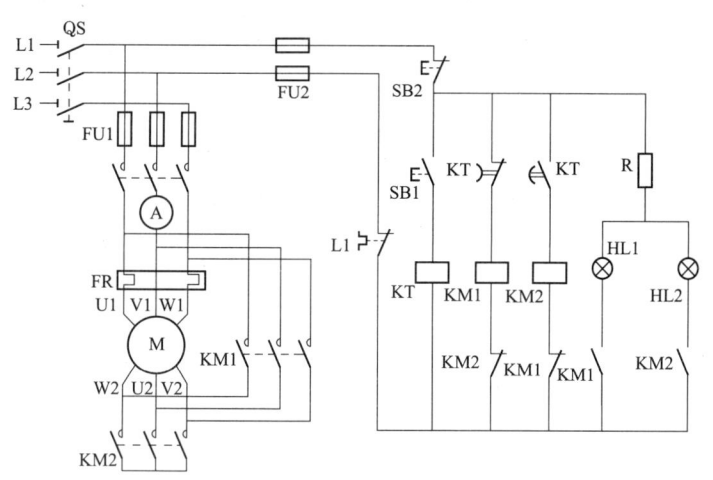

图 4.1 电气原理图

任务分析

原理图一般分为主电路和控制电路两部分。主电路流过电气设备的负荷电流，一般画在图面的左侧或上方；控制电路是控制主电路的通断、监视和保护主电路正常工作的电路，一般画在图面的右侧或下方。图中电气元件触头的开闭均以吸引线圈未通电、手柄置于零位、元件没有受到外力作用为准。

电气原理图的特点是有大量的电气元件重复出现,比较适合用 AutoCAD 建块、插入块的方法来绘制;对于相似的元件图形符号,可通过对相似元件进行复制修改的方法来完成,既能保证大小比例一致又能提高绘图速度;若希望在其他类似的电气原理图中调用本图中的电气元件,可将本图中的常用电气元件建为外部图块。

操作步骤

⊙ 步骤一:启动 AutoCAD

进入 AutoCAD 软件,并进行绘图设置,将绘图区域设置为 200,200。

⊙ 步骤二:绘制元器件

① 绘制如图 4.2 所示图形,从左至右依次为熔断器 FU、动合触点、动断触点、线圈、灯。

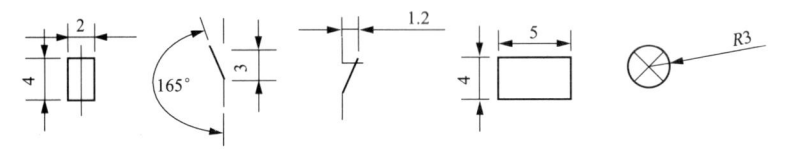

图 4.2 五个基本电气元件

② 按图 4.3 所示步骤绘制时间继电器动断触点。(要点:灵活设计辅助线)

③ 按图 4.4 所示步骤绘制时间继电器动合触点。(要点:合理使用镜像命令)

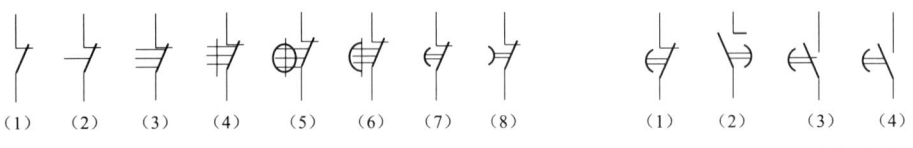

图 4.3 时间继电器动断触点绘制步骤   图 4.4 时间继电器动合触点绘制步骤

④ 按图 4.5 所示步骤绘制接触器主触点。(要点:虚线线型的加载使用及比例设置。如图 4.6 所示,双击虚线段,会在工作区左上方弹出"特性"列表框,调低"线型比例"数值即可)

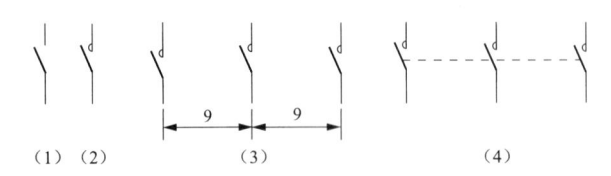

图 4.5 接触器主触点绘制步骤

⑤ 按图 4.7 所示步骤绘制热继电器热元件。(要点:合理使用修剪命令,重叠线部分需修剪二次;通过矩形尺寸和已有参数,准确推算矩形的放置点)

⑥ 按图 4.8 所示步骤绘制主开关。(要点:合理使用旋转命令)

⑦ 按图 4.9 所示步骤绘制动断按钮和动合按钮。(要点:段数很少的虚线可以直接用实线段绘制,但需控制好间隙宽度)

⑧ 按图 4.10 所示步骤绘制热继电器触点。(要点:分解及短虚线的绘制)

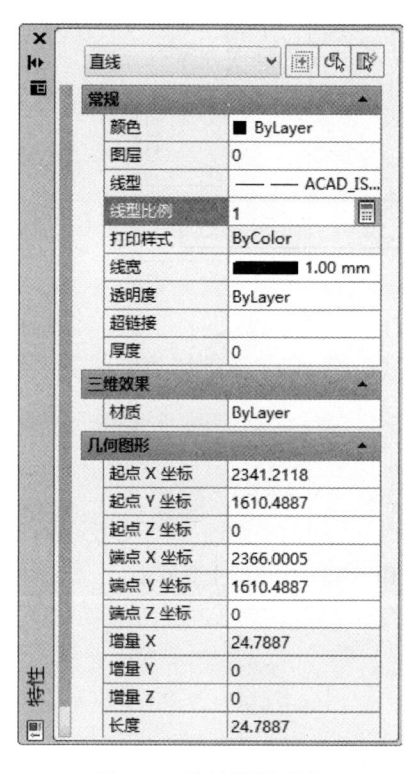

图 4.7　热继电器热元件绘制步骤

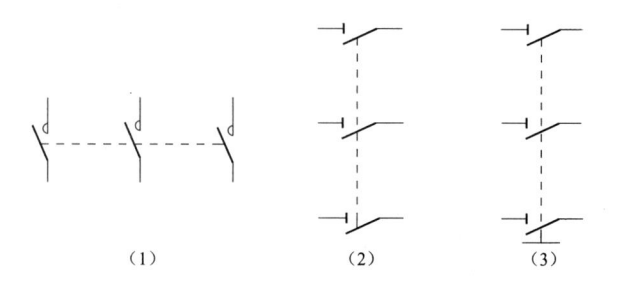

图 4.8　主开关绘制步骤

图 4.9　动断按钮和动合按钮绘制步骤

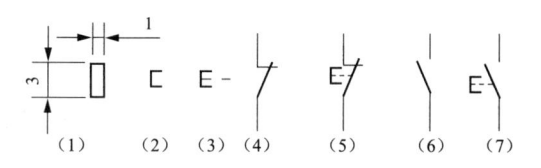

图 4.6　特性设置列表

◉ **步骤三：建成内部块**

将已画出的电气元器件建成内部块。（要点：内部图块的创建）

内部图块的创建窗口如图 4.11 所示，本图所需所有电气元器件标准名称及图形符号汇总如图 4.12 所示。

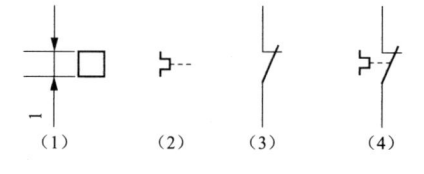

图 4.10　热继电器触点绘制步骤

◉ **步骤四：绘制电气原理图**

① 用插入图块的方法绘制电气原理图（要点：主要尺寸、图块插入及修剪），如图 4.13～图 4.16 所示。

图 4.11　内部图块的创建窗口

图 4.12　元器件图形符号及名称

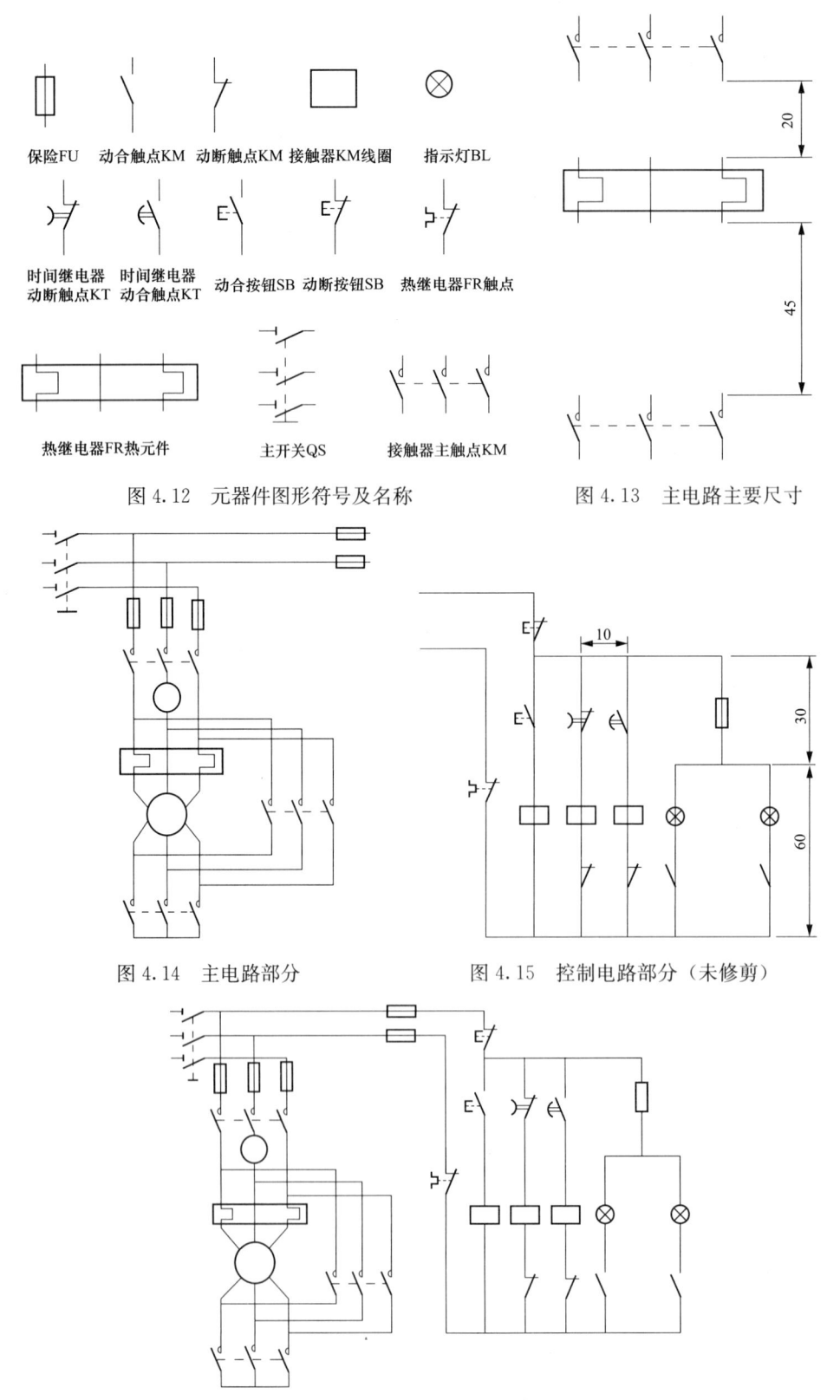

图 4.13　主电路主要尺寸

图 4.14　主电路部分

图 4.15　控制电路部分（未修剪）

图 4.16　电气原理图（未标注）

② 添加文字标注并调整线宽后即可实现任务（要点：文字标注时可灵活采用直线段辅助定位，提高文字标注整齐度），如图 4.17 所示。

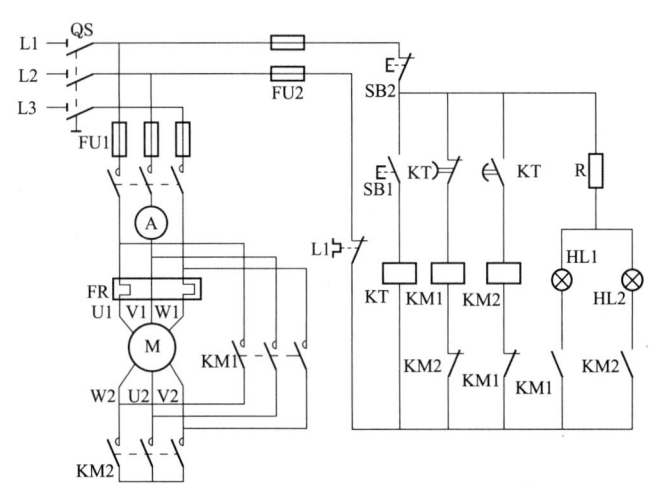

图 4.17　电气原理图全图（含文字标注）

③ 绘制标题栏（要点：尺寸和文字，绘制完成后建议通过"WBLOCK"命令将其创建为外部图块并妥善保存，便于以后其他电气工程图调用），如图 4.18 所示。

图 4.18　标题栏

⊖ **步骤五：图纸布局**

① 以 A4（297mm×210mm）图幅为例，绘制代表图纸边界的矩形边框线（注意：A4 图纸若不留装订边，页边距应为 10mm）。

② 调整线宽（如 0.3mm），绘制图框线，如图 4.19 所示。

③ 在图框右下角插入标题栏，并调整标题栏外框线宽度，如图 4.20 所示。

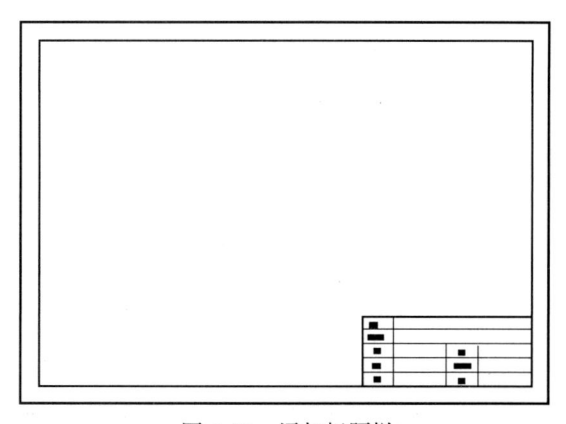

图 4.19　边框线与图框线　　　　　　图 4.20　添加标题栏

④ 将绘制好的电气原理图移动至图框中心并调整，如图4.21所示。

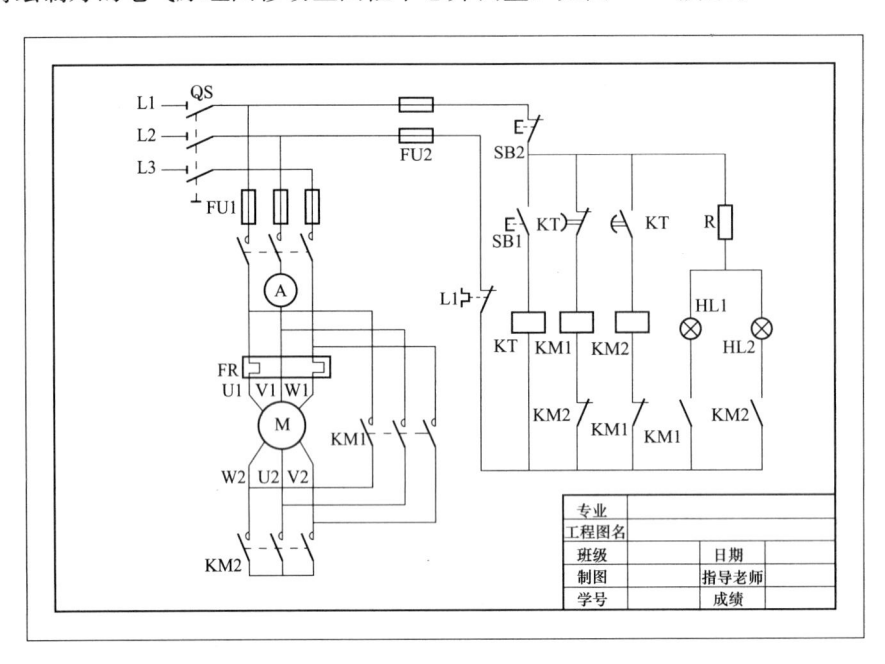

图 4.21　位置调整

⑤ 可使用"缩放"和"移动"命令调整电气原理图大小和位置，使其与图纸比例更协调，如图4.22所示。

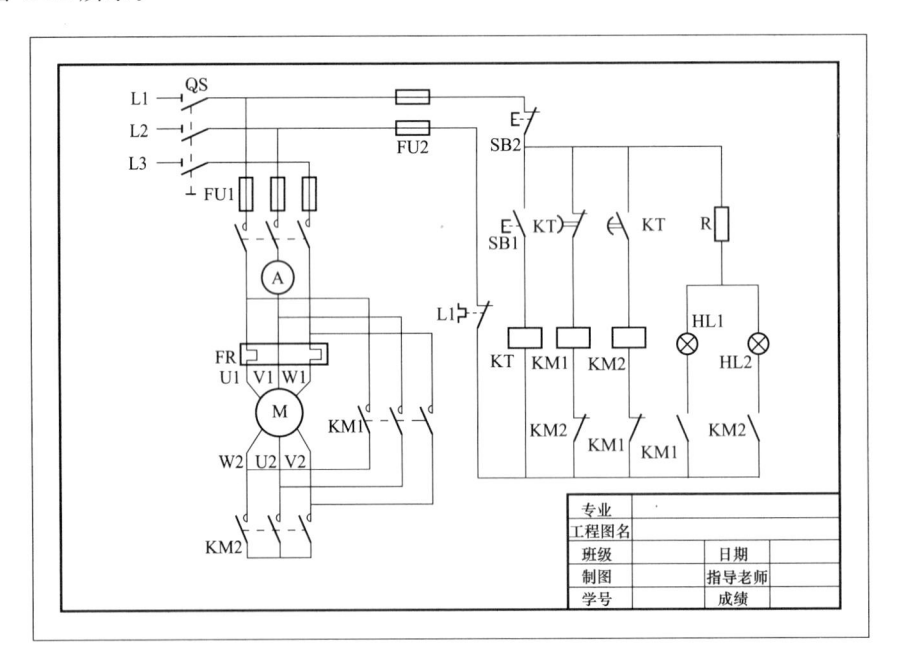

图 4.22　电气原理图放大到1.2倍的效果

⑥ 打印设置。

选择"输出"标签项中的"打印"或直接输入"PLOT"命令，则AutoCAD将弹出

"打印"对话框,如图 4.23 所示。在"打印机/绘图仪"项的"名称"栏内选择相应型号的打印机。

图 4.23 "打印"设置框

在"图纸尺寸"项,选择"A4"。
在"打印区域"项,通过下拉菜单选择"窗口",然后框选图框线矩形区即可。
在"打印比例"项,选择默认项"布满图纸"。
单击"预览"按钮,确定打印效果无误,再单击"确定"按钮即可打印。

相关知识

一、电气原理图的绘制

电动机是工厂中使用最多的设备,它有多种启动和控制方式,本节以机床控制电路图为例,介绍电气原理图的绘制方法。

1. 电气原理图的绘制原则

(1) 电气控制电路原理图应用国标规定的图形符号、文字符号和回路标号进行绘制。

(2) 电气设备应是未通电时的状态;二进制元件应是置零时的状态;机械开关应是循环开始前的状态。

(3) 通常将主电路放在电路图的左边,电源电路绘成水平线,主电路应垂直电源电路,控制电路应垂直绘在同一条水平电源线之间,耗能元件直接连接在接地的水平电源线上,触点连接在上方水平线与耗能元件之间。

(4) 器件的各部分分别绘在它们起作用的地方,并不按照其实际的布置情况绘在电路中。

(5) 每个器件及它们的部件用一定的图形符号表示,且每一个器件有一个文字符号。属于同一个器件的各个部件用同一文字符号表示。

（6）为了便于看图，电路应按动作顺序和信号流自左向右的原则绘制。

（7）应将图面分成若干区域，各区域的编号一般写在图的下部；图的上部要有标明每个电路用途的用途栏。

（8）尽可能减少线条数目及避免线条交叉。图中两条以上导线相通的交接处要画一圆点。

（9）图中每个节点要按分区及节点顺序编号。

（10）万能转换开关和行程开关应绘出动作程序和动作位置。

（11）原理图中应标出下列数据。

① 各个电源电路的电压值、极性或频率及相数。

② 某些元件的特性（电阻、电容的量值等）。

③ 图中的全部电动机、电气元件的型号、文字符号、用途、数量、技术数据，均应填写在一个元件明细表内。

2. 电气原理图的绘制方法

原理图一般分为主电路和控制电路两部分。主电路流过电气设备的负荷电流，在图4.24中就是从电源经开关到电动机的这一段电路，一般画在图面的左侧或上方；控制电路是控制主电路的通断、监视和保护主电路正常工作的电路，一般画在图面的右侧或下方。

电气原理图中电气元件触头的开闭均以吸引线圈未通电、手柄置于零位、元件没有受到外力作用为准。

3. 电气原理图的绘制步骤

（1）建立图纸并进行分区，绘制边框，绘制标题栏、会签栏等。

（2）布置电气符号。先布置主电路的电气符号，再布置控制电路的电气符号。

（3）连接导线并检查电路有无遗漏元件和导线。

（4）对元件和导线进行编号。

（5）用指引线标注表示导线规格、数量等信息。

（6）电路按各部分的功能进行分区，上方表格写出各部分的功能，下方表格写出对应的区号。

（7）按以上分区信息写出接触器、继电器等元件的触头索引。

（8）填写标题栏信息。

电气原理图的绘制实例（车床电气原理图）如图4.24所示。

二、电气图形符号

图形符号一般用于图样或其他文件以表示一个设备或概念的图形、标记或字符。电气图形符号一般包括电气图用图形符号、标志用图形符号、标注用图形符号等。

（一）电气图用图形符号

1. 图形符号的构成

电气图用图形符号通常由一般符号、符号要素、限定符号、方框符号和组成符号等组成。

（1）一般符号。它是用以表示一类产品和此类产品的特征的一种通常很简单的符号。

（2）符号要素。它是一种具有确定意义的简单图形，不能单独使用。符号要素必须同其他图形组合后才能构成一个设备或概念的完整符号。例如，构成电子管的几个符号要素为阳极、阴极、管壳等。符号要素组合使用时，可以同符号所表示的设备的实际结构不一致。符号要素以不同的形式组合，可构成多种不同形式的图形符号，如图4.25所示。

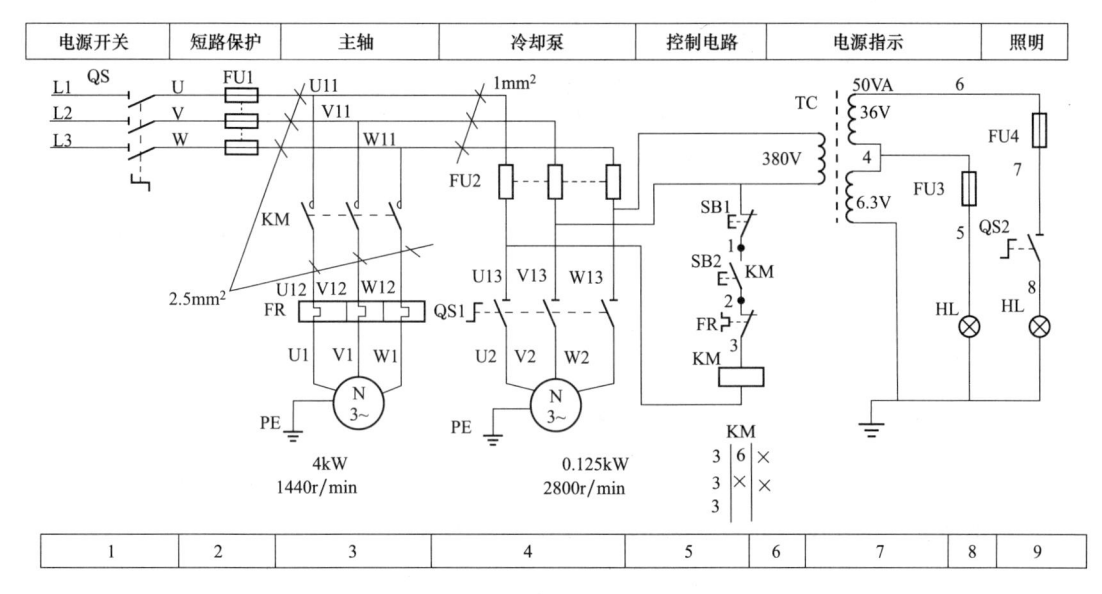

图 4.24 车床电气原理图

（3）限定符号。它是用以提供附加信息的一种加在其他符号上的符号，通常它不能单独使用。有时一般符号也可用作限定符号，如电容器的一般符号加到扬声器符号上即构成电容式扬声器符号。

（4）框型符号。它是用以表示元件、设备等的组合及其功能的一种简单图形符号。既不给出元件、设备的细节，也不考虑所有的连接。通常使用在单线表示法中，也可用在表示出全部输入和输出接线的图中。如图 4.26 所示，左侧为整流器框形符号，右侧为在系统图中的整流器框形符号。

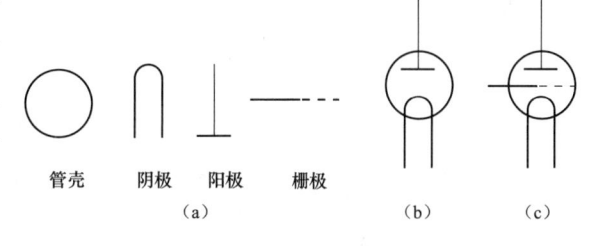

图 4.25　符号要素及组合示例
（a）符号要素；（b）真空二极管；（c）真空三极管

（5）组合符号。它是指通过以上已规定的符号进行适当组合所派生出来的，表示某些特定装备或概念的符号。图 4.27 所示为过电压继电器组合符号组成的示例。

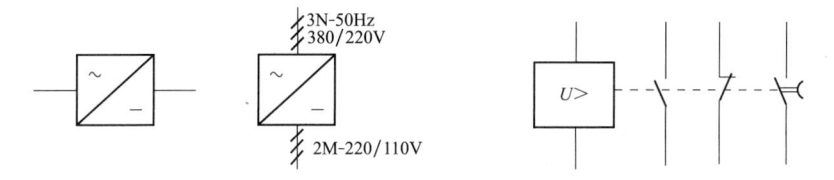

图 4.26　框形符号及应用示例　　图 4.27　过电压继电器组合符号组成的示例

2. 图形符号的分类

电气图所用图形符号种类很多，按"GB 4728"将其分为以下 11 类。

① 导线和连接器件。包括各种导线、接线端子和导线的连接、连接器件、电缆附件等。
② 无源元件。包括电阻器、电容器、电感器、铁氧体磁心、磁存储器矩阵、压电晶体、驻极体、延迟线等。
③ 半导体管和电子管。包括二极管、三极管、晶闸管、电子管、辐射探测器等。

④ 电能的发生和转换。包括绕组、发电机、电动机、变压器、交流器等。

⑤ 开关、控制和保护装置。包括触点（触头）、开关、开关装置、控制装置、电动机起动器、继电器、熔断器、保护间隙、避雷器等。

⑥ 测量仪表、灯和信号器件。包括指示、计算和记录仪表、热电偶、遥测装置、电钟、传感器、灯、喇叭和电铃等。

⑦ 电信交换和外围设备。包括交换系统、选择器、电话机、电报和数据处理设备、传真机、换能器、记录和播放器等。

⑧ 电信传输。包括通信电路、天线、无线电台及各种电信传输设备。

⑨ 电力、照明和电信布置。包括发电站、变电站、网络、音响和电视的电缆配电系统、开关、插座引出线、电灯引出线、安装符号等。适用于电力、照明和电信系统和平面图。

⑩ 二进制逻辑单元。包括组合和时序单元、运算器单元、延时单元、双稳、单稳和非稳单元、移位存寄器、计数器和存储器等。

⑪ 模拟单元。包括函数器、坐标转换器、电子开关等。

此外，还有一些其他符号，如机械控制、操作件和操作方法、非电量控制、接地、接机壳和等电位、理想电路元件（电流源、电压源、回转器）、电路故障、绝缘击穿等。

3. 图形符号的使用规则

电气制图在选用图形符号时，应遵守以下使用规则。

（1）符号的选择

在 GB 4728 中，有些元件和设备有不同形式的图形符号，选择时最好采用"推荐形式"或"简化形式"的图形符号。在满足需要的前提下，尽量采用最简单的形式；对于电路图，必须使用完整的图形符号来详细表示。如变压器的所有部分，即绕组、端子及其代号均应表示清楚。在同一张电气图样中只能选用一种图形形式，图形符号的大小和线条的粗细亦应基本一致。

（2）符号的大小

在绝大多数情况下，符号的含义由其形式决定，而符号的大小和图线的宽度一般不影响符号的含义。

有时在某些特殊情况下，允许采用不同大小的符号。例如，为了强调某些方面，为了便于补充信息，为了增加输入或输出线数量，为了把符号作为限定符号来使用等。但改变彼此有关的符号尺寸时，符号间及符号本身的比例应保持不变。

图形符号的大小和方位可根据图面布置确定，但不应改变其含义，而且符号中的文字和指示方向应符合读图要求。采用计算机辅助绘图时，应按特定的模数 $M=2.5\text{mm}$ 的网格设计。这可使符号的构成、尺寸一目了然，方便人们正确掌握符号各部分的比例。

（3）符号的取向

符号方位不是强制的。在不改变符号含义的前提下，符号可根据图面布置的需要旋转或成镜像放置，但文字和指示方向不得倒置。

（4）符号的组合

如果想要的符号在 GB/T 4728 中找不到，可按 GB/T 4728 中的原则，从标准符号中组合出一个符号。如果需要的符号未被标准化，则所用的符号必须在图上或文件的注释中加以说明。

（5）符号的端子

图形符号中一般没有端子符号。如果端子符号是符号的一部分，则端子符号必须画出。

(6) 符号的引出线

图形符号一般都画有引出线。在不改变其符号含义的原则下,引线可取不同的方向。在某些情况下,引线符号的位置不加限制;当引线符号的位置影响符号的含义时,必须按规定绘制。

导线符号可以用不同宽度的线条表示,以突出或区分某些电路、连接线等。

(7) 其他说明

图形符号均是按无电压无外力作用的正常状态表示的。图形符号中的文字符号、物理量符号,应视为图形符号的组成部分。当这些符号不能满足时,可再按有关标准加以充实。电气图中若未采用规定的图形符号,必须加以说明。

4. 常用图形符号举例

常用电气图用图形符号见表 4.1。

表 4.1　　　　　　　　　　常用电气简图用图形符号

序号	图形符号	说明	备注
1	— — —	直流	电压可标注在符号右边,系统类型应标注在符号的左边。 如 2/M—220/110V
2	∼	交流	频率或频率范围可标注在符号的右边,系统类型应标注在符号的左边。 如 3/N∼400/230V 50Hz
3	⌒⌒	交直流	具有交流分量的整流电流
4	+	正极性	
5	−	负极性	
6	→	直线运动(单向)	运动、方向或力
7	⇀	传送(单向)	能量、信号传输方向
8	⏚	接地	
9		接机壳	
10		保护等电位联结	
11		故障	
12		导线的 T 型连接	

续表

序号	图形符号	说明	备注
13		导线跨越而不连接	
14		电阻器	
15		电容器	
16		电感器、线圈、绕组、扼流圈	
17		原电池或蓄电池	
18		动合（常开）触点	
19		动断（常闭）触点	
20		延时闭合的动合（常开）触点	带时限的继电器和接触器触点
21		延时断开的动合（常开）触点	
22		延时闭合的动断（常闭）触点	
23		延时断开的动断（常闭）触点	
24		手动开关	开关和转换开关触点
25		自动复位的手动按钮开关	

续表

序号	图形符号	说明	备注
26		带动合触点的位置开关	开关和转换开关触点
27		带动断触点的位置开关	
28		多极开关（单线表示）	
29		多极开关（多线表示）	
30		隔离开关	
31		负荷隔离开关	
32		断路器	
33		接触器的主动合触点	接触器、起动器、动力控制器的触点
34		接触器主动断（常闭）触点	
35		驱动器件	继电器、接触器等的线圈

续表

序号	图形符号	说明	备注
36		缓慢吸合继电器线圈	带时限的电磁继电器线圈
37		缓慢释放继电器线圈	
38		热继电器的驱动器件	热继电器
39		热继电器动断触点	
40		熔断器	熔断器
41		熔断器开关	
42		熔断器式隔离开关	
43		跌开式熔断器	

续表

序号	图形符号	说明	备注
44		避雷器	
45		避雷针	
46		电机	C——同步变流机 G——发电机 GS——同步发电机 M——电动机 MG——能作为发电机或电动机使用的电机 MS——同步电动机 SM——伺服电机 TG——测速发电机 TM——力矩电动机 IS——感应同步器
47		交流电动机	
48		双绕组变压器	
49		三绕组变压器	
50		电流互感器	
51		电抗器，扼流圈	
52		自耦变压器	
53		电压表	

续表

序号	图形符号	说明	备注
54	Ⓐ	电流表	
55	COSφ	功率因数表	
56	Wh	电度表	
57		钟	
58		音响信号装置	
59		蜂鸣器	
60		调光器	
61	t	限时装置	
62		导线、导线组、电线、电缆、电路、传输通路、线路母线一般符号	
63		中性线	
64		保护线	
65	⊗	灯	
66	A-B C	电杆的一般符号	
67	11 12 13 14 15 16	端子板（示出带线端标记的端子板）	

续表

序号	图形符号	说明	备注
68		屏、台、箱、柜的一般符号	
69		动力或动力照明配电箱	
70		单相插座	
71		密闭（防水）	
72		防爆	
73		电信插座的一般符号	可用文字和符号加以区别 TP—电话 TX—电传 TV—电视 *—扬声器 M—传声器 FM—调频
74		开关的一般符号	
75		钥匙开关	
76		定时开关	
77		阀的一般符号	
78		电磁制动器	
79		按钮的一般符号	
80		按钮盒	
81		电话机的一般符号	
82		传声器一般符号	

续表

序号	图形符号	说明	备注
83		扬声器一般符号	
84		天线一般符号	
85		放大器的一般符号 中继器的一般符号	三角形指向传输方向
86		分线盒一般符号	
87		室内分线盒	
88		室外分线盒	

（二）电气设备用图形符号

1. 电气设备用图形符号的含义及用途

电气设备用图形符号是完全区别于电气图用图形符号的另一类符号。设备用图形符号主要适用于各种类型的电气设备或电气设备部件，使操作人员了解其用途和操作方法。这些符号也可用于安装或移动电气设备的场合，以指出诸如禁止、警告、规定或限制等应注意的事项。

（1）设备用图形符号的一般用途

设备用图形符号的主要用途是：识别（例如，设备或抽象概念）；限定（例如，变量或附属功能）；说明（例如，操作或使用方法）；命令（例如，应做或不应做的事）；警告（例如，危险警告）；指示（例如，方向、数量）。

通常，标志在设备上的图形符号，应告知设备使用者如下信息：

① 识别电气设备或其组成部分（如控制器或显示器）；

② 指示功能状态（如通、断、告警）；

③ 标志连接（如端子、接头）；

④ 提供包装信息（如内容识别、装卸说明）；

⑤ 提供电气设备操作说明（如警告、使用限制）。

（2）设备用图形符号在电气图中应用

在电气图中，尤其是在某些电气平面图、电气系统说明书用图等图中，也可以适当的使用这些符号，以补充这些图所包含的内容。例如，图 4.28 所示的电路图，为了补充电阻器 R1、R3、R4 的功能，在其符号旁使用了设备图形符号，从而使人们阅读和使用这个图时非常明确：R1是"亮度"调整用电阻器，R3是"对比度"调整用电阻器，R4是"彩色饱和度"调整用电阻器。

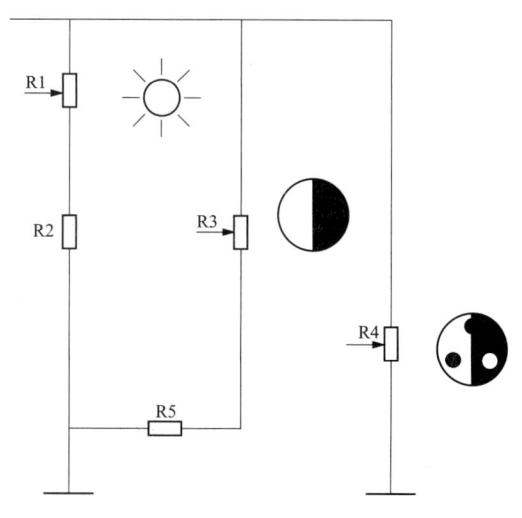

图 4.28　附有设备用图形符号的电气图示例

设备用图形符号与电气简图用图形符号的形式大部分是不同的。但有一些也是相同的，不过含义大不相同。例如，设备用熔断器图形符号虽然与电气简图用图形符号的形式是一样的，但电气简图用熔断器符号表示的是一类熔断器，而设备用图形符号如果标在设备外壳上，则表示熔断器盒及其位置；如果标在某些电气图上，也仅仅表示这是熔断器的安装位置。

思考：日常生活中常见的设备用图形符号有哪些？分别出现在什么设备上？

2. 常用设备用图形符号

电气设备用图形符号分为6个部分：通用符号，广播、电视及音响设备符号，通信、测量、定位符号，医用设备符号，电话教育设备符号，家用电器及其他符号，见表4.2。

表 4.2　　　　　　　　　　常用设备用图形符号

序号	名称	符号	应用范围
1	直流电	— — — —	适用于直流电设备的铭牌上，以及用来表示直流电的端子
2	交流电	∼	适用于交流电设备的铭牌上，以及用来表示交流电的端子
3	正极	+	表示使用或产生直流电设备的正端
4	负极	−	表示使用或产生直流电设备的负端
5	电池检测		表示电池测试按钮和表明电池情况的灯或仪表
6	电池定位		表示电池盒本身及电池的极性和位置
7	整流器		表示整流设备及其有关接线端和控制装置

续表

序号	名称	符号	应用范围
8	变压器		表示电气设备可通过变压器与电力线连接的开关、控制器、连接器或端子，也可用于变压器包封或外壳上
9	熔断器		表示熔断器盒及其位置
10	测试电压		表示该设备能承受500V的测试电压
11	危险电压		表示危险电压引起的危险
12	接地		表示接地端子
13	保护接地		表示在发生故障时防止电击的与外保护导体相连接的端子，或与保护接地相连接的端子
14	接机壳、接机架		表示连接机壳、机架的端子
15	输入		表示输入端
16	输出		表示输出端
17	过载保护装置		表示一个设备装有过载保护装置
18	通		表示已接通电源，必须标在开关的位置
19	断		表示已与电源断开，必须标在开关的位置

项目四　AutoCAD 2014 电气图的绘制

续表

序号	名称	符号	应用范围
20	可变性（可调性）		表示量的被控方式，被控量随图形的宽度而增加
21	调到最小		表示量值调到最小值的控制
22	调到最大		表示量值调到最大值的控制
23	灯、照明设备		表示控制照明光源的开关
24	亮度、辉度		表示亮度调节器、电视接收机等设备的亮度、辉度控制
25	对比度		表示电视接收机等的对比度控制
26	色饱和度		表示彩色电视机等设备上的色彩饱和度控制

（三）标志用图形符号和标注用图形符号

在某些电气图上，标志用图形符号和标注用图形符号也是构成电气图的重要组成部分。

1. 标志用图形符号

标志用图形符号的种类及用途如下：

（1）公共信息用标志符号。向公众提供不需要专业或职业训练就可以理解的信息。

（2）公共标志用符号。传递特定的安全信息。

（3）交通标志用符号。传递特定交通管理信息。

（4）包装储运标志用符号。用于货物外包装，以提示与运输有关的信息。

与某些电气图关系较密切的公共信息标志图形符号如图 4.29 所示。

2. 标注用图形符号

标注用图形符号是表示产品的设计、制造、测量和质量保证整个过程中所涉及的几何特性（如尺寸、距离、角度、形状、位置、定向、微观表面）和制造工艺等。

电气图上常用的标注用图形符号主要有以下几种：

（1）安装标高和等高线符号

标高有绝对标高和相对标高两种表示方法。绝对标高又称为海拔高度，是以青岛市外黄海海平面作为零点而确定的高度尺寸。相对标高是选定某一参考面或参考点为零点而确定的高度尺寸。

图 4.29　公共信息标志用图形符号

电气位置图均采用相对标高。它一般采用室外某一平面、某层楼平面作为零点而计算高度。这一标高称为安装标高或敷设标高。安装标高的符号及尺寸标注如图所示。图 4.30（a）用于室内平面、剖面图上，表示高出某一基准面 3.00mm；图 4.30（b）用于总平面图上的室外地面，表示高出室外某一基准面 5.00mm。

等高线是在平面图上显示地貌特征的专用线。由于相邻两线之间的距离是相等的，例如相邻两线之间的距离为 10m，则图 4.30（c）表示的 A、B 两点的高度差为 $2×10m=20m$。

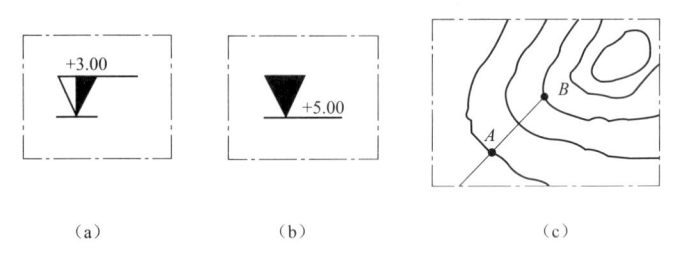

图 4.30　安装标高和等高线图形符号示例
(a) 室内标高；(b) 室外标高；(c) 等高线

(2) 方位和风向频率标记符号

电力、照明和电信布置图等类图样一般按上北下南、左西右东表示电气设备或构筑物的位置和朝向，但在许多情况下仍需用方位标记表示其朝向。方位标记如图 4.31 所示，其箭头方向表示正北方向（N）。

为了表示设备安装地区一年四季风向的情况，在电气布置图上往往还标有风向频率标记。它是根据某一地区多年平均统计的各个吹风次数的百分数，按一定比例绘制而成。风向频率标记形似一朵玫瑰花，故又称为风玫瑰图。图 4.31 是某地区的风向频率标记，其箭头表示正北风

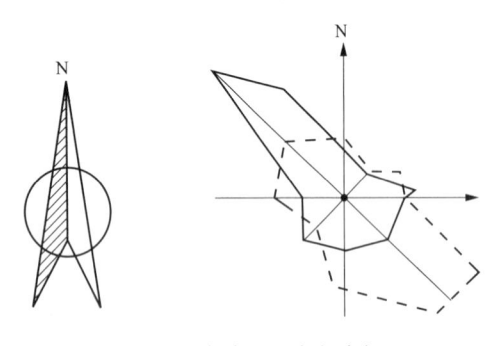

图 4.31　方位和风向频率标记

向,实线表示全年的风向频率,虚线表示夏季(6~8月)的风向频率。由此可知,该地区常年以西北风为主,而夏季以东南风为主。

(3) 建筑物定位轴线符号

电力、照明和电信布置图通常是在建筑物平面图上完成的。在这类图上一般标有建筑定位轴线。凡承重墙、柱、梁等主要承重构件的位置所画的轴线,称为定位轴线。

定位轴线编号的基本原则是:在水平方向,从左至右用顺序的阿拉伯数字;在垂直方向采用拉丁字母(易混淆的Ⅰ、O、Z不用),由下向上编写;数字和字母分别用点画线引出。轴线标注式样如图4.32所示,其定位轴线分别为A、B、C和1、2、3、4、5。

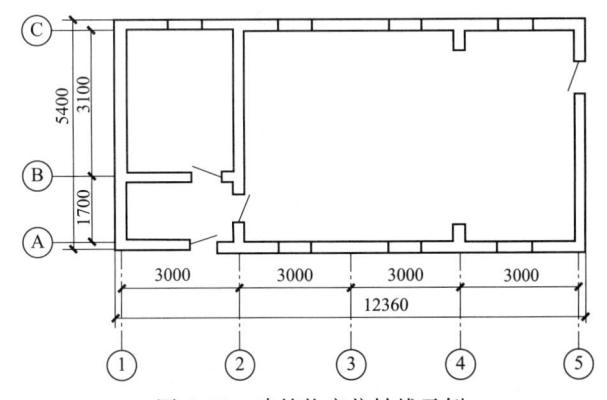

图4.32 建筑物定位轴线示例

一般而言,各相邻定位轴线间的距离是相等的,所以,位置图上的定位轴线相当于地图的经纬线,也类似于图幅分区,有助于制图和读图时确定设备的位置,计算电气管线的长度。

三、电气技术中的文字符号和项目代号

一个电气系统或一种电气设备通常都是由各种基本件、部件、组件等组成,为了在电气图上或其他技术文件中表示这些基本件、部件、组件,除了采用各种图形符号外,还须标注一些文字符号和项目符号,以区别这些设备及线路的不同功能、状态和特征等。

1. 文字符号

文字符号通常可由基本文字符号、辅助文字符号和数字组成。用于提供电气设备、装置和元器件的种类字母代码和功能字母代码。

(1) 基本文字符号

基本文字符号可分为单字母符号和双字母符号两种。

① 单字母符号。单字母符号是用英文字母将各种电气设备、装置和元器件划分为23大类,每一大类用一个专用单字母符号表示,如"R"表示电阻器类,"Q"表示电力电路的开关器件等,见表4.3。其中,"I"、"O"易同阿拉伯数字"1"、"0"混淆,不允许使用,字母"J"也未采用。

表4.3　　　　　　　　　　　电气设备常用的单字母符号

符号	项目种类	举例
A	组件、部件	分离元件放大器、磁放大器、激光器、微波激光器、印制电路板等组件、部件
B	变换器(从非电量到电量或相反)	热电传感器、热电偶

续表

符号	项目种类	举例
C	电容器	
D	二进制单元 延迟器件 存储器件	数字集成电路和器件、延迟线、双稳态元件、单稳态元件、磁芯储存器、寄存器、磁带记录机、盘式记录机
E	杂项	光器件、热器件、本表其他地方未提及的元件
F	保护器件	熔断器、过电压放电器件、避雷器
G	发电机 电源	旋转发电机、旋转变频机、电池、振荡器、石英晶体振荡器
H	信号器件	光指示器、声指示器
K	继电器、接触器	
L	电感器、电抗器	感应线圈、线路陷波器、电抗器
M	电动机	
N	模拟集成电路	运算放大器、模拟/数字混合器件
P	测量设备、实验设备	指示、记录、计算、测量设备、信号发生器、时钟
Q	电力电路开关	断路器、隔离开关
R	电阻器	可变电阻器、电位器、变阻器、分流器、热敏电阻
S	控制电路的开关选择器	控制开关、按钮、限制开关、选择开关、选择器、拨号接触器、连接器
T	变压器	电压互感器、电流互感器
U	调制器、变换器	鉴频器、解调器、变频器、编码器、逆变器、电报译码器
V	电真空器件 半导体器件	电子管、气体放电管、晶体管、晶闸管、二极管
W	传输导线 波导、天线	导线、电缆、母线、波导、波导定向耦合器、偶极天线、抛物面天线
X	端子、插头、插座	插头和插座、端子板、焊接端子、连接片、电缆封端和接头
Y	电气操作的机械装置	制动器、离合器、气阀
Z	终端设备、混合变压器、滤波器、均衡器、限幅器	电缆平衡网络、压缩拓展器、晶体滤波器、网络

② 双字母符号。双字母符号是由表中的一个表示种类的单字母符号与另一个字母组成，其组合形式为：单字母符号在前，另一个字母在后。双字母符号可以较详细和更具体地表达电气设备、装置和元器件的名称。双字母符号中的另一个字母通常选用该类设备、装置和元器件的英文名称的首位字母或常用缩写，或约定俗成的习惯用字母。例如，"G"为电源的单字母符号，"Synchronousgenerator"为同步发电机的英文名，则同步发电机的双字母符号为"GS"。电气图中常用的双字母符号见表4.4。

表 4.4　　　　　　　　　　　电气图中常用的双字母符号

序号	设备、装置和元器件种类	名称	单字母符号	双字母符号
1	组件和部件	天线放大器	A	AA
		控制屏		AC
		晶体管放大器		AD
		应急配电箱		AE
		电子管放大器		AV
		磁放大器		AM
		印制电路板		AP
		仪表柜		AS
		稳压器		AS

续表

序号	设备、装置和元器件种类	名称	单字母符号	双字母符号
2	电量到电量变换器或电量到非电量变换器	压力变换器	B	BP
		位置变换器		BQ
		速度变换器		BV
		旋转变换器（测速发电机）		BR
		温度变换器		BT
3	电容器	电容器	C	—
		电力电容器		CP
4	其他元器件	发热器件	E	EH
		发光器件		EL
		空气调节器		EV
5	保护器件	避雷器	F	FL
		放电器		FD
		具有瞬时动作的限流保护器件		FA
		具有延时动作的限流保护器件		FR
		具有瞬时和延时动作的限流保护器件		FS
		熔断器		FU
		限压保护器件		FV
6	信号发生器 发电机电源	发电机	G	—
		同步发电机		GS
		异步发电机		GA
		蓄电池		GB
		直流发电机		GD
		交流发电机		GA
		永磁发电机		GM
		水轮发电机		GH
		汽轮发电机		GT
		风力发电机		GW
		信号发生器		GS
7	信号器件	声响指示器	H	HA
		光指示器		HL
		指示灯		HL
		蜂鸣器		HZ
		电铃		HE
8	继电器和接触器	电压继电器	K	KV
		电流继电器		KA
		时间继电器		KT
		频率继电器		KF
		压力继电器		KP
		控制继电器		KC
		信号继电器		KS
		接地继电器		KE
		接触器		KM
9	电感器和电抗器	扼流线圈	L	LC
		励磁线圈		LE
		消弧线圈		LP
		陷波器		LT

续表

序号	设备、装置和元器件种类	名称	单字母符号	双字母符号
10	电动机	直流电动机	M	MD
		力矩电动机		MT
		交流电动机		MA
		同步电动机		MS
		绕线转子异步电动机		MM
		伺服电动机		MV
11	测量设备和试验设备	电流表	P	PA
		电压表		PV
		（脉冲）计数器		PC
		频率表		PF
		电能表		PJ
		温度计		PH
		电钟		PT
		功率表		PW
12	电力电路和开关器件	断路器	Q	QF
		隔离开关		QS
		负荷开关		QL
		自动开关		QA
		转换开关		QC
		刀开关		QK
		转换（组合）开关		QT
13	电阻器	电阻器、变阻器	R	—
		附加电阻器		RA
		制动电阻器		RB
		频敏变阻器		RF
		压敏电阻器		RV
		热敏电阻器		RT
		起动电阻器（分流器）		RS
		光敏电阻器		RL
		电位器		RP
14	控制电路和开关选择器	控制开关	S	SA
		选择开关		SA
		按钮开关		SB
		终点开关		SE
		限位开关		SL
		微动开关		—
		接近开关		SP
		行程开关		ST
		压力传感器		SP
		温度传感器		ST
		位置传感器		SQ
		电压表转换开关		SV

续表

序号	设备、装置和元器件种类	名称	单字母符号	双字母符号
15	变压器	自耦变压器	T	TA
		电流互感器		TA
		控制电路电源用变压器		TC
		电炉变压器		TF
		电压互感器		TV
		电力变压器		TM
		整流变压器		TR
16	调制变换器	整流器	U	—
		解调器		UD
		频率变换器		UF
		逆变器		UV
		调制器		UM
		混频器		UM
17	电子管、晶体管	控制电路用电源的整流器	V	VC
		二极管		VD
		电子管		VE
		发光二极管		VL
		光敏二极管		VP
		晶体管		VR
		晶体三极管		VT
		稳压二极管		VV
18	传输通道、波导和天线	电枢绕组	W	WA
		定子绕组		WC
		转子绕组		WE
		励磁绕组		WR
		控制绕组		WS
19	端子、插头、插座	输出口	X	XA
		连接片		XB
		分支器		XC
		插头		XP
		插座		XS
		端子板		XT
20	电器操作的机械器件	电磁制动器	Y	YB
		电磁离合器		YC
		防火阀		YF
		电磁吸盘		YH
		电动阀		YM
		电磁阀		YV
		牵引电磁铁		YT
21	终端设备、滤波器、均衡器、限幅器	衰减器	Z	ZA
		定向耦合器		ZD
		滤波器		ZF
		终端负载		ZL
		均衡器		ZQ
		分配器		ZS

（2）辅助文字符号

辅助文字符号是用以表示电气设备、装置和元器件以及线路的功能、状态和特征的。如"ACC"表示加速，"BRK"表示制动等。辅助文字符号也可以放在表示种类的单字母符号后边组成双字母符号，例如"SP"表示压力传感器。若辅助文字符号由两个以上字母组成，为简化文字符号，只允许采用第一位字母进行组合，如"MS"表示同步电动机。辅助文字符号还可以单独使用，如"OFF"表示断开，"DC"表示直流等。辅助文字符号一般不能超过三个字母。电气图中常用的辅助文字符号见表 4.5。

表 4.5　　　　　　　　　电气图中常用的辅助文字符号

序号	名称	符号	序号	名称	符号
1	电流	A	29	低，左，限制	L
2	交流	AC	30	闭锁	LA
3	自动	AUT	31	主，中，手动	M
4	加速	ACC	32	手动	MAN
5	附加	ADD	33	中性线	N
6	可调	ADJ	34	断开	OFF
7	辅助	AUX	35	闭合	ON
8	异步	ASY	36	输出	OUT
9	制动	BRK	37	保护	P
10	黑	BK	38	保护接地	PE
11	蓝	BL	39	保护接地与中性线共用	PEN
12	向后	BW	40	不保护接地	PU
13	控制	C	41	反，由，记录	R
14	顺时针	CW	42	红	RD
15	逆时针	CCW	43	复位	RST
16	降	D	44	备用	RES
17	直流	DC	45	运转	RUN
18	减	DEC	46	信号	S
19	接地	E	47	起动	ST
20	紧急	EM	48	置位，定位	SET
21	快速	F	49	饱和	SAT
22	反馈	FB	50	步进	STE
23	向前、正	FW	51	停止	STP
24	绿	GN	52	同步	SYN
25	高	H	53	温度，时间	T
26	输入	IN	54	真空，速度，电压	V
27	增	ING	55	白	WH
28	感应	IND	56	黄	YE

（3）文字符号的组合

文字符号的组合形式一般为：基本符号＋辅助符号＋数字序号。

例如，第一台电动机，其文字符号为 M1；第一个接触器，其文字符号为 KM1。

(4) 特殊用途文字符号

在电气图中,一些特殊用途的接线端子、导线等通常采用一些专用的文字符号。例如,三相交流系统电源分别用"L1、L2、L3"表示,三相交流系统的设备分别用"U、V、W"表示。

2. 项目代号

(1) 项目代号的组成

项目代号是用以识别图表中和设备上的项目种类,并提供项目层次关系、实际位置等信息的一种特定的代码。每个表示元件或其组成部分的符号都必须标注其项目代号。在不同的图表、说明书中的项目和设备中的该项目均可通过项目代号相互联系。

完整的项目代号包括4个相关信息的代号段。每个代号段都用特定的前缀符号加以区别。完整项目代号的组成见表4.6。

表4.6 完整项目代号的组成

代号段	名称	定义	前缀符号	示例
第1段	高层代号	系统或设备中任何较高层次(对给予代号的项目而言)项目的代号	=	=S2
第2段	位置代号	项目在组件、设备、系统或建筑物中的实际位置的代号	+	+C15
第3段	种类代号	主要用以识别项目种类的代号	-	-G6
第4段	端子代号	用以同外电路进行电气连接的电器导电件的代号	:	:11

(2) 高层代号的构成

一个完整的系统或成套设备中任何较高层次项目的代号,均被称为高层代号。例如,S1系统中的开关Q2,可表示为=S1-Q2,其中"S1"为高层代号;X系统中的第2个子系统中第3个电动机,可表示为=X=2-M3,简化为=X2-M3。

(3) 种类代号的组成

用以识别项目种类的代号,被称为种类代号。通常,绘制电路图或逻辑图等电气图时就要确定项目的种类代号。确定项目的种类代号的方法有3种。

第1种方法,也是最常用的方法,是由字母代码和图中每个项目规定的数字组成。按这种方法选用的种类代码还可补充一个后缀,即代表特征动作或作用的字母代码,称为功能代号。可在图上或其他文件中说明该字母代码及其表示的含义。例如-K2M表示具有功能为M的序号为2的继电器。一般情况下,不必增加功能代码。如需增加,为了避免混淆,位于复合项目种类代号中间的前缀符号不可省略。

第2种方法,仅用数字序号表示。给每个项目规定一个数字序号,将这些数字序号和它代表的项目排列成表放在图中或附在另外的说明中。例如,-2、-6等。

第3种方法,仅用数字组。按不同种类的项目分组编号。将这些编号和它代表的项目排列成表置于图中或附在图后。例如,在具有多种继电器的图中,时间继电器用11,12,13…表示;速度继电器用21,22,23…表示。

(4) 位置代号的构成

项目在组件、设备、系统或建筑物中的实际位置的代号,被称为位置代号。通常,位置代号由自行规定的拉丁字母或数字组成。在使用位置代号时,应给出表示该项目位置的示意图。如图4.33所示为一个包括4个开关柜和控制柜的位置代号示意图,其中每列均由几个机柜组成。在该位置代号中，各列用字母表示，各机柜用数字表示。例如，B 列柜的第 3 机柜的位置代号为+B+3。必要时，可在位置代号中增加更多的内容，例如以上设备是安装在 106 室的，则其位置代号可表示为+106+B+3。为不致引起混淆，代号中间的前缀符号可省略，即表示为+106B3。

开关设备或控制设备还可以用网格定位系统绘出其位置代号。如图 4.34 所示，每个垂直和水平安装板都在各自板上给出具有原点（参考点）及网格的模数定位系统，其中垂直模数 01-40，水平模数 01-60 和 1-30。项目的位置参照该项目上离安装板的网格系统原点最近的一点确定。图中标出了 B、C、D 等安装板的位置，其位置代号就可以相应地确定。

例如，+B2541 表示该项目在安装板 B 的垂直模数为 25、水平模数为 41 的这一点上，如果该项目安装在机柜+106+C+3 上，则其位置代号为+106+C+3+B2541，或简写为+106C3B2541。

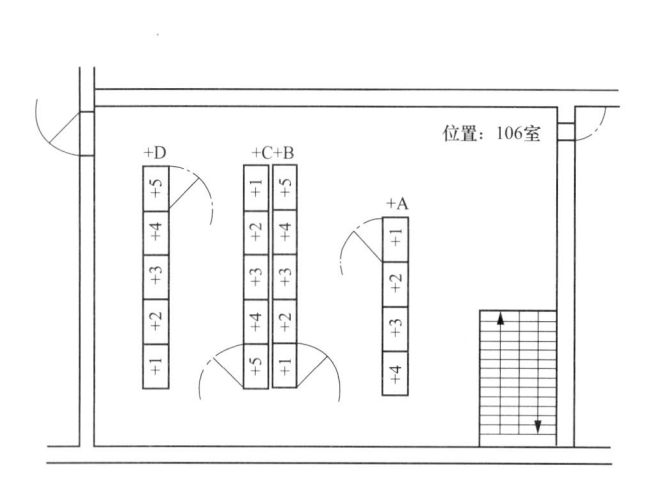

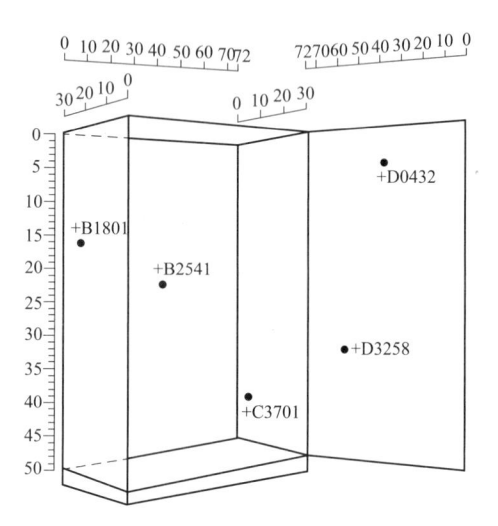

图 4.33　设备的位置代号　　　　图 4.34　网格定位系统示意图

（5）端子代号的构成

端子代号是完整项目代号的一部分。当项目具有接线端子标记时，端子代号必须与项目上端子的标记相一致。端子代号通常采用数字或大写字母，特殊情况写也可用小写字母表示。例如-Q3：B，表示隔离开关 Q3 的 B 号端子。

（6）项目代号的组合

项目代号由代号段组成。一个项目可以由一个代号段组成，也可以由几个代号段组成。通常项目代号可用高层代号和种类代号组合，设备中的任一项目均可用高层代号和种类代号组成一个项目代号，例如=2-G3；也可由位置代号和种类代号进行组合，例如+5-G2；还可先将高层代号和种类代号组合，用以识别项目，再加上位置代号，提供项目的实际安装位置，例如=P1-Q2+C5S6M10，表示 P1 系统中的开关 Q2，位置在 C5 室 S6 列控制柜 M10 中。

四、电气线路的表示方法

电气线路的表示方法通常有多线表示法、单线表示法和混合表示法 3 种。

1. 多线表示法

电气图中的每根连接线或导线各用一条图线表示的方法，被称为多线表示法。

多线表示法能比较清楚地看出电路的连接，一般用于表示各相或各线内容不对称的情况和要详细地表示各相或各线的具体连接方法的情况，但对于较复杂的设备，图线太多反而有碍读图。

如图 4.35 所示为三相笼型异步电动机实现正、反转的主电路图。图中 KM1、KM2 分别为正、反转接触器，它们的主触点接线的相序不同，KM1 按 U-V-W 相序接线，KM2 按 V-U-W 相序接线，即将 U、V 两相对调，所以两个接触器分别工作时，电动机的旋转方向不一样，实现电动机的可逆运转。

2. 单线表示法

电气图中的两根或两根以上的连接线或导线，只用一根线表示的方法，被称为单线表示法。

单线表示法主要适用于三相电路或各线基本对称的电路图中，对于不对称的部分应在图中有附加说明。主要有以下几种情况：

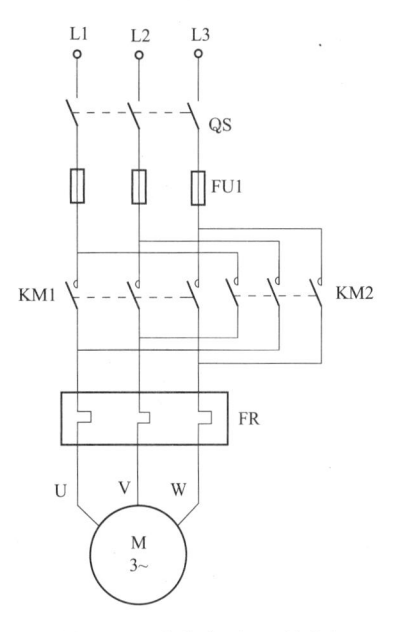

图 4.35 多线表示法示例图

① 当平行线太多时往往用单线表示法，如图 4.36（a）所示。
② 当有一组线其两端都有各自编号时，可采用单线表示法，如图 4.36（b）所示。
③ 当一组线中，交叉线太多时，可采用单线表示法，但两端不同位置的连接线应标以相同的编号，如图 4.36（c）所示。
④ 用单线表示多根导线或连接线，用单个符号表示多个元件，可分别表示出线数或元件数，如图 4.36（d）（e）所示。
⑤ 当单根导线汇入用单线表示的一组连接线时，可采用单线表示法，应在每根连接线的末端注上标记符号，汇接处用斜线表示，其方向表示连接线进入或离开汇总线的方向。如图 4.36（f）所示。
⑥ 图 4.36（g）为具有正、反转电动机的单线表示的主电路图。

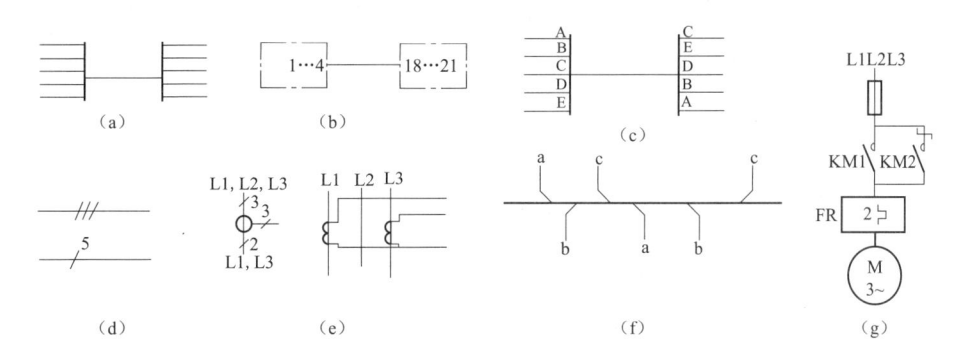

图 4.36 单线表示法示例

单线表示法还可引申用于图形符号，即用单个图形符号表示多个相同的元器件。见表 4.7。

表 4.7　　　　　　　　　　　　　单线表示法引申用于图形符号

序号	单线表示法	等效的多线表示法	说明
1			1 个手动三极开关
2			3 个手动单极开关
3			3 个电流互感器；4 个次级引线引出
4			2 个电流互感器，导线 L1 和导线 L3；3 个次级引线引出
5			2 个相同的三输入与非门（带有非输出）
6			带有公共控制框的 6 个相同的 D 寄存器

图 4.37 为 Y-△ 起动器主电路连接线的多线表示法和单线表示法比较。

3. 混合表示法

在一个电气图中，一部分采用单线表示法，一部分采用多线表示法，被称为混合表示法。混合表示法既有单线表示法简洁精练的优点，又有多线表示法对描述对象精确、充分的优点。如图 4.38 所示为 Y-△（星-三角）起动器主电路的混合表示法。为了表示三相绕组的连接情况和不对称分布的两相热继电器，用了多线表示法，其他的三相对称部分均采用单线表示法。

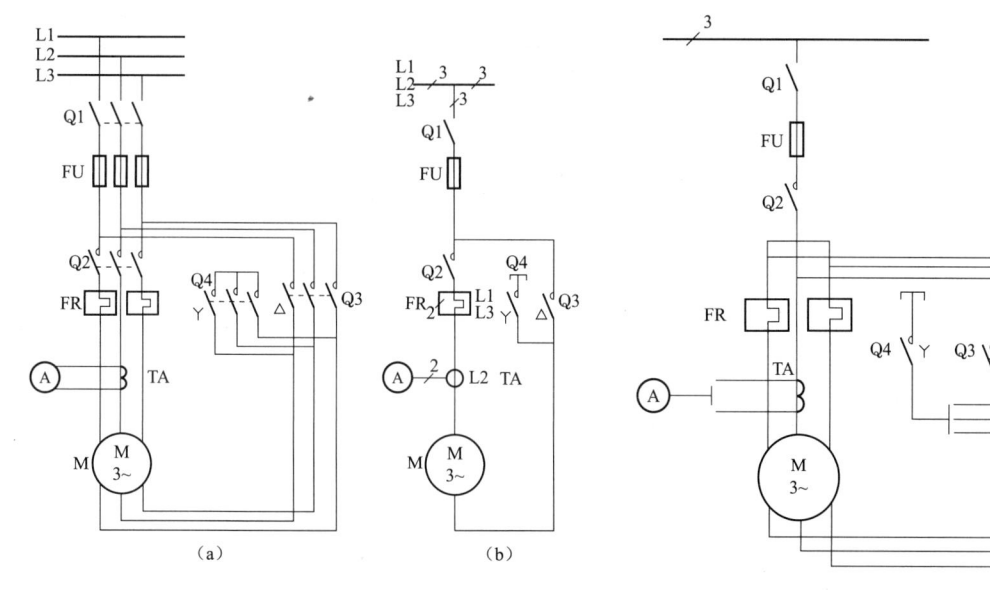

图 4.37 Y-△启动器主电路连接线示例
(a) 多线法；(b) 单线法

图 4.38 Y-△启动器主电路混合表示法

五、电气元件的表示方法

电气元件在电气图中通常用图形符号来表示，一个完整的电器元件中功能相关的各部分通常采用集中表示法、半集中表示法、分开表示法和重复表示法等表示方法，元件中功能无关的各部分（元件的各部分可能有公共的电压供电连接点）可采用组合表示法或分立表示法。

1. 集中表示法

把设备或成套装置中的一个项目各组成部分图形符号在简图上绘制在一起的方法称为集中表示法。在集中表示法中，各组成部分用机械连接线（虚线）互相连接起来，连接线必须是一条直线，这种表示法只适用于比较简单的电路图，如图 4.39 所示，继电器 KA 有 1 个线圈和 1 对动合触点，接触器 KM 有 1 个线圈和 3 对动合触点，他们分别用机械连接线连接起来，各自构成一个整体。

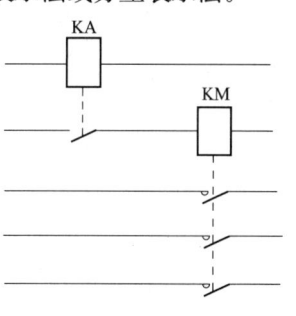

图 4.39 集中表示法示例

集中表示法符号示例见表 4.8，图 4.40 为用集中表示法表示的"双向旋转驱动系统电路图"的示例。

表 4.8　　　　　　　　　　集中表示法符号示例

序号	集中表示法	说明
1	A1　A2 13　14 23　24	继电器

序号	集中表示法	说明
2	(按钮开关符号，端子24-21、22、13-14)	按钮开关
3	(三绕组变压器符号，端子11、12、13、14、21、22)	三绕组变压器
4	(光耦合器符号，端子1、2、3、4)	光耦合器
5	(有公共控制框的四路选择器符号，端子10-M1、11-C2、3、2、4、1、9、5、7、6、15、14、13、12)	有公共控制框的四路选择器

2. 半集中表示法

把一个项目中某些部分的图形符号在简图中分开布置，并用机械连接符号把它们连接起来，称为半集中表示法。在半集中表示法中，机械连接线可以弯折、分支或交叉。例如，图4.41中KM具有1个线圈、3对主触点和1对辅助触点。由于线圈属于控制电路，3对主触点属于主电路，而1对辅助触点属于信号电路，用半集中表示法表示，表达效果比较清楚。

半集中表示法符号示例见表4.9，图4.42为用半集中表示法表示的"双向旋转系统电路图"的示例。

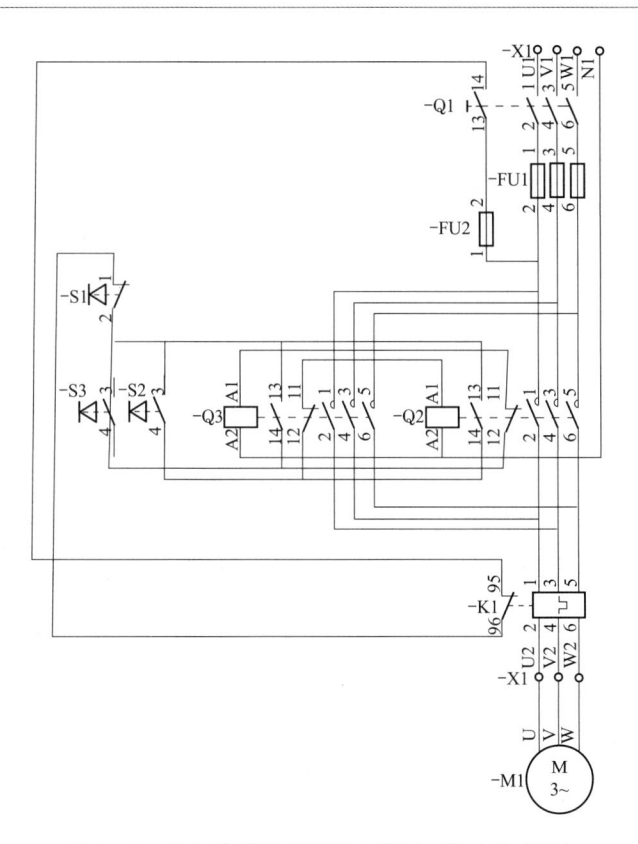

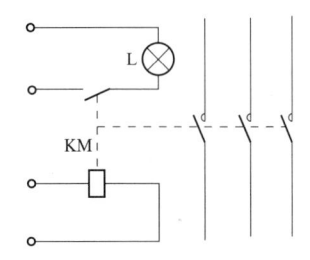

图 4.40　双向旋转驱动系统电路图（集中法表示）　　图 4.41　半集中表示法示例

表 4.9　　　　　　　　　　　　　　半集中表示法符号示例

序号	半集中表示法	说明
1		继电器
2		按钮开关
3		手动或电动的带自动脱扣机构，脱扣线圈，过电流和过负荷释放的断路器

3. 分开表示法

把一个项目中某些部分的图形符号在简图中分开布置，并使用项目代号（或文字符号）表示它们之间关系的方法，称为分开表示法，也称为展开法。分开表示法也就是把集中表示法或半集中表示法中的机械连接线去掉，在同一个项目图形符号上标注同样的项目代号。

若图 4.41 采用分开表示法，就成为图 4.43。这样图中的点划线就少，图面更简洁，但是在看图时，要寻找各组成部分比较困难，必须纵观全图，把同一项目的图形符号在图中全部找出，否则在看图时就可能会有遗漏。

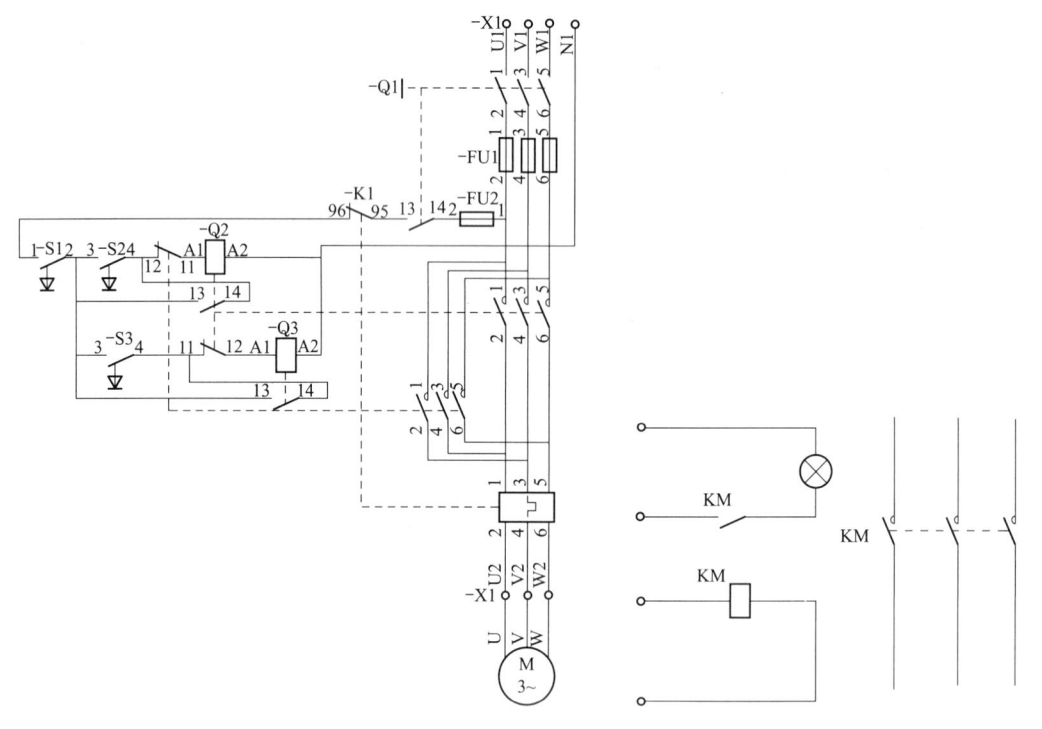

图 4.42　双向旋转驱动系统电路图（半集中法表示）　　图 4.43　分开表示法示例

为了看清元件、器件和设备各组成部分，便于寻找其在图中的位置，分开表示法可与集中表示法或半集中表示法结合起来使用（如图 4.44 所示），或者可采用插图、表格等表示各部分的位置（见表 4.10）。

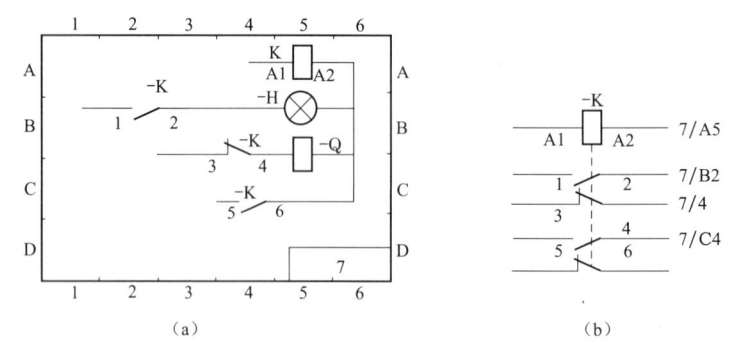

图 4.44　分开表示法中各组成部分的位置确认方法
(a) 示例图；(b) 插图

表 4.10　　　　　　　　　　　　　　继电器 K 各组成部分的位置

名称	代号	图中位置	备注
驱动线圈	A1-A2	7 号 5，7/A5	
动合触点	1-2	7/2，7/B2	-H 电路中
动断触点	3-4	7/4	-Q 电路中
动合触点	5-6	7/C4	
动断触点	7-8		备用

表 4.10 中，"图中位置"一栏所标的是图幅分区代号，"7/4"是 7 号图 4 行，"7/C4"是 7 号图 C4 区。

若用插图表示各组成部分的位置，其插图形式如图 4.44（b）所示，对应于线圈和触点的符号，就是该组成部分在图 4.44（a）中的位置代号。

分开表示法符号示例见表 4.11，图 4.45 为用分开表示的"双向旋转系统电路图"的示例。

表 4.11　　　　　　　　　　　　　　　分开表示法符号示例

序号	分开表示法	说明
1		继电器
2		按钮开关
3		手动或电动的带自动脱扣机构，脱扣线圈，过电流和过负荷释放的断路器
4		三绕组变压器
5		光耦合器

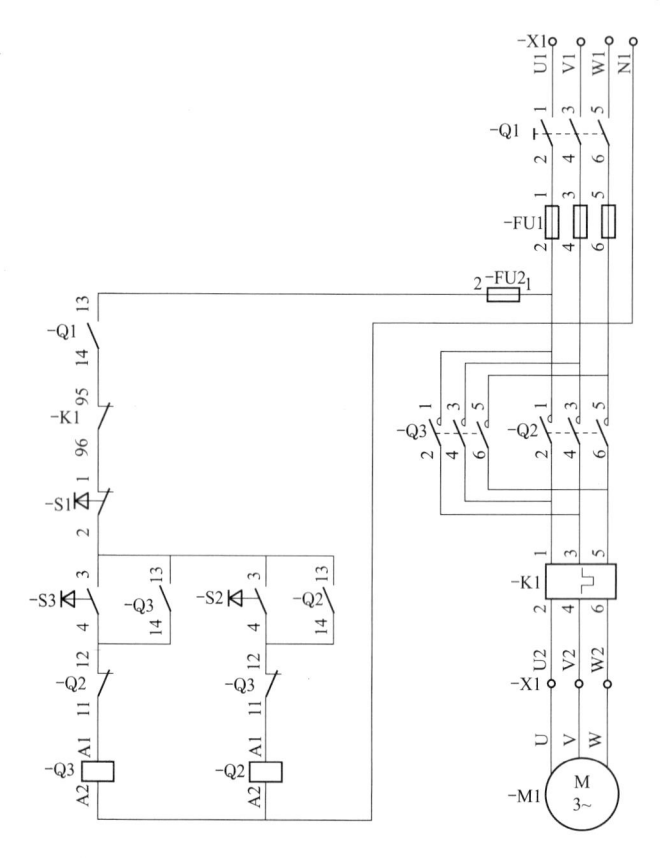

图 4.45 双向旋转驱动系统电路图（分开法表示）

4. 重复表示法

一个复杂符号（通常用于有电功能联系的元件，例如，用含有公共控制框或公共输出框的符号表示的二进制逻辑元件）示于图上的两处或多处的表示方法称为重复表示法。同一个项目代号只代表同一个元件，如图 4.46 所示。

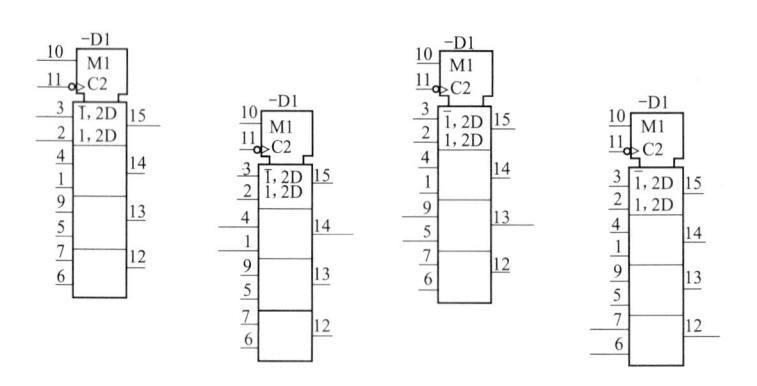

图 4.46 重复表示法

5. 组合表示法

将功能上独立的符号的各部分画在围框线内，或将符号的各部分（通常是二进制逻辑元件或模拟元件）连在一起的方法，称为组合表示法。如图 4.47 所示，图 4.47（a）为二机电继电器的封装元件，图 4.47（b）为四输出与非门封装单元。

6. 分立表示法

在功能上独立的符号的各部分分开示于图上的表示方法称为分立表示法，如图 4.48 所示。注意分开表示的符号用同一个项目表示。

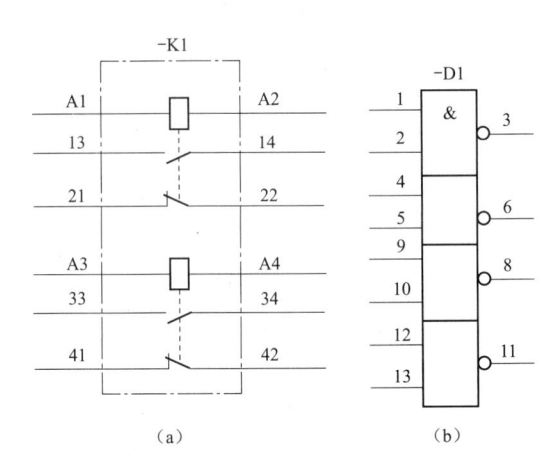

图 4.47 组合表示法示例
(a) 二机电继电器的封装元件；(b) 四输出与非门封装单元

图 4.48 分立表示法示例

六、电气元件触点位置、工作状态和技术数据的表示方法

1. 电气元件触点位置的表示方法

电气元件、器件和设备的触点按其操作方式分为两大类：一类是靠电磁力或人工操作的触点，如接触器、电气继电器、开关、按钮等触点，另一类是非电和非人工操作的触点，如非电继电器、行程开关等的触点。这两类触点在电气图上有不同的表示方法。

（1）接触器、电气继电器、开关、按钮等项目的触点符号，在同一电路中，在加电和受力后，各触点符号的动作方向应取向一致。触点符号的取向应该是：当元件受激时，水平连接的触点，动作向上；垂直连接的触点，动作向右。当元件的完整符号中含有机械锁定、阻塞装置、延迟装置等符号的情况下更应如此。但是，在分开表示法表示的电路中，当触点排列复杂而设有保持等功能的情况下，为避免电路连接线的交叉，使图面布局清晰，在加电和受力后，触点符号的动作方向可不强调一致，触头位置可以灵活运用，没有严格的规定。

用动合触点符号或动断触点符号表示的半导体开关应按其初始状态即辅助电源已合的时刻绘制，如图 4.49 所示。

（2）对非电和非人工操作的触点，必须在其触点符号附近表明运行方式，为此可采用下列方法：

① 用图形表示；
② 用操作器件的符号表示；
③ 用注释、标记和表格表示。

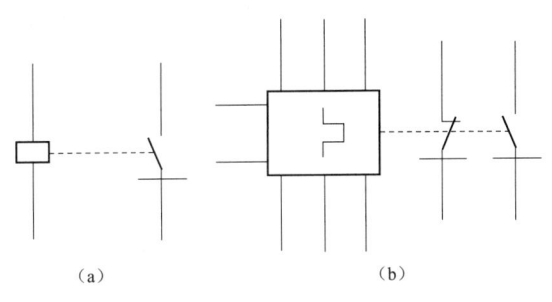

图 4.49 用触点符号表示半导体开关的方法
(a) 动合触点符号；(b) 动断触点符号

表 4.12 所示为用图形或操作器件的符号表示的非电或非人工操作的触点运行方式。用注释、标记表示的示例如图 4.50 所示，用表格表示的示例见表 4.13。

表 4.12 用图形或操作器件的符号表示触点的运行方式

序号	用图形表示	用符号表示	说明
1		—	垂直轴上的"0"表示触点断开，而"1"表示触点闭合（下同），水平轴表示温度，当温度等超过15℃时触点闭合
2		—	温度增加到35℃是触点闭合，然后温度降到25℃时触点断开
3		—	当速度上升时，触点在0m/s处闭合，在5.2m/s处断开，而当速度下降时，在5m/s处闭合
4			水平轴表示角度，触点在60°与180°之间闭合，也在240°与330°之间闭合，在其他位置断开
5			触点在位置X和Y之间断开

续表

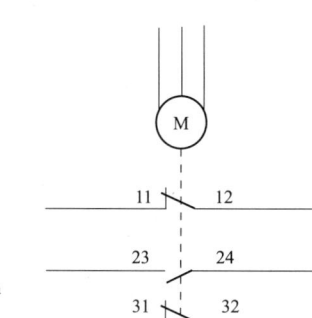

序号	用图形表示	用符号表示	说明
6			触点只在位置 X 处闭合
7			触点在位置 X 的末端及以外闭合

11-12合在n=0
23-24合在100＜n≤200r/min
31-32断在n≥1400r/min

图 4.50　描述速度监测用引导开关功能的说明示例

表 4.13　某行程开关触点运行方式

角度 (°)	0～60	60～80	180～240	240～330	330～360
触点状态	0	1	0	1	0

2. 元器件工作状态的表示方法

在电气图中，元器件和设备的可动部分通常应表示在非激励或不工作的状态或位置，例如：

① 继电器和接触器在非激励的状态，其触点状态是非受电下的状态。
② 断路器、负荷开关和隔离开关在断开位置。
③ 温度继电器、压力继电器都处于常温和常压（一个大气压）状态。
④ 带零位的手动控制开关在零位置，不带零位的手动控制开关在图中规定位置。
⑤ 机械操作开关（如行程开关）在非工作状态或位置（即搁置）时的情况及机械操作开关的工作位置的对应关系，一般表示在触点符号的附近或另附说明。
⑥ 多重开闭器件的各组成部分必须表示在相互一致的位置上，而不必管电路的工作状态。

⑦ 事故、备用、报警等开关或继电器的触点应表示在设备正常使用的位置，如有特定位置，应在图中另加说明。

3. 元器件技术数据、技术条件和说明的标志

电路图中元器件的技术数据（如型号、规格、整定值、额定值等）一般标在图形符号的近旁。当元件垂直布置时，技术数据标在元件的左边；当元件水平布置时，技术数据标在元件的上方；符号外边给出的技术数据应放在项目代号的下方。

对于像继电器、仪表、集成块等矩形符号或简化外形符号，则可标在方框内，如图 4.51 所示。另外，技术数据也可用表格的形式给出。"技术条件"或"说明"的内容应书写在图样的右侧，当注写内容多于一项时，应按阿拉伯数字顺序编号。

图 4.51 技术数据的标志

任务二 电气接线图的绘制

任务描述

按照相关尺寸要求绘制如图 4.52 所示的电气接线图，将完成的接线图以 cad4-2.dwg 为文件名存入练习目录中。

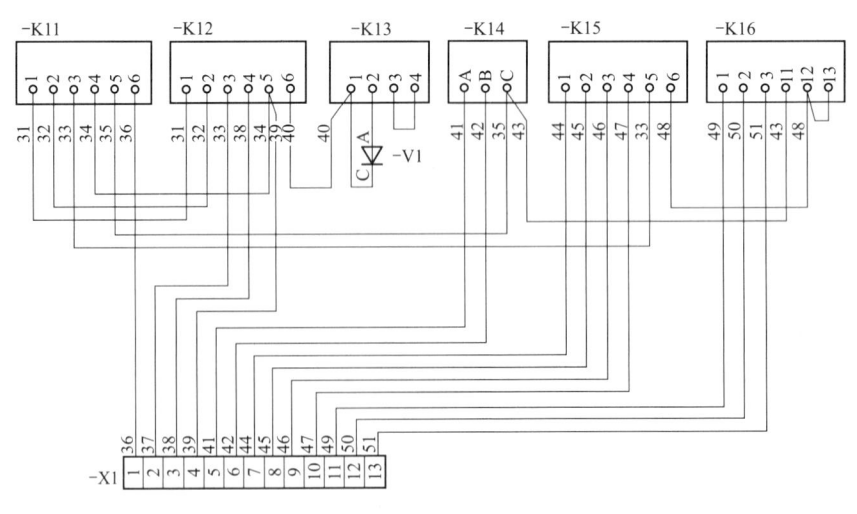

图 4.52 电气接线图

任务分析

接线图是反映电气装置或设备之间及其内部独立结构单元连接关系的接线文件。接线

文件应当包含的主要信息是能够识别用于接线的每个连接点和接在这些连接点上的所有导线。因此，接线图应能清晰地表示出各个元件的端子位置及连接。接线图不仅是电气产品和成套设备安装配线生产工艺中的必备文件，对设备和装置的调试、检修也是不可缺少的。

电气接线图往往包含众多导线和端子标记。导线的绘制应熟练使用"对象追踪 & 对象捕捉"功能，并应注意平行导线间距的一致性。端子标记则应注意方向、准确性和整齐性。

操作步骤

⊙ **步骤一：绘制设备接线端（要点：灵活设计辅助线并正确使用"定数等分"命令）**

（1）绘制 22×12 的矩形，并在底部绘制辅助线，如图 4.53 所示。

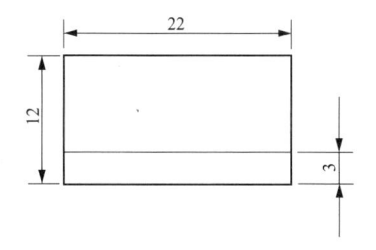

图 4.53 设备接线端主要尺寸及辅助线

（2）绘制半径为 1 的圆并创建为内部块（取名为"C"），通过"绘图"选项卡中的"定数等分"命令，如图 4.54 所示，在辅助线上均匀放置 6 个圆，如图 4.55 所示。

"定数等分"命令操作步骤为：

命令：_divide
选择要定数等分的对象：选择辅助直线
输入线段数目或 [块（B）]：b
输入要插入的块名：c
是否对齐块和对象？[是（Y）/否（N）] <Y>：
输入线段数目：7

> **注意**
> 最后一步中要求输入的是线段数目而非放置的圆的数量。两者关系为：
> 　　　　　　线段数目＝放置对象数量＋1

以图 4.54 为例，可以理解为放置的 6 个圆，其圆心将直线分成了 7 段。

（3）删掉辅助线，添加文字标注，注意将文字方向调整为 90 度，如图 4.56 所示。

⊙ **步骤二：绘制端子板（要点：定数等分和节点捕捉）**

（1）绘制 39×6 的矩形，如图 4.57 所示。

（2）"分解"端子板矩形，通过"绘图"选项卡中的"定数等分"命令，将端子板矩形上横边分为 13 段。等分完成后，使用"直线"命令时将会捕捉到等分点，等分点将以"节点"效果显示，如图 4.58 所示。

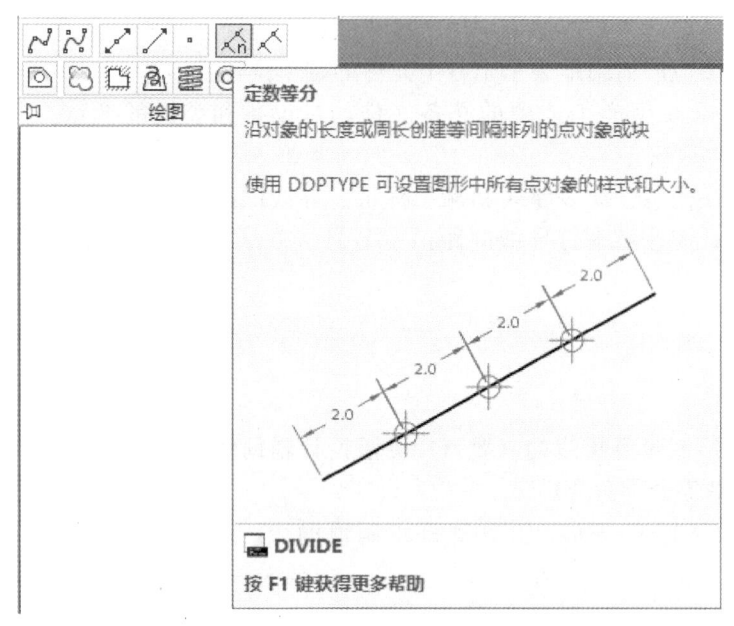

图 4.54 "定数等分"命令

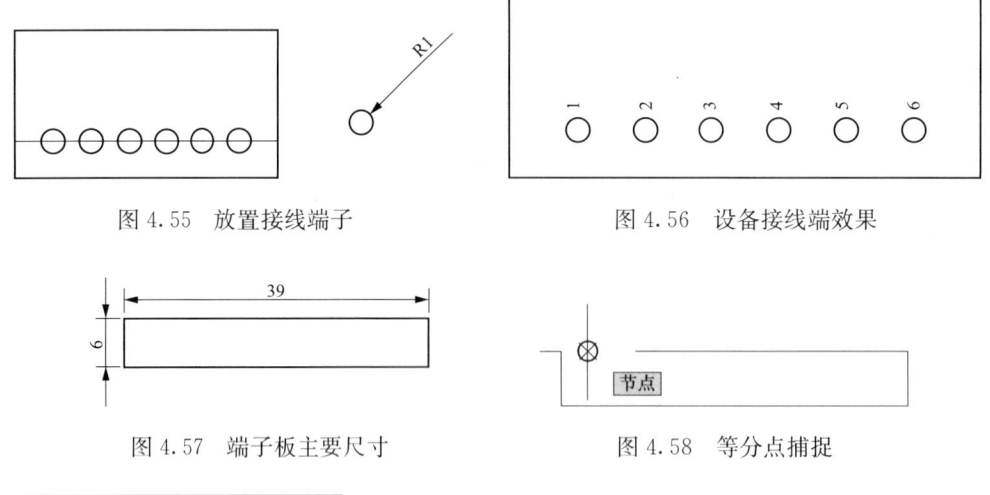

图 4.55 放置接线端子

图 4.56 设备接线端效果

图 4.57 端子板主要尺寸

图 4.58 等分点捕捉

图 4.59 端子板效果

（3）通过等分点，完成端子板的绘制，如图 4.59 所示。

⊙ 步骤三：绘制导线（要点：导线间距）

纵向导线间距已由设备接线端和端子板接点端子确定，横向导线间距控制是本图的一大难点。绘图之前，应准确计算横向导线数量和位置，合理控制接线图顶部的设备接线端及底部的端子板的距离，为横向导线留好走线空间。

相关知识

一、电气接线图的绘制

电气控制电路安装接线图是为了安装电气设备和电气元件进行配线或检修电气设备故障

服务的。当某些电气部件上的元件较多时,还要画出电气部件的接线图。对于简单的电气部件,只要在电气互连图中画出就可以了。电气部件接线图是根据部件电气原理及电气元件布置图绘制的,它表示成套装置的连接关系,是电气安装与查线的依据。

电气接线图可分为实物接线图、单线接线图、多线接线图、互连接线图、端子接线图等。电气接线图绘制的要求应符合 GB/T 69883—1997 的规定。

① 电气元件外形的绘制与布置图一致,偏差不能太大。
② 同一电气元件的各个部分必须画在一起。
③ 所有电气元件及其引线的标注应与原理图中的文字符号及接点编号一致。
④ 图中一律采用细线条,有板前走线及板后走线两种。
⑤ 对于简单部件,电气元件数量较少,接线关系不复杂,可直接画出元件间的连线。
⑥ 对于复杂部件,电气元件数量多,接线较复杂。一般是采用走线槽,只需在各电气元件上标出接线号,不必画出各电气元件间的连线。
⑦ 图中应标出各种导线的型号、规格、截面积及颜色。
⑧ 除粗导线外,各部件的进、出线都应经过接线板。

1. 实物接线图的绘制

实物接线图的绘制步骤如下。

(1) 准备电气实物。各种电气元件的图形较难或无法统一时可以在网上查找相似的图形,并保存好各种常用电气的符号备用。准备好的电气实物图见表 4.14。

表 4.14　　　　　　　　　　电　气　实　物　图

电气实物符号	名称	电气实物符号	名称
	刀开关		按钮
	组合开关		行程开关

续表

电气实物符号	名称	电气实物符号	名称
	断路器		熔断器
	电流互感器		自耦变压器
	电阻器		交流接触器
	热继电器		时间继电器
	三相异步电动机		单相电能表

(2) 布置电气实物图。按控制电路中电气的实际位置绘制实物接线图，同时将需要的电气图形复制在图纸上。

(3) 按原理图对实物接线图中电气元件的接线端子进行导线编号。进行编号时如果元器件较多，主电路和控制电路都要进行编号，若因导线编号多而影响画图则只对控制电路进行编号。接线时对有相同数字的端子用线连接在一起。标出导线编号时如果主电路导线的连接比较简单可以不标出。电路较复杂时控制电路上的编号非常重要。

(4) 按原理图接线。接线时按以下顺序接线：主电路—控制电路—与端子排相连的电气设备—电动机等。接线时只要注意图中的相同导线编号相连即可。

(5) 为了避免因主电路和控制电路的导线多而混淆，可以用不同颜色或粗细不同的线来区分。

图 4.60 为仿真软件生成的实物接线图。

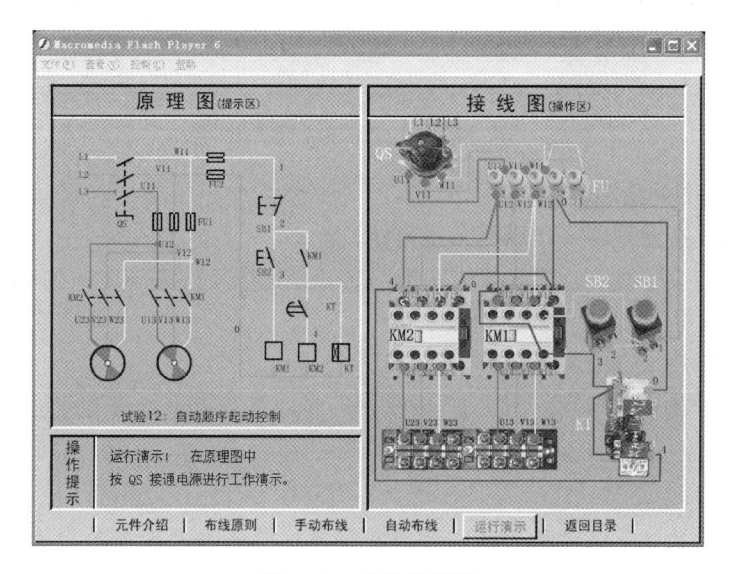

图 4.60 实物接线图

2. 单线接线图的绘制

(1) 准备接线图符号

接线图符号不同于原理图符号。绘制接线图时要将一个电气设备内的线圈、触头等绘制在一起。

(2) 单线接线图的绘制步骤

① 布置元件。按原理图或布局图布置元件。

② 连接导线。按原理图连接导线，连接导线时对走向一致的多根导线可以共用一条总线。

③ 按原理图标注元器件的文字编号。

④ 按原理图标注导线编号。图 4.61 为车床的单线接线图。

3. 多线接线图的绘制

(1) 准备接线图符号

多线接线图中用的接线图符号与单线接线图中用的接线图符号一致，绘制时可以参考单线接线图中的接线图符号。

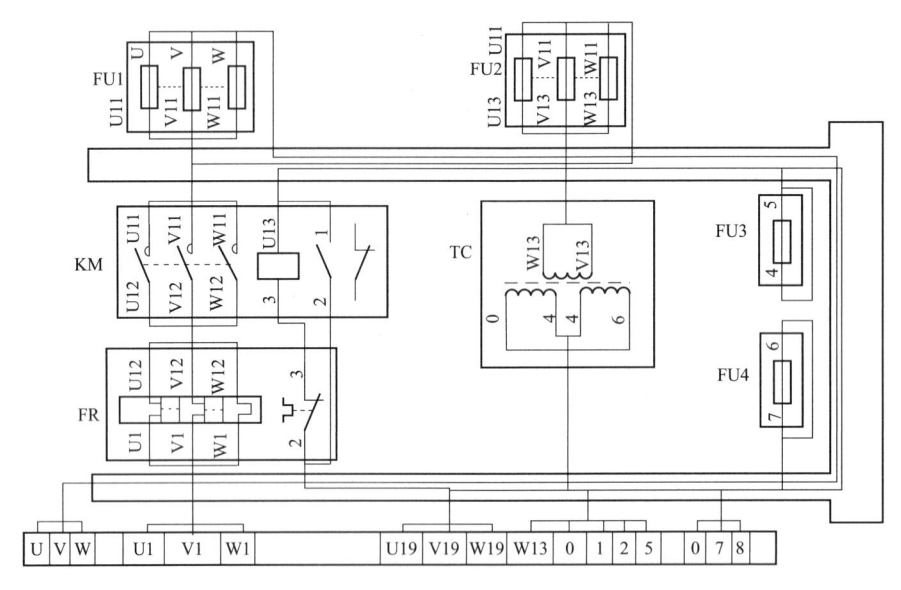

图 4.61 车床的单线接线图

(2) 多线接线图的绘制步骤

① 元件布置。按原理图或布局图布置元件。

② 按原理图连接导线。与单线接线图不同之处是每个元件端子之间的连接线要一个个地画出。

③ 按原理图标注元件的文字符号。

④ 按原理图标注导线编号。图 4.62 为车床的多线接线图。

> **注意**
>
> 单线接线图中的端子编号和导线编号非常重要，没有编号很难看出连接关系；而多线接线图中各元件端子之间的导线是逐一绘制的，没有编号也可以看出连接关系。

4. 互连接线图的绘制

互连接线图表示电气板、电源、负载、按钮等的连接信息，它们都是通过端子排连接在一起的，可以说是表达了电气板以外部分的连接关系。互连接线图的绘制步骤如下。

① 用方框表示控制板，内部元件可以不画。

② 绘制端子排并进行编号。端子排上的编号和原理图上的端子一致。

③ 按原理图绘制电源的连接线段并标注尺寸、数量等信息。

④ 绘制按钮并按原理图将其连接在端子排上。

图 4.63 为车床的电气互连接线图。

5. 端子接线图的绘制

绘制端子接线图时先绘制电气元件的接线图符号，接线图符号见表 3.2。在接线图符号上面画一个圆圈，电气元件的文字代号和序号写在圆圈内，用线段隔开，线段的上方写序号，线段的下方写元件代号。相互连接的两个端子上写出导线号、元件标号、元件端子号。

用计算机软件绘制端子接线图时要按以下步骤来完成。

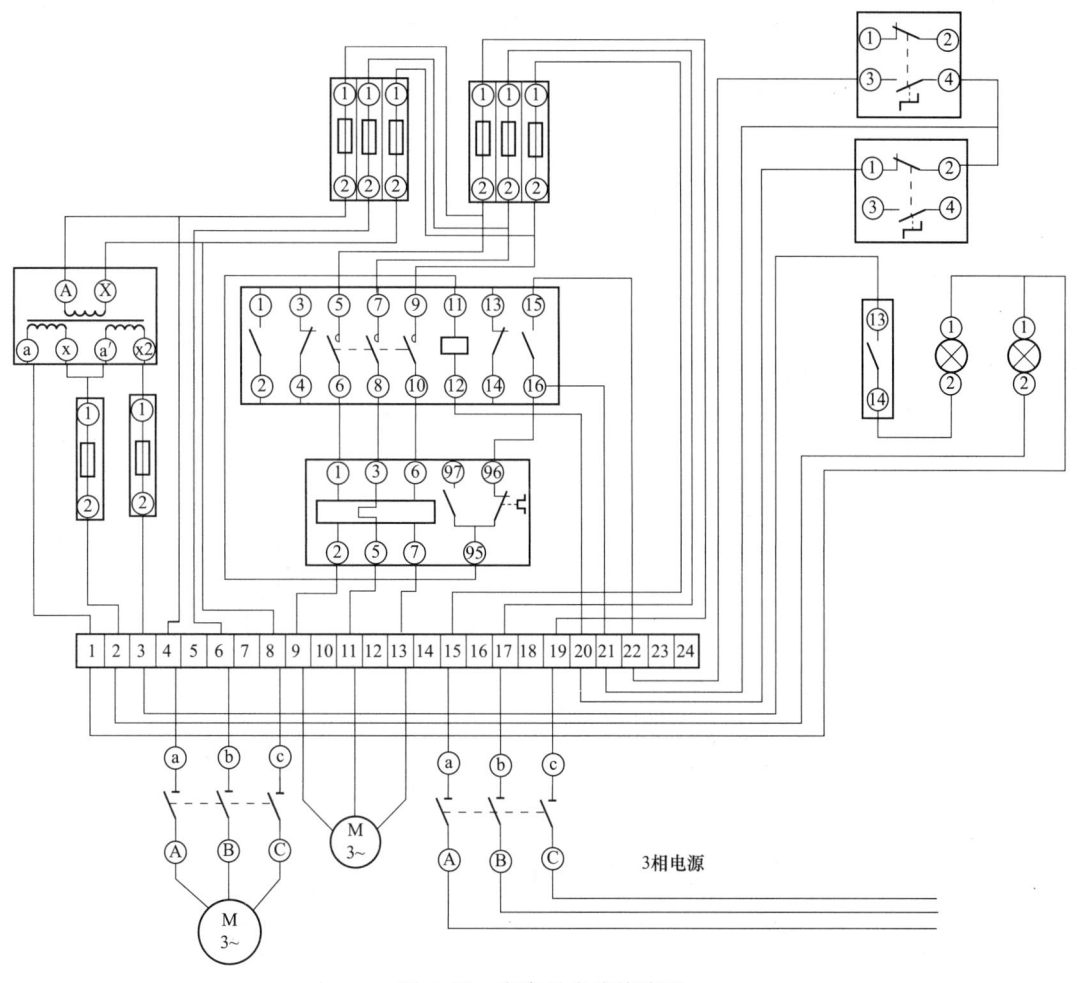

图 4.62　车床的多线接线图

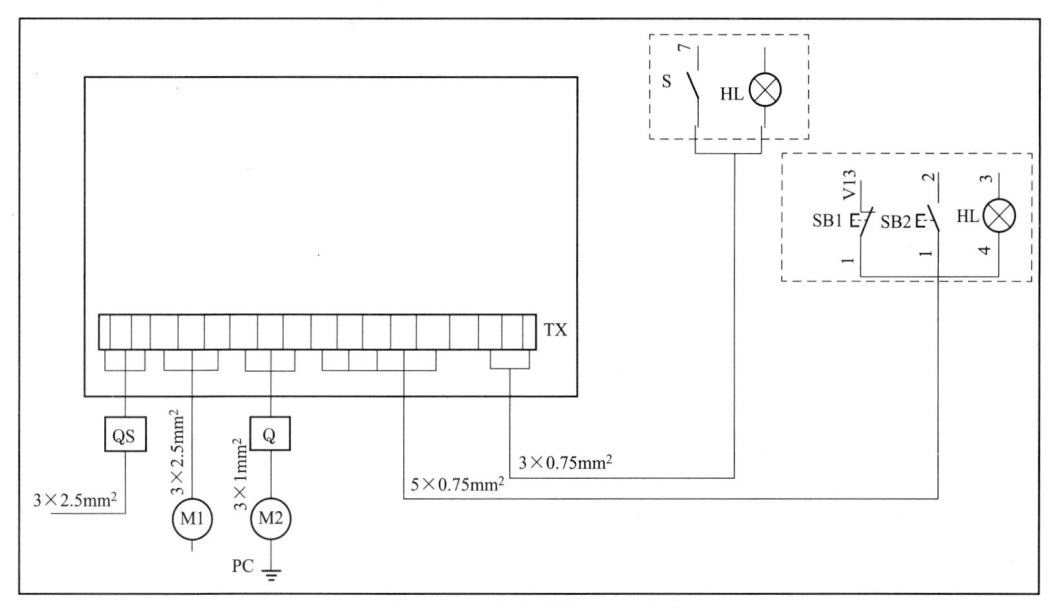

图 4.63　车床的电气互联图

① 绘制原理图，设计元件代号、导线代号，插入端子，这些可以参考原理图的绘制方法。
② 选择原件型号。
③ 显示端子号。
④ 柜体设计、端子排设计。
⑤ 元件布局。
⑥ 形成端子接线图。

这里的开关、按钮、信号灯布置在仪表门上，变压器、接触器、热继电器布置在控制板上，控制板、电动机、电源、仪表门通过端子排连接。图 4.64 和图 4.65 分别为仪表门、控制板的端子接线图。

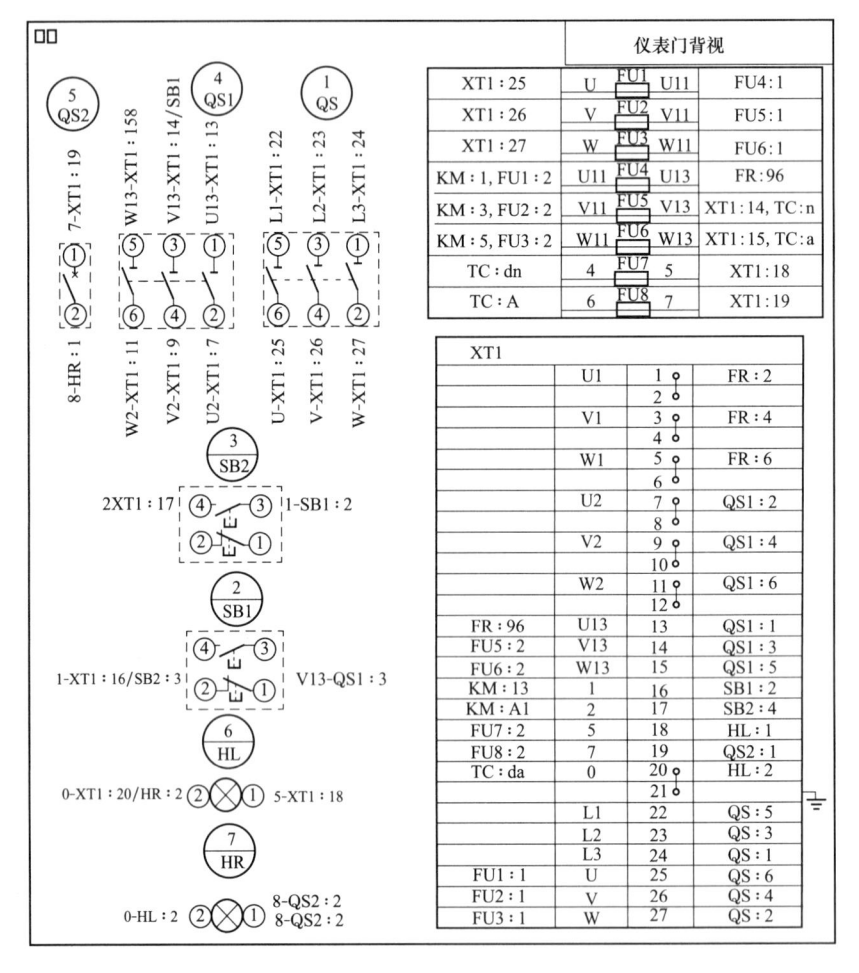

图 4.64 仪表门的端子接线图

二、元件接线端子的表示方法

1. 端子的图形符号

在电气元件中，用以连接外部导线的导电元件被称为端子。端子分为固定端子和可拆卸端子两种。图形符号分别为：固定端子"。"或"."，可拆卸端子"Φ"。装有多个互相绝缘并通常与地绝缘的端子块或条，被称为端子板。端子板的常用图形符号如图 4.66 所示。

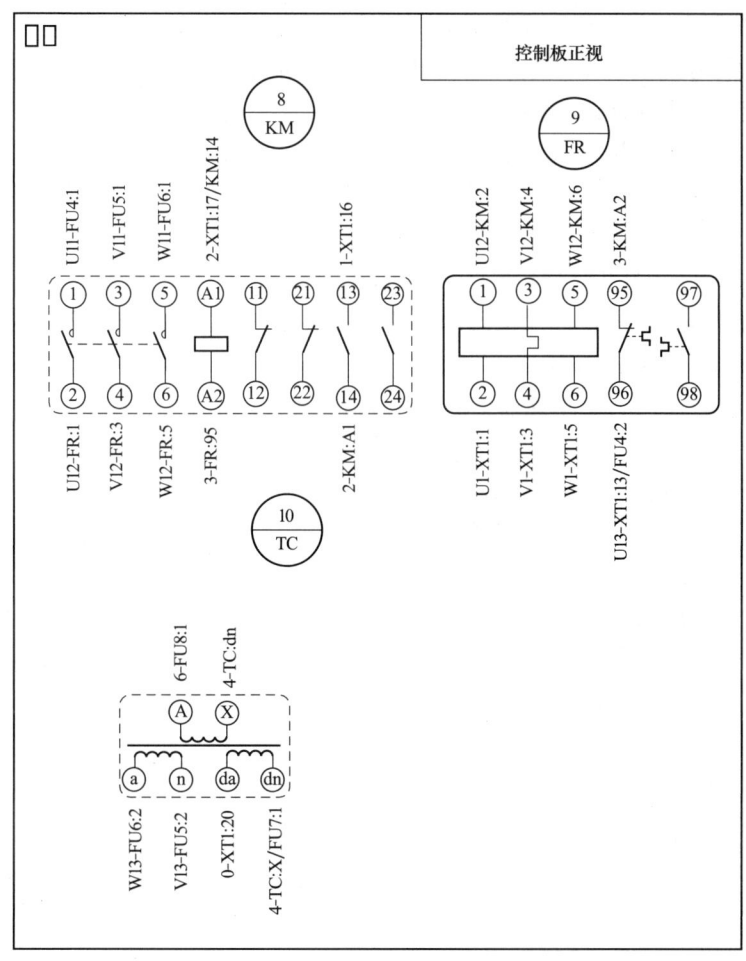

图 4.65　控制板的端子接线图

图 4.66　端子板常用图形符号

2. 电器接线端子的标注

基本电气元件（如电阻器、熔断器、继电器、变压器、旋转电机等）和这些器件组成的设备（如电动机的控制设备等）的接线端子以及执行一定功能的导线线端（如电源、接地、机壳接地等）的标注方法有 4 种，这 4 种方法具有同等效用。这 4 种方法是：

① 按照一种公认方式明确接线端子的具体位置。
② 按照一种公认方式使用颜色代号。
③ 按照一种公认方式使用图形符号。
④ 使用大写拉丁字母和阿拉伯数字的字母数字符号。

至于在实际中选用哪种方法，这主要取决于电气器件的类型、接线端子的实际排列以及该器件或装置的复杂性。一般来说，对于插头，指明其插脚的真实位置或相对位置和它的形状即可。应用于无固定接线端子的小器件时，在其绝缘布线上标明颜色代号即可。图形符号最适用于标注家用电器之类的设备。对于复杂的电器和装置，需要用字母和数字组成的符号来标注。颜色、图形符号或字母和数字组成的符号必须标注在电器接线端子处。

3. 以字母数字符号标注端子的原则和方法

一个完整的符号是由字母和数字为基础的字符组所组成，每一个字符组由一个或几个字母或者数字组成。在不可能产生混淆的地方，不必用完整的字母和数字组成的符号，允许省略一个或几个字符。在使用仅含有数字或者字母字符组的地方，若有必要区分相连字符时，必须在两者之间采用一个圆点"."。例如，1U1 是一个完整的符号，如果不需要字母 U，可简化成 1.1，如果没有必要区分相连的字符组，则用 11 表示。若一个完整的符号是 1U11，简化后的符号是 1.11，如果没有必要区分相连的字符组，则用 111 表示。标注直流元件的字母从字母表的前部分中选用，标注交流元件的字母从字母表的后部分中选用。不同元件、电器端子标注的表示方法见表 4.15。

表 4.15　　　　　　　　　不同元件、电器端子的表示方法

元件、电器形式	端子的表示方法	图例
单个元件	两个端点用连续的两个数字标注，奇数数字应小于偶数数字	
单个元件中有端点	中间各端点用自然递增序列的数字，应大于两边端点的数字，从靠近较小数字端点处开始标注	
相同元件组	在数字前冠以字母，此例为识别三相交流系统各相，带六个接线端子的三相电器	
几个相似元件组合成元件组	在数字前冠以数字，此例无需或不可能识别相位。数字之间加以实心圆点或组成连续数字，但该元件的奇数数字宜小于偶数数字	

元件、电器形式	端子的表示方法	图例
同类元件组	用相同字母标注,并在字母前冠以数字来区别	
电器与特定导线相连	用字母和数字组成的符号表示	

三、连接线的一般表示方法

在电气线路图中,各元件之间都采用导线连接,起到传输电能、传递信息的作用。

1. 导线的一般表示方法

(1) 导线的一般符号

导线的一般符号如图 4.67(a) 所示,可用于表示一根导线、导线组、电线、电缆、电路、传输电路、线路、母线、总线等，根据具体情况加粗、延长或缩小。

(2) 导线根数的表示方法

一般的图线就可以表示单根导线。对于多根导线，可以分别画出，也可以只画 1 根图线，但需加标志。若导线少于 4 根，可用短划线数量代替根数；若多于 4 根，可在短划线旁加数字表示，如图 4.67（b）和图 4.67（c）所示。

(3) 导线特征的标注方法

导线的特征通常采用符号标注。表示导线特征的方法是：

在横线上面标出的电流种类、配电系统、频率和电压等；在横线下面标出电路的导线数乘以每根导线的横截面积（mm^2），若导线横截面积不同时，可用"+"将其分开；导线材料可用化学元素符号表示。

图 4.67（d）的示例表示，该电路有 3 根相线，一根中性线（N），交流 50Hz，380V。导线横截面积为 $70mm^2$（3 根），$35mm^2$（1 根），导线材料为铝（Al）。

在某些图（例如安装平面图）上，若需表示导线的型号、横截面积、安装方法等，可采用如图 4.67（e）所示的标注方法。示例的含义是：导线型号为 KVV（铜芯塑料绝缘控制电缆）；截面积为 $8×1.0mm^2$；安装方法：穿入塑料管（P），塑料管管径 $\phi20mm$，沿墙暗敷（WC）。

(4) 导线换位及其他方法

在某些情况下需要表示电路相序的变更、极性的反向、导线的交换等，则可采用如图 4.67（j）所示的方式表示。示例的含义是 L1 相与 L3 相换位。其他含义见图中文字标注。

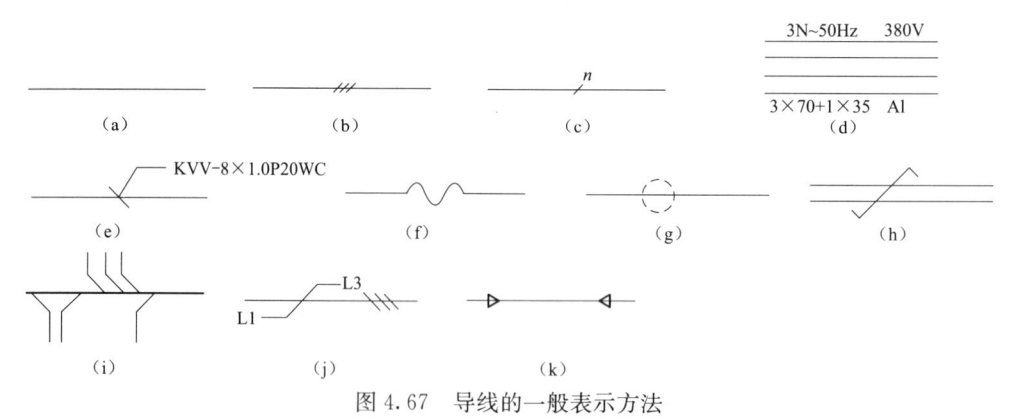

图 4.67 导线的一般表示方法

(a) 一般符号；(b) 3 根导线；(c) n 根导线；(d) 示例 1；(e) 示例 2；(f) 柔软导线；(g) 屏蔽导线；
(h) 绞合导线；(i) 分支与合并；(j) 相序变更；(k) 电缆

2. 图线宽度

为了突出或区分某些电路及电路的功能等，导线、连接线等可采用不同宽度的图线来表示。一般来说，电源主电路、一次电路、主信号通路等采用粗线，与之相关的其余部分用细线。例如图 4.68 中，由隔离开关 QS、断路器 QF、变压器 T 等组成的电源电路应用粗线表示，而由电流互感器 TA 和电压互感器 TV、电能表 Wh 组成的电流测量电路用细线表示。

3. 连接线的分组和标记

母线、总线、配电线束、多芯电线电缆等都可视为平行连接线。为了便于看图，对多条连接平行线，应按功能分组。不能按功能分组的，可以任意分组，每组不多于 3 条。组间距离应大于线间距离。如图 4.69（a）所示的 8 条平行连接线，具有两种功能，其中交流 380V 导线 6 条，分为 2 组，直流 110V 导线 2 条，分为 1 组。

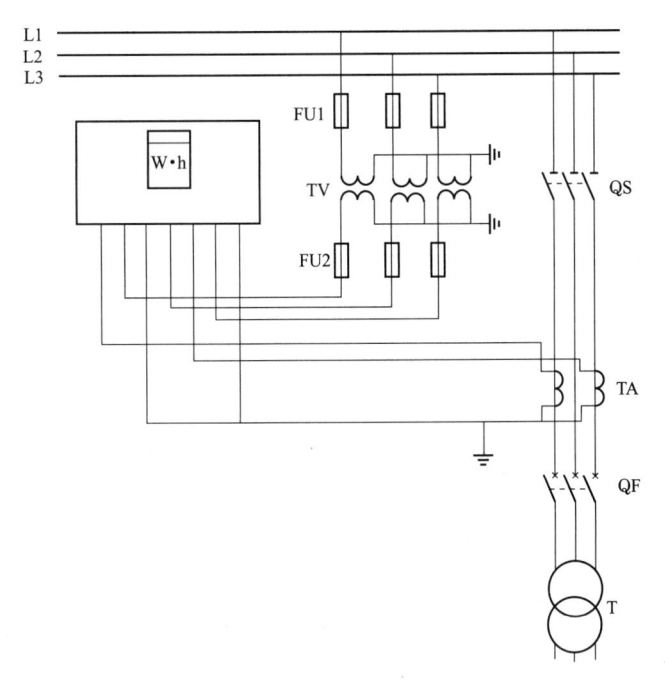

图 4.68　图线宽度示例

为了表示连接线的功能或去向，可以在连接线上加注信号名或其他标记，标记一般置于连接线的上方，也可以置于连接线的中断处，必要时可以在连接线上标出波形、传输速度等信号特性的信息，如图 4.69（b）所示。

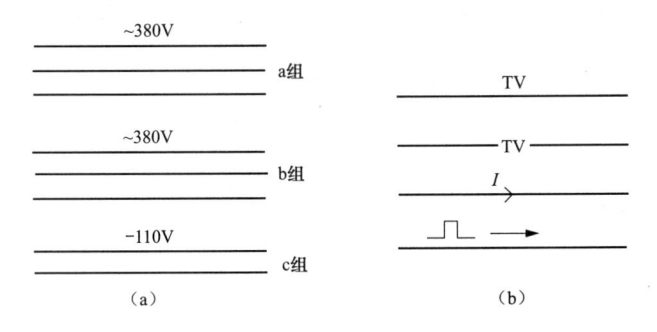

图 4.69　连接线分组和标记示例
（a）平行线功能分组；（b）连接线加注标记

4．导线连接点的表示

导线的连接点有 T 形连接点和多线的"＋"形连接点。

对 T 形连接点可加实心圆点"．"，也可不加实心圆点；对"＋"形连接点必须加实心圆点，如图 4.70（a）所示。

对交叉而不连接的 2 条连接线，在交叉处不能加实心圆点，并应避免在交叉处改变方向，也应避免穿过其他连接线的连接点。

图 4.70（b）是表示导线连接点的示例。图中连接点①属 T 形连接点，没有实心圆点；连接点②属"＋"字交叉连接点，必须加实心圆点；连接点③是导线与设备端子的固定连接

点；连接点④是导线与设备端子的活动连接点（可拆卸连接点）。图中 A 处，表示的是两导线交叉而不连接。

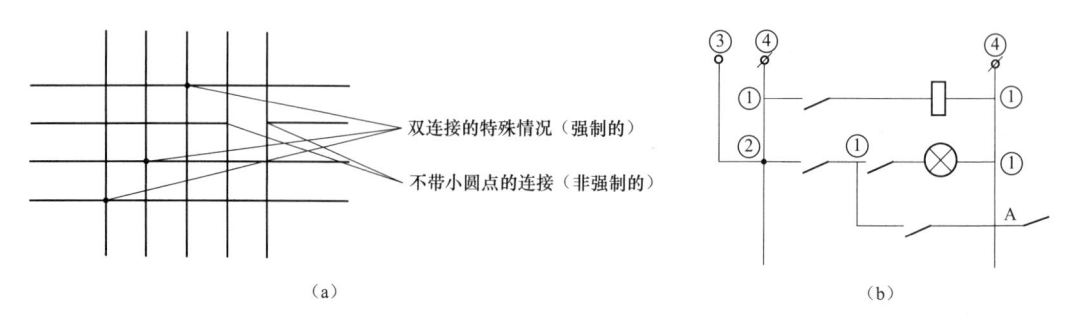

图 4.70　导线连接点的表示方法及示例
(a) T 形连接点；(b) "十" 形连接点

四、连接的连续表示法和中断表示法

1. 连续线表示法

连续表示法是将连接线的头尾用导线连通的办法。在表现形式上可用多线和单线表示，为保持图面清晰，避免线条太多，对于多条去向相同的连接线，常采用单线表示方法，如图 4.71 所示。

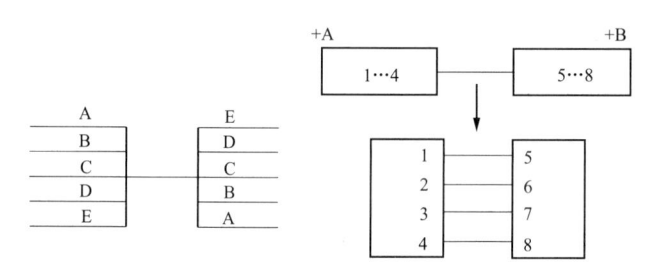

图 4.71　连续线表示法

如果有 6 根或 6 根以上的平行连接线，则应将它们分组排列。在概略图、功能图和电路中，应按照功能来分组。不能按功能分组的其余类型，则应按不多于 3 根线分为一组进行排列，如图 4.72 所示。

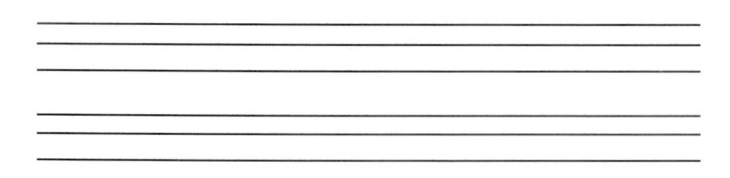

图 4.72　平行连接线分组示例

多根平行连接线可用一根图线，采用下列方法中的一种（一根图线表示一个连接组）来表示：①平行连接线被中断，留一点间隔，画上短垂线，其间隔之间的一根横线则表示线束，如图 4.73、图 4.74 和图 4.75（a）所示；②单根连接线汇入线束时，应倾斜相接，如图 4.75（b）、图 4.76 和图 4.77 所示。线束和线束相交不必倾斜，如图 4.77 所示。

图 4.73　采用短垂线方法的线组示例

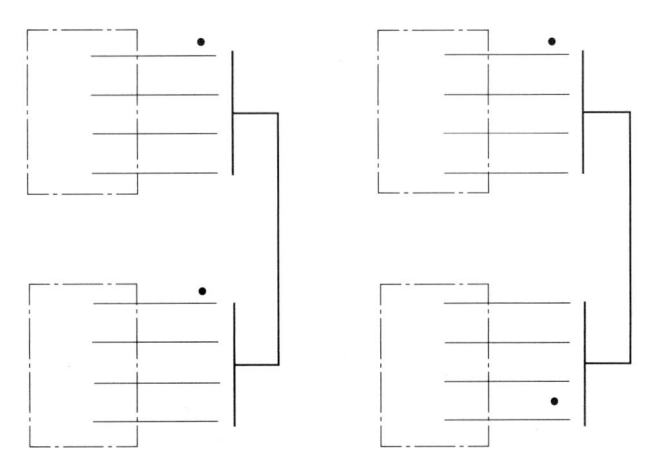

图 4.74　采用短垂线并用圆点标识第一根连接线的线组示例

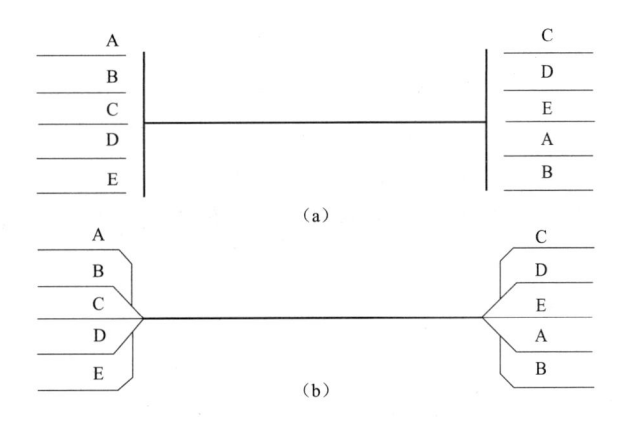

图 4.75　采用单根连接线表示线组的示例
（a）短垂线法；（b）倾斜相接法

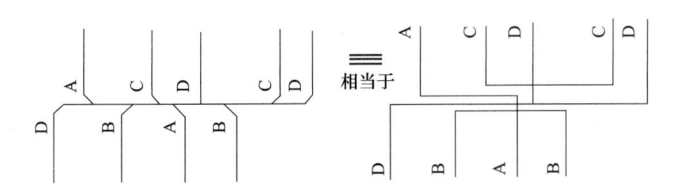

图 4.76　采用倾斜相接法并用信号代号标识连接线的线组示例

如果连接线的顺序相同，但次序不明显，如图 4.74 所示。当线束折弯时，必须在每端注明第 1 根连接线，例如用一个圆点标出来。

如端点顺序不同，应在每一端标出每根连接线，如图 4.75～图 4.77 所示。必要时，通过线束表示的连接线的数目应表示出来。

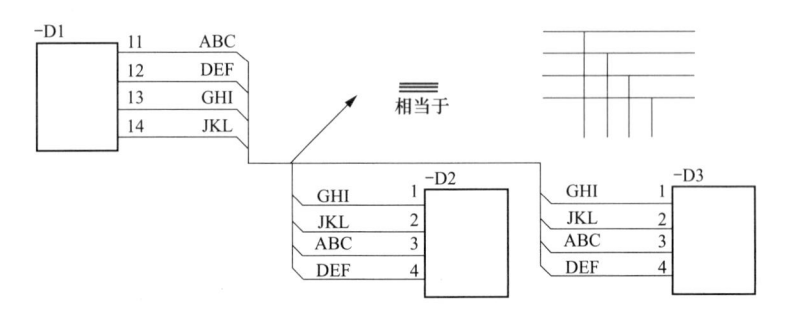

图 4.77 采用倾斜相接法并用信号代号标识连接线的线组示例

2. 中断线表示法

中断线表示法是将连接线在中间中断，再用符号表示导线的去向。如果连接线将要穿过图的大部分幅面稠密区域时，连接线可以中断。中断线的两端应有标记。如果连接线在一张图上被中断，而在另一张图上连续时，必须相互标出中断线末端的识别标记。中断线的识别标记可由下列一种或多种方式组成：

① 连接线的信号代号或另一种标记。
② 与地、机壳或其他任何公共点相接的符号。
③ 插表。
④ 其他的方法。

在同张图中断处的两端给出相同的标记号，并给出导线连接线去向的记号，如图 4.78 中的 G 标记号。对于不同张的图，应在中断处采用相对标记法，即中断处标记名相同，并标注"图序号/图区位置"，如图 4.78 所示。图中有中断点为 L 的标记名，在第 20 号图纸上标有"L3/C4"，它表示 L 中断处与第 3 号图纸的 C 行 4 列处的 L 断点相连；而在第 3 号图纸上标有"L20/A4"，它表示 L 中断处与第 20 号图纸的 A 行 4 列处的 L 断点相连。

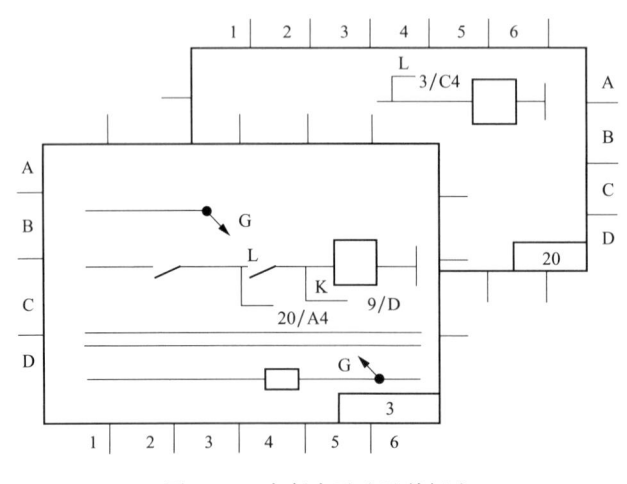

图 4.78 中断表示法及其标志

对于接线图，中断表示法的标记采用相对标记法，即在本元件的出线端标记上连接的对方元件的端子号。如图 4.79 所示，无功电能表 PJ 元件的 1 号端子与电流互感器 TA 元件的 2 号端子相连接，而 PJ 元件的 2 号端子与 TA 元件的 1 号端子相连接。

五、导线的识别标记及其标注方法

1. 导线标记的分类

电气接线图中连接各设备端子的绝缘导线或线束应有标记。标记可分为主标记和补充标记。

2. 主标记

主标记可仅标记导线或线束的特征，而不考虑电气功能。主标记有从属标记、独立标记和组合标记3种方式。

（1）从属标记

从属标记可采用由数字或字母构成的标记，此标记由导线所连接的端子代号或线束所连接的设备代号确定。从属标记的分类和示例见表4.16所示。

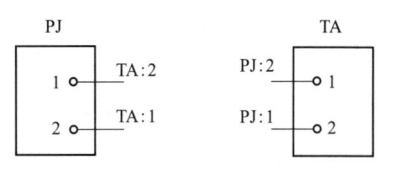

图4.79 中断表示法的相对标注

表 4.16 从属标记的分类和示例

分类	要求	示例
从属远端标记	对于导线，其终端标记应与远端所连接项目的端子代号相同 对于线束，其终端标记应标出远端所连接设备部件的标记	
从属本端标记	对于导线，其终端标记应与所连接项目的端子代号相同 对于线束，其终端标记应标出所连接设备部件的标记	
从属两端标记	对于导线，其终端标记应同时标明本端和远端所连接项目的端子代号 对于线束，其终端标记应同时标明本端和远端所连接设备部件的标记	

这三种从属标记方式各有优缺点，从属本端标记对于本端接线，特别是导线拆卸以后再往端子上接线，比较方便；从属远端标记清楚地示出了导线连接的去向；从属两端标记综合前两者的优点，但文字较多，当图线较多时，容易混淆。

(2) 独立标记

独立标记可采用数字或字母和数字构成的标记。此标记与导线所连接的端子或线束所连接的设备代号无关，这种方式只用于连续线表示的电气连接图中。图 4.80（a）为两根导线和线束（电缆）独立标记的示例，图 4.80（b）中，两根导线分别标记"5"和"6"，与两端的端子标记无关。

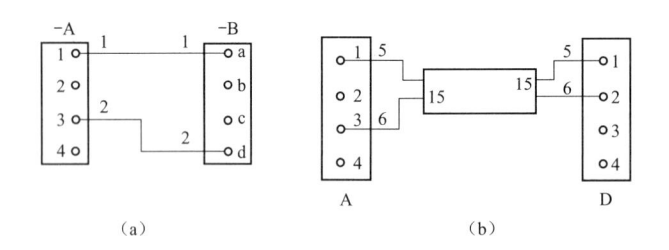

图 4.80 独立标记的示例
(a) 用数字 1、2 作独立标记；(b) 用数字 5、6 作独立标记

(3) 组合标记

从属标记和独立标记一起使用的标记系统称为组合标记。图 4.81 是从属本端标记和独立标记一起使用的组合标记。

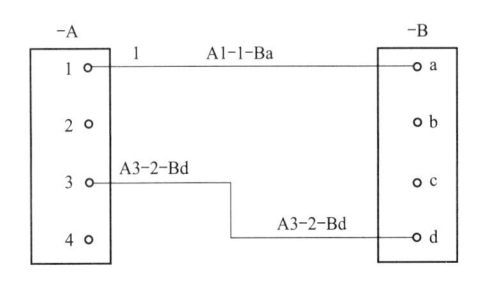

图 4.81 独立标记和从属本端标记的组合

3. 补充标记

补充标记可作为主标记的补充，用于表明每一根导线或线束的电气功能。补充标记可根据需要采用不同的标记方式：功能标记、相别标记和极性标记。

功能标记适用于分别表示每一根导线的功能，如开关的闭合和断开，电流、电压的测量等；也可表示几根导线的功能，如照明、信号、测量电路等。相别标记可用于表明导线连接到交流系统的某一相。极性标记可用于表明导线连接到直流电路的某一极。表示导线相位、极性、接地的补充标记符号见表 4.17。

表 4.17　　　　　　　　　导线相位、极性、接地的补充标记符号

序号	导线类别和名称	补充标记符号
1	交流系统电源线 1 相 2 相 3 相 中性线	L1 L2 L3 N
2	连接设备端子的电源线 1 相 2 相 3 相 中性线	U V W N

续表

序号	导线类别和名称	补充标记符号
3	直流系统电源线 正 负 中间线	L+ L− M
4	保护接地线	PE
5	不接地保护线	PU
6	保护和接地公用线	PEN
7	接地线	E
8	无噪声接地线	TE
9	接机壳或机架线	MM
10	等电位线	CC

为避免混淆，可用符号（斜杠"/"）将补充标记和主标记分开，如图 4.82 所示。

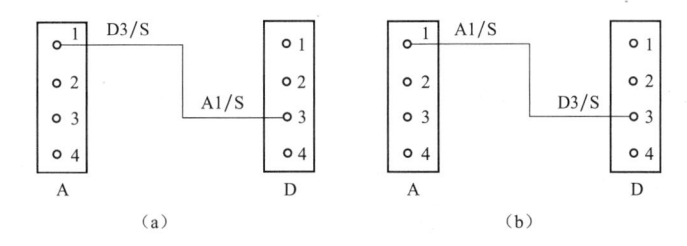

图 4.82 具有补充标记"S"的从属标记示例
(a) 远端标记；(b) 本端标记

拓展训练 建筑平面图的绘制

任务描述

按照相关尺寸要求绘制如图 4.83 所示的建筑平面图，将完成的接线图以 cad4-3.dwg 为文件名存入练习目录中。

任务分析

假想用一个水平剖切平面，沿门窗洞口将房屋剖切开，移去剖切平面及其以上部分，将余下的部分按正投影的原理，投射在水平投影面上所得到的图称为建筑平面图。建筑平面图反映了房屋的平面形状、大小和房间的布置；墙柱位置、厚度，门窗类型、位置、大小和开启方向。建筑平面图在施工过程中是施工放线、砌墙、安装门窗及编制概、预算的依据，也是进行建筑电气安装施工的必需文件。

建筑平面图的绘制与电气图的绘制有明显不同，对图层、线型、比例、多线等命令的设置和使用提出了较高的要求。

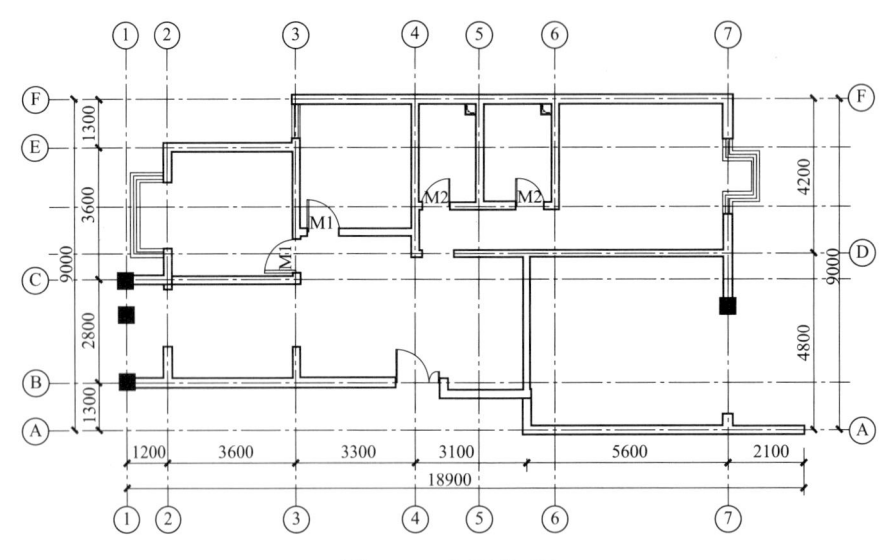

图 4.83 建筑平面图

操作步骤

→ **步骤一：设置图形界限**

因建筑平面图在绘制时要标注实际的房屋长度尺寸，故应将图形界限设定的更大，本图应通过"图形界限"命令将绘图界面设定为 42000mm×29700mm。绘图界限设置完成后还应通过"视图缩放"命令中的"全部"选项调整工作区视图效果。

→ **步骤二：设置图层、线型和颜色**

一般电气图的绘制只需要很少的甚至不需要图层。建筑平面图因涉及众多建筑物中的对象，为了通过线条颜色或宽度进行区分，必须建立对应的图层，如图 4.84 所示。

名称	开	在…	锁	颜色	线型	线宽	打印样式	打
0		○		■白色	Continuous	—— 默认	Color_7	
尺寸		○		■白色	Continuous	—— 默认	Color_7	
门窗		○		■蓝色	Continuous	—— 默认	Color_5	
墙		○		■红色	Continuous	—— 默认	Color_1	
文字标注		○		■86	Continuous	—— 默认	Color_86	
轴线		○		■红色	CENTER	—— 默认	Color_1	

图 4.84 图层设置

→ **步骤三：设置全局比例因子**

因建筑平面图的图形界限变大，对应的应调整全局比例因子。以"CENTER"线型为例，绘制一条长度为 18600mm 的直线，修改全局比例因子前后效果比较如图 4.85 所示。

全局比例因子为1时

全局比例因子为50时

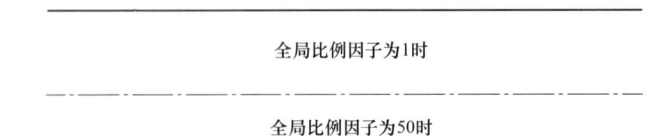

图 4.85 修改全局比例因子前后效果

项目四　AutoCAD 2014 电气图的绘制

⊖ **步骤四：绘制轴网**

轴线的绘制使用"偏移"命令即可完成。为了看图和查阅方便，定位轴线需要编写轴号。轴号的绘制步骤为：

① 绘制一个半径为 400mm 的圆，如图 4.86 所示。

② 选择"默认"标签项→"块"→"定义属性"命令，弹出"属性定义"对话框，如图 4.87 所示。

图 4.86　绘制圆形

图 4.87　属性定义对话框

③ 在"属性"选项栏中的"标记"文本框中输入"zh"，在"文字设置"选项栏中设置"对正"方式为"正中"，将文字高度设置为 300mm，如图 4.88 所示。

图 4.88　设置"属性定义"对话框参数

④ 单击"确定"按钮，捕捉圆心并单击，可以发现圆心位置写入了"zh"属性值，如图 4.89 所示。

⑤ 将带有"zh"属性值的圆创建为内部图块,创建过程的最后一步后会弹出"编辑属性"对话框,在块名中输入名称"A",如图 4.90 所示。

⑥ 单击"确定"按钮,则将写入属性值的圆创建成为一个内部图块,如图 4.91 所示。

图 4.89　圆心位置写入属性值

图 4.90　"编辑属性"对话框

图 4.91　写入属性值的效果

⑦ 重新调用该块,在选择放置点后命令行会提示输入"zh(轴号)"属性值,输入"B"即可。依次完成轴号标记后的效果如图 4.92 所示。

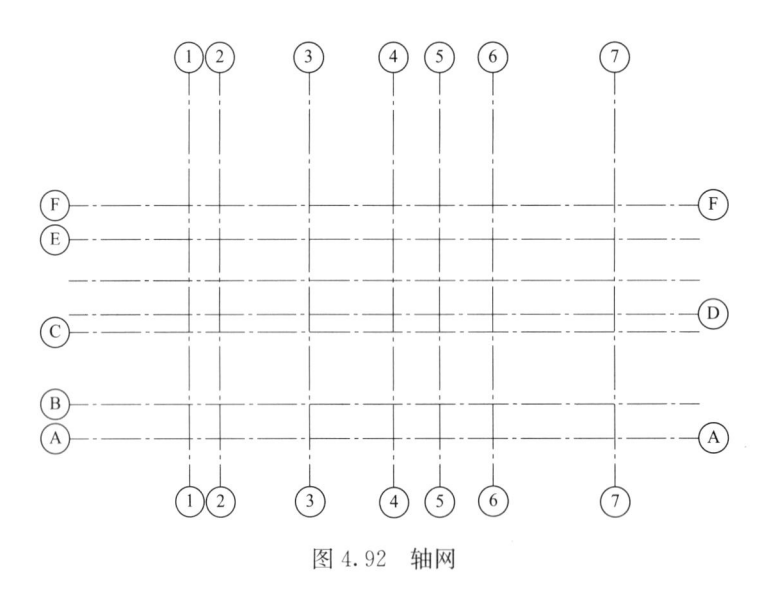

图 4.92　轴网

⊙ **步骤五:绘制墙体**

(1) 绘制外墙体

市内的墙体一般情况下由承重墙和非承重墙构成。承重墙属于外墙,一般厚度为 360mm。非承重墙属于砖混结构内墙,厚度为 240mm。另外还有 120mm 的隔墙等。新建"多线"样式,将封口方式设置为直线封口。绘制多线时,将多线比例设置为 250mm,对正方式设置为"无"。通过捕捉轴线和交点完成外墙绘制,如图 4.93 所示。

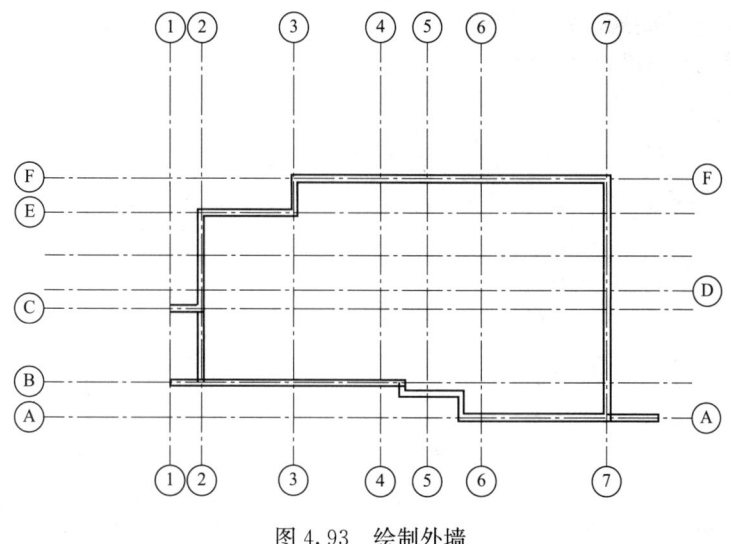

图 4.93 绘制外墙

(2) 绘制内墙体

重新选择"多线"命令,将多线比例设置为 200mm,绘制内墙体,效果如图 4.94 所示。

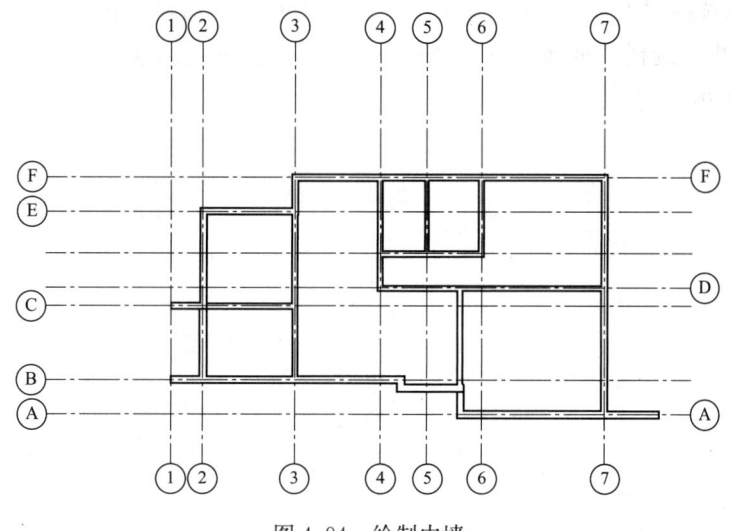

图 4.94 绘制内墙

(3) 编辑多线墙体

选择菜单"修改"→"对象"→"多线"命令,弹出"多线编辑工具"对话框,选择"十字打开"、"T形打开"等命令,编辑多线墙体,如图 4.95～图 4.97 所示。

⊙ 步骤六:绘制门窗

(1) 窗开洞

窗户设计主要由建筑的采光、通风来确定。一般根据采光等级确定窗地面积比(窗洞面积与地面面积的比值),通常为住宅面积的 1/8 左右。同时还需考虑其功能、美观和经济条件等要求。本图中水平方向 C、E 号轴和垂直方向 2 号轴间的飘窗尺寸为 1800mm,其他参照相关标准确定。

图 4.95 "多线编辑工具"对话框

图 4.96 T 形打开前

图 4.97 T 形打开后

① 使用"直线"命令绘制窗户起止线,如图 4.98 所示。

② 通过菜单选择"工具"→"绘图顺序"→"后置"命令将窗户起止线其后置。激活"多线编辑工具"对话框,选择"全部剪切"命令,通过捕捉窗户起止线和多线交点剪切出窗口开洞,如图 4.99 所示。

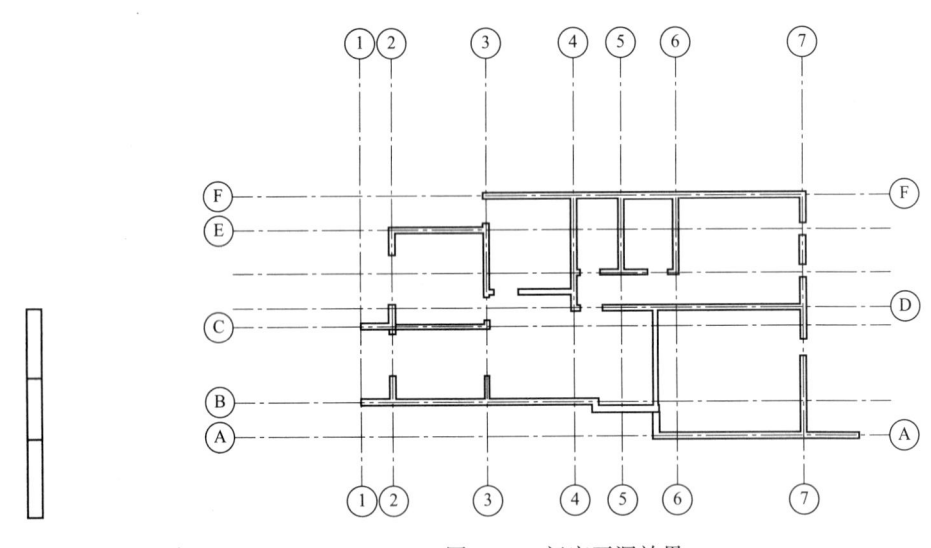

图 4.98 墙体上的窗户起止线

图 4.99 门窗开洞效果

(2) 门开洞

本图中卧室门的尺寸为 890mm,卫生间门的尺寸为 790mm,入户门尺寸为 1200mm。门开洞方法与窗开洞方法相同,效果如图 4.99 所示。

(3) 绘制窗户

创建新的多线样式"窗户",在"偏移"参数项中设置距离参数,如图 4.100 所示。将

"窗户"样式置为当前,绘制后的效果如图4.101所示。

(4)绘制门

使用"矩形"命令绘制"890mm×40mm"的矩形,再使用"圆弧"命令绘制90度圆弧表示门的开启方向,最后加上对应的文字标注,效果如图4.102所示。

图4.100 多线偏移设置

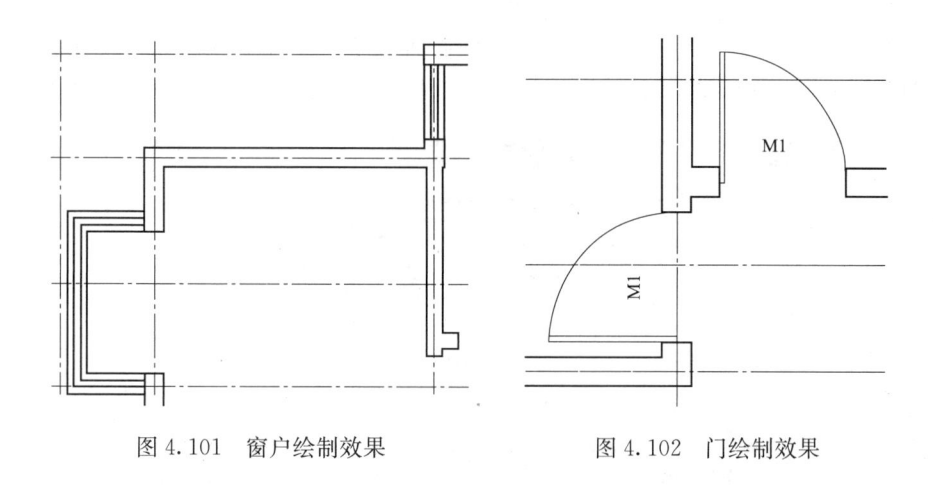

图4.101 窗户绘制效果

图4.102 门绘制效果

⊙ **步骤七:绘制承重柱**

本图中承重柱的尺寸为400mm×400mm,利用"矩形"和"填充"命令即可完成,效果如图4.103所示。

⊙ **步骤八:绘制厨房卫生间立管**

厨房、卫生间的立管应用轻体转或空心砖包起来,并检查预留口。本例中立管用比例为30的多线绘制砖体,长度为300mm×300mm;用"直线"命令绘制折线,表示内空效果。最后效果如图4.104所示。

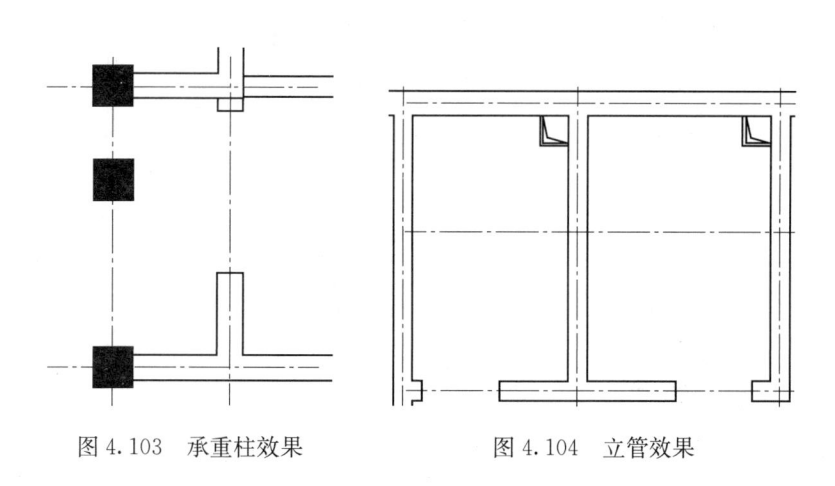

图4.103 承重柱效果

图4.104 立管效果

⊙ **步骤九:尺寸标注**

① 创建新的标注样式,取名为"房屋平面图",如图4.105所示。

② 单击"继续"按钮，进入设置对话框，如图 4.106 所示。

③ 单击"符号和箭头"选项卡，在"箭头"选项组的"第一个"和"第二个"下拉列表框中选择"建筑标记"，如图 4.107 所示。

④ 选择"调整"选项卡，选择"文字位置"选项区域中的"尺寸线上方，带引线"选项，在"标注特征比例"选项区域中将"使用全局比例"

图 4.105 创建新标注样式

设置为"100"，表示当前图样的标注比例尺为 1∶100。设置结果如图 4.108 所示。

图 4.106 标注样式设置对话框

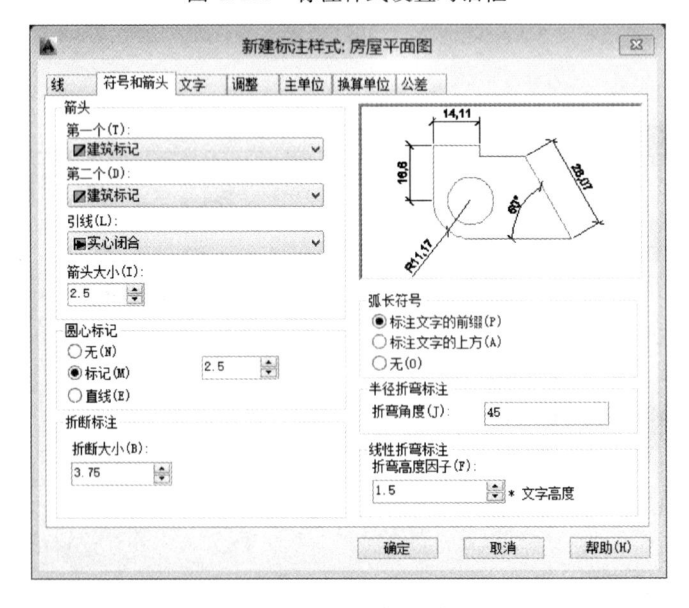

图 4.107 设置标注箭头

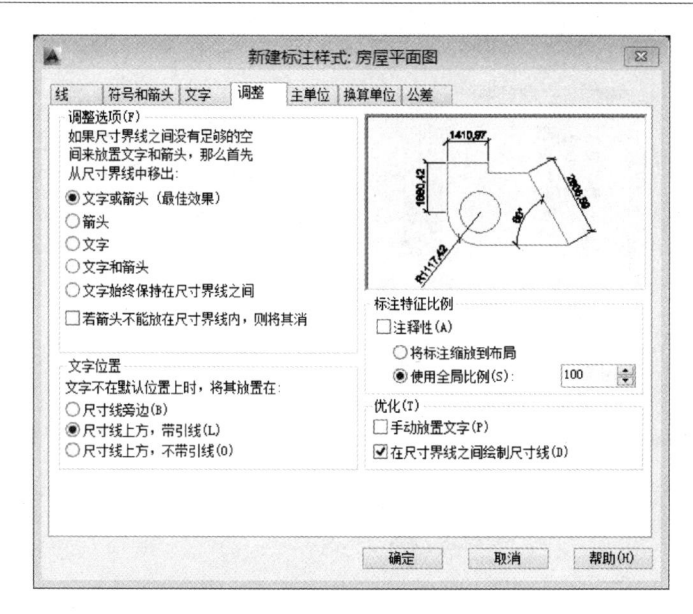

图 4.108　设置文字位置和全局比例

⑤ 选择"主单位"选项卡，将标注精度设置为 0（精确到毫米），如图 4.109 所示。

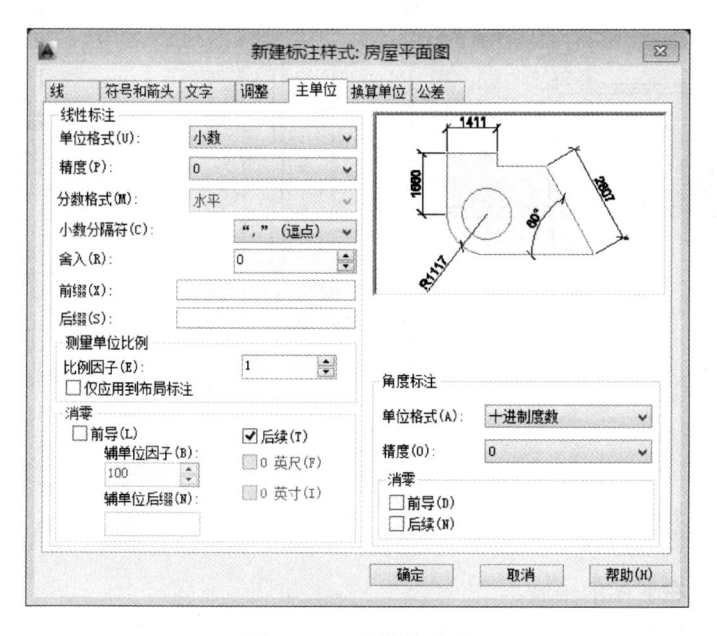

图 4.109　主单位选项

⑥ 单击"确定"按钮，返回"标注样式管理器"对话框，将新建的标注样式"房屋平面图"置为当前，如图 4.110 所示。

⑦ 对图形进行标注，在标注过程中主要使用"线性标注"和"连续标注"命令，标注效果如图 4.111 所示。

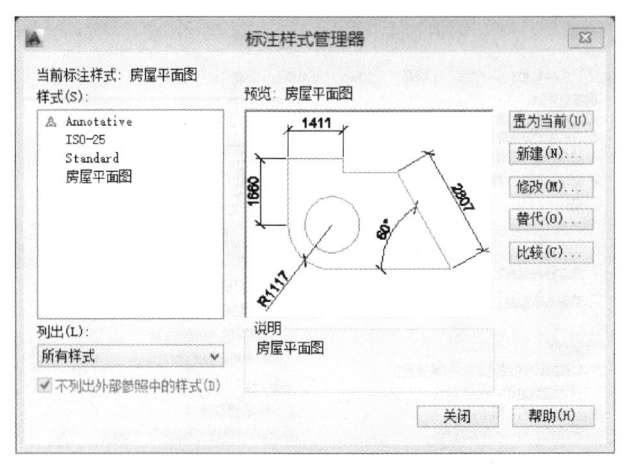

图 4.110 新建样式置为当前

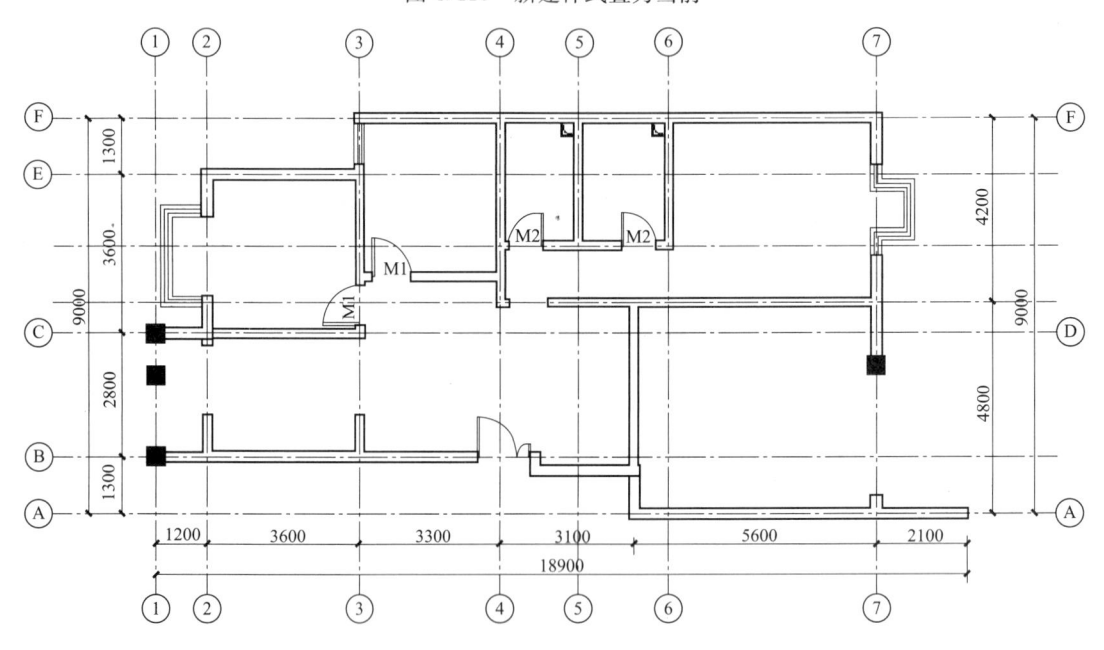

图 4.111 标注后效果

扩展知识

一、电气元件布置图的绘制

1. 电气元件布置图的绘制原则

① 电气元件布置图主要是用来标明电气设备上所有电器的实际位置，为电气设备的制造、安装、维修提供方便。

② 电气元件布置图可根据控制系统的复杂程度集中绘制或单独绘制。

③ 绘制时，电气设备的轮廓线用细实线或点画线表示，所有能见到的及需要表示清楚的电气设备，均用粗实线绘制出简单的外形轮廓。

④ 电气元件布置图的设计依据是电气原理图。

2. 电气元件布置图的绘制

① 各电气元件的位置确定以后，便可绘制电气布置图。

② 根据电气元件的外形绘制，标出各元件的间距。

③ 电气元件的安装尺寸及公差范围，应严格按照产品手册标准标注，并作为底板加工的依据。

④ 在电气布置图设计中，还要根据部件进、出线的数量及采用的导线规格，选择进出线的方式，同时选用适当的接线端子板或接插件，并按一定顺序标上进、出现的接线号。

3. 绘制电气元件布置图的注意事项

体积大和较重的电气元件应安装在电气板的下面，而发热元件应安装在电气板的上面；强电、弱电分开并注意屏蔽，防止外界的干扰；电气元件的布置应考虑整齐、美观、对称。外形尺寸及结构相似的电气设备安放在一起，以利加工、安装和配线；需要经常维护、检修、调整的电气元件的安装位置不宜过高或过低。

电气元件布置不宜过密，若采用板前走线槽配线方式，应适当加大各排电气设备的间距，以利布线和维护。

4. 电气元件布置图的绘制步骤

绘制电气元件布置图之前应熟悉电气控制电路的安装工艺和电气识图知识。

① 对控制电路的原理进行分析，对元件进行分类。

② 电源开关布置在右上方便于操作的位置；按钮等控制装置布置在右下方；接触器、继电器等器件布置在中间；端子排布置在下方。

③ 绘制电气元件的位置标注尺寸。电气元件的尺寸并不代表实际尺寸，它是按比例绘制的。

④ 绘制控制板并标注尺寸。

电气元件布置图的绘制实例如图 4.112 所示。

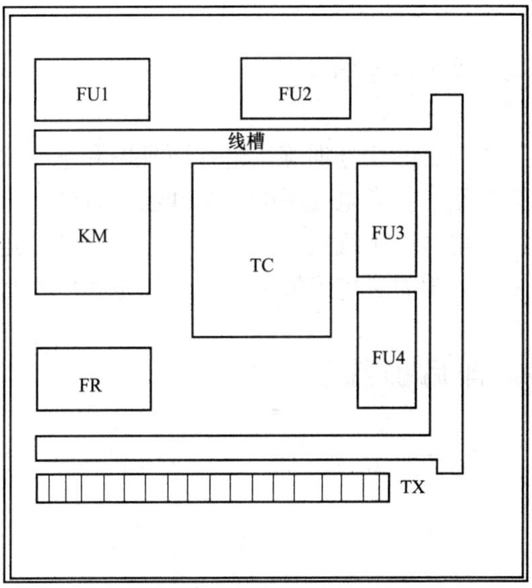

图 4.112 车床的电气元件布置图

二、元器件及材料清单的汇总

在电气控制系统原理设计及施工设计结束后，应根据各种图纸，对电气设备需要的各种零件及材料进行综合统计，列出外购元器件清单表、标准件清单表、主要材料消耗定额表及辅助材料消耗定额表，以便采购人员和生产管理部门按电气设备制造需要备料，做好生产准备工作。这些资料也是成本核算的依据，特别是对于生产批量较大的产品，此项工作要仔细做好。表 4.18 为车床的电器元件明细表（部分）。

表 4.18　　　　　　　　车床电气元件明细表（部分）

代号	名称	型号	规格	数量
M1	主轴电动机	JO2-42-4	5.5kW，1410r/min	1 台
M2	冷却泵电动机	JCB-22 型	0.125kW，2790r/min	1 台
KM	交流接触器	CJO-20 型	380V，20A	1 个

三、端子接线表的绘制

端子接线表是由元件与元件之间的连接信息组成的表格，它是由序号、回路线路号、起始端号、末端号组成的。端子接线表可以手工填写，也可以通过电气 CAD 软件生成，用电气 CAD 软件生成方便、效率高，按下形成表格按钮就可以生成。接连表有两种，一种是按原理图生成的接线表，另一种是按接线图生成的接线表，工程上第 2 种接连表用得较多。表 4.19 为车床接线表（部分）。

表 4.19　　　　　　　　　　　车床接线表（部分）

序号	回路线号	起始端号	末端号
1	L1	QS-5	XT1-22
2	L2	QS-3	XT1-23
3	L3	QS-1	XT1-24

项目小结

本项目的任务训练以电气原理图和电气接线图为主，拓展训练涵盖了建筑电气图。相关知识介绍了各类电气图的作用和绘制方法、电气图形符号、电气技术中的文字符号和项目代号以及电气图中线路、元件、触点、端子、连接线、标记标注的基本表示方法。通过本项目的学习，学习者应了解工程中常用电气图类型，并具备一定的绘图能力。

课后训练

绘制如图 4.113～图 4.126 所示的图形，并将完成的图形以图名为文件名存入练习目录中。

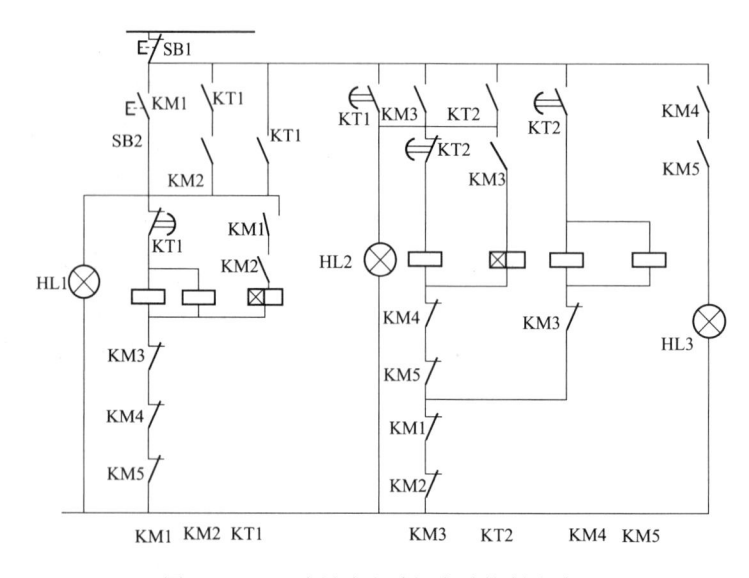

图 4.113　三速异步电动机自动控制线路图

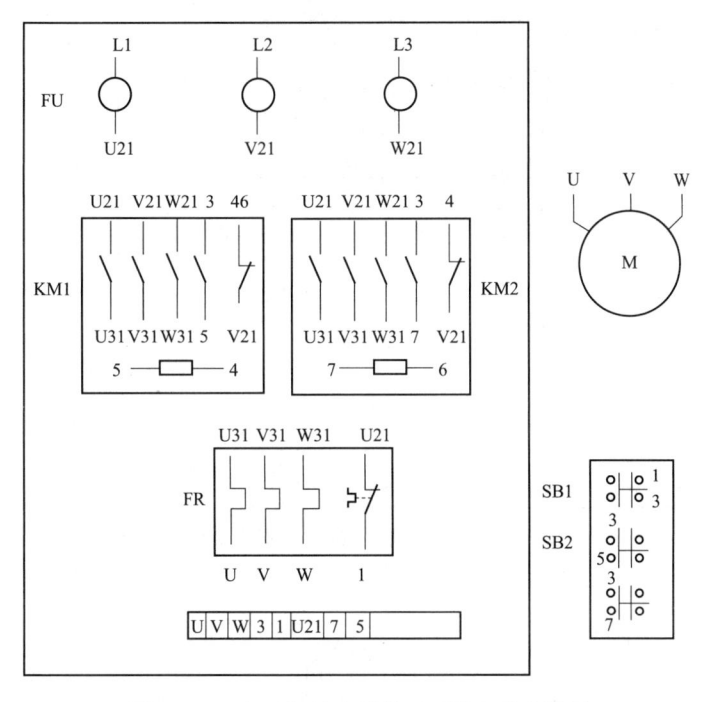

图 4.114　电动机触头联锁正反转电路安装图

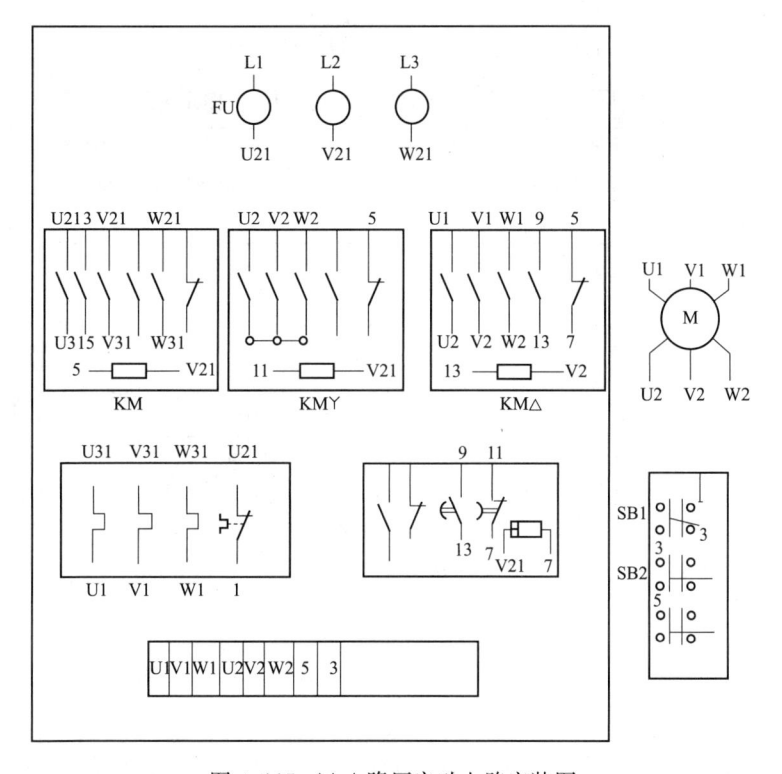

图 4.115　丫-△降压启动电路安装图

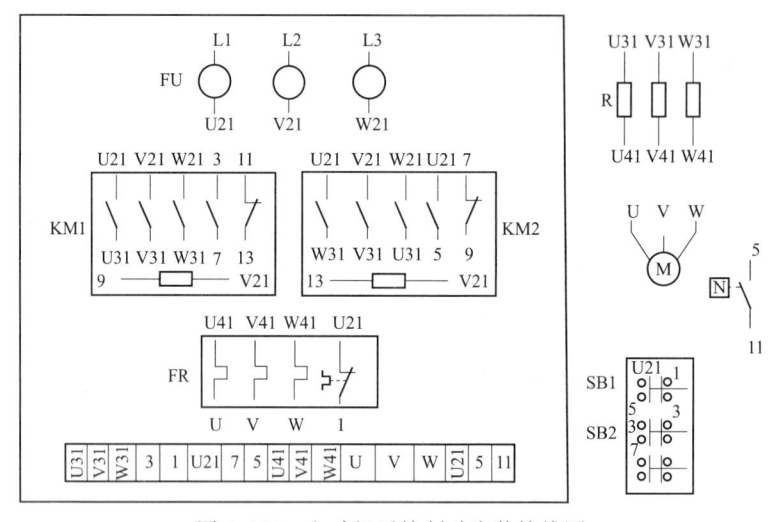

图 4.116 电动机反接制动安装接线图

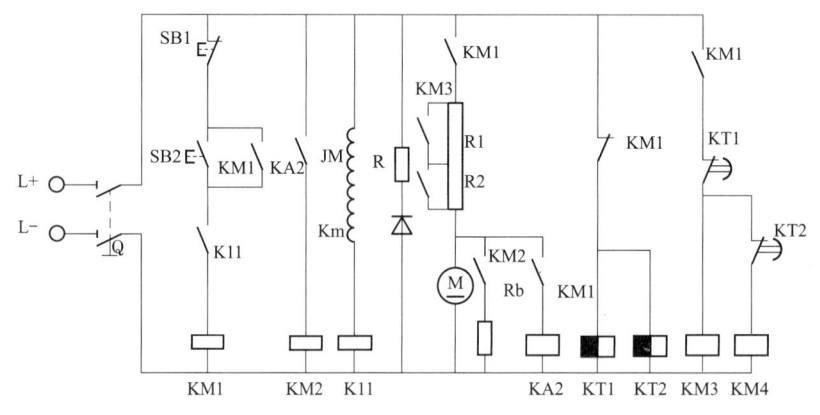

图 4.117 并励直流电动机的单向启动能耗制动控制电路图

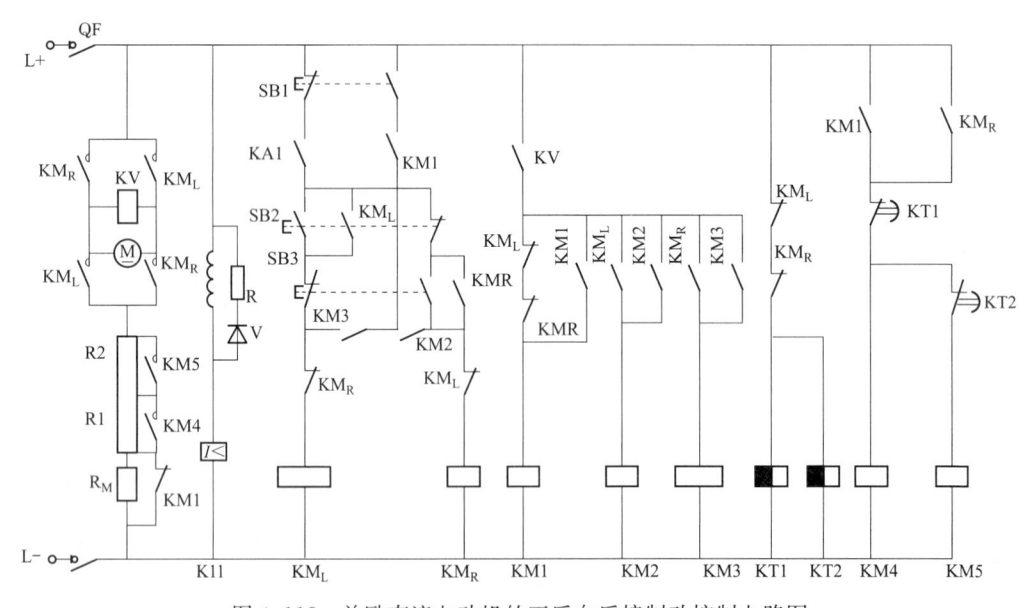

图 4.118 并励直流电动机的正反向反接制动控制电路图

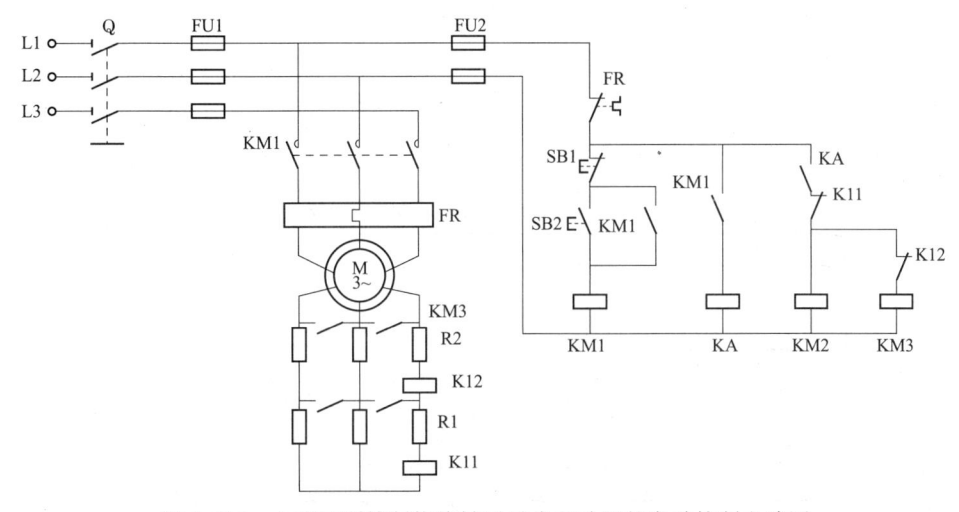

图 4.119　电流原则控制绕线转子异步电动机的启动控制电路图

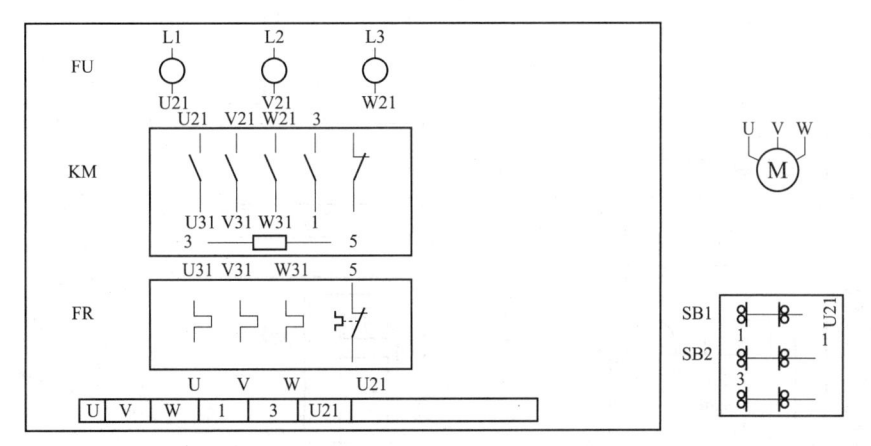

图 4.120　电动机单向运转电路安装接线图

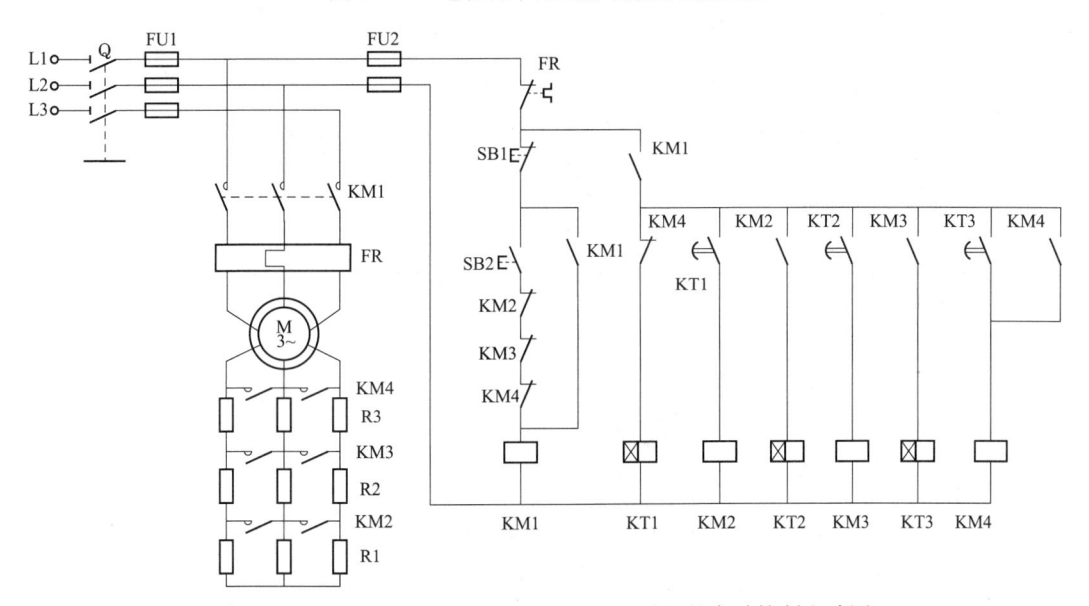

图 4.121　时间原则控制绕线转子异步电动机的启动控制电路图

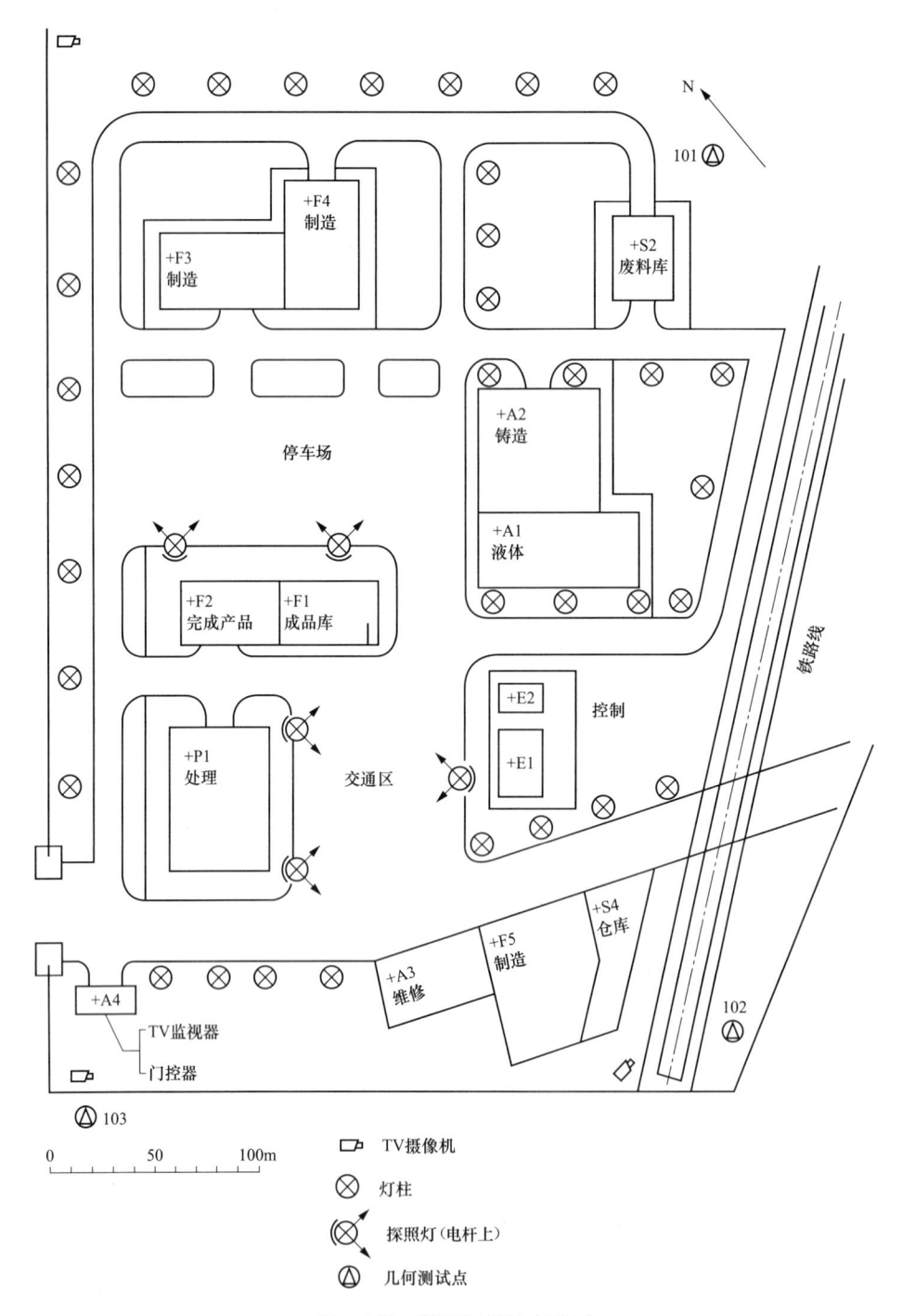

图 4.122 某工厂场地布置图

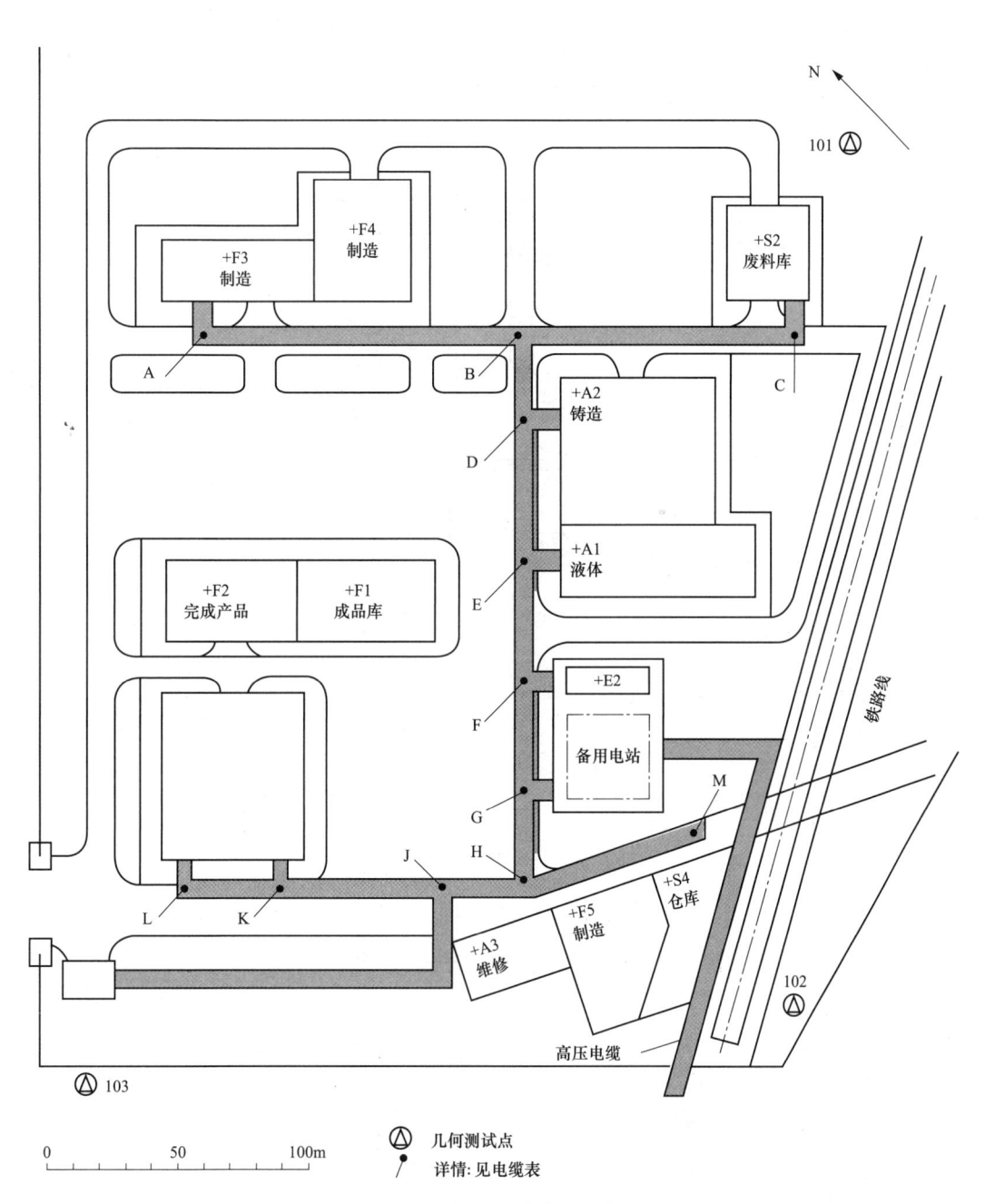

图 4.123　场地电缆路由示意图

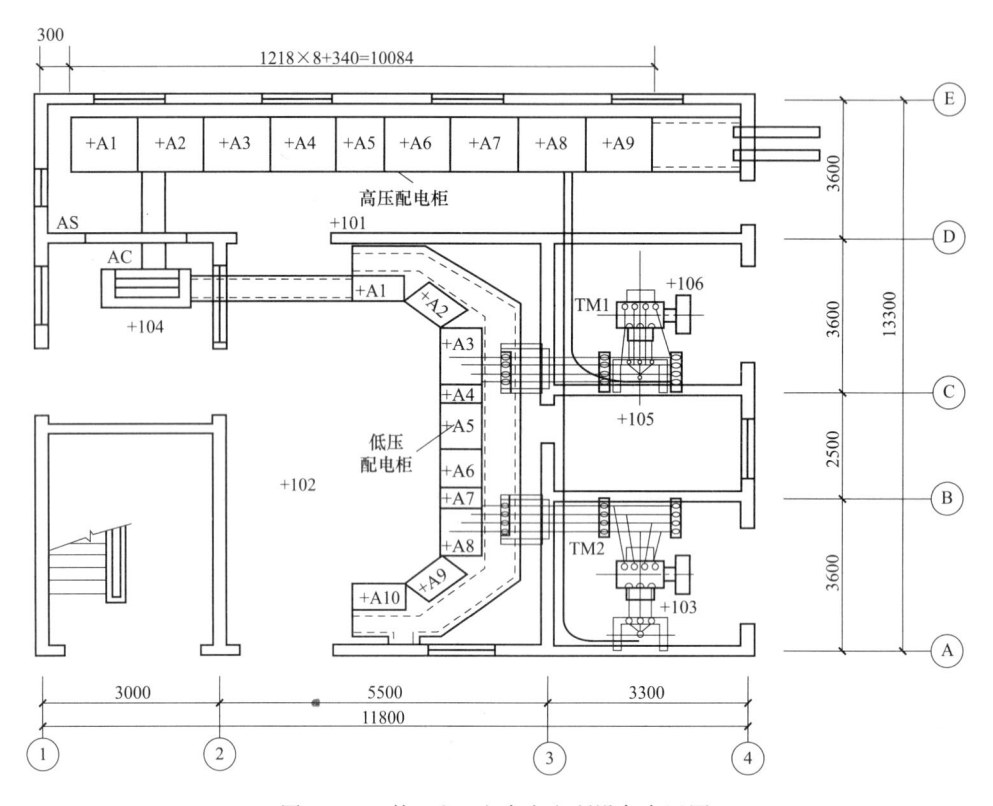

图 4.124 某 10kV 室内变电所设备布置图

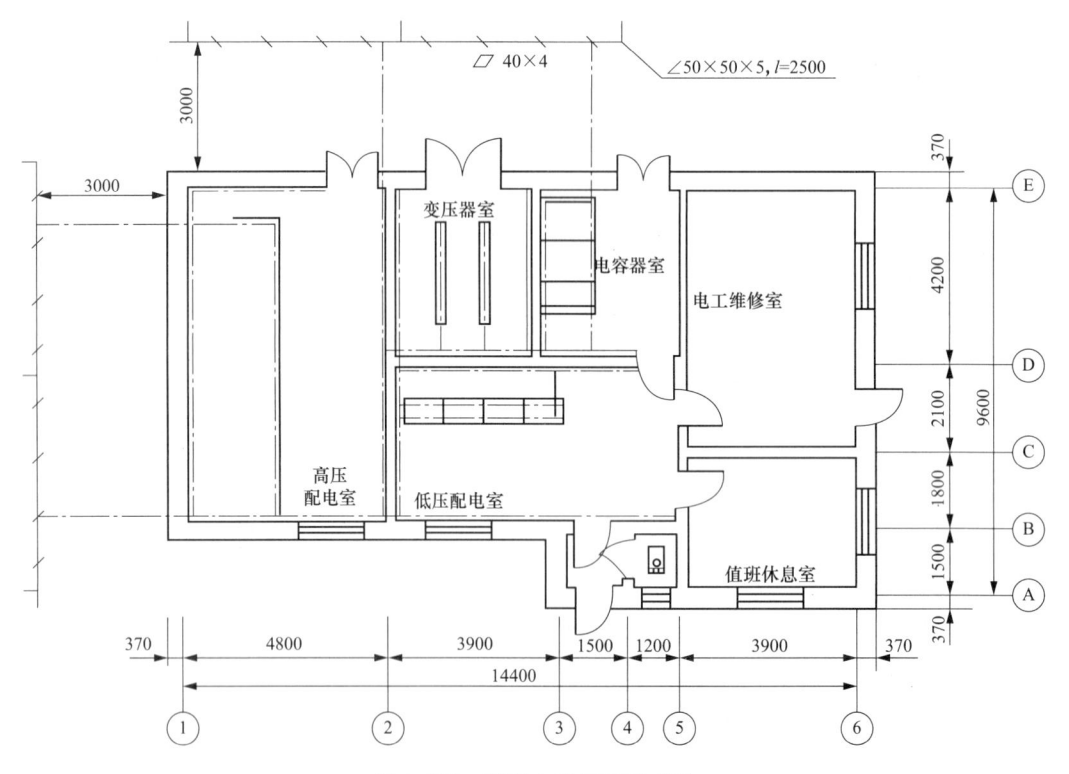

图 4.125 某变电所接地平面图

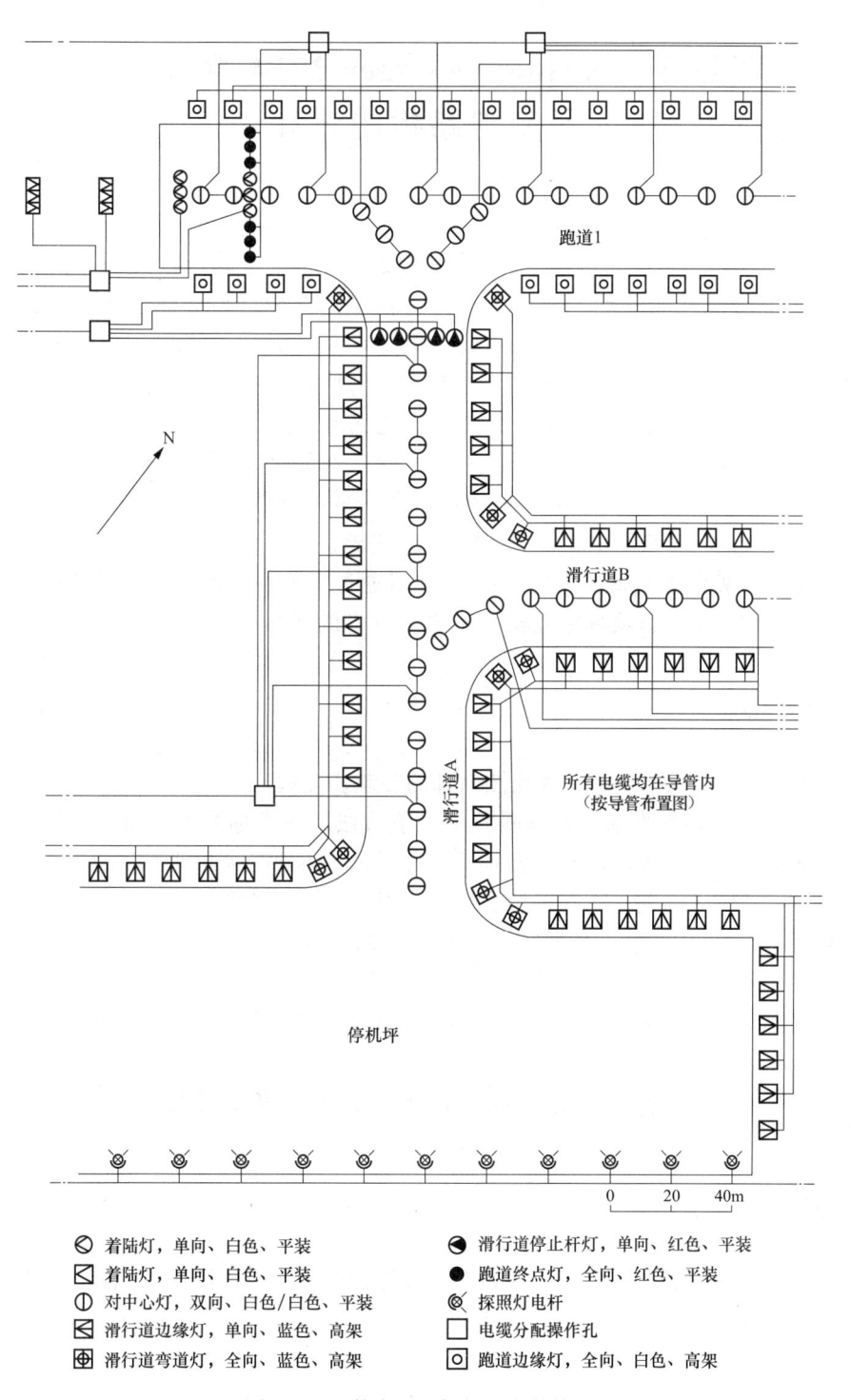

◎ 着陆灯，单向、白色、平装　　◐ 滑行道停止杆灯，单向、红色、平装
◺ 着陆灯，单向、白色、平装　　● 跑道终点灯，全向、红色、平装
Ⓘ 对中心灯，双向、白色/白色、平装　⊗ 探照灯电杆
◹ 滑行道边缘灯，单向、蓝色、高架　□ 电缆分配操作孔
⊕ 滑行道弯道灯，全向、蓝色、高架　◙ 跑道边缘灯，全向、白色、高架

图 4.126　某小型机场场地安装简图

项目五 Altium Designer 2014 原理图与印制电路板的设计

一个完整的电子产品设计主要包括原理图设计和印制电路板设计两个阶段。原理图的设计是整个电路设计的基础，在整个设计过程中有着举足轻重的作用。一张清晰、正确、美观的原理图不仅表达了设计者的设计思想，而且提供了印制电路板中各个元器件连线的关系。只有正确绘制出原理图，才能生成一块具有制定功能的印制电路板。原理图的设计只是解决了电路的电气连接关系，电路功能的实现要依赖于印制电路板的设计。在完成原理图的设计工作后，下一阶段的工作就是印制电路板（PCB）设计。

原理图的设计是在 Altium Designer 2014 软件中的原理图编辑器中完成，PCB 的设计是在 Altium Designer 2014 软件中的 PCB 编辑器中完成。用 Altium Designer 2014 进行电子产品设计的最终目的就是要生成 PCB 文件。本项目通过实例的讲解，使读者掌握原理图和印制电路板的初步设计能力以及具备生成各种 PCB 文件的能力。

目标要求

（1）掌握 Altium Designer 2014 绘图软件的安装及使用。
（2）掌握原理图绘制步骤，原理图图纸设置方法，网络标号的放置，总线与分支的放置，输入\输出端口的放置，以及自上而下和自下而上两种层次原理图的绘制方法。
（3）熟悉元件属性设置，绘图工具的基本使用，元件编号管理。
（4）掌握 PCB 设计流程，手动布局，自动布线方法，拆除布线和手动布线的方法。
（5）熟悉采用向导生成 PCB 文件的方法，布线规则设置，补泪滴和覆铜的方法。
（6）了解打印与报表输出，编译与查错，导入网络表和 PCB 自动布局的方法。

任务一 分压偏置放大电路原理图的绘制

任务描述

本项目的任务是绘制如图 5.1 所示的分压偏置放大电路原理图，将完成的原理图以"分压偏置放大电路"为文件名存入练习目录中。

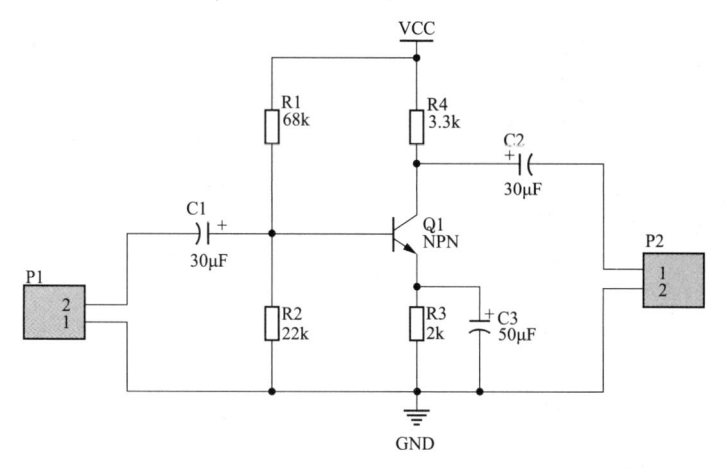

图 5.1　分压偏置放大电路原理图

注：为了更好地使用 Altium Designer 2014 封装，本项目部分元件画法与国标不一致。

任务分析

要完成此项任务，需要解决以下问题：
(1) 原理图图纸设置的方法。
(2) 放置元件方法及元件属性设置。
(3) 放置导线及导线属性设置。
(4) 编辑对象的方法。

操作步骤

➔ 步骤一：启动 Altium Designer 2014

启动 Altium Designer 2014 的方法有 2 种：
① 双击桌面快捷方式图标 。
② 使用"开始"菜单方式。

单击 Windows 操作系统桌面左下角的开始按钮，打开"开始"菜单，并进入"程序"级联菜单中的 Altium→Altium Designer，即可启动 Altium Designer 2014。

这里，选择第二种方式打开 Altium Designer 2014。

➔ 步骤二：新建项目文件

执行菜单命令"File"→"New"→"Project"，如图 5.2（a）所示。在弹出的 New Project 对话框中选择 PCB Project，默认的项目文件名为 PCB＿Project＿1，在图 5.2（b）所示的 New Project 对话框中修改项目文件名为分压偏置放大电路，并保存在练习目录中。这样，在 Projects 工作面板中项目文件名将变为分压偏置放大电路.PrjPcb，如图 5.3 所示。

如果在弹出的 New Project 对话框中没有进行项目名的修改，也可以在 Projects 面板中用鼠标右键单击该项目文件，在弹出的快捷菜单中选择"Save Project As"命令，系统将弹出如图 5.4 所示的项目文件另存为对话框，在对话框中重新确定保存路径和输入项目文件名称，单击"保存"按钮即可。

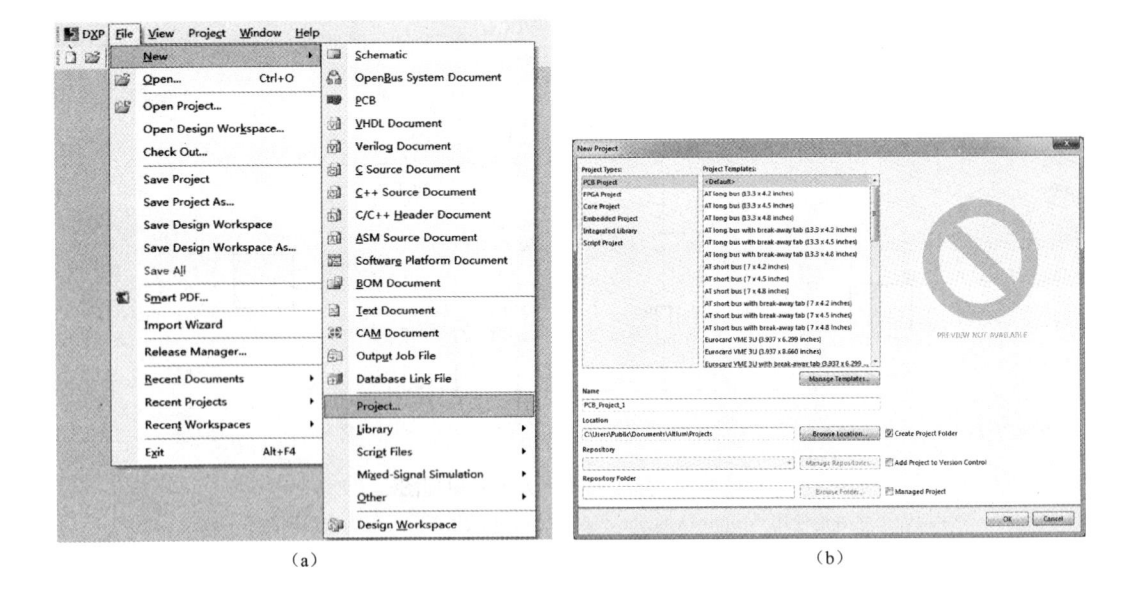

图 5.2 新建项目文件的过程

(a) 新建项目文件的菜单；(b) 新建项目文件

图 5.3 修改名称后的项目文件

图 5.4 项目文件另存为对话框

步骤三：新建原理图文件

执行菜单命令 File→New→Schematic，在 Projects 面板的项目文件下新建一个原理图文件 Sheetl.SchDoc 如图 5.5 所示。用鼠标右键单击新建的原理图文件，在弹出的快捷菜单中选择 Save 命令，系统将弹出文件保存对话框，在对话框中确定保存路径和输入文件名称"分压偏置放大电路.SchDoc"，单击"保存 S"按钮即可。这样，在 Projects 工作面板中原理图文件名称将变为分压偏置放大电路.SchDoc 如图 5.6 所示。

图 5.5 新建的原理图文件　　　　图 5.6 修改名称后的原理图文件

步骤四：原理图图纸设置

执行 Design→Document Options 菜单命令，在弹出的对话框中打开图纸选项卡，显示相关的选项，如图 5.7 所示进行设置。标准风格设为 A4 号，方向设为水平，显示标准标题栏，可视捕获设定为 10，网格范围设为 4，边缘色为黑色、图纸色为白色。

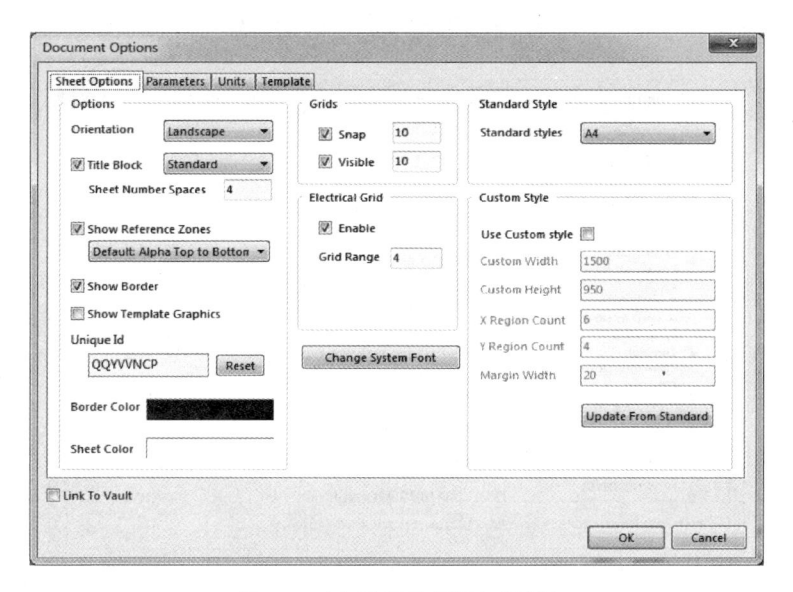

图 5.7 原理图图纸设置对话框

步骤五：加载原理图元件库

分压偏置放大电路中所包含的元件电阻、电容、三极管在集成库 Miscellaneous Devices.IntLib 中可以找到，接插件在集成库 Miscellaneous Connectors.IntLib 中可以找到。在默认情况下，当创建新原理图文件时，该集成元件库会自动加载，如果在库列表框中无此元件库，可通过下面方法加载。

加载元件库操作方法：在元件库工作面板上单击 `Libraries` 按钮，弹出 Available Library 对话框。单击其右下角的 `Install...` 按钮的下三角选择"Install from file"，如图 5.8 所示，可弹出"打开"对话框。在 Altium Designer 库安装目录下找到 miscellaneous devices.intlib 后，双击即可加载此库文件如图 5.9 所示。

图 5.8　加载元器件库的对话框

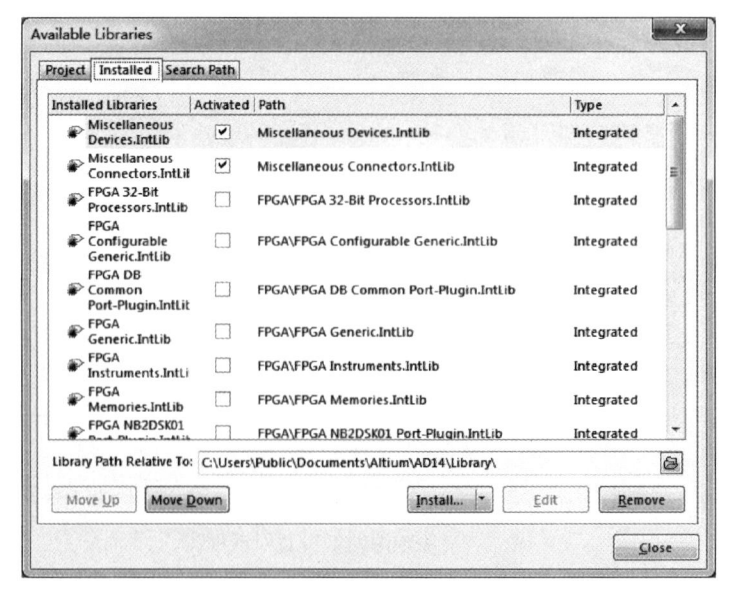

图 5.9　加载完元器件库的对话框

⊙ 步骤六：放置元件

单击原理图编辑器右侧 Libraries 面板标签，打开"Libraries"工作面板如图 5.10 所示。

在分压偏置放大电路中，各元件在库中的参考名称见表 5.1。

双击元件名称或单击 Place Header 2 按钮，原理图编辑区会出现一个随鼠标移动的浮动元件符号图形，将粘有元件的光标移动到图纸上合适位置，单击鼠标左键即可放置该元件，单击右键退出放置。也可以直接用鼠标将元件从工作面板中拖动到图纸区中合适位置如图 5.11 所示。图 5.12 放置了分压偏置电路所需的所有元器件。

放置完元件，一般需要调整元件的位置和方向，这就要对元件进行位置移动、旋转。调整好位置后还需要对元器件的属性进行编辑，否则会影响生成网络表和印制电路板的设计。元器件的属性主要包括元器件标号、封装形式、注释、参数等值，双击元器件本身即可以打开元件属性对话框进行元件属性编辑，如图 5.13 所示，经过位置调整和元件属性编辑后的电路原理图如图 5.14 所示。

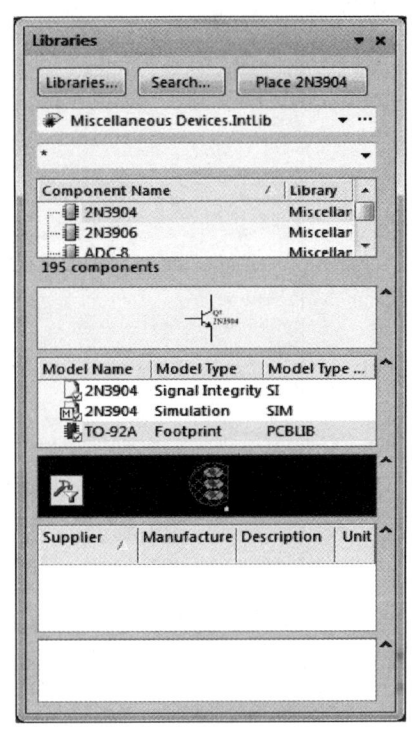

图 5.10　元器件库面板

表 5.1　　　　　　　分压偏置放大电路中各元件在库的参考名称

元件类型	所在元件库	库中参考名称
电阻	Miscellaneous Devices.IntLib	Res2
电解电容	Miscellaneous Devices.IntLib	Cap Pol1
三极管（NPN）	Miscellaneous Devices.IntLib	2N3904 或 NPN
接插件	Miscellaneous Connectors.IntLib	Header 2

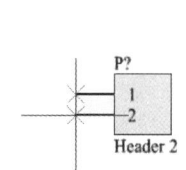

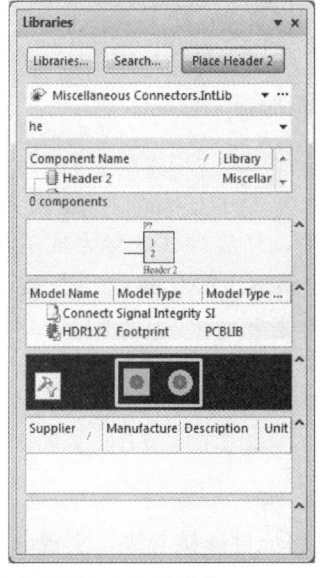

图 5.11　从库面板中选取元器件

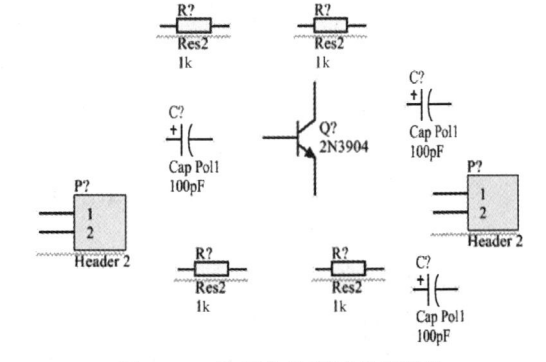

图 5.12　放置电路所需的元器件

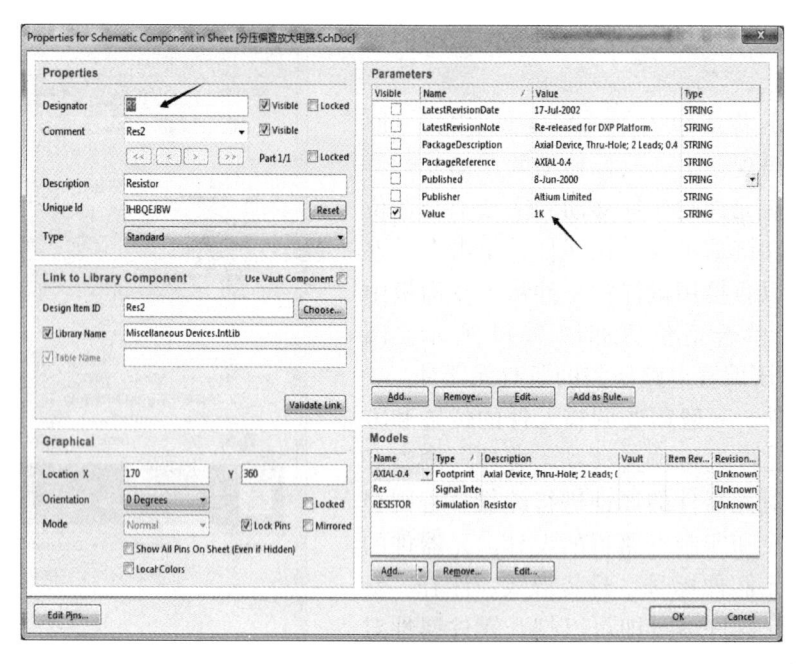

图 5.13　元件属性对话框

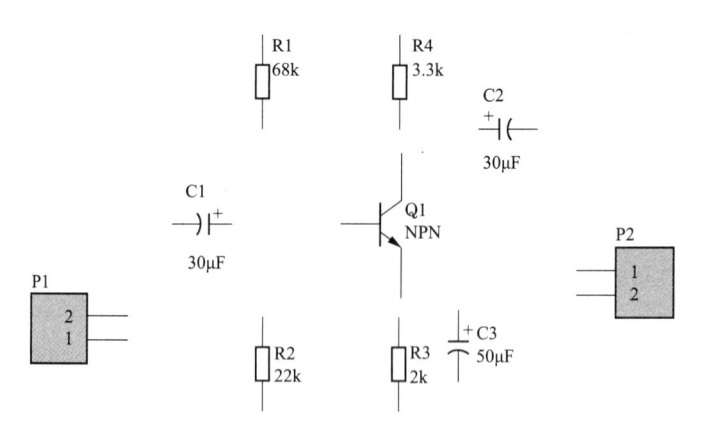

图 5.14　元件调整和属性编辑后的布局

> **提示**
>
> 在调整元件的方向之前，应首先应选中元件，然后按住鼠标左键不放，再按相应的功能键来改变元件方向。旋转元件的功能键包括空格键、"X"键、"Y"键，其作用如下。
>
> 空格键：每按一下，使元件沿逆时针方向旋转 $90°$。
>
> "X"键：每按一下，使元件做左右对调。
>
> "Y"键：每按一下，使元件做上下对调。

⇒ 步骤七：绘制导线

放置完元件并调整好位置后，可以通过导线将元件连接起来，实现电气连接。单击 Wiring 工具栏中的 按钮，根据电路原理图要求，将分压偏置放大电路中各元件连接起来。

➢ 步骤八：放置电源和接地符号

放置电源和接地符号主要有两种方法，一种是单击 Wiring 工具栏中的 ⊥ 或 ⏉ 按钮，另一种是执行 Place→Power Port 菜单命令，下面采用第一种方法进行放置。

单击配线工具栏中的 ⊥ 或 ⏉ 按钮，启动放置电源（或接地）符号后，光标变成十字形，同时一个电源（或接地）符号会粘在十字光标上，移动光标到合适位置，单击鼠标左键即可完成放置，单击右键退出，放置完成后如图 5.15 所示。

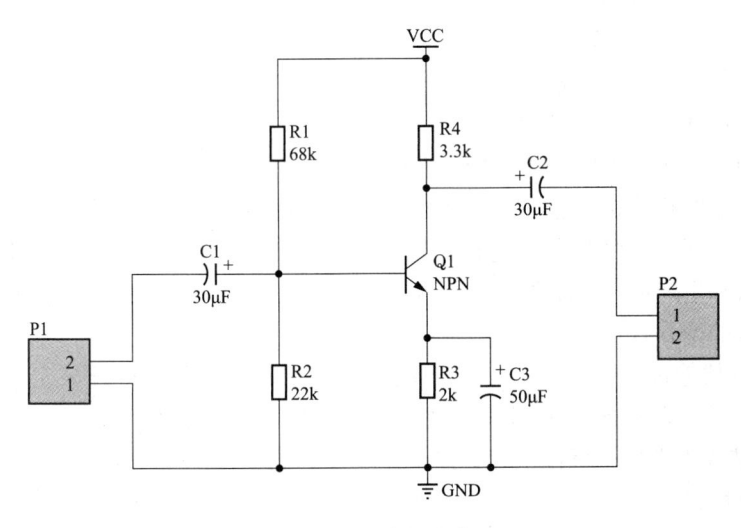

图 5.15 绘制导线

➢ 步骤九：保存原理图文件

执行菜单 File→Save 命令或保存按钮 🖫，即可保存原理图文件，同时完成了分压偏置放大电路原理图的绘制。

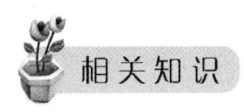

相关知识

一、认识 Altium Designer

1. Altium Designer 概述

Altium Designer 是原 Protel 软件开发商 Altium 公司推出的一体化的电子产品开发系统，主要运行在 Windows 操作系统。这套软件通过把原理图设计、PCB 设计、电路仿真、拓扑逻辑自动布线、信号完整性分析和设计输出等技术的融合，为设计者提供了全新的设计解决方案，使设计者可以轻松进行设计，提高电路设计的质量和效率。

Altium Designer 除了全面继承包括 Protel 99SE、Protel DXP 在内的先前一系列版本的功能和优点外，还增加了许多改进和高端功能。该平台拓宽了板级设计的传统界面，全面集成了 FPGA 设计功能和 SOPC 设计实现功能，从而允许工程设计人员将系统设计中的 FPGA 与 PCB 设计及嵌入式设计集成在一起。

2. Altium Designer 主要功能

① 原理图设计。

② 印刷电路板设计。
③ FPGA 的开发。
④ 嵌入式开发。
⑤ 3D PCB 设计。

3. Altium Designer 2014 的特点

Altium Designer 2014 简称 AD14，是一款专业的 PCB 设计软件。Altium Designer 2014 着重关注 PCB 核心设计技术，提供以用户为中心的全新平台，进一步夯实了 Altium 在原生 3D PCB 设计系统领域的领先地位。

(1) 支持柔性和软硬结合设计

软硬电路结合了刚性电路处理功能以及软性电路的多样性。大部分元件放置在刚性电路中，然后与柔性电路相连接，它们可以扭转、弯曲、折叠成小型或独特的形状。Altium Designer 2014 支持电子设计使用软硬电路，打开了更多创新的大门。它还提供电子产品的更小封装，节省材料和生产成本，增加了耐用性。

(2) 层堆栈的增强管理

Altium 层堆栈管理支持 4-32 层。层与层中间有单一的主栈，以此来定义任意数量的子栈。它们可以放置在软硬电路不同的区域，促进堆栈之间的合作和沟通。Altium Designer 2014 增强了层堆栈管理器，可以快速直观地定义主、副堆栈。

(3) 板设计增强

Altium Designer 2014 包括了一系列增强电路板设计的技术。使用新的差分对布线工具，当跟踪差距改变时阻抗始终保持不变。

(4) 支持嵌入式元件

PCB 层堆叠内嵌的元件，可以减少占用空间，支持更高的信号频率，减少信号噪声，提高电路信号的完整性。Altium Designer 2014 支持嵌入式分立元件，在装配过程中，可以作为个体制造，并放置于内层电路。

4. Altium Designer 2014 软件界面

Altium Designer 2014 启动后，即进入主界面，用户可以在其中进行工程文件的操作，如创建新工程、打开文件、配置等。该系统界面由系统主菜单、浏览器工具栏、系统工具栏、工作区和工作区面板五大部分组成。

(1) 系统主菜单

启动 Altium Designer 2014 之后，在没有打开工程文件之前，系统主菜单如图 5.16 所

图 5.16 系统主菜单

示主要包括 DXP，File，View，Project，Window，Help 等基本操作功能。

DXP 菜单主要包括 Preferences、Extensions and Updates、Customize…、Run Process… 等子菜单命令，如图 5.17 所示。通过这些命令可以完成系统的基本设置以及软件的更新等任务。File 菜单主要包含 New、Open…、Close、Open Project…、Open Design Workspace…、Save Project 等子菜单命令，如图 5.18 所示，这些命令主要完成工程的打开、保存，各种文件的建立等。Project 菜单命令主要完成工程编译，以及工程的打开及添加。Window 菜单命令主要完成窗口的排列方式。Help 菜单命令为读者提供帮助。

图 5.17　DXP 菜单命令

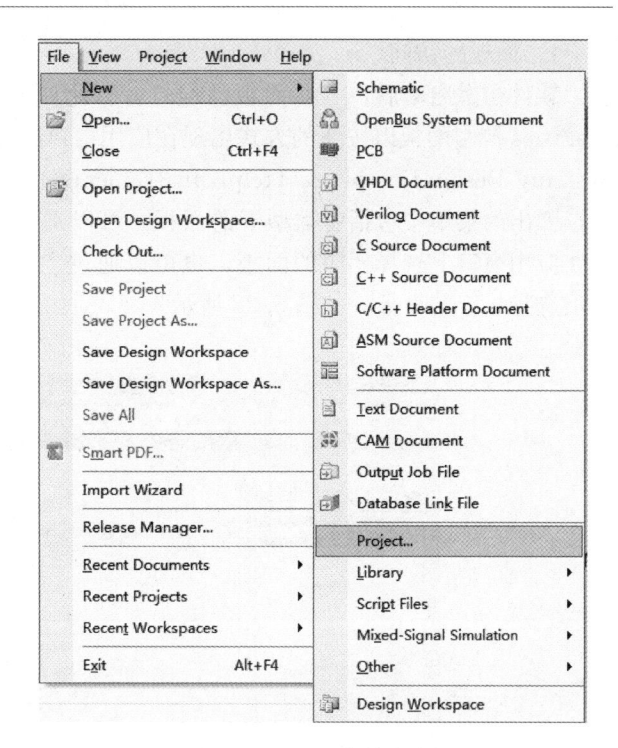

图 5.18　File 菜单命令

(2) 系统工具栏

系统工具栏如图 5.19 所示，由快捷工具按钮组成，具有打开文件，打开文件夹，打开 PCB 发布信息等功能。

图 5.19　系统工具栏

> **提示**
> 打开新的编辑器后，系统工具栏所包含的快捷工具按钮会增加。

(3) 浏览器工作栏

软件主界面的右上角提供了访问应用文件编辑器的浏览器工作栏，如图 5.20 所示。

图 5.20　浏览器工作栏

通过浏览器工作栏可以显示、访问因特网和本地储存的文件。其中浏览器地址编辑框用于显示当前工作区文件的地址。单击后退或前进按钮可以根据浏览的次序后退或前进，单击按钮右侧的下拉按钮还可打开浏览次序列表，显示用户在此之前浏览过的页面。单击主页按钮，回到系统默认主页。单击相应的任务图标，软件连接到对应页面执行任务，并可查看相关文档。

(4) 工作区面板

工作区面板是 Altium Designer 软件的主要组成部分，它的使用都提高了设计效率和速度。它包括 System、Design Complier、Help、Instruments 四大类型，其中每一种类型又具体包含了多种管理面板。

1) 面板的访问

软件初次启动后,一些面板已经打开。比如 Project 控制面板出现在应用窗口的左边,Libraries 控制面板以按钮的方式出现在应用窗口的右侧边缘处。另外在应用窗口的右下端有 System, Design Complier, Help, Instruments 4 个按钮,分别代表 4 大类型,单击任一按钮,弹出的菜单中包括各类型下的面板,可以选择访问各种面板,如图 5.21 所示。除了直接在应用窗口上选择相应的面板,也可以通过主菜单 View→Workspace Panels 子菜单下的选项选择相应的面板,如图 5.22 所示。

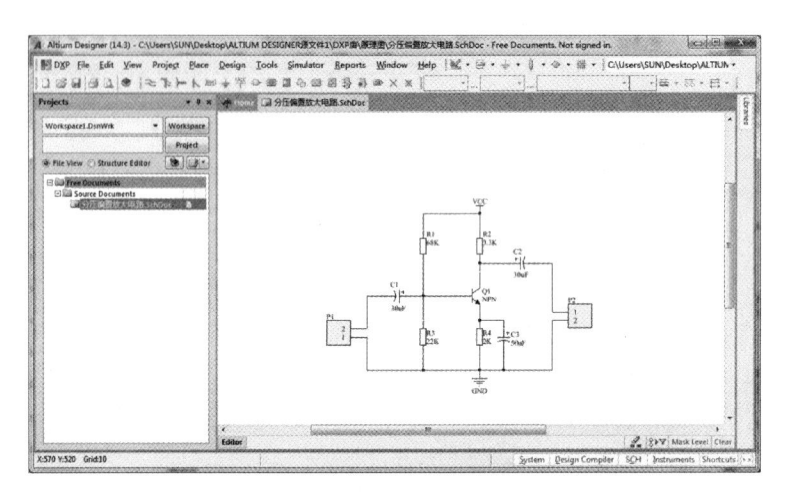

图 5.21 工作区面板按钮

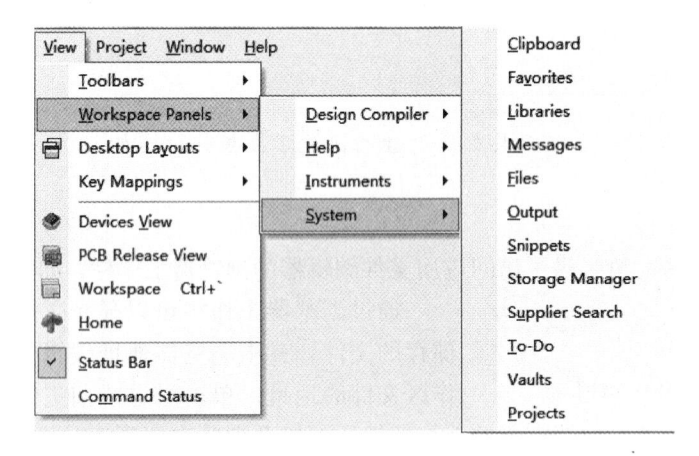

图 5.22 主菜单面板选项

2) 面板的管理

为了在工作空间更好的管理组织多各面板,下面简单介绍各种不同的面板显示模式和管理技巧。

面板显示模式有三种,分别是 Docked Mode、Pop-out Mode、Floating Mode。Docked Mode 指的是面板以纵向或横向的方式停靠在设计窗口的一侧。Pop-out Mode 指的是面板以弹出隐藏的方式出现于设计窗口，当鼠标单击位于设计窗口边缘的按钮时，隐藏的面板弹出，当鼠标光标移开后，弹出的面板窗口又隐藏回去。这两种不同的面板显示模式可以通过面板上的 ▬ （面板停靠模式）和 ▪ （面板弹出模式）两个按钮相互切换。Floating Mode 指的是面板以透明的形式出现。

面板分组管理可以分为标准标签分组和不规则分组。标准标签分组里的面板以标签的形式组织在一起，在任何时候，面板组中只能有一个面板显示。向一个面板组中添加新的面板或者从面板组中删除一个面板的方法，是将新的面板选中后拖向面板组，或者将面板中的某个面板直接拖出。而不规则分组指的是将多个面板同时显示在设计面板上，即多个面板同时显示，这种模式类似于纵向\横向排列的打开窗口，用户可以拖动一个面板停靠在另一个面板内，从而有效地排列它们。移动面板时只需要单击面板内相应的标签或顶部的标题栏即可拖动面板到一个新的位置。直接单击关闭按钮 ✖ 即可关闭面板。

（5）工作区

工作区位于界面的中间，是用户编辑各种文档的区域。在无编辑对象打开的情况下，工作区将自动显示为系统默认的主页，主页内列出了常用的任务命令。单击即可快速启动相应工具模块。

二、印制电路板（PCB）设计流程

印制电路板的设计是指一个电子产品从功能分析、设计思路、可行性验证到电路原理图绘制、印制电路板设计、分析测试一直到最后产品成形的全过程。整个印制电路板设计过程可以分为以下几个主要步骤，如图 5.23 所示。

电路原理图设计 → 生成网络表 → 印制电路板设计 → 生成电路板报表并打印电路板图 → 生成钻孔和光绘等输出文件

图 5.23　印制电路板设计的主要步骤

1. 电路原理图设计

电路原理图是由一系列电子元器件符号、连接导线及相关的说明符号组成的具有一定意义的技术文件。原理图设计主要是利用 Altium Designer 2014 的原理图编辑器进行的。一般来说，原理图设计的主要工作包括：根据所要设计的原理图的要求设置图纸的大小和版面，规划原理图的总体布局，从元件库中取出所需的元件放置在图纸上并在必要时修改元件的属性，重新调整各元器件的位置，进行布局走线连接电路，最后保存文档并打印输出图样。

2. 生成网络表

标准的网络表是一个简单的 ASCII 码文本文件，主要包括原理图中各元件的数据（如元件类型、封装信息等）及元件之间网络连接的数据。设计者可以利用一般的文本编辑程序对已经存在的网络表进行各种编辑操作。

网络表是电路板自动布线的灵魂，只有装入网络表后，系统才可能完成对电路板的自动布线。因此，网络表也是原理图设计与印制电路板设计之间的桥梁。网络表可以从原理图中获得，也可以从印制电路板中提取。

3. 印制电路板设计

印制电路板是以一定的制作工艺在绝缘度很高的基材表面覆盖一层导电良好的材料（通常为铜膜），然后根据电路的具体设计要求，去除覆铜板上不需要的部分形成导线，并加工有焊盘和过孔而制成的。

在印制电路板的设计过程中，借助 Altium Designer 2014 提供的强大的 PCB 编辑功能实现印制电路板的设计，完成高难度的布线工作。印制电路板不但是电子产品中电子元器件的撑件，它还提供电路元件和器件之间的电气连接。

4. 生成印制电路板报表并打印电路板图

印制电路板设计完成后，为进行印制电路板的加工及技术文件的交流与存档，还需要生成印制电路板的有关报表并打印电路板图。电路板报表的作用在于为用户提供一个电路板的详细文档资料，包括电路板的尺寸、电路板上的焊盘、过孔的数量及电路板上的元件标号等。

5. 生成钻孔和光绘等输出文件

在进行 PCB 加工制造之前，还需要生成钻孔文件和光绘文件。钻孔文件用于提供制作电路板时所需的钻孔资料，该资料可直接用于数控钻孔机。

三、原理图设计基础

电路原理图设计就是利用 Altium Designer 2014 提供的原理图编辑功能及工作界面环境，将设计人员的设计思路反映到原理图图纸上。

1. 原理图设计步骤

原理图的一般设计流程如下：

（1）新建原理图文件

绘制原理图之前，首先要新建原理图文件，打开原理图编辑窗口。

（2）设置图纸参数

用户根据设计电路的规模大小，设置图纸的大小、方向、颜色等参数，添加必要的实际信息，置网格的大小等参数。

（3）装载元件库

在绘制原理图时，原理图中的所有元件都来自元件库，因此，在放置原件之前，要先装载所需的元件库。

（4）放置元件

根据所设计原理图的需要，将所需元件从元件库中取出并放置到原理图中。

（5）连线

放置好元件后，利用连线工具，使用具有电气意义的导线、网络标号等，连接元件的各引脚，使各元器件之间具有要求的电气连接关系。

（6）检查与修改

对原理图进行检查，并做进一步的调整和修改，以保证原理图的整齐、美观和正确无误。

（7）原理图保存与输出

原理图设计完成后，需要将其保存或打印输出，还可以利用报表工具生成网络表、元件清单等报表，以备后用。

2. 原理图编辑器简介

原理图编辑器窗口如图 5.24 所示。该窗口主要由标题栏、菜单栏、工具栏、原理图编辑区和状态栏组成。

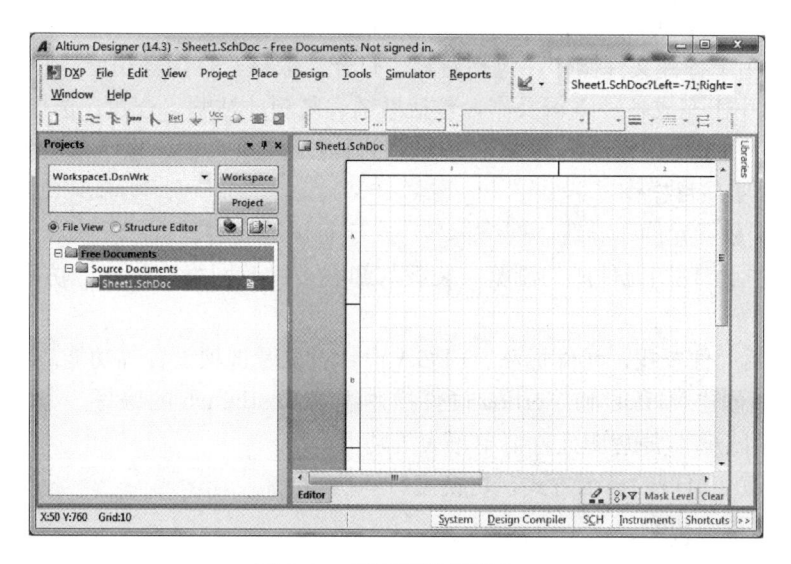

图 5.24 原理图编辑器窗口

(1) 标题栏

在原理图编辑器窗口中，标题栏用于显示原理图名称，系统默认名称为 Sheetl.SchDoc 等。

(2) 菜单栏

菜单栏列出了编辑原理图的不同菜单命令，Altium Designer 2014 的主菜单栏包括 File（文件）、Edit（编辑）、View（查看）、Project（项目管理）、Place（放置）、Design（设计）、Tools（工具）、Reports（报告）、视窗（Window）、Help（帮助）等菜单，通过菜单栏可以对原理图进行各种编辑。

(3) 工具栏

工具栏包括文件管理工具栏、配线工具栏、实用工具栏等，用户也可以自己定义工具栏。

(4) 原理图编辑区

原理图编辑区是原理图编辑器的主要窗口，用户绘制原理图时都是在编辑区进行操作。

(5) 命令状态栏

在命令状态栏中列出不同的选项，单击其中一个选项，将弹出相应的工作面板。

3. 创建原理图文件

Altium Designer 2014 将项目的概念引入到电子线路 CAD 中。在 Altium Designer 2014 中，先是创建一个项目文件（项目扩展名为户 PrjPCB），然后在该项目文件下再新建或添加各设计文件（如原理图文件、PCB 文件等）。这样，一旦项目被编辑，设计验证、同步和对比就会产生。例如，当项目被编辑后，项目中的原理图或 PCB 的任何改变都会同步更新。因此，在创建原理图文件之前，一般要新建一个项目文件。

(1) 新建项目文件

建立项目文件的具体过程参看本项目任务一。

（2）新建原理图文件

建立项目文件后，就可以在该项目文件下新建原理图文件，具体过程参看本项目任务一。

4. 主菜单

通过操作主菜单，可以完成绘制原理图所需的操作。

File：主要用于各种文件操作，包括新建、打开、保存及打印等功能。

Eidt：主要用于完成各种编辑操作，包括撤销、复制、粘贴、查找、选择等功能。

View：主要用于工作窗口的放大与缩小、打开与关闭工具栏、显示格点等功能。

Project：用于项目操作。

Place：用于放置元件、导线、网络标号、文字标注等内容。

Design：包括原理图元件库的浏览、装载与卸载，以及网络表生成、仿真操作、层次电路管理等功能。

Tools：包括元件查找、元件标注、FPGA 设计，以及选项设置等功能。

Simulator：创建 VHDL 和 Verilog 硬件描述语言 Testbench 的编写。

Reports：用于产生原理图元件清单报表等功能。

Window：改变窗口的显示方式，切换窗口等功能。

Help：提供帮助功能。

5. 工具栏

（1）标准工具栏

标准工具栏如图 5.25 所示，包括新建、打开、保存、打印、窗口的放大与缩小、复制、粘贴、撤销、选择、帮助等常用工具，具体按钮和功能见表 5.2。

图 5.25 原理图编辑标准工具栏

表 5.2　　　　　　　　　　标准工具栏的按钮和功能

按钮	功能	按钮	功能
	创建任意文件		粘贴
	打开已存在文件		放置选中对象
	保存当前文件		选中区域内所有对象
	打印当前文件		移动已选中元器件
	打印预览本文件内容		取消选中
	打开器件视图页面		清除当前过滤器
	显示全部对象		恢复撤销的操作
	显示选定区域		撤销前一个操作
	缩放选中对象		改变设计层次
	剪切		交叉探测打开的文档
	复制		浏览元件库

(2) 配线工具栏

在原理图的编辑过程中，配线工具栏如图 5.26 所示，其主要功能是放置具有电气特性的元件、导线、网络标号等，其按钮和功能见表 5.3。

图 5.26 配线工具栏

表 5.3　　　　　　　　　　配线工具栏主要按钮和功能

按钮	功能	按钮	功能
	画导线		放置层次电路输入输出端口
	画总线		放置设备图表符
	放置信号线束		放置 C 代码符号
	画总线入口		放置 C 代码端口
Net	放置网络标号		放置线束连接器
	放置接地符号		放置线束端口
VCC	放置电源符号	D1	放置电路的输入输出端口
	放置元件	×	放置忽略所有电气规则检查标识
	放置层次电路图符号		放置忽略指定电气规则检查标识

(3) 实用工具栏

实用工具栏如图 5.27 所示。该工具栏包含几个常用的子工具栏，如图 5.28 所示。

图 5.27 实用工具栏

6. 工作面板

进入原理图编辑器后，将会在原理图编辑器中显示出常用工作面板，如图 5.29 所示。较常用的工作面板类型包括 Files、Projects、Libraries 等。

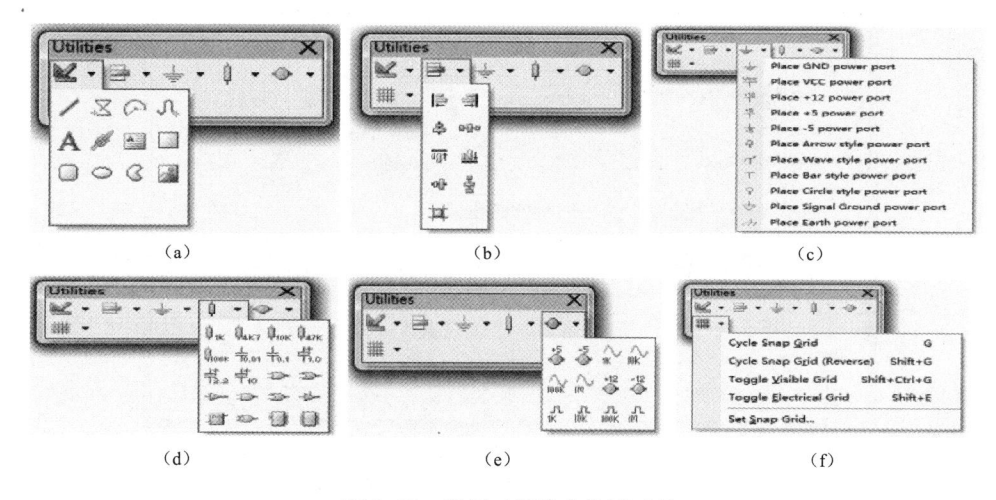

图 5.28 实用工具栏中常用工具

(a) 绘图工具栏；(b) 调准工具栏；(c) 放置电源和接地工具栏；
(d) 放置元器件工具栏；(e) 放置信号源工具栏；(f) 网格工具栏

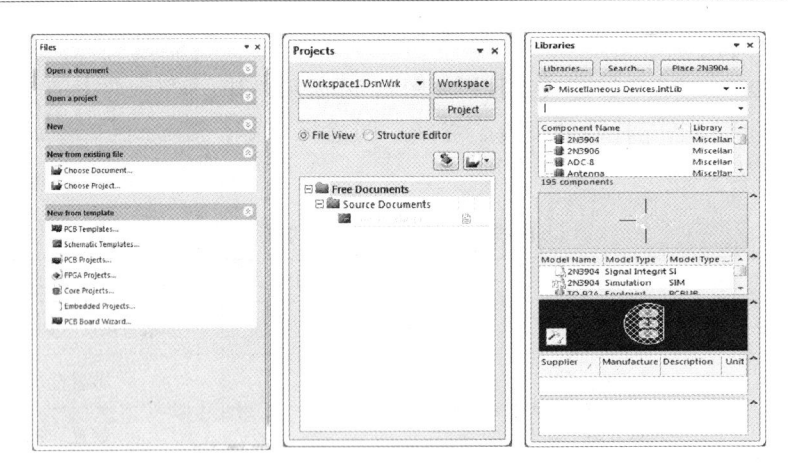

图 5.29 原理图编辑器常用工作面板

其中 Files 面板主要用于新建与打开各类文档；Projects 面板主要用于显示已打开项目文件所包含的子文件的树型结构，类似资源管理器窗口；Libraries（元件库）面板主要用于元件库的管理，包括元件库的装载与卸载、元件查找及放置元件等功能。

四、设置原理图图纸

原理图编辑区是编辑电路原理图的工作区，在编辑原理图前，一般先根据原理图复杂程度选择图纸类型、尺寸及标题栏样式。

1. 原理图图纸的设置方法

执行菜单命令 Design→Document Options，在弹出的对话框中打开"Sheet Options（图纸选项）"选项卡，显示相关的选项，如图 5.30 所示。

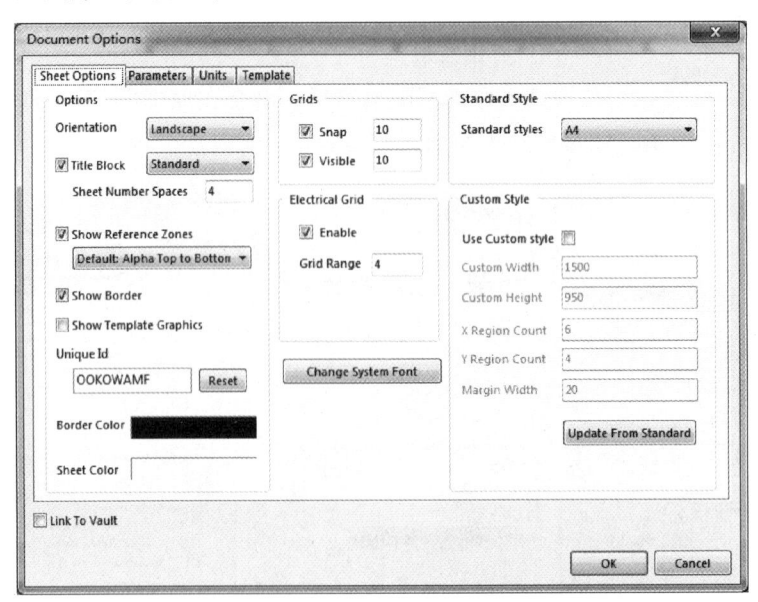

图 5.30 文档选项对话框

（1）选定图纸大小

图纸大小既可以从标准图纸样式中选择，也可以由用户自定义。在设计电路图时一般用得较多的是标准图纸样式。选择标准图纸样式的方法是：在"Standard styles"（标准图纸格式)选项区域中,单击"Standard Styles"下三角按钮,选择所需图纸类型即可。在"Standard Styles"设置框内,提供了下列标准尺寸图纸。

米制:A0、A1、A2、A3、A4,其中 A4 最小。

英制:A、B、C、D、E,其中 A 最小。

其他:还支持其他类型的图纸,如 orcadA、Letter 等。

(2) 选择图纸方向和标题栏样式

在图 5.30 所示中的"Options"设置框包含了图纸方向选择、标题栏与边框设定等几部分。其中:

Orientation(方向):选择图纸方向。有两种方式可供选择:Landscape(图形水平放置)和 Portait(图形垂直放置)。

Titil Block(标题栏):标题栏显示开关和标题栏式样选择。当"Titil Block"左边的复选框选中时(框内出现"√"),标题栏将显示;反之,不显示标题栏。Altium Designer 2014 提供了两种类型的标题栏:Standard(标准型)和 ANSI(美国国家标准协会)。

Show Reference Zones(显示参考区):图纸参考边框显示开关。

Show Boarder(显示边界):图纸边界显示开关。

Show Template Graphics(显示模板图形):图纸模板图形显示开关,当该复选框选中时,将显示模板文件中的图形部分。

Boarder Coloer(边缘色):图纸边框颜色的选择。

Sheet Coloer(图纸颜色):图纸背景颜色的选择,默认为淡黄色。

(3) 网格设置

Snap:捕获网格。当选中捕获功能时,光标将只能按设定距离移动,设定距离大小由捕获网格右边文本框输入的数字来确定。例如,当捕获网格右边文本框设定为"10"时,光标将以"10"为基本单位来移动,其目的是为了方便对准目标或引脚。

Visible:可视网格。当该项复选框选中时,将显示网形栅格;图纸上显示栅格的间距由右边文本框输入的数字来确定,它不会影响到十字光标的位移量,只会影响视觉效果。

(4) 电气网格设置

选中电气网络设置时,系统在画导线时,会以箭头光标为圆心,以电气网格栏中的设置值为半径,向四周搜索电气节点。如果找到了最近的节点,就会把十字光标移到该节点上,并在该节点上显示出一个小圆点。如果取消,则无自动搜寻电气节点功能。

2. 自定义图纸格式

如果图 5.30 所示中的标准图纸样式不能满足用户要求,可以自定义图纸大小。自定义图纸大小可以在"Custom Style(自定义风格)"选项区域中设置。在"Custom Style"选项区域选中"Use Custom Style(使用自定义风格)"复选框,如果没有选中"Use Custom Style"复选框,则该选项区域的"Custom Width"等设置选项变成灰色,不能进行设置。

3. 设置图纸参数

在"Sheet Options(文档选项)"对话框中打开"Parameters(参数)"选项卡,即可设置图纸参数,如图 5.31 所示。提供的信息主要有:

Address1:第一栏图纸设计者或公司地址。

Address2:第二栏图纸设计者或公司地址。

Address3：第三栏图纸设计者或公司地址。
Address4：第四栏图纸设计者或公司地址。
ApprovedBy：审核单位名称。
Author：绘图者姓名。
DocumentNumber：文件号。
用户可以根据需要增加、删除或编辑某些信息。

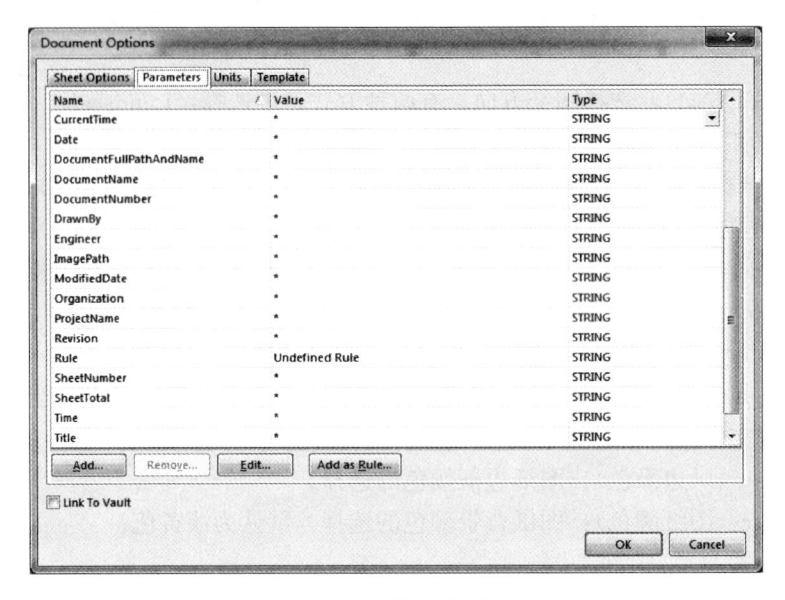

图 5.31　参数选项卡设置

五、放置元件

设置完原理图图纸格式后，就可以开始放置元件了。在放置元件之前，需先装载原理图元件库，下面将对这些操作进行介绍。

1. 装载元件库

Altium Designer 2014 推出了全新的集成库概念，使得设计人员在进行原理图绘制的过程中对元器件和 PCB 元器件都能一目了然，真正做到了原理图设计和 PCB 设计的高度统一。装载元件库的具体过程参看本项目任务一。

2. 查找元件

Altium Designer 2014 提供了大量元件的原理图符号，在绘制原理图之前，必须知道电路图中每个元件所在的库。

Altium Designer 2014 提供的搜索功能可以查找到元件所在的库，操作步骤如下。

① 在 Library 工作面板中，单击 Search 按钮，弹出如图 5.32 所示的"Library Search"对话框。

② 在"Search in（查找类型）"选项区域的下拉列表框中选择"Components"选项，表示要查找的类型是元件，在"Scope（范围）"选项区域中一般选择"Libraries on path（路径中的库）"单选按钮。

③ 将"Path（路径）"选项区域中"Path"项设置为 Altium Designer 2014 库文件夹安

图 5.32　Library Search 对话框

装路径，默认路径为 C：programfiles \ altium 2014 \ library，同时确认"Include Subdirectories（包含子目录）"复选框被选中；"FileMask（文件屏蔽）"选项设置为 *.*。

④ 在"Library Search"对话框顶部的文本框中输入要查找的元件名称。例如 LM555CN

⑤ 单击 Search 按钮开始搜索，查找结果会显示在元件库工作面板中。但该库并未加载到当前库中，因此双击 LM555CN 所查元器件时，会弹出图 5.33 所示的对话框，询问是否安装该库，单击 Yes 按钮，安装该库，并放置元器件；单击 No 按钮，不安装该库，但可以放置该元器件。

⑥ 能否找到所需要的组件关键在于输入的规则设置是否正确，一般尽量使用通配符以扩大搜索范围。

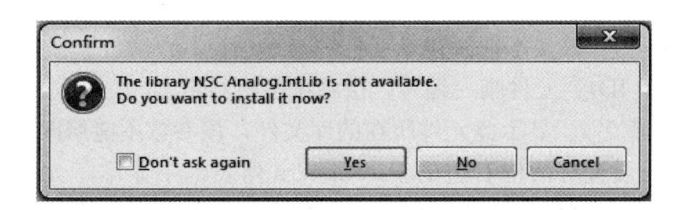

图 5.33　确认安装库对话框

3. 放置方法

装载完原理图元件库后，就可以放置电路原理图的元件了。放置元件的具体过程参看任务一。

4. 设置元件属性

当元件放置在原理图编辑区后，有的元件属性还不明确，这不但会影响原理图的阅读，还会影响网络表的生成和印制电路板的绘制。所以，放置元件后还必须对元件的属性进行设置。元件属性的设置主要包括元件的封装、标号、引脚号定义等，下面将详细介绍元件属性的设置方法。

设置元件属性的常用方法有如下两种。

方法一：在放置元件操作过程中，当元件处于浮动状态时，此时元件符号可随光标移动，按下"Tab"键就可打开如图 5.34 所示的"元件属性"对话框。

方法二：将光标移到元件上，双击鼠标左键即可弹出此"Properties（元件属性）"对话框，如图 5.34 所示。

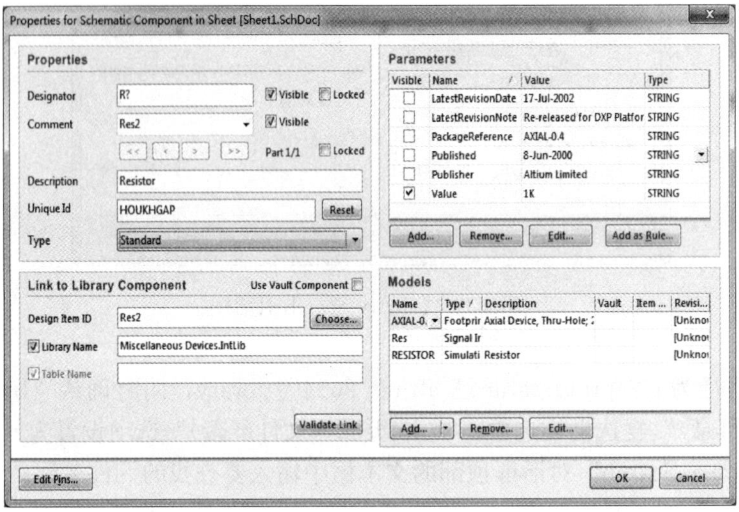

图 5.34　元件属性对话框

"Properties"对话框中主要内容的含义如下。

Designator（标识符）：在此文本框中可以输入元件标号，其后的可视复选框用于设定是否显示元件标号名称。各个元件的元件标号是不允许相同的。

Comment（注释）：在此文本框中可以输入元件注释，其后的可视复选框用于设定是否显示元件注释。

Description（描述）：该文本框中显示元件的描述信息。

Unique ID（唯一 ID）：元件唯一编号，由系统随机给定。

Library Name（库名）：显示此元件所在的库文件，该参数不能修改。

在"Properties"设置对话框右边的 Parameters 列表框中显示了元件的参数列表信息，如元件的类别、制作者、制作日期和参数值等，如果要编辑相应的信息，可在编辑处单击鼠标左键，然后在显示的表格中输入即可。

位于"Properties"对话框右下角的 Models 列表框中可以对元件的封装信息进行编辑、添加和删除操作，如图 5.34 所示显示电阻的封装为 AXIAL-0.4。

如果要对元件的引脚进行编辑，单击 Edit Pins（编辑引脚）按钮，即可打开"Component Pin Edit（元件引脚编辑器）"对话框，如图 5.35 所示。

在"Component Pin Edit（元件引脚编辑器）"对话框中显示了各个引脚的信息，如果要对某个引脚进行编辑，选中要编辑的引脚后，单击 Edit 按钮，打开"引脚属性"对话框，在"引脚属性"对话框中可以设置引脚的属性和参数，设置完后单击按钮即可。

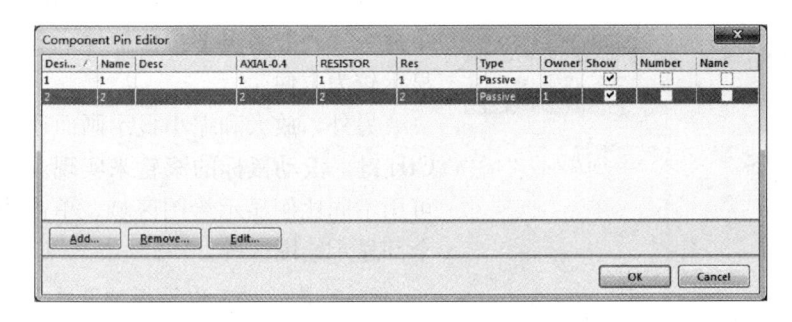

项目五　Altium Designer 2014 原理图与印制电路板的设计

图 5.35　"元件引脚属性编辑器"对话框

六、放置导线

元件放置在工作面板上并调整好各个元件的位置后，接下来的工作是对原理图进行布线，将元件用导线连接起来。

1. 放置导线

放置导线的方法是：单击配线工具栏上的 ≋ 按钮或执行菜单命令 Place→Wire 原理图编辑区将处于连线状态，此时光标指针由空心箭头变为"＋"字。将光标指针移到连线的起点（元件端点或导线端点等）单击鼠标左键，就会出现一条随光标指针移动的预拉线，当光标指针移动到连线的转弯点时，单击鼠标左键就可定位一次转弯。当光标指针移到连线的终点时，单击鼠标左键，确定连线的终点，结束本次连线，但仍处于连线状态，如需退出连线状态，可再单击鼠标右键或按 Esc 键。

2. 设置导线属性

当需要修改导线属性时，可用鼠标双击导线，将弹出如图 5.36 所示导线对话框。

在导线对话框中可以进行导线宽度、颜色等的设置。各项功能如下。

Color：导线的颜色。默认时为蓝色。

Wire Width：导线宽度。当需要改变时，可单击导线宽度的下三角按钮，找出并选择所需导线宽度即可，列表窗内提供了 smallest、small、medium、large 4 种导线宽度。

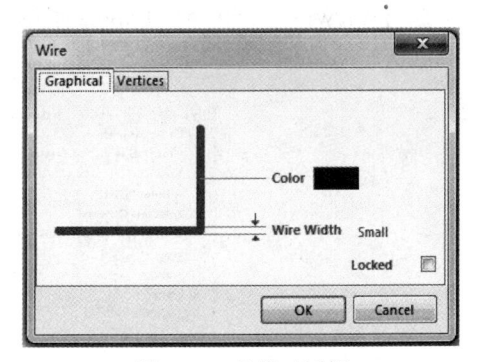

图 5.36　导线对话框

七、如何改变视窗操作

在电路绘制过程中，设计者需要经常查看整张原理图或原理图的一个局部区域，因此要经常改变显示状态，放大、缩小或移动绘图区以满足工作需要。对设计图纸的画面操作通常有放大、缩小或移动等。

1. 工作窗口的缩放

（1）放大显示画面

放大显示画面的方法主要包括：按快捷键 page up；单击相关视图缩放按钮；选择菜单命令。一般情况下按快捷键 page up 来放大显示较为方便。

（2）缩小显示画面

缩小显示画面的方法主要包括：按快捷键 page down；单击相关视图缩放按钮；选择菜

单命令。一般情况下按快捷键 page down 来缩小显示较为方便。

另外，放大和缩小显示画面还可以按住键盘 Ctrl 键，滚动鼠标的滚轮来实现。通过菜单命令可用不同比例显示绘图区域、单击快捷按钮可以全部显示绘图区等。

2. 工具栏和工作面板的开关

在绘制原理图过程中，为了提高工作效率，经常要用到工具栏与工作面板，其中工具栏的显示方法如下。

执行 View→Toolbars 菜单命令，弹出工具栏命令的子菜单，如图 5.37 所示。

在工具栏命令的子菜单中列出了所有工具栏选项，选择某个工具栏选项，则该工具栏将显示在原理图编辑区，同时，在该工具栏选项前加一个勾选标记，表示该工具栏已经显示。如果要关闭此工具栏，则再一次选择此带有勾选标记的工具栏选项即可。

工作面板的显示方法如下：

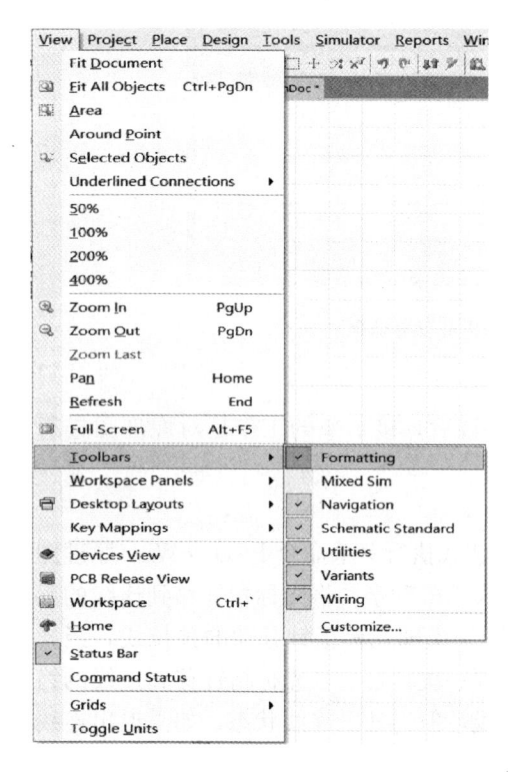

图 5.37 工具栏显示设置

执行 View→Workspace Panels 菜单命令，系统将弹出工作区面板命令的子菜单，如图 5.38 所示。

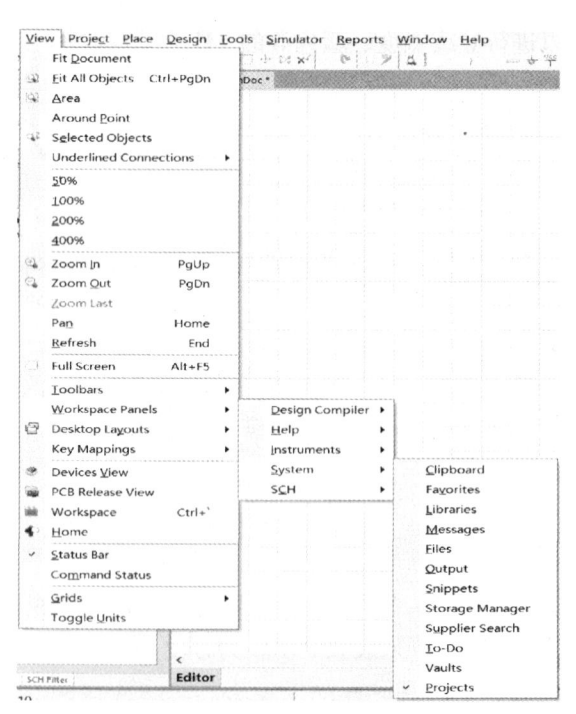

图 5.38 工作面板显示设置

在工作区面板命令的子菜单中列出了所有工作面板选项，选择某个工作面板选项，则该工作面板将显示在原理图编辑区，同时，在该工作面板选项前加了一个勾选标记，表示该工作面板已经显示。

八、编辑对象

在绘制原理图的过程中，为了使原理图布局合理，经常要调整元件或导线等对象，有时也需要删除、粘贴对象等，下面将介绍编辑对象的方法。

1. 选取对象

选取对象最常用的对象选择方法有如下两种。

（1）拖动鼠标法

在原理图图纸的合适位置按住鼠标不放，光标变成十字形，移动光标到合适位置，直接在原理图图纸上拖出一个矩形框，框内的对象（包括元件或导线等）就全部被选中，被选取的对象周围有虚框出现，如图 5.39 所示。注意：在拖动过程中，必须按住鼠标不放。

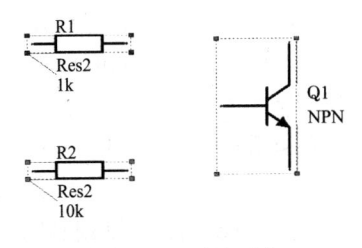

图 5.39 选取对象

（2）使用 Shift 键

按住 Shift 键不放，单击想要选取的对象，通过多次单击可以选取多个对象，选取完毕释放 Shift 键。如果只选取单个元件，则用鼠标单击想要选取的那个对象即可。

2. 删除对象

删除对象的方法是，首先选取要删除的对象，然后按 Delete 键即可。

3. 移动对象

在移动对象之前先选取所需移动的对象（可以是单个也可以是多个）然后按下列两种方法可移动对象。

（1）鼠标移动

在选中区域按住鼠标左键不放，然后拖动到适当位置，再松开鼠标左键即可。

（2）菜单命令移动

使用菜单命令移动对象的具体操作如下。

首先选择 Edit→Move→Move 菜单命令，光标将变为十字形。其次将光标移动到需要移动的元件上并单击鼠标。最后将光标拖动到适当位置，然后再单击鼠标即可。

4. 对齐对象

首先选取需要对齐的多个对象，然后执行 Edit→Align 菜单命令，弹出对齐命令的子菜单，如图 5.40 所示。

其各菜单项功能如下。

Align（排列）：将弹出对象对齐设置对话框，可进行较复杂的对齐。

Align Left（左对齐排列）：将选取的对象

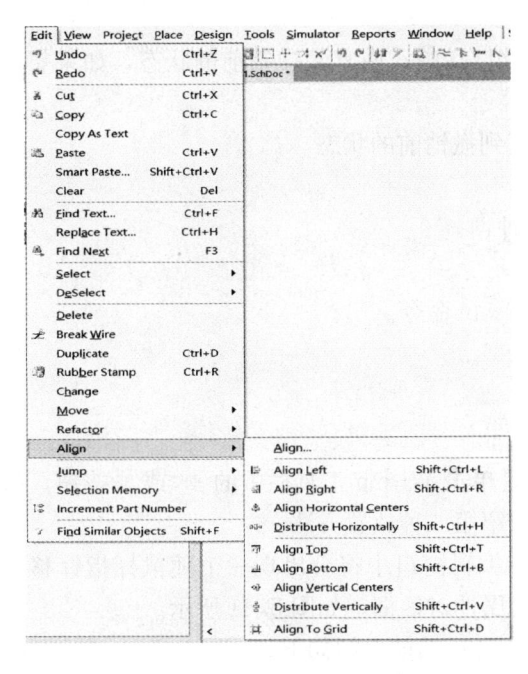

图 5.40 对齐命令的子菜单

向最左边的元件对齐。

Align Right（右对齐排列）：将选取的对象向最右边的元件对齐。

Align Horizontal Centers（水平中心排列）：将选取对象向最左边元件和最右边元件的中间位置对齐。

Distribute Horizontally（水平分布）：将选取的对象在最左边元件和最右边元件之间等距离放置。

Align Top（顶部对齐排列）：将选取的对象向最上面的元件对齐。

Align Bottom（底部对齐排列）：将选取的对象向最下面的元件对齐。

Align Vertical Centers（垂直中心排列）：将选取对象向最上面元件和最下面元件的中间位置对齐。

Distribute Vertically（垂直分布）：将选取的对象在最上面元件和最下面元件之间等距离放置。

Align To Grid（排列到网格）：用于设定对象对齐时，是否将对象移动到格点上。

5. 撤销与恢复对象

在原理图编辑过程中，有时需要撤销最后一步或几步操作，有时需要恢复刚刚撤销的操作，下面将介绍撤销与恢复命令的方法。

（1）撤销命令

执行撤销命令有如下两种方法。

① 执行菜单命令 Edit→Undo（或按 Ctrl+z 组合键），撤销最近一步操作，恢复到最近一步操作之前的状态，如果想恢复多步操作，只需多次执行该命令即可。

② 单击标准工具栏的撤销命令按钮 。

（2）恢复命令

执行恢复命令方法有如下两种。

① 执行菜单命令 Edit→Redo（或按 Ctrl+y 组合键），恢复到撤销前的状态，如果想恢复多步操作，只需多次执行该命令即可。

② 单击主工具栏中的恢复命令按钮 ，恢复到撤销前的状态。

6. 复制、剪切和粘贴对象

复制、剪切和粘贴对象的常用方法有如下两种：

（1）执行 Edit 菜单命令

执行 Edit 菜单下的 Copy 命令、Cut 命令和 Paste 命令。

（2）使用工具栏快捷按钮

在标准工具栏中有相应操作的快捷按钮 。

九、放置电源和接地符号

放置电源和接地符号主要有两种方法，一种是单击 Wiring 工具栏中的 或 按钮，另一种是执行 Place→Power Port 菜单命令，下面介绍第二种放置方法。

执行 Place→Power Port 菜单命令，在原理图编辑窗口中将会出现一个随鼠标指针移动的电源符号，按 Tab 键弹出 Power Port 电源端口属性对话框，如图 5.41 所示。

在"电源端口"对话框中可以编辑电源属性，各项功能介绍如下。

Color：设置电源或接地符号的颜色。

项目五　Altium Designer 2014 原理图与印制电路板的设计

Orientation：设置电源或接地符号的方向，从下拉菜单中选择所需要的方向，有 0 degrees、90degrees、180degrees、270degrees。方向的设置可以通过在放置电源和接地符号时按空格键实现，每按一次空格键就变化 90°。

Location：可以定位 X、Y 坐标，一般采用默认设置即可。

Style：电源类型。单击电源类型的下三角按钮，出现 7 种不同的电源类型，如图 5.42 所示。

Net：设置网络标号属性。在网络名称中输入所需要的名字，比如 GND、VCC 等。通过网络名称的设置来确定它是电源还是接地符号。如果网络名称为 VCC，表明它是电源符号；如果网络名称为 GND，表明它是接地符号。

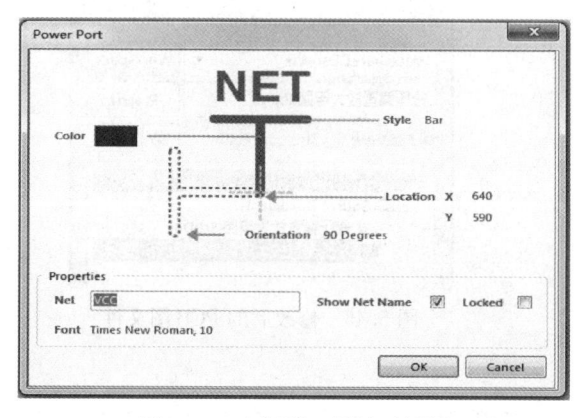

图 5.41　电源端口属性对话框

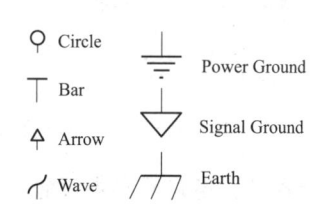

图 5.42　电源与接地类型符号

任务二　分压偏置放大电路 PCB 图的设计

任务描述

本项目的任务是如图 5.43 所示的分压偏置放大电路 PCB 图的设计，将完成的 PCB 图以分压偏置放大电路为文件名存入练习目录中。

任务分析

要完成此项任务，需要掌握以下方面的知识：
（1）PCB 文件的创建。
（2）PCB 板的图纸设置和规划。
（3）导入网络表。
（4）手动布局的方法。
（5）布线规则设置。
（6）自动布线方法。
（7）补泪滴工具的基本使用。

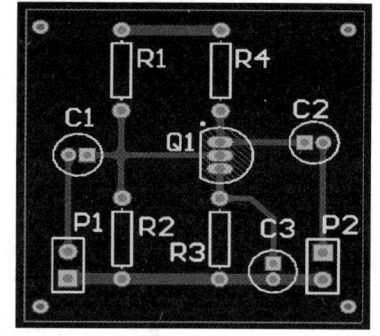

图 5.43　分压偏置放大电路 PCB 图

操作步骤

⊙ 步骤一：新建 PCB 文件

执行菜单命令 File→New→PCB，在 Projects 面板的项目文件下新建一个 PCB 文件 PCB1.PcbDoc 如图 5.44 所示。用鼠标右键单击该文件，在弹出的快捷菜单中选择 Save 命令，系统将弹出文件保存对话框，在对话框中确定保存路径和输入文件名称"分压偏置放大电路.PcbDoc"，单击"保存"按钮即可。这样在 Projects 工作面板中 PCB 文件名称将变为分压偏置放大电路.PcbDoc 如图 5.45 所示。

图 5.44　新建的 PCB 图文件 　　　　图 5.45　修改后的 PCB 图文件

⊙ 步骤二：电路板参数设置

执行菜单命令 Design→Board Options，打开 Board Options 对话框，参数设置如图 5.46 所示。单位设置为"Imperial"。选中"Snap To Object Hotspots"前的复选框，表示具有自动捕捉到目标热点的功能。

图 5.46　参数设置对话框

项目五　Altium Designer 2014 原理图与印制电路板的设计

> **提　示**
> 1000mil＝1英寸＝25.4mm

执行菜单命令 Design→Board Layer&Colors，打开如图 5.47 所示 "View Configurations" 对话框。该对话框共有 7 个选项区，包括信号层（Signal Layers）、内部电源\接地层（Internal Planes）、机械层（Mechanical Layers）、屏蔽层（Mask Layers）、丝印层（Silk-Screen Layers）、其他层（Other Layers）和系统颜色（System Colors）。每一个图层的后面都有"表示"复选框，选中时将显示该图层。单击每项后面的颜色矩形块，可在弹出的选择颜色窗口中选择其他颜色。

单击全部选择按钮，将显示所有层；单击全部非选择按钮，将关闭所有层；单击选择使用的按钮，则只显示用户用到的层。一般保留系统默认设置。

图 5.47　选择板层和颜色对话框

⊙ 步骤三：规划 PCB 板

可以采用向导或手动方式创建 PCB 板，在这里采用手动方式来创建，其步骤如下。

（1）设置 PCB 板物理边界

物理边界就是电路板的实际形状及其外形尺寸大小，在机械层 Mechanical 1 绘制。将 PCB 绘图窗口的当前层设置为 Mechanical 1（机械层 1），然后单击 Utilities（实用）工具栏中的画直线工具 ╱ 按钮，绘制 PCB 板的物理边界。

（2）设置 PCB 板的电气边界

PCB 板的电气边界用于设置元件和导线的放置范围，电气边界必须在禁止布线层（Keep-Out Layer）绘制。方法是先将当前层设置为 Keep-Out Layer（禁止布线层），然后单击 Utilities（实用）工具栏的画直线工具 ╱ 按钮，画出边界线，如图 5.48 所示。

图 5.48　绘制好电气边界的 PCB

⊙ 步骤四：加载元器件封装库

分压偏置放大电路中所用到的元件有：电阻、电容、三极管等，这些元件的封装存放在集成库 Miscellaneous devices.intlib 中。在新建一个 PCB 文件时，会自动加载该集成库，如果库列表中没有该元件库，可以进行加载。

⊖ **步骤五：导入网络表**

打开 PCB 文件，执行菜单命令 Design→ "Import Changes From 分压偏置放大电路.PrjPcb"如图 5.49 所示，将原理图的设计信息全部装载到 PCB 文件中。执行该命令后将弹出 "Engineering Change Order" 对话框，如图 5.50 所示。

该对话框左边为 "Check" 列表，主要修改的项目有 Add Components Classes（添加元件类组）、Add Components（添加元件）、Add Nets（添加网络）、Add Rooms（添加 Room 空间）等几类。

单击 Validate Changes 按钮，系统检查所有更改是否都有效。如果有效，将在右边 "Check（检查）" 栏的对应位置打钩如图 5.51 所示；否则会打上红色的叉，表示错误，同时在右边的 "Message" 栏显示产生错误的原因。一般错误是由于原理图元件的封装设定错误或没有将所用元器件封装库载入编辑器中所造成的。若出现错误，则单击关闭按钮，返回原理图进行修改，或添加所需的 PCB 库，直到 "Check（检查）" 栏全部正确为止。

图 5.49 由原理图更新 PCB 的菜单命令

图 5.50 Engineering Change Order 窗口

在 "Check（检查）" 栏全部正确后，单击执行变化按钮，系统将执行所有更改操作。若执行成功，则在 "Done（完成）" 栏将全部打上钩，如图 5.52 所示。

单击 Report Changes…按钮，可将更新结果生成报表。

在对话框的 "Done（完成）" 栏全部打上钩后，单击关闭按钮，关闭该对话框，同时原理图的设计信息将被全部传送到 PCB 文件中，如图 5.53 所示。接下来的工作就是在 PCB 上进行元件的布局和布线操作。

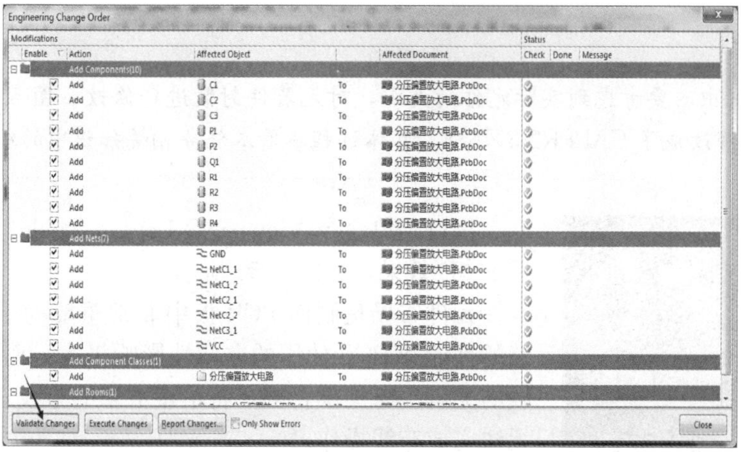

图 5.51 执行使变化生效后的工程变化订单窗口

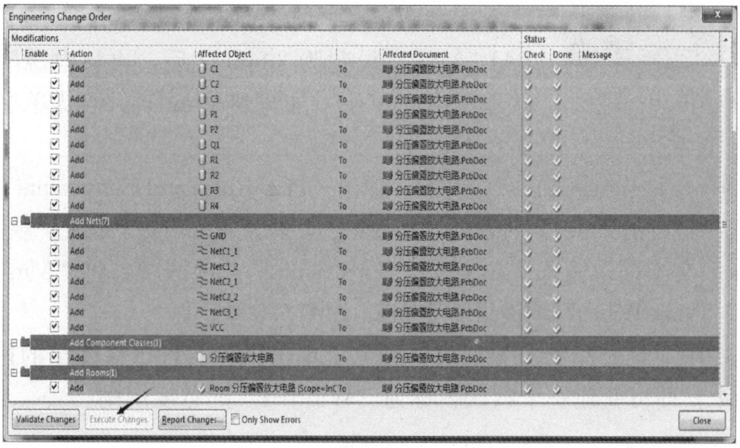

图 5.52 执行变化后的工程变化订单窗口

➲ 步骤六：PCB 板布局

导入网络表后，所有元件已更新到 PCB 板上，如图 5.53 所示。由于载入网络表后元件的摆放比较凌乱，布局不合理，需要对元件重新进行布局。由于该任务所用元件较少，可直接采用手工方式布局。手动布局后的 PCB 板，如图 5.54 所示。

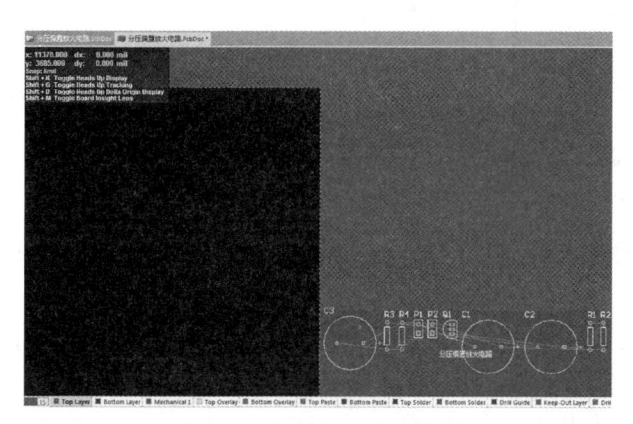

图 5.53 执行变化后 PCB 板 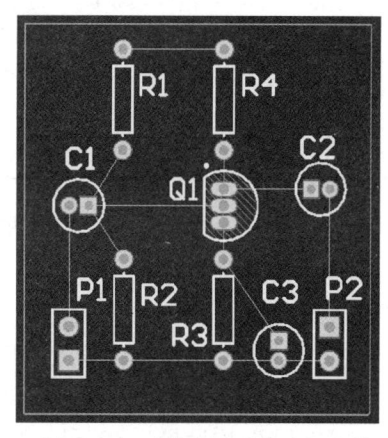   图 5.54 手动布局后的 PCB 板

> **提示**
>
> 在布局过程中，要考虑到实际元件的大小，对元器件封装进行修改。图5.53把电容C1、C2、C3的封装修改成了CAPPR2-5×6.8。具体过程参看本任务相关知识中的编辑元件部分。

执行菜单命令 View→3D Layout Mode，可以看到布局后的3D效果，如图5.55所示。

元件布局是制作PCB板中非常重要的工作，不仅对电路的性能和PCB使用的方便性影响极大，而且也是PCB布线的关键。布局不合理，将给接下来的布线造成麻烦，甚至无法完成布线操作。

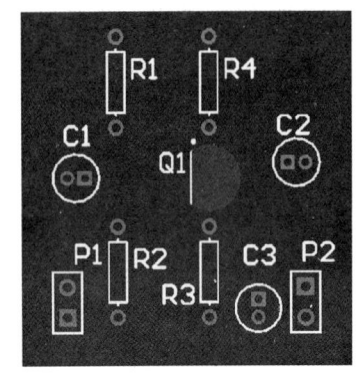

图 5.55　布局后的 3D 效果

⊙ **步骤七：自动布线**

在自动布线之前，首先要设置布线规则。本例先将所有（ALL）线宽设置为20mil之后，再将电源网络（VCC）和接地网络（GND）加宽到40mil，并且为单层板布线。

1. 设置布线宽度

① 执行菜单命令 Design→Rules（规则），弹出"PCB Rules and Constraints Editor"对话框。

② 双击左边"Design Rules"列表的"Routing"，展开 Routing（布线）规则。单击 Width 在右边的"Name"文本框中输入"ALL"，"Constraints"选项区中，将"Min Width"、"Preferred Width"和"Max Width"均设置为20mil，如图5.56所示。

③ 在图5.57中，将光标置于 Width 选项之上单击鼠标右键，在弹出的快捷菜单中选择"New Rule"命令，即可新建一个默认名称为"Width-1"的宽度规则。

图 5.56　Width 规则的属性　　　　图 5.57　添加布线宽度规则

④ 单击新建的"Width_1"宽度规则，在对话框的右边出现设置导线宽度的选项区，如图5.58所示。

在"Name"文本框中输入"VCC"，在"Where The First Object Matches"选项区中选择"Net"单选按钮，在"Constraints"选项区中，将"Min Width"、"Preferred Width"和"Max Width"均设置为40mil，如图5.59所示。

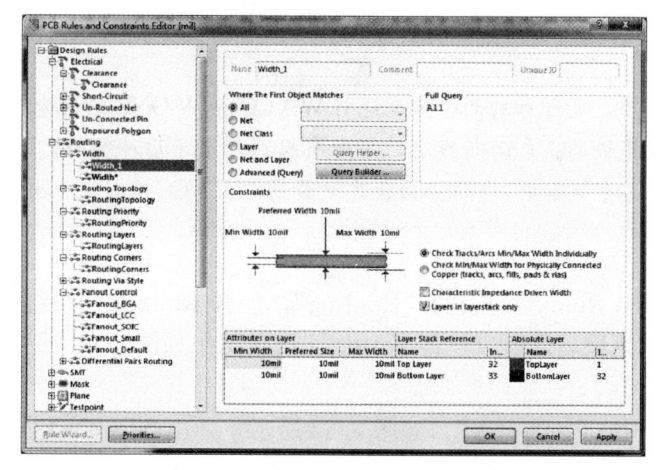

图 5.58 新建的 Width_1 规则

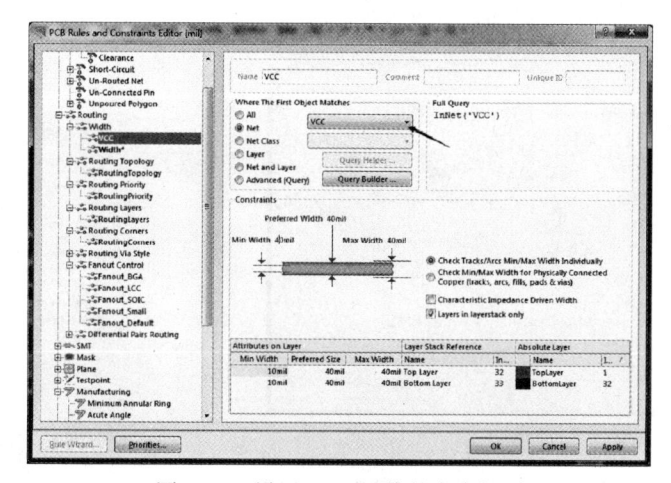

图 5.59 设置 VCC 网络的宽度规则

⑤ 按上所述方法添加接地网络宽度规则 GND。添加接地网络宽度规则 GND 之后，如图 5.60 所示。

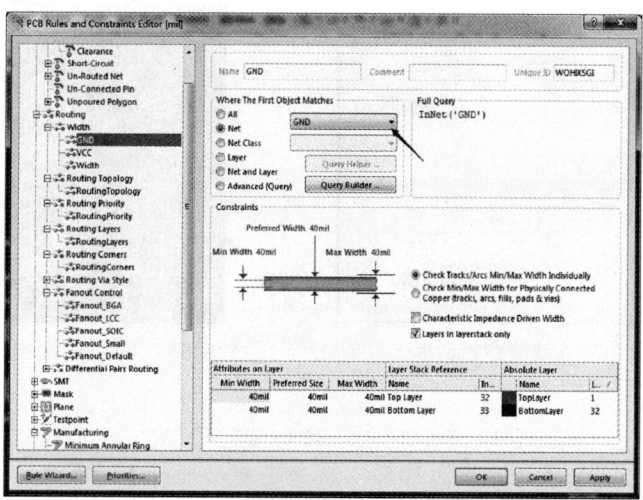

图 5.60 设置 GND 网络的宽度规则

> **提示**
>
> 优先级设置很重要，新增加的两个宽度规则 W-VCC 和 W-GND 的优先级要比已存在的默认宽度规则 Width 的优先级高。自动布线时，当多个规则产生矛盾冲突时，系统将按优先级最高的规则来布线。这里 3 个规则中，W-GND 优先级最高，W-VCC 次之，width 的优先级最低。

2. 设置板层

双击左边 "Design Rules" 列表的 "Routing"，展开 Routing（布线）规则。单击 Routing Layers 在右边的规则属性窗口，将 Bottom Layer 选中如图 5.61 所示。

3. 运行自动布线

执行菜单命令 Auto Route→All，如图 5.62 所示，弹出如图 5.63 所示的 Situs Routing Strategies 对话框。单击 Route All 按钮，系统将进行自动布线，并弹出一个自动布线信息对话框，最后布线完成后的电路板如图 5.64 所示。

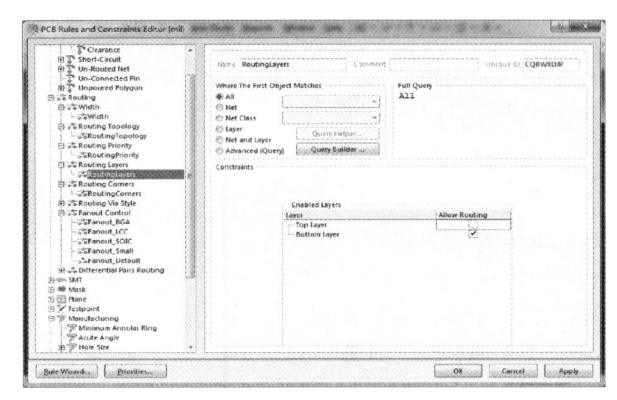

图 5.61　板层设置窗口

图 5.62　自动布线命令

图 5.63　situs 布线策略对话框

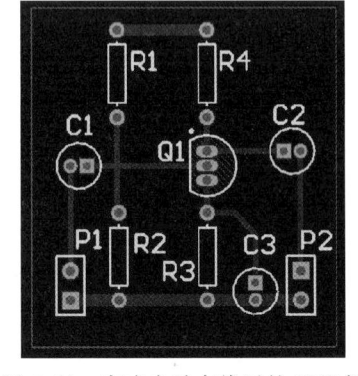

图 5.64　完成自动布线后的 PCB 板

> **提示**
>
> 经过自动布线后，如果对布线的结果不满意还可以进行手动布线的调整，具体手动布线的过程参看本项目任务四中的相关知识部分。

步骤八：完善电路板

1. 给焊盘添加泪滴

执行菜单命令 Tools→Tear Drops，弹出泪滴选项对话框，采用默认设置，即对全部焊盘添加圆弧形泪滴，单击 OK 按钮完成操作。添加泪滴后的 PCB 如图 5.65 所示。

2. 添加安装孔

执行菜单命令 Place→Via，或单击 Wiring 工具栏的（Place）按钮，此时光标变成十字形，即可在电路板上添加安装孔，添加后如图 5.66 所示。

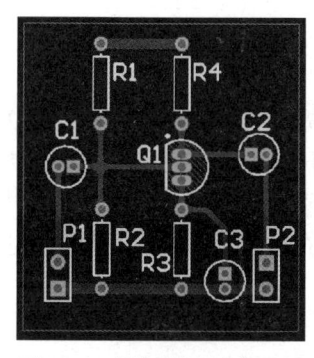

图 5.65　添加泪滴后的 PCB 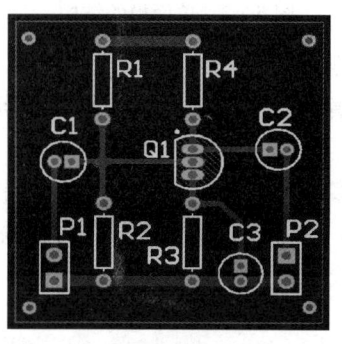　　　　图 5.66　添加安装孔后的 PCB

步骤九：保存 PCB 文件

执行菜单 File→Save 命令或"保存"按钮，即可保存 PCB 文件，同时完成了 PCB 的设计。

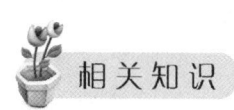

相关知识

一、认识印制电路板（PCB）

印制电路板（Printed Circuit Board）的英文简称是 PCB，也称印制线路板。它是以一定尺寸的绝缘板为基板，以铜箔为导线，经特定加工工艺，用一层或若干层导电图形以及所设计好的孔来实现元器件之间的电气连接关系。

二、PCB 的分类及结构

印制板种类很多，根据导电层数不同，可以将印制板分为单面电路板（简称单面板），双面电路板（简称双面板）和多层电路板（简称多层板）；根据制作材料的不同，又可以分为刚性印制电路板和柔性印制电路板。

下面将按导电层数分类来介绍印制电路板的结构特点。

1. 单面板

单面板的结构如图 5.67 所示。所用覆铜板只有一面敷铜箔，另一面为空白，因此只能在敷铜箔的敷铜箔面上（底层）制作导电图形。

单面板上的导电图形主要包括固定、连接元件引脚的焊盘和实现元件引脚互连的印制导线，在 Altium Designer 2014 的 PCB 编辑器中被称为"底层（Bottom Layer）"。没有铜膜的一面用于安装元件，在 Altium Designer 2014 的 PCB 编辑器中被称为"顶层（Top Layer）"。

2. 双面板

双面板的结构如图 5.68 所示，基板上下两面均覆盖铜箔。因此，上、下两面都会有导电图形。这些导电图形中除了焊盘、印制导线之外,还有用于连接上、下两面印制导线的金属化过孔(via)。由于双面板往往需要制作过孔,生产工艺比单面板复杂,成本也比单面板高。

图 5.67 单面板的结构

图 5.68 双面板的结构

3. 多层板

随着集成电路技术不断发展,元器件集成度越来越高,电路中元器件的连接关系越来越复杂,元器件的工作频率也越来越高。因此,双面板已不能满足布线和电磁屏蔽要求,于是就出现了多层板。在多层板中,导电层数一般为 4、6、8、10 等,例如在 4 层板中,上、下两面(层)为信号层(包括元件面和锡焊面,即信号线布线层),在上、下两层之间还有电源层和地线层,如图 5.69 所示。

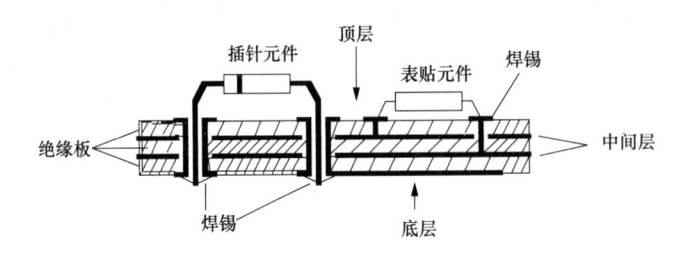

图 5.69 多层板的结构

三、PCB 的基本组件

1. 板层(layer)

印制电路板可以由许多层面构成。板层分为敷铜层和非敷铜层。一般在敷铜层上放置焊盘、铜膜导线等完成电气连接。在非敷铜层上放置元器件描述字符或注释图形等。

敷铜层一般包括顶层、底层、中间层、电源层、地线层等。非敷铜层包括印记层(又称丝网层、丝印层)、机械层、禁止布线层、阻焊层及助焊层、钻孔层等。

通常在电路板上,元器件都是放在顶层,所以一般顶层也称元器件面,而底层是焊接用的,所以又称焊接面。当然,顶层和底层都可以放元器件。

对于一个批量生产的电路板而言,通常在印制板上铺设一层阻焊剂,阻焊剂一般是绿色或棕色的,除了要焊接的地方外,其他地方根据电路设计软件所产生的阻焊图来覆盖一层阻焊剂,这样可以快速焊接,并防止焊锡溢出引起短路。而对于要焊接的地方,如焊盘,则要涂上助焊剂。

为了让电路板更具有可看性,一般在顶层上要印一些文字或图案,这些文字或图案属于非敷铜层,是以油墨印上去说明电路的,通常称为丝印层,在顶层的被称为顶层丝印层(top overlay),在底层的则被称为底层丝印层(bottom overlay)。

2. 焊盘(pad)

焊盘用于焊接固定元器件引脚或引出连线、测试线等,焊盘与元器件一样,可分为通孔式、表面贴片式两大类,其中通孔式焊盘必须钻孔,贴片式焊盘无须钻孔。

通孔式焊盘通常有圆形、矩形、正八边形等3种形状。表面贴片式焊盘通常有矩形、椭圆形。焊盘钻孔直径不能太小，也不能太大，原则上孔的尺寸比引脚直径大 0.2~0.4mm。

3. 过孔（via）

过孔也称金属化孔。对于双层板和多层板，各信号层之间是绝缘的，需在各信号层系的导线交汇处钻一个孔，并在孔壁上淀积金属以实现不同导电层之间的电气连接。为提高印制电路板的可靠性，在布线设计时应尽量减少过孔数量。

4. 飞线（connection）

印制电路板布线过程中的预拉线，它是装入网络表后，系统自动生成的。飞线只是在逻辑上表示出各个焊盘间的连接关系，没有实际电气连接意义，是用来指引布线的一种连线。

5. 铜膜导线（track）

铜膜导线也称印制导线或铜膜走线，用于连接各个焊盘，完成电气连接，是有宽度、有位置方向（起点和终点）和有形状（直线或弧线）的线条。铜膜导线是印制电路板最重要的部分，印制电路板的设计就是围绕如何布线来进行的。

6. 元器件封装（footprint）

原理图中的元器件指的是单元电路功能模块，是电路图符号。设计中的元器件则是指电路功能模块的物理尺寸，是元器件的封装。

（1）概念

元器件封装是一个空间的概念，主要是指实际的电子元器件焊接到电路板上时的外观形状和焊盘位置。元器件封装既起到了安放、固定、密封、保护芯片、分配电源等作用，也提供了芯片内部与外部电路信号传输的渠道，因此在选用元件时，不仅要知道元件的名称，还要知道元件的封装。元器件的封装是印制电路板设计中非常重要的概念，不同的元器件可以共用同一个封装，同种的元器件也可以有不同的封装。对于特殊的元器件封装，要自行设计。

（2）分类

元器件封装分为两大类：通孔式（针脚式）和表面贴片式封装两大类。

通孔式元器件封装：采用插入式封装技术（THT）对元件进行封装，它是针对针脚类元件的。针脚类元件焊接时先要将元件针脚插入焊盘孔中，然后再在焊锡面焊接。

贴片式元器件封装：此类元器件的焊盘只限于表面板层，即顶层或底层，其焊盘的"属性"对话框中，"层"属性必须选择为"Top Overlay"或"Bottom Overlay"。

四、PCB 的生产制作

常用的 PCB 制作方法有热转印法制板和雕刻法制板。

1. 热转印法制板

热转印法制板是使用激光打印机将设计的 PCB 图形打印到热转印纸上，再将热转印纸紧贴在覆铜板的铜箔面上，以适当的温度加热，转印纸上原先打印上去的碳粉就会受热融化，并转移到铜箔面上，形成腐蚀保护层。那些没有被抗蚀材料防护起来的不需要的铜箔随后经化学腐蚀而被去掉，留下由铜箔构成的所需图形。然后用钻床钻孔，擦拭清洗，电路板制作初步完成。热转印制板法的优点是快速、方便、成功率高、成本低。缺点是不能制作布线密度较高和较精细的板子，也不能自动钻孔。

2. 雕刻法制板

印制电路板雕刻机通过计算机控制，在空白的覆铜板上把不需要的铜箔铣去，形成用户定制的电路板。它直接利用文件信息，在不需要任何转换过程的情况下输出雕刻数据，通过自定义的数据格式控制机器自动完成雕刻、钻孔、切边等工作。制作一张普通的电路板只需几分钟到几十分钟。雕刻法制板工艺简单、方便，适合高精度电路板的制作。印制电路板雕刻机如图 5.70 所示。

五、PCB 设计原则

1. 印制电路板尺寸及板层选取原则

要进行印制电路板的设计，首先需要规划印制电路板的大小以及确定印制电路板的层数。

图 5.70　印制电路板雕刻机

印制电路板尺寸过大，一方面成本增加，另一方面会使印制导线长度加长，导致阻抗加大，抗噪声能力降低；印制电路板尺寸过小，一方面会增加安装难度，另一方面会导致散热不好，相互影响加大。确定合理的印制电路板尺寸是很必要的。另外板的层数越多，制作程序就越多，成品率就降低，成本也相对提高。所以在满足电气功能要求的前提下，应尽可能选用层数较少的印制电路板。

2. 印制电路板布局原则

元器件布局是将元器件在一定面积的印制电路板上合理地摆放。在设计中，元器件布局是一个重要的环节，往往要经过若干次布局才能得到一个比较满意的布局结果。一个好的布局，首先要满足电路的设计性能，其次要满足安装空间的限制，在没有尺寸限制时，要使布局尽量紧凑，尽量减小设计的尺寸，以减少生产成本。

3. 印制电路板布线原则

布线和布局是密切相关的两项工作，布局的好坏直接影响着布线的布通率。布线受布局、板层、电路结构和电性能要求等多种因素影响，布线结果又直接影响电路板性能。进行布线时只有综合考虑各种因素，才能设计出高质量的印制线路板。

（1）输入和输出端的导线应避免相邻平行。输入和输出端导线间最好添加线间地线，以免发生反馈耦合。

（2）导线宽度。印制电路板导线的最小宽度主要由导线与绝缘基板间的黏附强度和流过它们的电流值决定。导线宽度应以既能满足电气性能要求又便于生产为宜，它的最小值由承受的电流大小而定，但最小不宜小于 0.2mm（8mil），在高密度、高精度的印制线路中，导线宽度和间距一般可取 0.3mm；导线宽度在大电流情况下还要考虑其温升，单面板实验表明，当铜箔厚度为 50μm、导线宽度为 1～1.5mm、通过电流 2A 时，温升很小，因此，一般选用宽度为 1～1.5mm 的导线就可能满足设计要求而不致引起温升；印制导线的公共地线应尽可能粗，使用大于 2～3mm 的导线，这点在带有微处理器的电路中尤为重要，因为当地线过细时，由于流过的电流变化，地电位变动，微处理器定时信号的电平不稳，会使噪声容限劣化；在 DIP 封装的 IC 引脚间走线，可应用 10-10 与 12-12 原则，即当两引脚间通过 2 根线时，焊盘直径可设为 500mil、线宽与线距都为 10mil；当两引脚间只通过 1 根线时，焊盘直径可设为 640mil、线宽与线距都为 12mil。

（3）导线拐角。印制电路板导线拐弯一般取圆弧形或 45°拐角，直角或夹角在高频电路中会影响电气性能。

（4）印制导线的间距。相邻导线间距必须要能满足电气安全要求，而且为了便于操作和生产，间距也应尽量宽些，只要工艺允许，可使间距小于 0.5～0.80mm。最小间距至少要能满足承受的电压，这个电压一般包括工作电压、附加波动电压以及其他原因引起的峰值电压。如果有关技术条件允许导线之间存在某种程度的金属残粒，则其间距就会减小。因此，设计者在考虑电压时应把这种因素考虑进去。在布线密度较低时，信号线的间距可适当地加大，对高、低电平悬殊的信号线应尽可能短且加大间距。

（5）焊盘大小。焊盘的内孔尺寸必须从元件引线直径、公差尺寸以及焊锡层厚度、孔径公差、孔金属电镀层厚度等方面考虑，焊盘的内孔直径一般不小于因为小于 0.60mm 的孔开模冲孔时不易加工，通常情况下以金属引脚直径值加上 0.2mm 作为焊盘内孔直径，如电阻的金属引脚直径为 0.5mm 时，其焊盘内孔直径对应为 0.70mm，焊盘直径取决于内孔直径。

当焊盘直径为 1.5mm 时，为了增加焊盘抗剥强度，可采用长度不小于 1.5mm，宽为 1.5mm 的长圆形焊盘，此种焊盘在集成电路引脚焊盘中最常见。对于超出上述范围的焊盘直径可用下列公式选取：

直径小于 0.4mm 的孔：$D/d=0.5\sim3$（D 为焊盘直径，d 为内孔直径）。

直径大于 20mm 的孔：$D/d=1.5\sim2$（D 为焊盘直径，d 为内孔直径）。

4. 去耦电容的配置

为避免电源电磁干扰电磁兼容设计的常规做法之一是在印制板的各个关键部位配置适当的去耦电容。

5. 大面积敷铜

大面积敷铜主要有两种作用。一种是用于屏蔽以减小外界干扰，另一种作用是利于散热。使用大面积敷铜应局部开窗口，防止长时间受热时，铜箔与基板间的黏合剂产生的挥发性气体无法排除，热量不易散发，以致产生铜箔膨胀和脱落现象。此外，必须用大面积铜箔时，最好用栅格状。这样有利于排除铜箔与基板间黏合剂受热产生的挥发性气体。

六、PCB 设计流程

1. 新建 PCB 文件

绘制电路原理图是进行印制电路板设计的前期工作。电路原理图绘制完成后应确认元器件的封装是否符合要求。之后新建 PCB 文件，打开 PCB 编辑窗口。

2. 印制电路板参数设置

参数设置包括元器件的布置参数、板层参数、布线参数等。一般说来，有些参数设置可用默认设置。

3. 规划印制电路板

设计人员在印制电路板设计之前，要对印制电路板进行一个初步的规划。这个规划包括印制电路板的物理边界、电气边界、元器件的封装形式及安装位置、采用几层的电路板等。

4. 载入元件库和网络表

正确载入需要的元器件封装库后，电路板图面上就会出现需要的元器件封装。

网络表是原理图和 PCB 设计之间的桥梁，通过载入网络表，将电路原理图设计信息导入 PCB 编辑器，才能在 PCB 上进行布局和布线。

5. 元件布局

Altium Designer 2014 提供了自动布局和手动布局两种元件布局方式。当加载网络表后，各元器件封装也相应载入，并堆叠在一起，利用系统的自动布局功能可以将元器件自动布置在印制电路板内。但自动布置的结果，绝大部分不会使设计者满意，需要手工加以调整，直到满意为止。

6. 设置布线规则

对有特殊要求的元件、网络标号等，一般需在布线之前设置布线规则，例如安全距离、导线宽度、布线优先等级等。

7. PCB 布线

PCB 布线包括自动布线和手工布线两种，自动布线将元件之间的连接飞线转换为印制导线。手动布线是指设计人员手动将连接飞线转换为印制导线。自动布线结束后，还会存在许多令人不满意之处，需要手动加以调整。

8. PCB 优化

为了提高 PCB 的抗干扰能力，需要对 PCB 进行优化处理，包括补泪滴、覆铜、安装孔等。之后还要进行检查，查看是否有不合理的地方。

9. 保存及输出电路板

PCB 图绘制完成后，需要将其保存，也可以打印输出 PCB 布线图并生成制造装配文件和各种报表，方便用户阅读和查找相关参数。

七、PCB 编辑器简介

PCB 板编辑器的窗口，如图 5.71 所示。该窗口由菜单栏、工具栏、工作面板、绘图窗口、状态栏等组成。

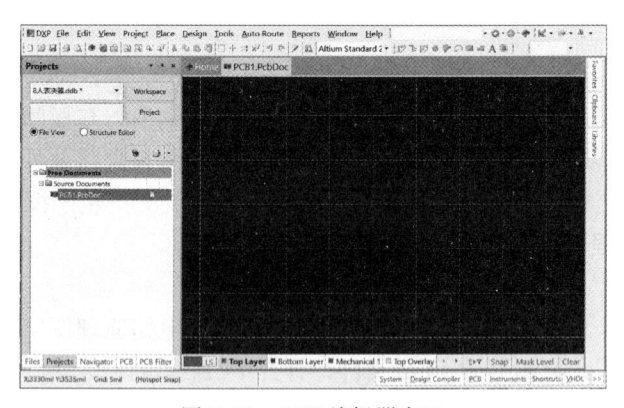

图 5.71 PCB 编辑器窗口

1. 菜单栏

Altium Designer 2014 的菜单栏包括 File（文件）、Edit（编辑）、View（查看）、Project（项目管理）、Place（放置）、Design（设计）、Tools（工具）、Auto Route（自动布线）、Reports（报告）、视窗（Window）、Help（帮助）等菜单，通过菜单命令可以完成 PCB 的设计。

2. 工具栏

工具栏包括 PCB 标准工具栏、配线工具栏、实用工具栏等，PCB 标准工具栏如图 5.72 所示，配线工具栏如图 5.73 所示，实用工具栏如图 5.74 所示，配线工具栏按钮功能如表 5.4 所示，实用工具栏按钮功能见表 5.5。

图 5.72 PCB 标准工具栏   图 5.73 配线工具栏   图 5.74 实用工具栏

表 5.4　　　　　　　　　　　　　　配线工具栏按钮功能

按钮	功能	按钮	功能	按钮	功能
	交互式布线		放置过孔		放置覆铜平面
	总线布线		边缘法绘制圆弧		放置字符串
	差分对布线		放置矩形填充		放置元件
	放置焊盘				

表 5.5　　　　　　　　　　　　　　实用工具栏按钮功能

按钮	功能	按钮	功能	按钮	功能
	绘图工具		查找工具		分区工具
	对齐工具		标注工具		栅格工具

3. 工作面板

常用的工作面板有：File（文件）面板、Project（项目）面板、Navigator（导航器）面板、Library（元件库）面板等，可以通过单击状态栏 System 选项卡中的选项来切换工作面板的显示。

4. 绘图窗口

绘图窗口是 PCB 编辑器的主要窗口，绘制和编辑 PCB 都在该窗口中进行。用鼠标左键单击该窗口下方的板层选项卡，可切换某一板层为当前层。

5. 状态栏

状态栏位于 PCB 编辑器的最下方，用于显示鼠标光标在绘图窗口中的坐标、当前的捕获栅格值等。执行菜单命令"View"→"Status Bar"，可切换状态栏的显示\关闭。

八、新建 PCB 文件

在设计 PCB 时，必须新建一个 PCB 文件。新建 PCB 文件的方法有两种：一种是通过向导生成 PCB 文件，另一种是手动创建空白 PCB 文件。

九、PCB 布局

导入网络表后，所有元件都已经更新到 PCB 板上，由于此时元件的摆放往往不合理，所以需对元件进行布局。Altium Designer 2014 提供了两种元件布局方法，一种是自动布局，另一种是手工布局。

Altium Designer 2014 的自动布局功能虽然强大，但自动布局后的元件一般都比较凌乱，结果难以令人满意。因此通常的做法是当元件数量较多时，先使用自动布局，然后再进行手动调整；元件数量比较少时，往往只采用手动布局。所谓手动布局，就是设计人员使用鼠标，将 PCB 上的元件放到合适的位置。

十、编辑元件

用鼠标双击某个元件，可打开该元件的属性对话框。

1. "Component Properties"选项区

Layer：该选项用于选择元件放置在电路板上的哪一个层，有 Top Layer（顶层）和 Bottom Layer（底层）两个选项。

Rotation：该选项用于设定元件相对于它的原始方向旋转的角度。

X-Location、Y-Location：用于设定元件在绘图窗口中的位置坐标。

Type：选择元件的类型。

Height：设置元件在 PCB 3D 仿真时的参考高度。

Lock Primitives：该复选框用于设置组成元件的所有图元在移动和编辑时是构成一个整体进行还是各自独立进行。

Locked：该复选框用于设定是否锁定该元件，若选中则元件被锁定，不能对其进行选择、复制、移动等操作。

2. "Designator" 选项区

"Designator" 选项区用于设置元件标识符的文本内容、相关格式和位置。

3. "Comment" 选项区

"Comment" 选项区可设置元件注释的文本内容、相关格式和位置。

4. "Footprint" 选项区

"Footprint" 选项区可显示当前所用封装的名称、该封装所在的库文件的名称等，单击"名称"右边的按钮，将进入库浏览对话框，如图 5.75 所示，在该窗口中可以选择新的 PCB 封装。

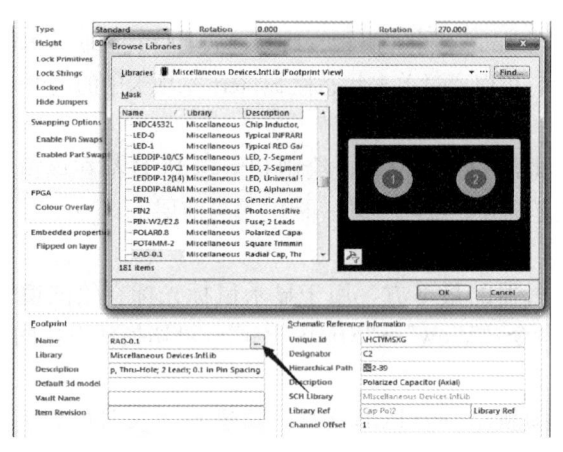

图 5.75　更换元件的封装形式

5. "Schematic Reference Information" 选项区

"Schematic Reference Information" 选项区包含了与该 PCB 封装对应的原理图元件的相关信息，如 "Unique Id"、"Designator"、"Hierarchical Path" 等，其中 "Unique Id" 提供了原理图元件和 PCB 封装之间——对应的链接关系，该信息在 PCB 同步仿真时要用到，建议初学者不要手动修改这个 ID 号。

十一、自动布线

自动布线就是根据用户设定的相关布线规则，依照一定的算法，自动将元件有连接关系的焊盘用铜膜导线连接起来的过程。

1. 设置自动布线规则

通常在自动布线之前需要设置布线规则，常用的布线规则包括：导线间最小间距、导线宽度、布线优先级别、过孔的直径和孔径、布线拐角等。

执行菜单命令 Design→Rules…，打开规则和约束编辑器对话框。

该对话框左侧列表中包含有 Electrical（电气）、Routing（布线）、SMT（表面贴装技术）、Mask（屏蔽层）、plane（内层）、Testoint（测试点）、Manufacturing（电路板制造）、

HighSpeed（高速电路）、Placement（元件放置）、Signal Intgrity（信号完整性分析）等审计规则类别，下面介绍最常用的 Routing 设置项的内容。

Width：用于设置布线宽度。可设置某个网络、某一网络类、某一层或某个层上的某个网络导线的最小宽度、最大宽度和优先使用宽度。

Routing Topology：用于设置布线的拓扑结构，即定义焊盘与焊盘之间的布线规则。布线拓扑结构的类型共有 6 种，分别为 shortest（最短距离连接）、Horizontal（水平走线）、Vertical（垂直走线）、Disy-Simple（简单链接连接）、Disy-MidDriven（中间驱动链接连接）、Disy-Balanced（平衡式链接连接）和 Starburst（星形扩散连接），一般以整体不显得过长为最终目标，所以一般选用默认值为 shortest。

Routing Priority：用于设定布线优先权。允许用户设定网络布线顺序，早布线的网络优先权高于晚布线的网络，优先权由 0～100 依次升高。

Routing Layers：用于设定在哪一个工作层布线和布线的方向。

Routing Corners：用于设定布线拐角模式。拐角模式有 90 Degrees，45 Degrees，Rounded 等 3 种，如图 5.76 所示。

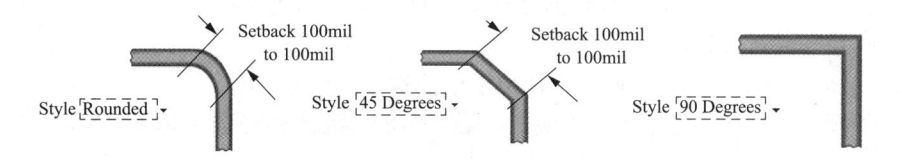

图 5.76　3 种布线拐角模式

Routing Via Style：用于设定布线过孔的形式。定义表层与内层、内层与内层之间过孔的类型和相关尺寸。

2. 自动布线

设置好自动布线规则后，接下来就可进行自动布线。选择菜单"Auto Route"，系统会弹出自动布线菜单，由用户选择自动布线方式。

Altium Designer 2014 提供了下面几种自动布线方式。

① All（全部对象）：对整个 PCB 板进行自动布线。

② Net（网络）：对指定网络进行自动布线。

③ Net Class（网络类）：对某个网络类（例如一个总线网络就是一个网络类）进行自动布线。

④ Connection（连接）：对某两个焊盘之间的连接进行自动布线，每次只布一根导线。

⑤ Area（整个区域）：对指定区域进行自动布线。

⑥ Room（Room 空间）：对指定的 Room 空间进行自动布线。

⑦ Component（元件）：对某个元件进行自动布线。

⑧ Component Class（元件类）：对某个元件类进行自动布线。

⑨ Connection On Selected Component（在选择的元件上连接）：对处于选中状态的元件的连接进行自动布线。

⑩ Connection Between Selected Component（在选择的元件之间连接）：对处于选中状态的元件之间的连接进行自动布线。

下面介绍 All（全部对象）和 Net（网络）两种自动布线方式的使用。

(1)"All"布线方式

使用"All"布线方式,系统会自动完成整块电路板的布线,具体操作如下:

① 执行菜单命令 Auto Route→All,打开 Situs 布线策略对话框,如图 5.77 所示。

该对话框有"Routing Setup Report(布线设置报告)"和"Routing Strategy(可用的布线策略)"两个区。其中"Routing Setup Report"区用于查看或设置相关的布线规则;"Routing Strategy"区为可用的布线策略,一般情况下采用系统默认值,即选择布线策略"Default2 Layer Board"。单击 Add 按钮,可对布线规则进行编辑。

② 单击 Route All 按钮,系统会弹出自动布线信息对话框。

(2)"Net"布线方式

执行菜单命令 Auto Route→Net,此时系统会弹出一个布线信息对话框,同时光标编程十字形。移动光标到需布线网络的一个焊盘上,单击鼠标左键,在弹出的快捷菜单中选择"Pad"或"Connection"选项,即可完成制定网络的自动布线。

如果想撤销已布好的线,可执行菜单 Tools→Un-Route 命令下的各种撤销布线命令。

十二、补泪滴

补泪滴是指在导线和焊盘或过孔的连接处放置泪滴状的过渡区域,其目的是增强连接处的强度,补泪滴的操作过程如下。

执行菜单命令 Tools→Teadrops…,弹出泪滴选项对话框,如图 5.78 所示。

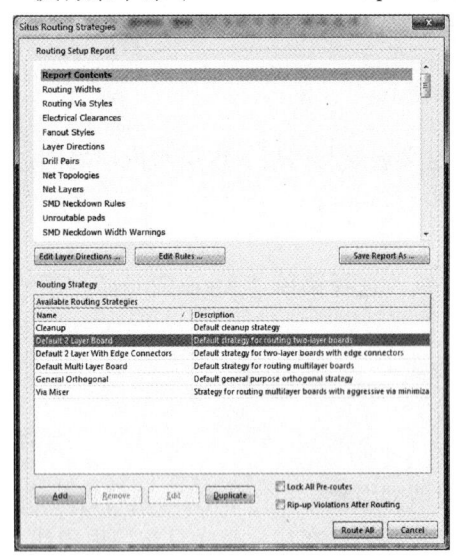

图 5.77 Situs 布线策略对话框　　图 5.78 泪滴选项对话框

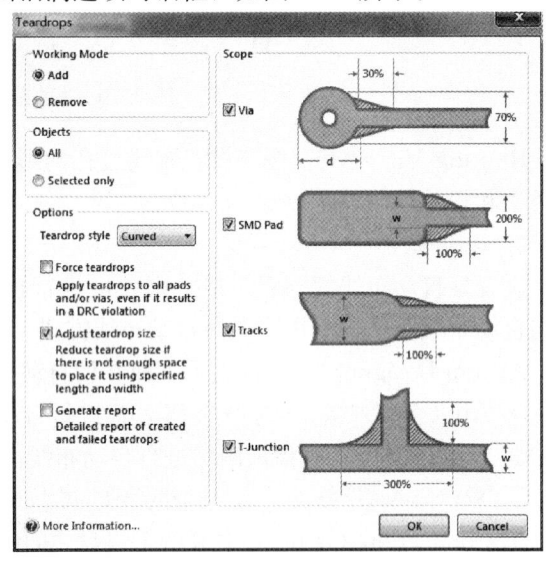

在"Working Mode"选项区,如果选中 Add 单选按钮表示此操作将添加泪滴;Remove 单选按钮表示此操作将删除泪滴。

在"Object"选项区,如果选中 All 单选按钮表示对所有的焊盘和过孔放置泪滴;Selected Objects Only 单选按钮表示只对所选择元素连接的焊盘和过孔放置焊盘。

在"Options"选项区中的 Teadrop Style 可以选择泪滴的类型。

在"Scope"选项区中有 4 种情况可以选择分别是 Via、SMDPad、Track、T-Junction。

采用默认设置,即对全部焊盘和过孔添加圆弧形泪滴,单击 OK 按钮后可以看到补泪滴前后的 PCB,如图 5.79 和图 5.80 所示。

十三、添加安装孔

在实际工程中，电路板需要固定和安装。安装方法比较多，可以通过卡槽从两边固定，这种方法在拆卸电路板时比较方便；也可以通过插接件固定在其他电路板上，如计算机的内存条；不过最常用的方法是通过定位孔用螺丝固定。因此，在完成电路板布线后需要添加安装孔。安装孔通常采用过孔形式，添加过程如下。

① 执行 Place→Via 菜单命令，或单击配线工具栏中的按钮，此时光标变成十字形，如图 5.81 所示。

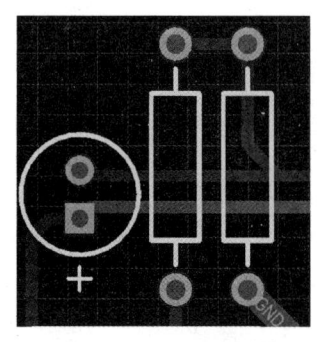

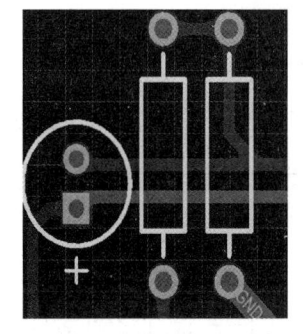

图 5.79　补泪滴前电路　　图 5.80　补泪滴后电路　　图 5.81　放置过孔

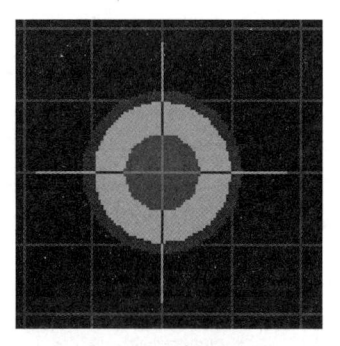

② 按 Tab 键，弹出 Via 属性对话框，如图 5.82 所示。过孔主要参数如下。

Hole Size：过孔内径。由于该过孔作安装孔使用，应考虑安装螺丝的尺寸，此处设置为 100mil。

Diameter：过孔外径。此处设置为 150mil。

Location：过孔孔心在绘图窗口中的位置（坐标）。

"Properties"选项区有以下选项：

Start layer：过孔的起始层。由于该过孔作安装孔使用，它贯穿电路板的所有板层，因此起始层为 Top Layer（顶信号层）。

End layer：过孔的结束层。同理，结束层应设置为 Bottom Layer（底信号层）。

Net：过孔所属网络。

Locked：是否锁定该过孔，这里选中。

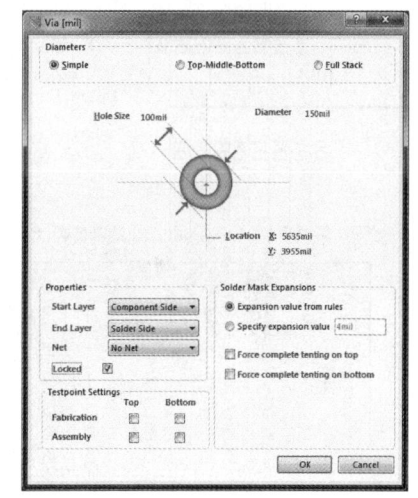

图 5.82　过孔属性

③ 单击 OK 按钮，移动鼠标至合适位置，单击鼠标左键，放置第一个安装孔。接着继续移动鼠标至合适位置，放置其他安装孔。

④ 放置好所有安装孔后，单击鼠标右键或按 Esc 键，退出放置过孔状态。

任务三　模数转换电路原理图的绘制

任务描述

本项目的任务是绘制如图 5.83 所示的模数转换电路原理图，将完成的原理图以模数转换电路为文件名存入练习目录中。

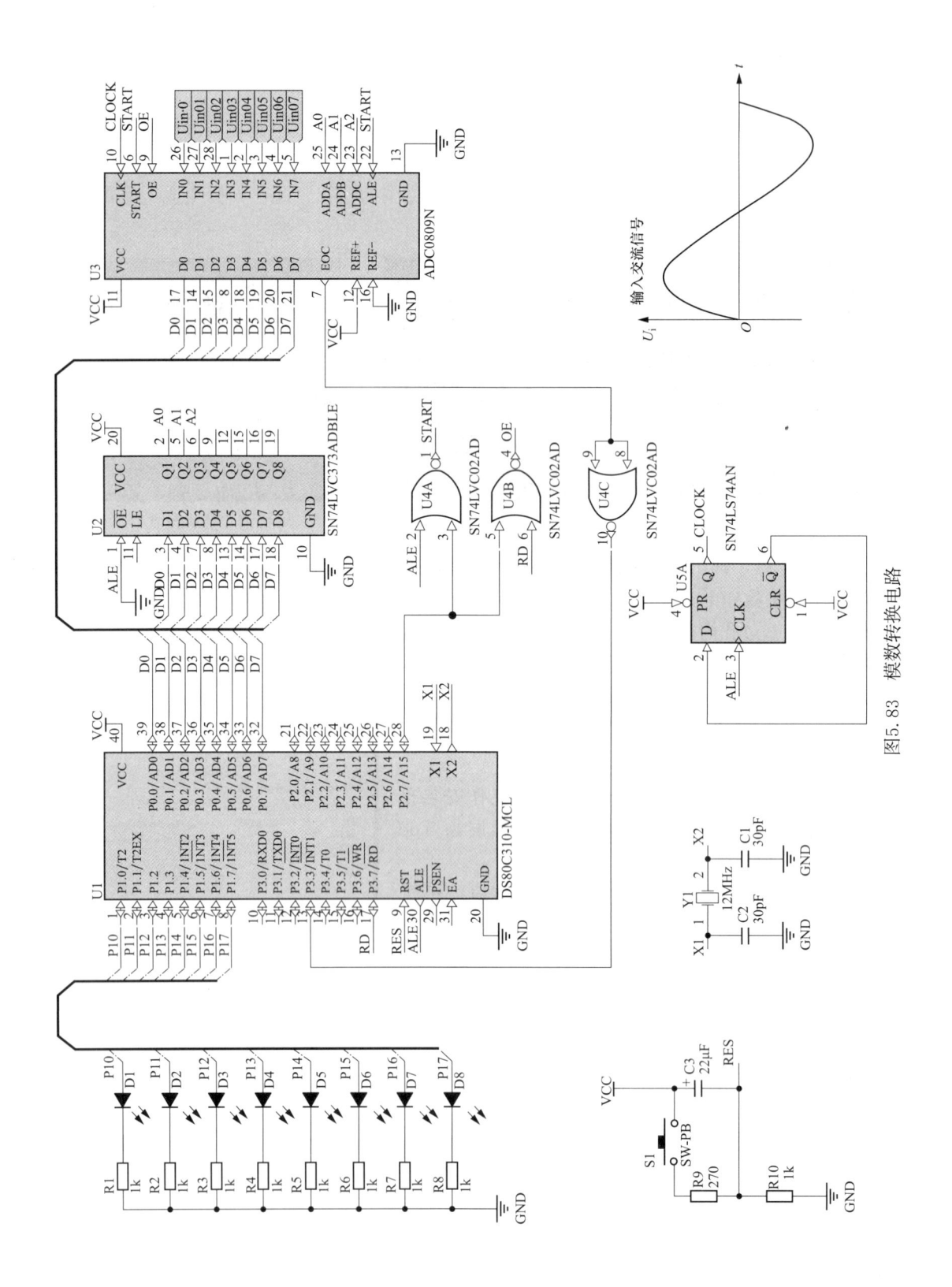

图5.83 模数转换电路

任务分析

要完成此项任务，需要掌握以下方面的知识：
(1) 网络标号的放置及其属性设置。
(2) 总线与总线分支的放置。
(3) 输入\输出端口的放置及其属性设置。
(4) 绘图工具的基本使用。
(5) 元件编号管理。

操作步骤

⊙ 步骤一：启动 Altium Designer 2014

启动 Altium Designer 2014 的方法如下：
① 双击桌面快捷方式图标 。
② 使用"开始"菜单方式。

单击 Windows 操作系统桌面左下角的开始按钮，打开"开始"菜单，并进入"程序"级联菜单中的 Altium→Altium Designer，即可启动 Altium Designer 2014。

这里，我们选择第一种方式打开 Altium Designer 2014。

⊙ 步骤二：新建项目文件

新建一个名为 ADC.PrjPcb 的项目文件。

⊙ 步骤三：新建原理图文件

新建一个名为 ADC.SchDoc 的原理图文件，如图 5.84 所示。

⊙ 步骤四：放置元件

放置表 5.6 中所列的所有元件，以及电源和地线，并调整元件位置，修改元件属性如图 5.85 所示。

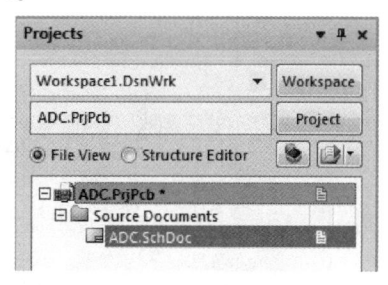

图 5.84 新建项目文件和原理图文件

表 5.6 库元件名称

元件	所在库	元件	所在库
DS80C310-MCL	Dallas Microcontroller 8-Bit.IntLib	SN74LVC02AD	TI Logic Gate2.IntLib
ADC0809N	TI Converter Analog to Digital.IntLib	SN74LS74AN	TI Logic Flip-Flop.IntLib
SN74LVC373ADBLE	TI Logic Latch.IntLib	其他元件	Miscellaneous Devices.IntLib

> **提示**
> 安装完软件后，如果 Library 中没有自带以上元器件库可以从官网上下载，或者自己制作上述元器件。

⊙ 步骤五：放置总线

利用总线放置工具，单击 Wiring 工具栏中的 按钮，放置所有总线，如图 5.86 所示。

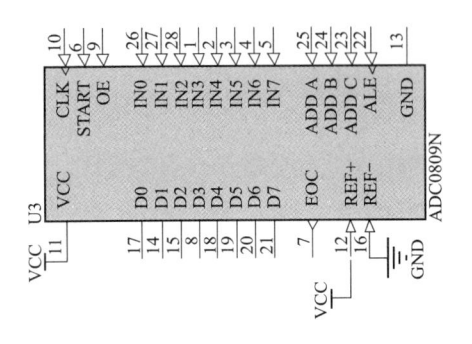

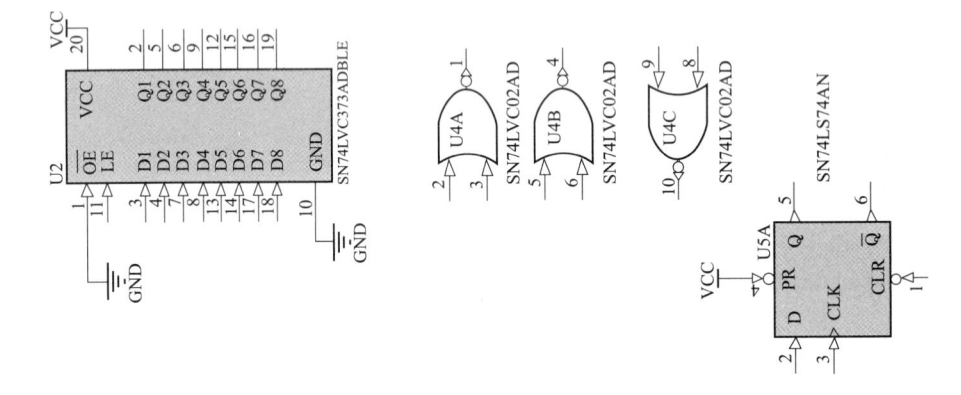

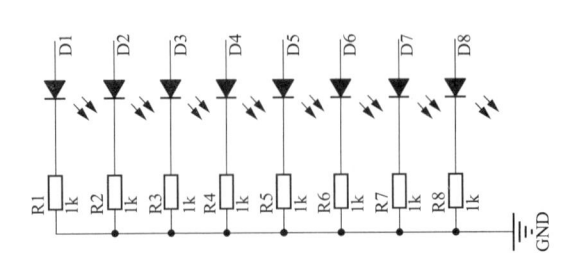

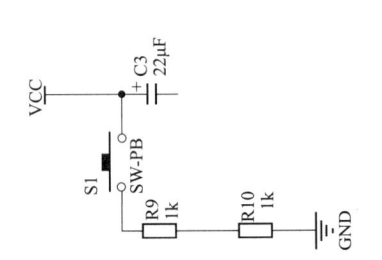

图5.85 放置元件、电源

图5.86 放置总线

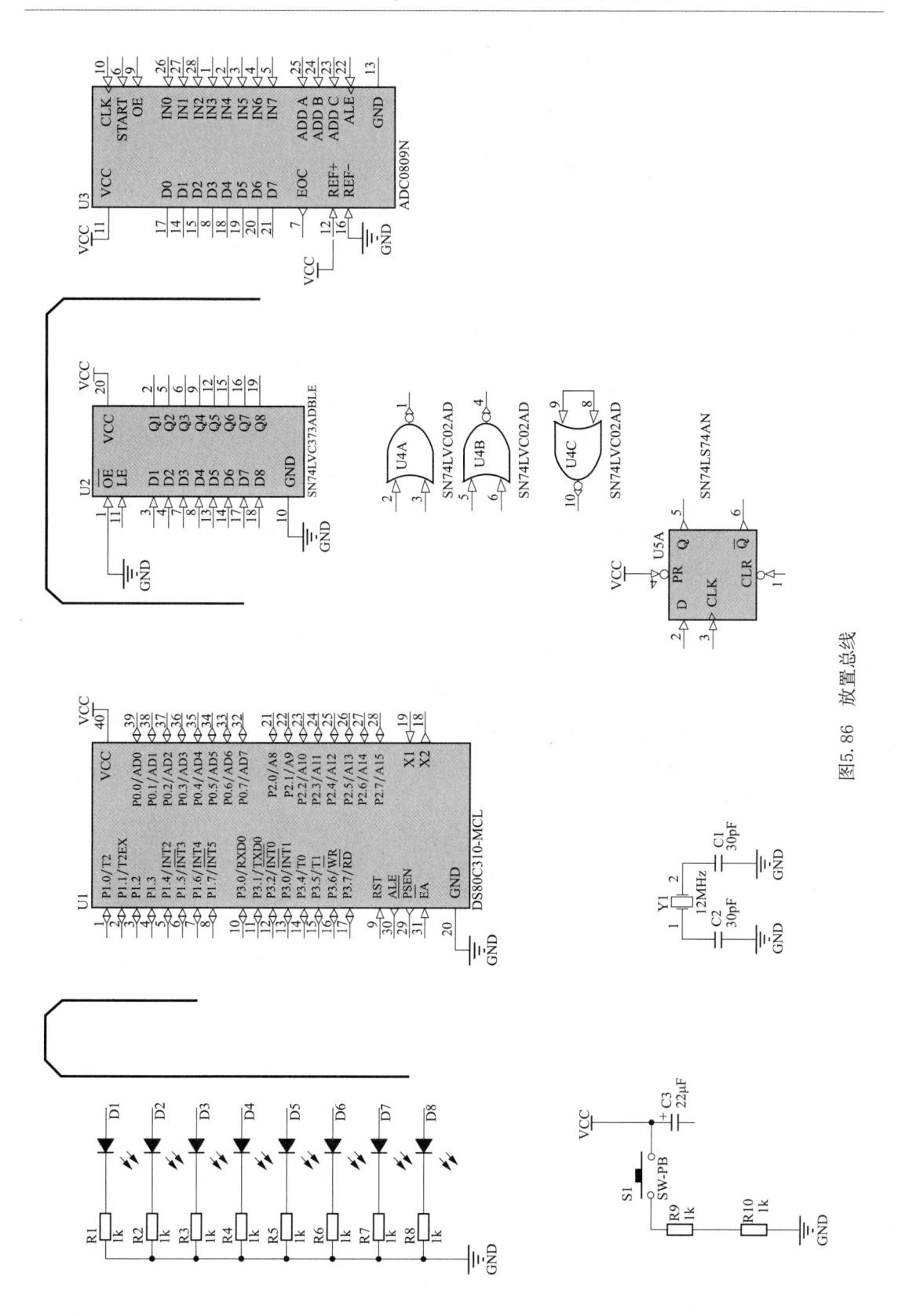

> **提示**
> 在绘制总线的过程中，如果按"shift+space"组合键，可以改变总线拐角类型。

⊙ 步骤六：放置总线分支及分支上的网络标号

利用总线分支放置工具，单击 Wiring 工具栏中的 ![] 按钮，放置所有总线分支，利用网络标号放置工具，单击 Wiring 工具栏中的 Net 按钮放置所有总线分支上的网络标号，如图 5.87 所示。

⊙ 步骤七：放置 I\O 端口以及其余导线、网络标号

利用 I\O 端口放置工具，单击 Wiring 工具栏中的 ![] 按钮，放置输入\输出端口。利用导线和网络标号放置工具，放置其余需要连接的导线和网络标号。如图 5.88 所示。

⊙ 步骤八：添加说明性图形和文字

单击 Utilities 工具栏（见图 5.89）中的 ![] 按钮放置说明文字，并单击工具栏中的 ![] 按钮绘制波形，如图 5.83 所示。

⊙ 步骤九：保存原理图文件

执行菜单 File→Save 命令或保存按钮 ![]，即可保存原理图文件，同时完成了模/数转换电路原理图的绘制。

相关知识

一、放置输入\输出端口

在原理图中，可以通过导线、网络标号及总线\总线分支实现电气连接，还可以通过放置输入\输出端口来实现电气连接。

输入\输出端口，即 I\O 端口，它和网络标号类似，只要具有相同名称的端口视为同一个网络，这样，通过这种方法可以将没有导线直接连接的元件连接在一起。输入\输出端口与网络标号是不同的，端口通常用来表示信号的输入\输出，一般用在层次电路中，I\O 端口的具体放置过程如下。

1. 启动放置输入\输出端口命令

单击工具栏中的输入\输出端口按钮 ![]，启动端口绘制工具。

2. 放置输入\输出端口

① 将鼠标指针移动到合适位置，直到出现热点，表示找到了电气节点。单击鼠标左键，确定端口一端，此时十字光标会移动到端口另一端等待确定。

② 移动鼠标到合适位置，单击鼠标左键，确定端口另一端，此时已放置完输入\输出端口。

③ 放置完输入\输出端口后，按 Esc 键退出，如图 5.90 所示。

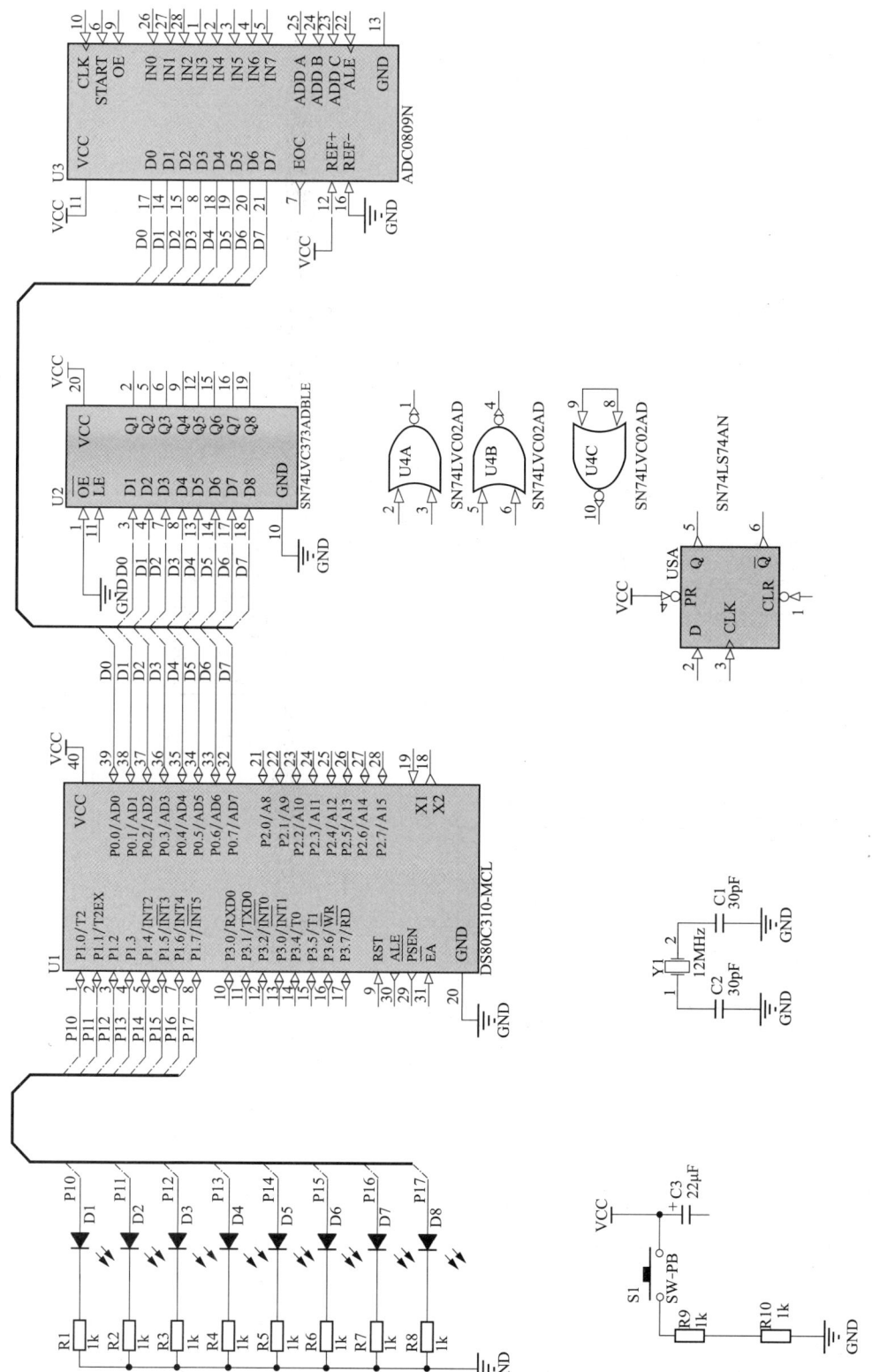

图5.87 放置分支及分支上的网络标号

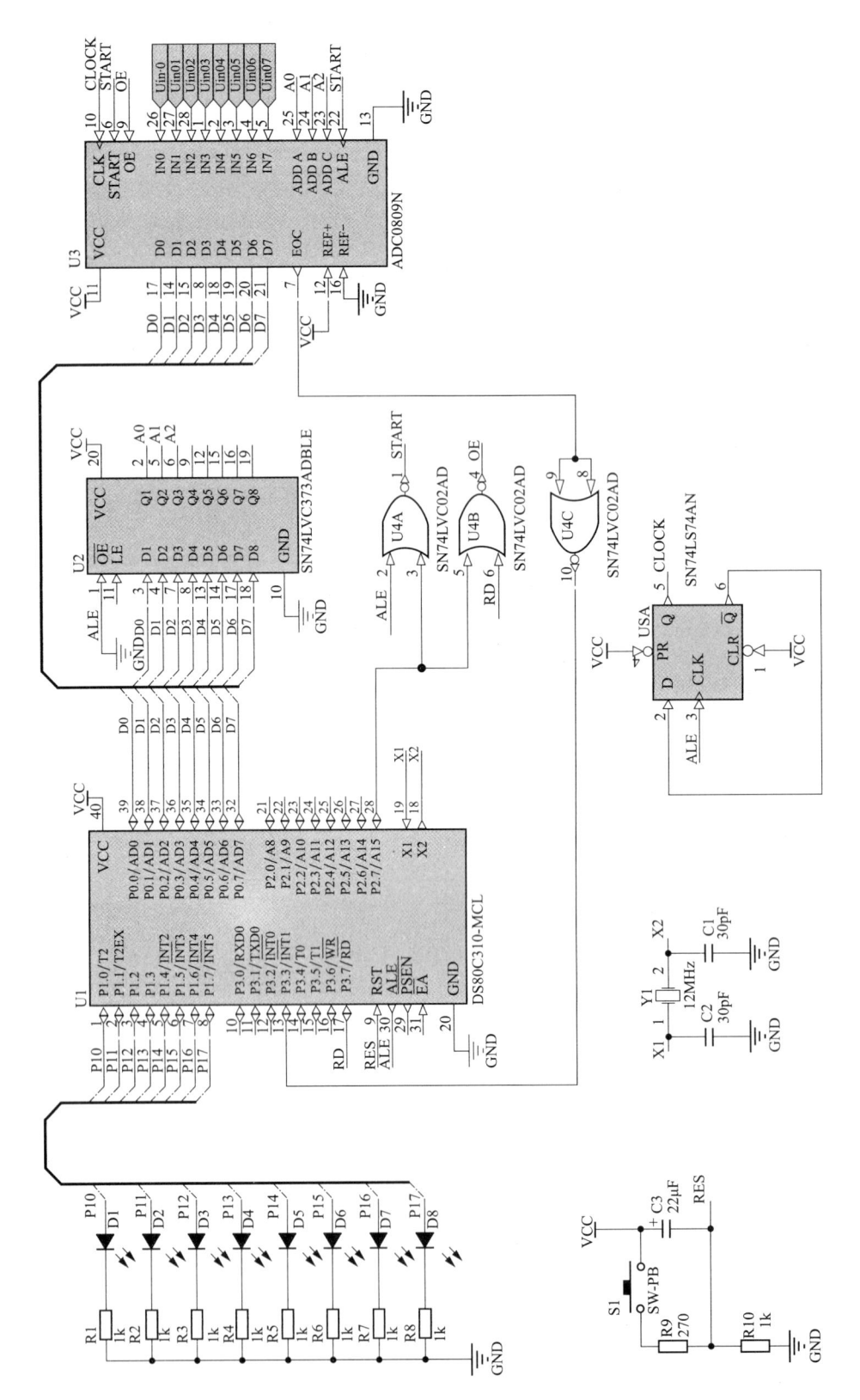

图5.88 放置I/O端口以及其余导线、网络标号

3. 设置输入\输出端口属性

端口或在放置端口时按 Tab 键，将会弹出设置端口属性对话框，如图 5.91 所示。

端口属性主要参数有端口名称、类型、风格、位置、长度、边缘色、填充色、唯一 ID 等参数，用户通常只需要修改端口名称、类型、风格、位置 4 个参数即可。

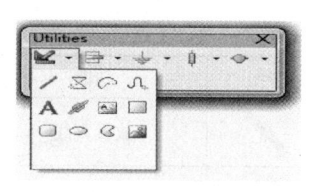

图 5.89 Utilities 工具栏

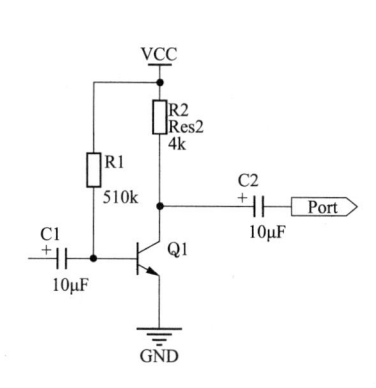

图 5.90 放置完端口

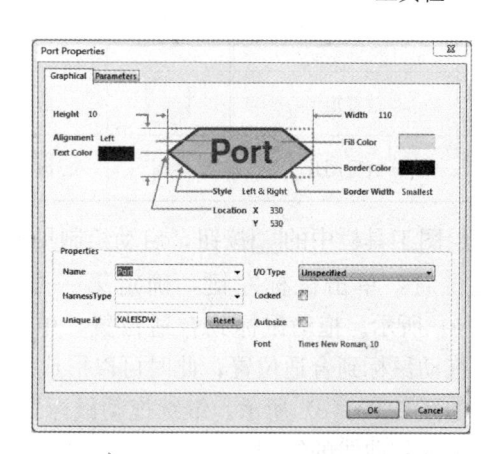

图 5.91 输入\输出端口属性设置

Name：端口名称，端口名称区分大小写，如 U1 与 u1 表示两个不同的端口。

I\O Type：端口类型，共 4 种。Unspecified：不确定。Output：输出类型。Input：输入类型。Bidirectional：双向。

Style：端口外形风格，共 8 种。None (Horizontal)：水平放置的矩形。Left：端口向左。Right：端口向右。Left&Right：水平放置，双向。None (Vertical)：垂直放置的矩形。Top：端口向上。Bottom：端口向下。Top&Bottom：垂直放置，双向。

Alignment：指定"端口名称"中的字符在端口中的位置，共有 3 种。Left：左对齐。Right：右对齐。Center：居中。

二、绘图工具

在绘制完原理图后，有时需要插入一些图形或文字进行注释，以便阅读和检查。

> **提示**
> 绘图工具绘制的图形和文字只是一些辅助信息，没有任何电气意义。

图 5.92 绘图工具

Altium Designer 2014 提供了丰富的绘图工具，利用这些绘图工具，用户可以方便地绘制出说明性文字和图形，与以往版本有所不同，Altium Designer 2014 绘图工具位于实用工具条中第一项，如图 5.92 所示。绘图工具中各个按钮功能见表 5.7。

1. 绘制贝塞尔曲线

贝塞尔曲线绘制正弦波的过程如图 5.93 所示。

表 5.7　绘图工具栏按钮功能

按钮	功能	按钮	功能	按钮	功能
	放置直线		放置多边形		放置椭圆弧
	放置贝塞尔曲线		放置文本字符串		放超链接
	放置文本框		创建新元件		在当前元件中添加一个元件子部分。通常用于一个元件包含几个独立部分的情况
	放置矩形		放置圆角矩形		放置椭圆
	放置图片		放置元件引脚		

单击绘图工具栏中的 ■ 按钮，启动绘制贝塞尔曲线命令，鼠标变成十字形。移动鼠标指针到合适位置，单击鼠标左键，确定第一个点，再拖动鼠标，将出现一条预拉线，如图 5.93（a）所示。拖动鼠标到合适位置，单击鼠标左键，确定第二个点，如图 5.93（b）所示。再拖动鼠标到合适位置，此时可以形成一条随鼠标移动的曲线，单击鼠标左键，确定第三点，如图 5.93（c）所示。继续拖动鼠标到合适位置，此时单击鼠标左键，确定第四点，完成一条贝塞尔曲线的绘制，如图 5.93（d）所示。单击鼠标右键或按 Esc 键，退出画线状态，完成后的贝塞尔曲线如图 5.93（e）所示。

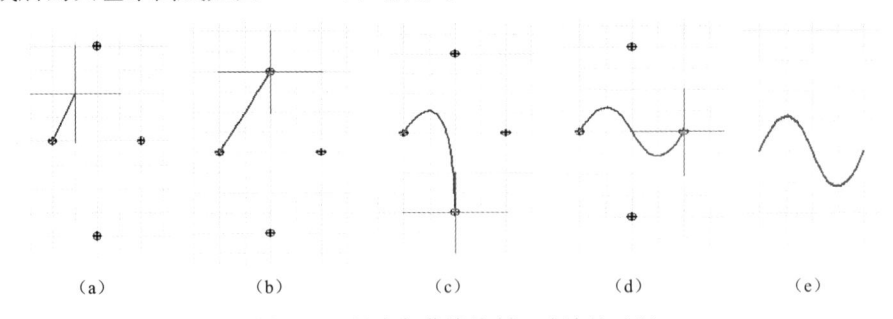

图 5.93　贝塞尔曲线绘制正弦波的过程
(a) 第一步；(b) 第二步；(c) 第三步；(d) 第四步；(e) 第五步

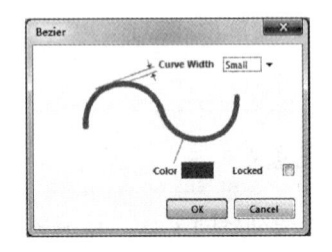

图 5.94　设置贝塞尔曲线属性

双击贝塞尔曲线或在绘制贝塞尔曲线时按 Tab 键，将会弹出贝塞尔曲线属性设置对话框，如图 5.94 所示。

主要设置参数有以下两个。

Curve Width：曲线线宽，提供 Smallest、Small、Medium 和 Large 4 种选择。

Color：圆弧颜色。

2. 插入注释

在绘制原理图时，为了方便用户阅读，需添加说明性文字，为此，Altium Designer 2014 中提供了文字注释工具。文字注释分为文本字符串与文本框。

（1）放置文本字符

单击绘图工具栏中的 按钮，启动放置文本字符串命令，此时将会出现一个文本字符串虚影，如图 5.95 所示。按 Tab 键设置注释属性，如图 5.96 所示。

图 5.95　插入文本字符串

图 5.96　设置文本字符串属性

主要设置参数有以下 5 个。
Color：设置文本颜色。
Location：放置位置。
Orientation：放置文本方向。
Text：设置文本内容。
Font：可设置文本字体和字号，单击后面出现字体设置对话框。

例如，若要在图 5.97 所示的变压器输出端添加说明性文字 12V，可将 Text 属性修改成 12V，其他参数选用默认即可，如图 5.98 所示。

图 5.97　原变压器符号

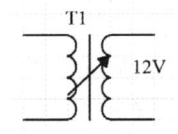

图 5.98　添加 12V 注释后变压器符号

（2）放置文本框

单击绘图工具栏中的 按钮，启动放置文本框命令，此时鼠标变成十字形。按 Tab 键，将弹出文本框属性设置对话框，如图 5.99 所示。

主要设置参数如下：

Text Color：设置文本框填充颜色。

Alignment：设置文本对齐方式，提供 Left、Right、Center 3 种选择。

Border Width：设置边框宽度，提供 smallest、small、medium 和 large 4 种选择。

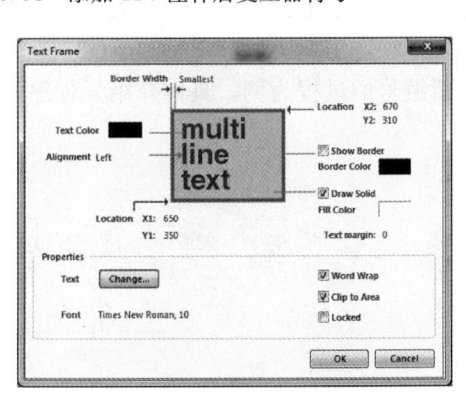

图 5.99　设置多行文字属性

Location：设置文本框放置位置。

Show Border：选中该复选框，则显示文本框边框。

Border Color：设置边框颜色。

Draw Solid：选中该复选框，使用填充。

Fill Color：设置填充颜色。

Text：单击后面的"Change"按钮输入需要插入的文本。

Font：可设置文本的字体和字号，单击后面的"Times New Roman，10"将出现字体设置对话框。

Word Wrap：选中该复选框，文本将自动换行。

Clip to Area：选中该复选框，文字被限定在文本框内，超出部分不显示。

例如，若要在图5.97所示中的变压器输出端添加说明性文字"输出电压12V"，可单击"Text"后边的Change…按钮，并修改成注释内容，如图5.100所示。其他参数选用默认设置，单击OK按钮，确定属性设置。移动鼠标到合适位置，单击鼠标左键，确定文本的第一个顶点。再移动鼠标指针到合适位置，单击鼠标左键，确定文本的第二个顶点，这样完成多行文字的放置，如图5.101所示。

图5.100　添加注释

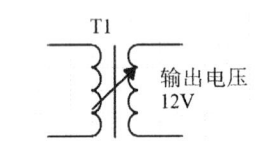

图5.101　放置完的注释文字

提　示

放置后若只能显示部分文字，可将文本框拉大。

三、如何管理元件编号

对于复杂电路，由于元件太多，编号容易混乱，若采用手工修改，既浪费时间，又容易出现错误，为此Altium Designer 2014提供了元件编号管理功能。下面以图5.102所示电路重新编号的过程为例，具体介绍元件序号重新排列功能。

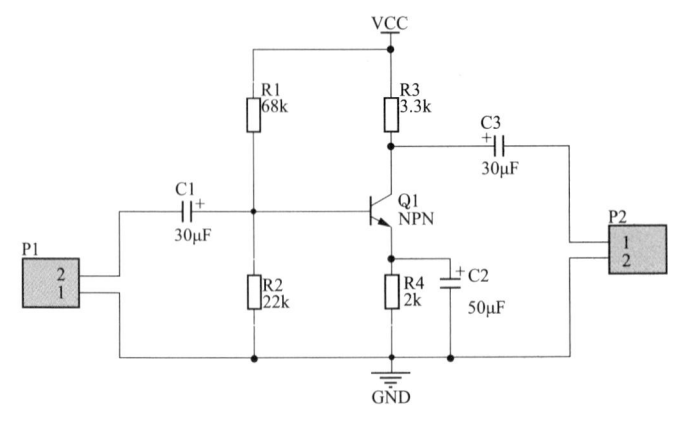

图5.102　重新编号前的原理图

1. 启动元件编号管理窗口

执行菜单Tools→Annotate Schematic命令，启动元件编号管理（注释）对话框，如图5.103所示。

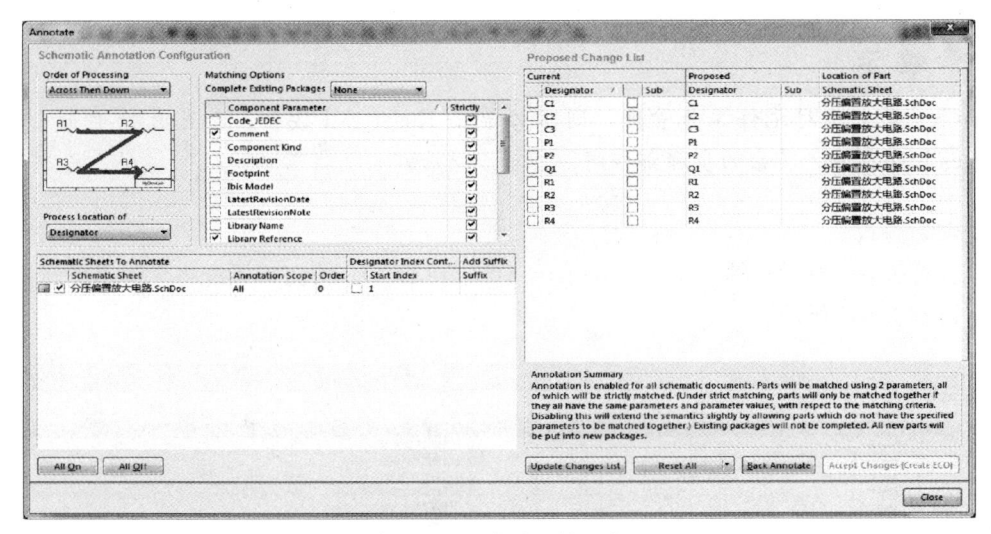

图 5.103　元件编号管理窗口

图 5.103 所示中给出了两项参数。

Schematic Annotation Configuration：重新编号方法。

Proposed Change List：变化列表。

2. 设置元件编号排列方法

在图 5.104 所示的元件编号管理对话框中，Altium Designer 2014 列出了 4 种顺序的元件重新排列编号方法。

Up then across：从下到上、从左到右重新排列元件编号。

Down then across：从上到下、从左到右重新排列元件编号。

Across then up：从左到右、从下到上重新排列元件编号。

Across then down：从左到右、从上到下重新排列元件编号。

在选择某种重新排列元件编号时，下边会给出详细解释，这里选择"Down Then Across"，即默认排列方法，如图 5.104 所示。

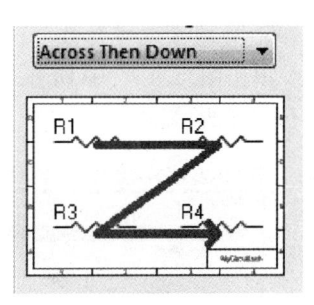

图 5.104　选择"Down then across"序号排列方法

3. 重新编号

单击图 5.103 所示中的 Reset All 按钮系统将会弹出如图 5.105 所示的对话框，提示用户发生了哪些变化。单击 OK 按钮，删除所有元件的编号。

4. 更新编号列表

单击图 5.103 所示中的 Update Changes List 按钮，系统将会弹出重新编号后的元件序号列表对话框，如图 5.106 所示。

图 5.105　元件编号消除的提示

图 5.106　更新编号后的元件序号列表

> **提示**
>
> 如果是第一次对元件编号管理,则不必单击 Reset All 按钮,而是直接单击 Update Changes List 按钮,其余的步骤都相同。

5. 更新修改

单击图 5.103 所示中的 Accept Changes(Create ECO)按钮,系统将会弹出更新修改对话框,如图 5.107 所示。

图 5.107 更新修改

6. 检测修改可行性

单击图 5.107 中所示的 Validate Changes 按钮,系统将给出检测可行性结果,如图 5.108 所示。

图 5.108 检测可行性结果

7. 执行修改变化

单击图 5.107 中所示的 Execute Changes 按钮,系统将会给出修改后结果,如图 5.109 所示。

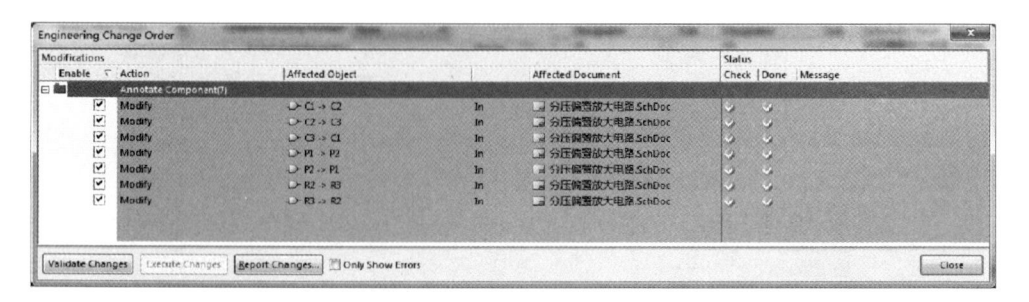

图 5.109 修改结果

> **提示**
>
> 若"Done 完成"栏中标有"✓",说明修改成功。

若有需要,单击图 5.107 所示中的 Report Changes 按钮,系统将会弹出修改报表。

单击 Close 按钮,关闭对话框,即可在原理图中观察到元件编号修改结果,如图 5.110 所示。

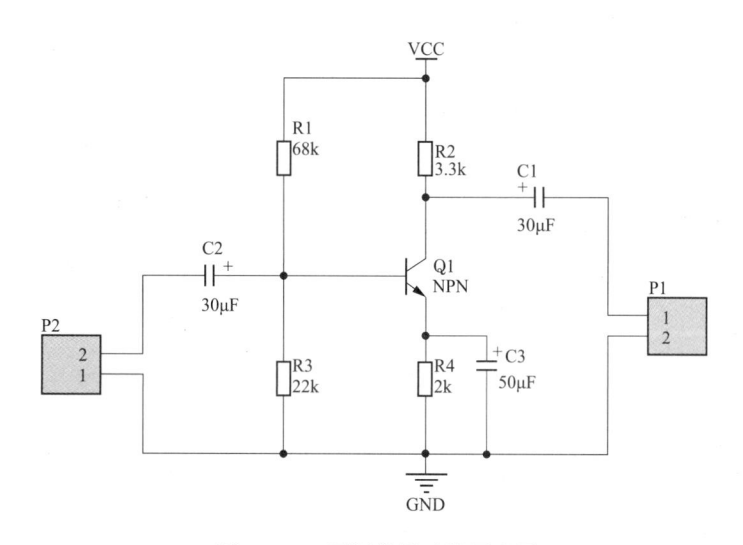

图 5.110 更新编号后的原理图

四、如何打印与报表输出

在工程设计中,为了方便查找数据,经常需要打印原理图或输出相关报表,为此 Altium Designer 2014 提供了图纸打印和报表输出功能。

1. 打印输出

(1) 执行菜单 File→Page Setup…命令,将会弹出打印设置对话框,如图 5.111 所示。

(2) 单击图 5.111 所示中的 Print 按钮,打印原理图。

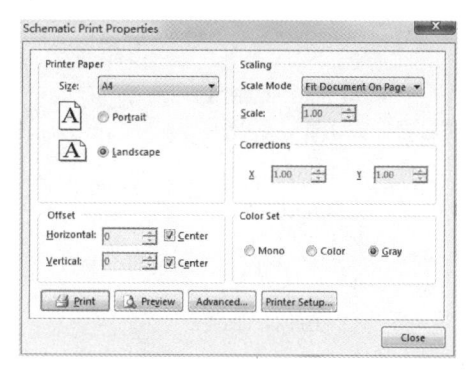

图 5.111 打印设置对话框

> **提示**
>
> 打印前想预览打印效果,可单击图 5.111 中的 Preview 按钮。

2. 生成网络表

网络表是原理图和 PCB 之间的桥梁文件,它包含了原理图中所有元件、端口、网络标号等关键信息,并且可以起到检查原理图错误的作用,在印制板制作过程中有着重要意义。

绘制好原理图后,执行 Design→Netlist For Project→PCAD 菜单命令,将建立当前原理图文档的网络表文件。

网络表建立后,用户必须在 Projects 工作区面板中自己打开网络表文件,如图 5.112 所示。

图 5.112 在 Project 中打开网络表

网络表主要由两部分组成：元件声明和网络声明，如下所示。

{COMPONENT PROTEL.PCB
　{ENVIRONMENT PROTEL.SCH}
　{DETAIL
　　{SUBCOMP
　　　{I RAD-0.1.PRT C1
　　　　{CN
　　　　1 NetC1_1
　　　　2 NetC1_2
　　　　}
　　　}

{I POLAR0.8.PRT C2
　{CN
　1 NetC2_1
　2 GND
　}
}
{I RAD-0.1.PRT C3
　{CN
　1 NetC3_1
　2 NetC3_2
　}
}
{I HDR1X2.PRT P1
　{CN
　1 GND
　2 NetC1_2
　}
}
{I HDR1X2.PRT P2
　{CN
　1 NetC3_2
　2 GND
　}
}
{I BCY-W3.PRT Q1
　{CN
　1 NetC3_1
　2 NetC1_1
　3 NetC2_1
　}
}

```
    {I AXIAL-0.3.PRT R1
      {CN
      1 NetC1_1
      2 VCC
      }
    }
    {I AXIAL-0.3.PRT R2
      {CN
      1 GND
      2 NetC1_1
      }
    }
    {I AXIAL-0.3.PRT R3
      {CN
      1 NetC3_1
      2 VCC
      }
    }
    {I AXIAL-0.3.PRT R4
      {CN
      1 GND
      2 NetC2_1
      }
    }
  }
}
```

元件声明部分主要用于检查元件的标号是否输入，各元件的标号是否重复，元器件封装是否正确；而网络声明部分则显示各元件管脚之间的连接关系，任何元件管脚之间的电气连接均被称为网络。

3. 生成元件列表

Altium Designer 2014 提供的元件列表功，能能够让设计人员准确、快速地统计电路原理图中所用全部元件参数，是购买元件、电路成本核算的重要依据，元件列表生成过程如下。

（1）启动元件列表

执行菜单 Reports→Bill of materials 命令，将会弹出元件列表对话框，如图 5.113 所示。

默认情况下，元件列表将项目中元件的 Description（元件描述）、Designator（元件序号）、Footprint（引脚封装）、LibRef（原理图元件名称）、Quantity（数量）几个项目列出。如果要添加其他项目显示，则在所需要列出的项目后打钩即可；如添加元件参数 Value 到列表中，则选中"Value"的复选框（打钩）即可。

（2）产生、输出报表

单击 Meniu 按钮下的 Report... 命令，可预览元件报表清单。

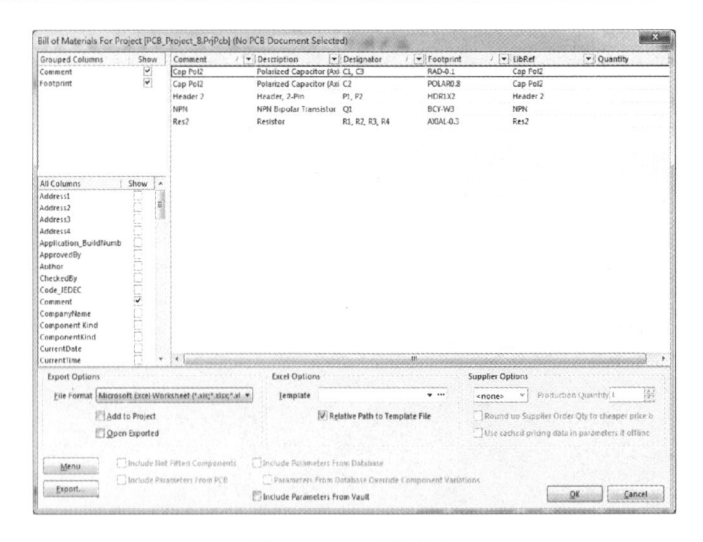

图 5.113 元件列表

单击 Export 按钮，可以弹出导出元件报表清单对话框。

任务四 模数转换电路 PCB 图的设计

任务描述

本项目的任务完成如图 5.114 所示的模数转换电路 PCB 图的设计，将完成的 PCB 图以模数转换电路为文件名存入练习目录中。

任务分析

要完成此项任务，需要掌握以下知识：
(1) 手动布线的基本操作。
(2) 拆除布线工具的基本使用。
(3) 覆铜工具的使用方法。
(4) PCB 板内电层的建立。
(5) 放置电路板注释。

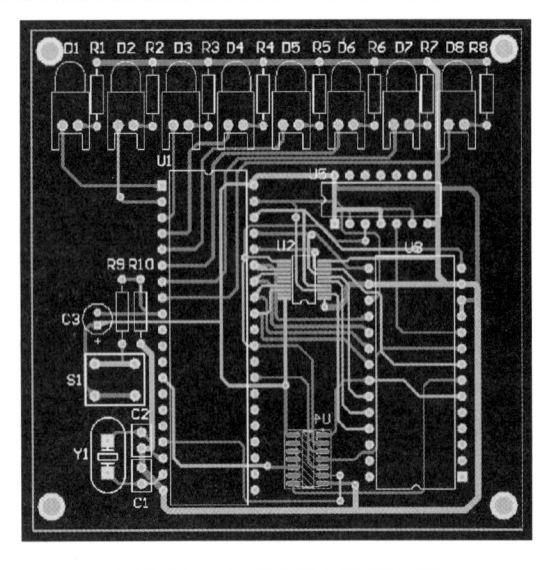

图 5.114 模数转换电路 PCB 图

操作步骤

步骤一：新建 PCB 文件

利用向导或手工方法创建 PCB 文件。在这里我们采用向导方式来创建。

① 打开 Files 工作面板，选择 New from template 栏的"PCB Board Wizard"，如图 5.115 所示。系统将启动 PCB 板设计向导，如图 5.116 所示。

项目五　Altium Designer 2014 原理图与印制电路板的设计

图 5.115　Files 工作面板中的 PCB Board Wizard 选项

图 5.116　进入 PCB 板向导

② 单击 Next 按钮，弹出"选择电路板单位"对话框，如图 5.117 所示。

电路板的单位有英制和公制两种，英制的单位为米尔（mil）或英寸（inch），公制单位为毫米（mm），它们的换算关系是 1inch = 1000mil = 25.4mm。

③ 单击 Next 按钮，进入"选择电路板配置文件"对话框，如图 5.118 所示。

图 5.117　选择电路板单位对话框

Altium Designer 2014 提供了多种工业标准版规格，用户既可以选用其中的标准类型，也可以根据自己需要，选择自定义模式（Custom）。

④ 单击 Next 按钮，进入"选择电路板详情"对话框，如图 5.119 所示。

图 5.118　选择电路板配置文件对话框

图 5.119　选择电路板详情对话框

⑤ 按图 5.119 所示设置后，单击 Next 按钮，进入"选择电路板层"对话框，如图 5.120 所示。该对话框用于设置电路板中信号层和内电层的数目，这里设置为双面板，不打开内电层。

⑥ 按图 5.120 所示设置后单击 Next 按钮，进入"选择过孔风格"对话框，如图 5.121 所示。这里有两种类型的过孔可选择：只显示通孔（Thruhole Vias）和只显示盲孔或埋过孔（Blind and Buried Viasonly）。本例选择"只显示通孔"单选按钮。

图 5.120　选择电路板层对话框 　　　　图 5.121　选择过孔风格对话框

⑦ 单击 Next 按钮，进入"选择元件和布线逻辑"对话框，如图 5.122 所示：元件类型有表面贴装元件（Surface-mount components，简称表贴元件）和通孔元件（Through-hole components，即直插式元件）。

⑧ 单击 Next 按钮，将弹出"选择默认导线和过孔尺寸"对话框，如图 5.123 所示。该对话框可设置最小导线尺寸、最小过孔宽（直径）、最小过孔孔径和最小间隔 4 项内容。

⑨ 按图 5.123 所示设置后单击 Next 按钮，弹出"电路板向导完成"对话框，如图 5.124 所示。单击 Finish 按钮，完成 PCB 文件的创建，并将新建的文件名默认为 PCB1.PcbDoc 的 PCB 文件打开，如图 5.125 所示。

图 5.122　选择元件和布线逻辑对话框 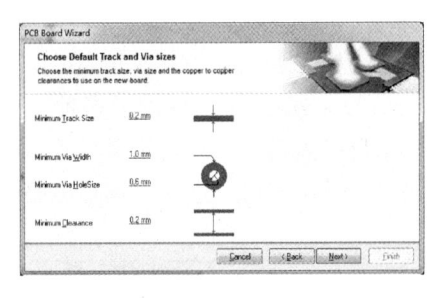　　　5.123　选择默认导线和过孔尺寸对话框

图 5.124　电路板向导完成对话框 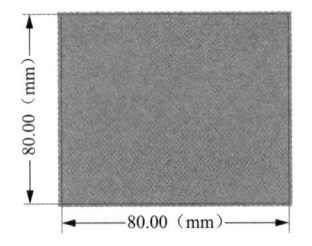　　　图 5.125　利用向导规划好的 PCB 板

⑩ 在 Projects 面板的项目文件下找到新建的 PCB1.PcbDoc 文件如图 5.126（a）所示，用鼠标右键单击该文件，在弹出的快捷菜单中选择 Save 命令，系统将弹出项目文件保存对话框，在对话框中确定保存路径和输入项目文件名称"模数转换电路.PcbDoc"，单击"保存"按钮即可。这样，在 Projects 工作面板中 PCB1.PcbDoc 文件名称将变为模数转换电路.PcbDoc 如图 5.126（b）所示。

(a)　　　　　　　　　　　　　　(b)

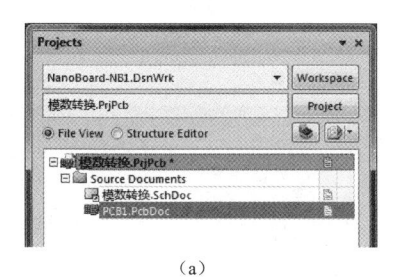

图 5.126　创建 PCB 文件
（a）利用向导新建的 PCB 文件；（b）修改文件名后的 PCB 文件

→ 步骤二：加载元器件封装库和导入网络表

打开新建立的 PCB 文件，执行菜单命令 Design→"Import Changes From 数模转换电路.PrjPcb"导入网络和元器件封装，如图 5.127 所示。

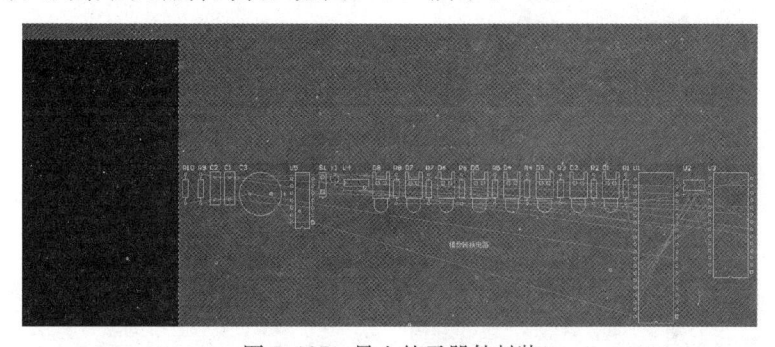

图 5.127　导入的元器件封装

→ 步骤三：手动布局

手动调整元件位置，调整后的 PCB 板如图 5.128 所示。

提示

在布局时要考虑到实际元件的大小，所以对元器件 C1、C2、C3、S1、Y1 的封装进行修改，其中 S1 和 Y1 的封装都是制作的，如何制作元器件封装请参考项目六中的任务二。

→ 步骤四：自动布线

1. 布线规则设置

执行菜单命令 Design→Rules，弹出"PCB Rules and Constraints Editor（PCB 规则和约束编辑器）"对话框，在其中进行布线规则的设置、板层的设置，本例中电源线宽 40mil，其余线宽 20mil，并采用双面板布线。

2. 运行自动布线

执行菜单命令 AutoRoute→All，对电路板进行全局自动布线。由于自动布线有时并不能达到设计要求的效果，所以还要进行手工布线的调整，最后布线调整后的电路板如图 5.129 所示。

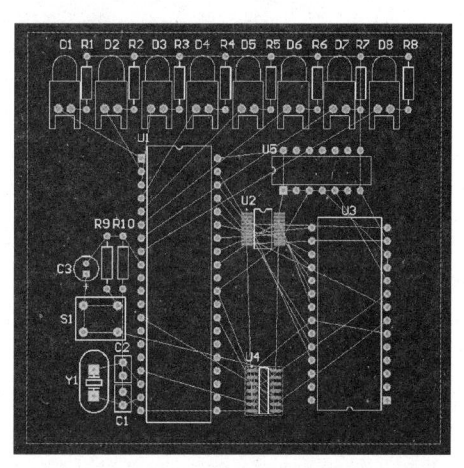

图 5.128　手动调整完元件位置的电路板

➔ 步骤五：完善电路板

① 给焊盘添加泪滴，放置安装孔如图 5.130 所示。

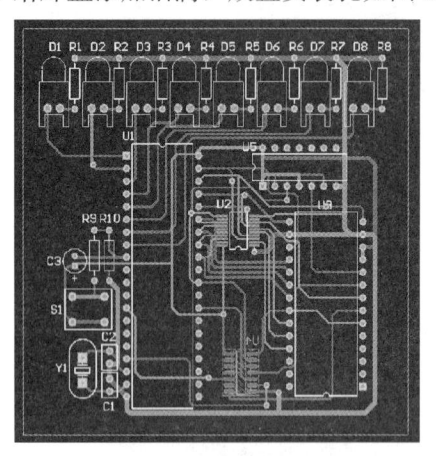

图 5.129 布线完成后的电路板 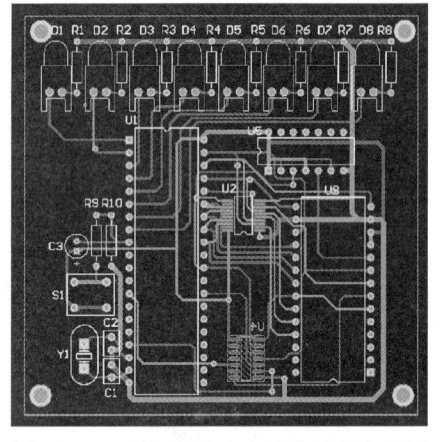　　图 5.130 添加泪滴和安装孔后的电路板

② 将整块电路板覆铜，并将覆铜接地。

执行菜单命令 Place→Polygon pour…，或单击 Wiring 工具栏的■按钮。按需要设置好各种参数后，单击 OK 按钮，光标变成十字形，在电路板上准备覆铜区域的各个顶点上依次单击鼠标左键，即可完成覆铜。覆铜后的 PCB 如图 5.131 所示。

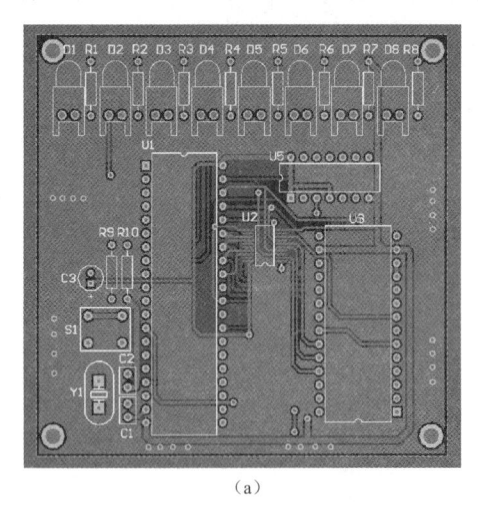

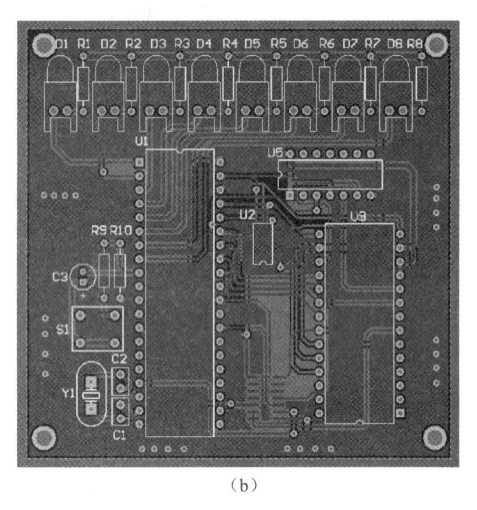

(a)　　(b)

图 5.131 覆铜后的电路板
(a) 顶层覆铜后的电路板；(b) 底层覆铜后的电路板

➔ 步骤六：保存 PCB 文件

执行菜单 File→Save 命令或单击保存按钮■，即可保存 PCB 文件，同时完成模、数转换电路的 PCB 设计。

相关知识

一、手动布线

手动布线是复杂 PCB 板设计不可缺少的重要操作。复杂 PCB 板布线通常采用自动布线

和手动布线相结合的方法完成布线工作。具体做法是：先采用自动布线，然后在自动布线的基础上，根据电路的实际需要进行手动调整。

手动布线既可在自动布线之前进行，也可以在自动布线之后进行。若在自动布线之后进行手动布线，须先拆除 PCB 板上的导线。

1. 拆除布线

根据实际情况，可采取以下方法拆除全部或部分布线。

(1) 拆除板上的所有布线

执行菜单命令 Tools→Un-Route→All，如图 5.132 所示。则可拆除板上的所有布线。

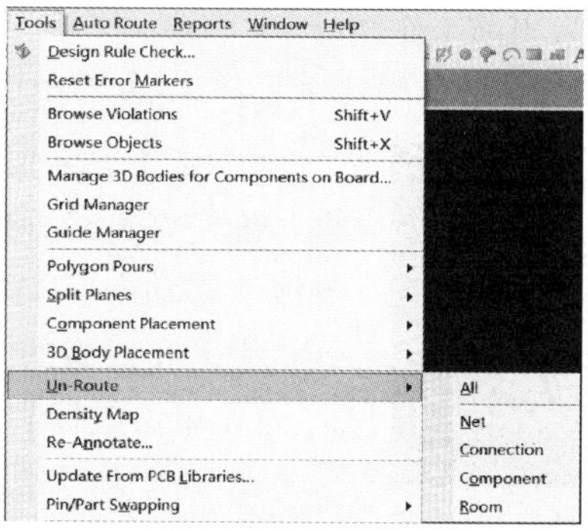

(2) 拆除网络上的导线

① 执行菜单命令 Tools→Un-Route→Net，光标将变成十字形。

图 5.132　拆除布线菜单

② 移动十字光标到某网络的一段导线上，单击鼠标左键，则该网络上的所有导线都被删除。此时光标仍为十字形，可继续删除其他网络的导线。

③ 单击鼠标右键或按 Esc 键，可退出该操作。

(3) 拆除某个连接上的导线

下面以图 5.133 所示的 P1 和 C1 连接为例，介绍拆除某个连接上导线的使用。

① 执行菜单命令 Tools→Un-Route→Connetion，光标将变成十字形。

② 移动十字光标到某根导线上，单击鼠标左键，则该导线建立的连接被删除，如图 5.134 所示。此时光标仍处于十字形，可继续删除其他连接导线。

③ 单击鼠标右键或按 Esc 键，可退出该操作。

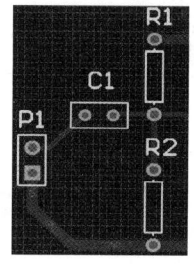

图 5.133　执行命令前导线连接 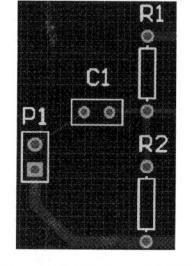　　　　图 5.134　执行命令后拆除导线

> **提示**
>
> 删除网络上导线与删除某个连接上导线的区别：前者是删除该网络上的所有导线，可同时删除多根导线（网络名相同）；后者只能删除该连接上的导线，每执行一次删除一根导线。

(4) 拆除某个元件上的导线

① 执行菜单命令 Tools→Un-Route→Componet，光标将变成十字形。

② 移动十字光标到要删除导线的元件上，单击鼠标左键，即可删除与该元件连接的所有导线。

③ 单击鼠标右键或按 ESC 键，可退出该操作。

2. 手动布线

对一些有特殊要求的布线，一般通过手动布线来完成，下面将介绍手动布线的基本步骤。

① 将要放置导线的信号层切换为当前工作层。本例将导线放置在底层上，因此将底层切换为当前工作层。

② 单击配线工具栏中的 按钮，或执行菜单命令 Place→Track，光标将变成十字形。

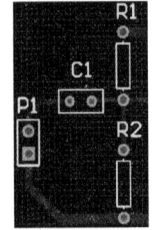

③ 移动十字光标到手动布线的起点焊盘上，此时将出现一个八角形的框，确定好走线方向后，单击鼠标左键，随十字光标的移动将出现一段实心导线，移动十字光标至终点焊盘，单击鼠标左键，即可完成该段导线的布线，手动布线后的结果如图 5.135 所示。

④ 单击鼠标右键两次或按 ESC 键，可结束手动布线。

3. 合理与不合理走线比较

图 5.135 绘制好的导线

和布局类似，布线也是 PCB 设计过程中的重要环节，不良的布线可能严重降低电路系统的抗干扰性能，甚至完全不能工作。布线过程是整个 PCB 板设计过程中技巧性最强，工作量最大，最体现设计水平的环节。表 5.8 为合理与不合理走线比较表。

表 5.8　　　　　　　　　　合理与不合理走线比较表

合理走线	不合理走线及原因	合理走线	不合理走线及原因
	焊盘直径与导线不成比例		
	导线起点不在焊盘中心		
	导线中心轴线与焊盘中心不重合		导线拐角为锐角
	导线长		没有充分利用空间
	过孔距离太小		顶层、底层导线平行

二、覆铜

覆铜就是在电路板上放置一层铜膜，一般将其接地。覆铜可以增强电路的抗干扰能力，还可以提高电路板的强度。覆铜的操作步骤如下。

1. 执行命令

执行菜单命令 Place→Polygon pour...，或单击 Wiring 工具栏的■按钮，系统将弹出覆铜属性对话框，如图 5.136 所示。

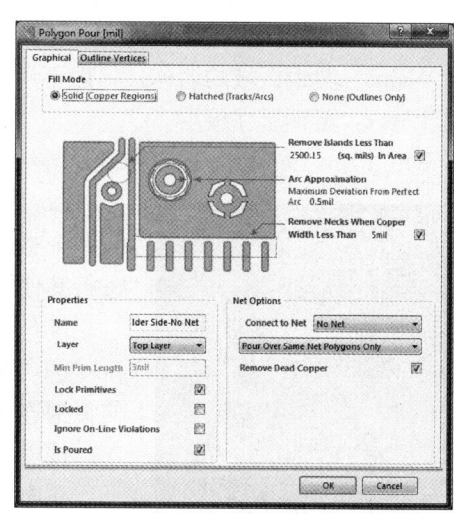

2. 属性设置

设置覆铜的属性对话框的主要参数如下。

① "Fill Mode（填充模式）"选项区。用于选择覆铜的填充模式，共有 3 种模式，实心填充（铜区）、影线化填充（导线\弧）和无填充（只有边框）。

Solid（实心填充模式）：覆铜区为实心的铜膜，选中该单选按钮后，覆铜属性，如图 5.136 所示。

图 5.136 覆铜属性

Hatched（影线化填充模式）：覆铜区用导线和弧线填充，选中该单选按钮后，覆铜属性对话框如图 5.137 所示。

None（无填充）：覆铜区的边框为铜膜导线，而覆铜区内部没有填充铜膜，选中该单选按钮后，覆铜属性对话框，如图 5.138 所示。

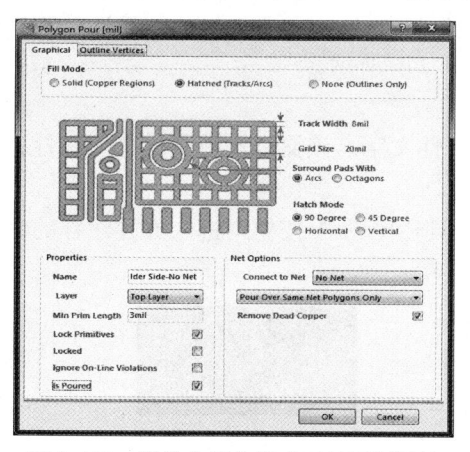

图 5.137 影线化填充模式下的覆铜属性 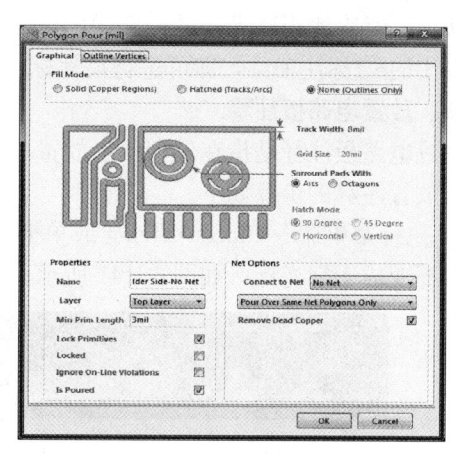　　图 5.138 无填充模式下的覆铜属性

② Track Width 文本框用于设置多边形铺铜区域中栅格连线的宽度。

③ Grid Size 文本框用于设置多边形铺铜区域中栅格尺寸。

④ Surround Pads With 选项用于设置多边形铺铜区域在焊盘周围的围绕形式。其中 Arcs 单选按钮表示使用圆弧围绕焊盘，Octagons 单选按钮表示采用八角形围绕焊盘。

⑤ Hatch Mode 选项用于设置多边形铺铜区域的填充栅格样式，其中共有 4 个单选按钮，功能如下：

90 Degree 单选按钮表示在多边形铺铜区域中填充水平和垂直的连线栅格。

45 Degree 单选按钮表示用 45°的连线网络填充多边形。

Horizontal 单选按钮表示用水平的连线填充多边形铺铜区域。

Vertical 单选按钮表示表示用垂直的连线填充多边形铺铜区域。

⑥ "Properites（属性）"选项区参数如下。

Name：覆铜区域的名称，一般不用更改。

Layer：覆铜所在板层。

Min Prim Length：覆铜中最小导线长度，该项在实心填充模式下不可用。

Lock Primitives：选中时，将属于该覆铜的所有铜膜锁定为一个整体；不选时，则该覆铜的各个组成图元可单独移动或进行其他设置。

Is Poured：选中该项时可以进行覆铜。

⑦ "Net Options（网络选项）"选项区。Connect to Net：与覆铜连接的网络，一般与地连接。

按需要设置好各种参数后，单击 OK 按钮，光标变成十字形，在电路板上准备覆铜区域的各个顶点上依次单击鼠标左键，即可完成覆铜。覆铜后的 PCB 板如图 5.139 所示。

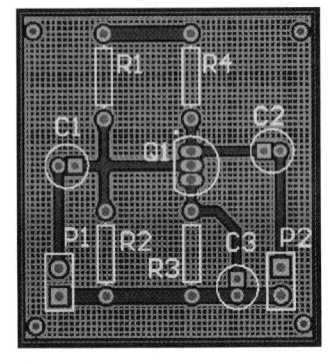

图 5.139 覆铜后的 PCB 板

三、放置尺寸标注

在设计印制电板时，为了便于制板，常常需要提供尺寸的标注。一般来说，尺寸标注通常是放置在某个机械层，用户可以从 16 个机械层中指定一个层来做尺寸标注层。也可以把尺寸标注放置在 Top Overlay 或 Bottom Overlay 层。

例如，对直线距离尺寸进行标注，可以选择 Place→Dimension→Linear 命令或者用实用工具栏中的 标注工具，即可进行尺寸标注如图 5.140 所示。

四、放置电路板注释

放置电路板注释是指在丝印层上放置单行说明性文字，该文字没有任何电气特性，在电路板上放置注释的步骤如下。

① 执行菜单命令 Place→String 或单击配线工具栏中的 A 按钮，进入放置注释的命令状态，鼠标变成十字光标，如图 5.141 所示。

图 5.140 尺寸标注　　　　图 5.141 放置注释

② 按 Tab 键，弹出字符串属性对话框，如图 5.142 所示。

字符串属性对话框可以对字符串字符宽度、字符串字符高度、字符串相对于水平方向的旋转角度、字符串在工作窗口的位置（坐标）、字符串的内容、放置字符串的板层、选择字符串使用的字体、锁定字符串、将字符串进行镜像处理进行设置。设置好后单击 OK 按钮，移动鼠标到合适位置，单击鼠标左键放置该字符串。放置好字符串后，单击鼠标右键或按 Esc 键退出。

五、PCB 距离测量

在 PCB 设计过程中，经常需要进行各种距离测量，如测量两焊盘之间的距离，测量导线的长度等，除了以放置尺寸标注的方式来获得距离信息外，Altium Designer 2014 还提供其他几种测量命令，这些命令都集中在 Reports 菜单内，如图 5.143 所示。

Measure Distance 命令用于测量编辑器工作区内任意两点之间的距离。选择该命令后光标变成十字形，然后在工作区内分别单击待测量距离的两个点，将弹出如图 5.144 所示的信息对话框，该对话框内显示了测量结果。确认返回后光标仍处于命令状态，可继续测量其他距离，单击鼠标右键或按 Esc 键可退出命令状态。

Measure Primitives 命令用于测量 PCB 编辑器工作区内任意两个自由图元之间的距离。

Measure Selected Objects 命令用于测量 PCB 编辑器工作区内选定导线的总长度，测量导线可以是相同或不同网络的单段或多段导线。

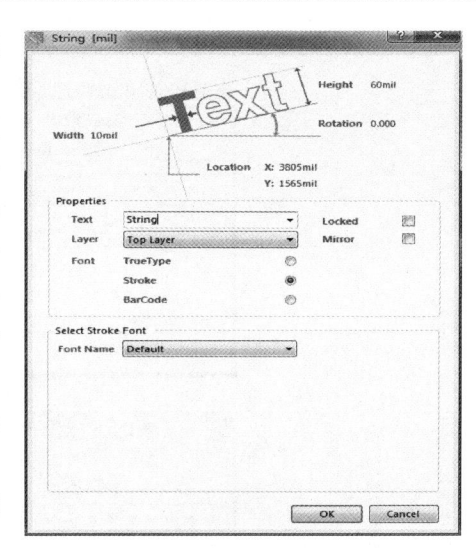

图 5.142　设置字符串属性

图 5.143　Reports 菜单

图 5.144　两点距离测量结果对话框

六、板层管理

PCB 板层管理就是通过 PCB 板层堆栈管理器，对电路板的信号层和内电层进行设置，包括电路板的层数、各层属性及其叠放次序等。其中内电层是用来放置电源和地线的整块铜膜，建立 PCB 板内电层可以增强 PCB 的抗干扰性能，降低布线密度。

执行菜单 Design→Layer Stack Manager 命令，弹出"Layer Stack Manager（图层堆栈管理器）"对话框，如图 5.145 所示。该对话框的主要参数如下。

图 5.145　Layer Stack Manager 对话框

Presets：调整板层设置如图 5.146 所示。

(a)

(b)

图 5.146　四层板的设置过程
(a) 选择 Four Layer；(b) 四层板的效果

3D：选中后板层以 3D 形式显示，如图 5.147 所示。

图 5.147　Layer Stack Manager 对话框中板层以 3D 形式显示

Add Layer：增加一个层。
Delete Layer 按钮：将选中的信号层或内电层删除。
Move Up：将选中的层向上移动。
Move Down：将选中的层向下移动。
Drill：设置电路板的钻孔对。
Impedance calculation：设置输出阻抗或导线宽度的计算公式。

七、输出文件

在完成 PCB 的绘制设计之后，还需要把各种文件整理分发出来，便于进行设计审查、制造验证和生产组装 PCB 板。需要输出的文件很多，有些文件是提供给 PCB 制造商生产 PCB 板用，比如 PCB 文件、Gerber 文件、PCB 规格书等。而有的则是提供给工厂生产使用，比如 Gerber

文件用做开钢网，Pick 坐标文件用做自动贴片插件机，单层的测试点文件用做 ICT，元件丝印图用作生产作业文件等。根据这些需求，Altium Designer 2014 可以输出各种用途的文件。

这些用途区分下来包括以下几个方面：

（1）装配文件输出

① 元件位置图：显示电路板每一面上元器件 XY 坐标位置和原点信息。

② 抓取和放置文件：用于元件放置机械手在电路板上摆放元器件。

（2）文件输出

① 文件产出复合图纸：成品板组装，包括元件和线路。

② PCB 板的三维打印：采用三维视图观察电路板。

③ 原理图打印：绘制设计的原理图。

（3）制作输出

① 绘制复合钻孔图：绘制电路板上钻孔位置和尺寸的复合图纸。

② 钻孔绘制 \ 导向：在多张图纸上分别绘制钻孔位置和尺寸。

③ 最终的绘制图纸：把所有的制作文件合成单个绘制输出。

④ Gerber 文件：制作 Gerber 格式的制作信息。

⑤ NC Drill Files：创建能被数控钻床使用的制造信息。

⑥ ODB++：创建 ODB++数据库格式的制造信息。

⑦ Power-Plane Prints：创建内电层和电层分割图纸。

⑧ Solder \ Paste Mask Prints：创建阻焊层和锡膏层图纸。

⑨ Test Point Report：创建在不同模式下设计的测试点的输出结果。

（4）报告输出

① Bill of Materials（BOM）：为了制作板的需求而创建的一个在不同格式下部件和零件的清单。

② Component Cross Reference Report：在设计好的原理图的基础上，创建一个组件列表。

③ Report Project Hierarchy：在该项目上创建一个源文件的清单。

④ Report Single Pin：创建一个报告，列出任何只有一个连接的网络。

⑤ Simple BOM：创建文本和该 BOM 的 CSV（逗号隔开的变量）文件。

大部分输出文件是用做配置的，在需要的时候输出就可以。在完成更多的设计后，用户会发现输出了多个相同或相似的文件，这样一来就做了许多重复性的工作，严重影响工作效率。针对这种情况，Altium Designer 2014 提供了一个叫作 Output Job Files 的方式，该方式使用 Output Job Editor 接口，将各种需要输出的文件捆绑在一起，可以直接打印，生成 PDF 和生成文件。

下面简单介绍 Altium Designer 2014 的 Output Job Files 相关的操作和内容。

（1）输出 PDF 文件

首先启动 Output Job Files。用户可以单击 File→Smart PDF... 选项，弹出图 5.148 所示的对话框，提示启动智能 PDF 向导，直接单击 Next 按钮进入下一步。

弹出图 5.149 所示的对话框，选择需要输出的目标文件范围，如果是仅仅输出当前显示的文档，单击 Current Document 单选按钮；如果是输出整个项目的所有相关文件，单击 Current Project 单选按钮，如图 5.149 所示。Output File Name（输出文件名）栏显示输出 PDF 的文件名及保存的路径，单击 Next 按钮进入下一步。

图 5.148 智能 PDF 设置向导

图 5.149 选择输出目标文件包

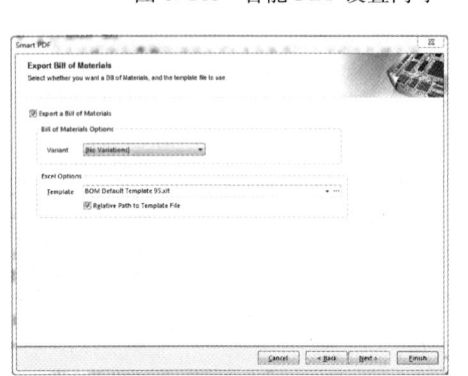

图 5.150 选择输出 BOM 的类型

弹出图 5.150 所示的对话框，选择输出 BOM 的类型以及选择 BOM 模板，Altium Designer 2014 提供了各种各样的模板，比如其中的 BOM Purchase.xlt 一般是在物料采购中使用较多，Manufacturer.xlt 一般是在生产中使用较多，当然它还有缺省的通用 BOM 格式：BOM Default Template 等，用户可以根据自己的需要选择相应的模板。当然也可以自己做一个适合自己的模板。单击 next 按钮进入下一步。

弹出图 5.151 所示的对话框，设置 PDF 的详细参数，比如输出的 PDF 文件是否带网络信息，网络信息是否包含引脚（Pins）、网络标签（Net Labels）、端口（Ports）信息，是否包含元件参数、原理图包含的参数，以及原理图及 PCB 图的 PDF 的颜色模式（彩色打印、单色打印、灰度打印等）。设置好后，单击 Next 按钮进入下一步。

弹出图 5.152 所示的对话框，提示产生报告后是否打开 PDF 文件，是否保存此次的设置配置信息，方便后续的 PDF 输出可以继续使用此类的配置，指出输出文档的保存路径及名字。

用户完成上述输出 PDF 设置向导后，单击 Finish（完成）按钮，输出的 PDF 文件包如图 5.153 所示。

图 5.151 输出 PDF 的参数设置

图 5.152 完成 PCB 设置

> **提示**
> 用户的电脑上必须安装 PDF 文件的阅读软件才可打开输出的 PDF 文件。

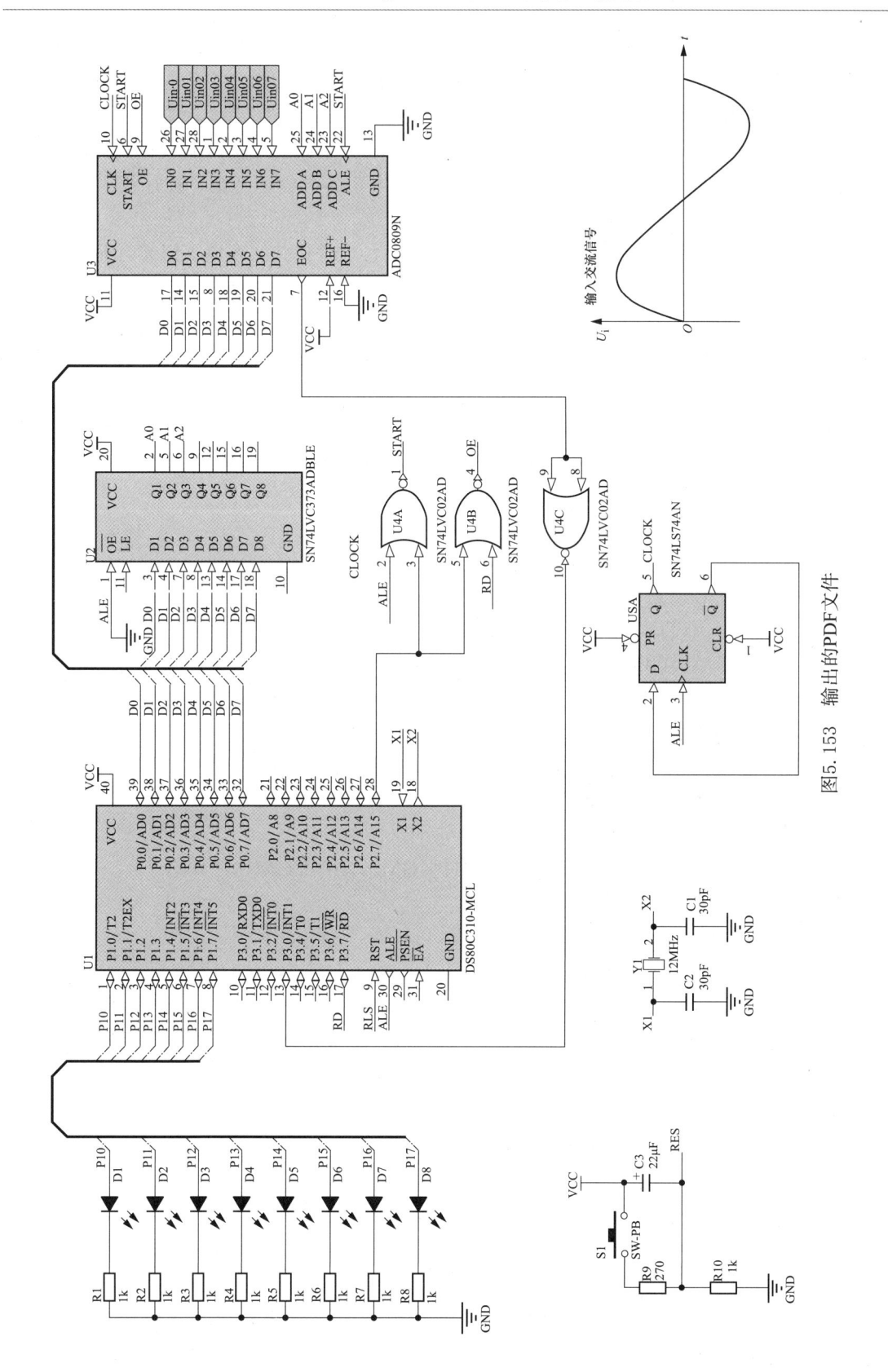

图5.153 输出的PDF文件

用户可以清晰地看见 PDF 文件包括原理图、PCB 图及元件清单等。虽然上述输出的文件已比较全面，但是还不完整，在许多特定场合需要的文件仍没有。

（2）生成 Gerber 文件

电子 CAD 文档一般指原始 PCB 设计文件，如 Altium Dsigner 等 PCB 设计文件后缀一般为 .PcbDoc、.SchDoc，而对用户或企业设计部门，出于各方面的考虑，往往提供给生产制造部门的电路板都是 Gerber 文件。

Gerber 文件是所有电路设计软件都可以生成的一种文件格式，在电子组装行业又称为模板文件（stencil.data），在 PCB 制造业又称为光绘文件。可以说 Gerber 文件是电子组装业中最通用最广泛的文件格式。在标准的文件格式里面可分为 RS-274 与 RS-274X 两种，其不同之处在于：RS-274 格式中的 Gerber 文件与 aperture 文件是分开的不同文件，RS-274X 格式的 aperture 文件是整合在 Gerber 文件中的，因此不需要 aperture 文件（即内含 D 码）。目前国内厂家使用 RS-274X 比较多，也比较方便。

由 Altium Designer 产生的文件扩展名与 PCB 各层对应关系如下：

Top（copper）Layer：.GTL

Bottom（copper）Layer：.GBL

Mid Layer1，2，…，30：.G1，.G2，…，.G30

Internal Plane Layer1，2，…，16：.GP1，.GP2，…，.GP16

Top Overlay：.GTO

Bottom Overlay：.GBO

Top Paste Mask：.GTP

Bottom Paste Mask：.GBP

Top Solder Mask：.GTS

Bottom Solder Mask：.GBS

Keep-Out Layer：.GKO

Mechanical Layer 1，2，…，16，：.GM1，.GM2，…，.GM16

Top Pad Master：.GPT

Bottom Pad Master：.GPB

Drill Drawing，Top Layer-Bottom Layer（Through Hole）：.GD1

Drill Drawing，Other Drill（Layer）Paris：.GD2，GD3，…

Drill Guide，Top Layer-Bottom Layer（Through Hole）：.GG1

Drill Guide，other Drill（Layer）Paris：.GG2，.GG3，…

（3）用 Altium Designer 输出 Gerber 文件

① 执行 File→Faberication Outputs→Gerber Files 命令，打开 Gerber Setup，对话框，如图 5.154 所示。

② 在 General 选项卡下面，用户可以选择输出的单位是英寸还是米制，在格式（Format）栏有 2：3，2：4，2：5 三种，分别对应了不同的 PCB 生产精度，一般用户可以选择 2：4，当然有的设计对尺寸要求高些，用户也可以选 2：5。

③ 单击 Layer 选项卡，用户在此进行 Gerber 绘制输出层设置，然后单击 Plot Layers 按钮，并选择 Used On 选项，再单击 Mirror Layer 按钮，并选择 All off 选项，如图 5.155 所示。当然

用户也可以根据需要或者 PCB 板的要求来决定一些特殊层是否需要输出，比如单面板和双面板、多层板等。

④ 在 Drill Drawing 选项卡的 Drill Drawing Plots 区域内勾选 Plot all used Layer pairs 复选框，如图 5.156 所示。

⑤ 对于其他选项可选用默认值，不需设置，直接单击 OK 按钮退出设置对话框。Altium Designer 2014 开始自动生成 Gerber 文件，并且同时进入 CAM 编辑环境，如图 5.157 所示，显示出用户刚才所生成的 Gerber 文件。

图 5.154　Gerber 普通项设置

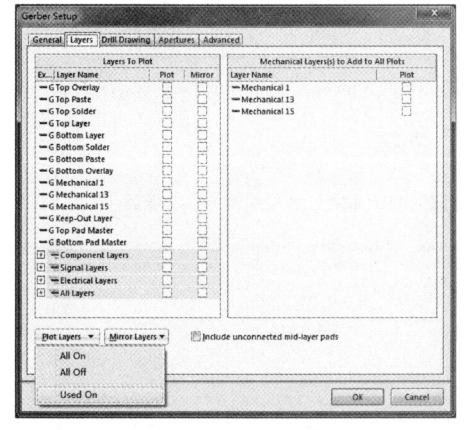

图 5.155　Gerber 绘制输出层设置

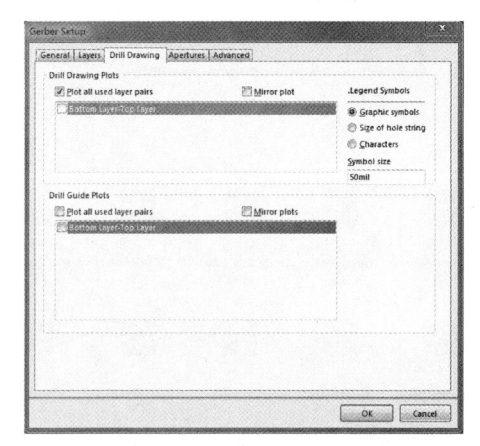

图 5.156　Gerber 钻孔输出层设置

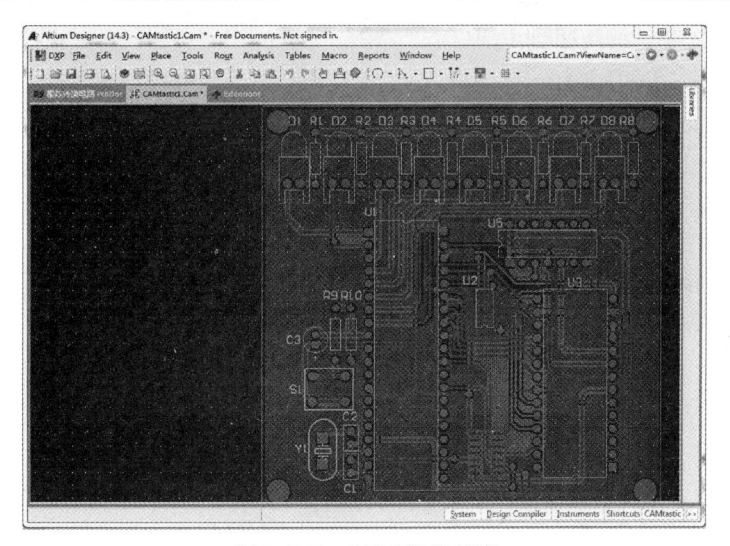

图 5.157　CAM 编辑环境

⑥ 用户检查 Gerber 文件。如果没有问题就可以导出 Gerber 文件了。单击 File→Export→Gerber 命令，在弹出的 Export Gerber 对话框（见图 5.158）里面选择格式为 RS-274-X，单击 OK 按钮，弹出图 5.159 所示保存出过文件的对话框，在该对话框中选择输出 Gerber 文件的路径，单击 OK 按钮，即可导出 Gerber 文件。

⑦ 完成以上操作后，用户可以查看刚才生成的 Gerber 文件，打开 Gerber 输出文件夹，可以看见新生成的 Gerber 文件，如图 5.160 所示。

图 5.158　Gerber 导出 　　　　　图 5.159　Gerber 文件存储位置对话框

图 5.160　Gerber 输出文件清单

⑧ 导出钻孔文件。重新回到 PCB 编辑界面，执行 File→Fabrication Outputs→NC Drill Files 命令，弹出 NC Drill Setup 对话框，如图 5.161 所示，选择输出的单位是英寸还是米制等。Format 有 2∶3，2∶4，2∶5 三种选择，对应了不同的 PCB 生产精度。一般普通用户可以选择 2∶4，对尺寸精度要求高的可以选 2∶5。还有一个很关键的问题是：对于此处的单位和格式选择必须和产生 Gerber 的选择一致，否则厂家生产的时候叠层会出问题。其他选项采用默认设置，单击 OK 按钮，弹出图 5.162 所示的 Import Drill Data（导入钻孔数据）对话框，单击 OK 按钮，出现了 CAM 输出界面，如图 5.163 所示完成输出。

（4）创建 BOM

BOM 为 Bill of Materials 的简称，也叫材料清单。它是一个很重要的文件，在物料采购、设计验证、样品制作、批量生产等环节都需要这个清单。可以用 SCH 文件产生 BOM，也可以用 PCB 产生 BOM。这里简单介绍用 PCB 产生 BOM 的方法。

① 打开"模数转换电路.PcbDoc"文件。执行"Report"→"Bill of Materials"命令，弹出 Bill of Materials For PCB Document 对话框。

② 使用对话框建立需要的 BOM。在图 5.164 中的 All Columns 栏，选择需要输出到 BOM 报告的标题，选中右边的 Show 复选框，则对话框的右边显示选中的内容；从 All Columns 栏中选择并拖动标题到 Grouped Columns 栏，以便在 BOM 报告中按该数据类型来分组元件。

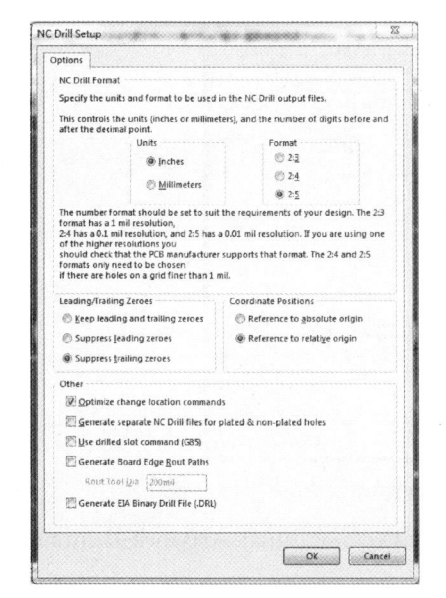

图 5.161　NC Drill Setup 对话框 　　　　图 5.162　Import Drill Data 对话框

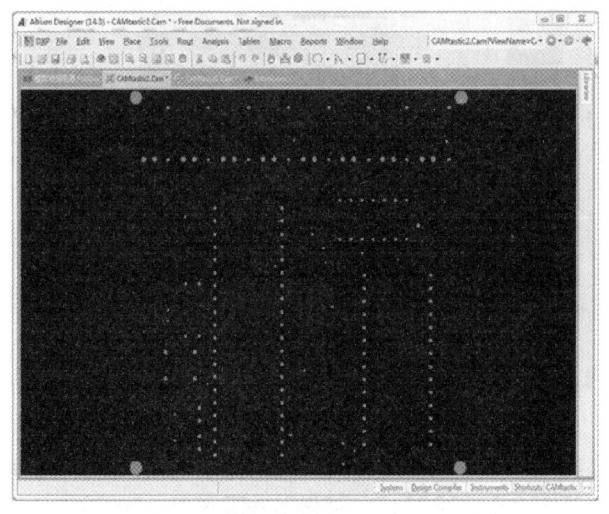

图 5.163　CAM 输出界面

③ 在 Export Options 区域可以设置文件的格式，有 XLS 的电子表格，TXT 的文本样式，PDF 格式等 6 种格式。在 Export Options 区域可以选择相应的 BOM 模板，软件自己附带多种输出模板，比如设计开发前期的简单 BOM 模板（BOM Simple.XLT）、样品的物料采购 BOM 模板（BOM Purchase.XLT）、生产用 BOM 模板（BOM Manufacturer.XLT）普通的缺省 BOM 模板（BOM Default Template95.xlt）等。

④ 单击 Export 按钮，弹出保存 BOM 文件夹对话框，选取缺省值，单击保存按钮，即产生了"模数转换电路.xls"文件。

（5）其他辅助输出文件

在 File 下面的 Fabrication Outputs 还有很多其他的选项，比如 Composite Drill Guide（综合的钻孔指南）、Drill Drawing（钻孔示意图）、Test Point Report（测试点输出）等，这里简单介绍 Final 项输出的内容。

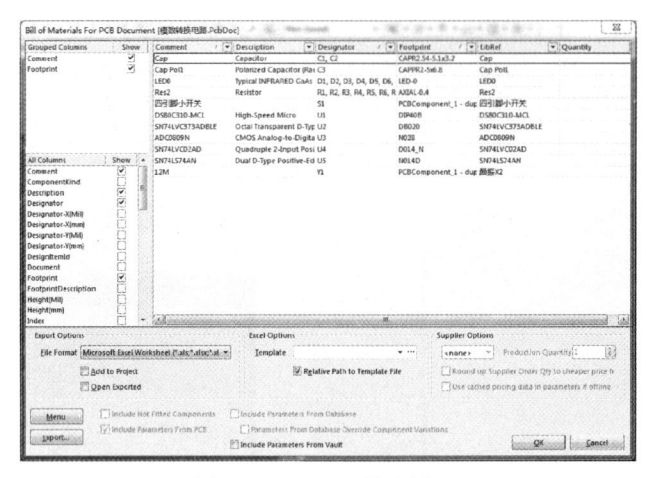

图 5.164　BOM 输出设置

执行 File→Fabrication Outputs→Final 命令，弹出 Preview Final Artwork Prints of（模数转换电路.PcbDoc）对话框，如图 5.165 所示。

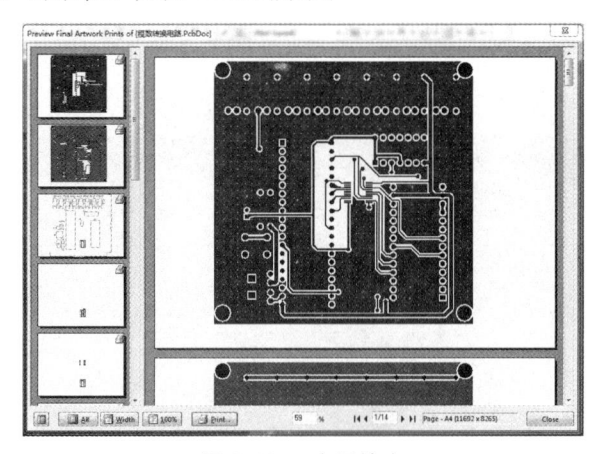

图 5.165　全层输出

拖动图 5.165 右边的滚动条，可以将各层列出来做相应文件，比如用顶层丝印图（Top Overlay）、底层丝印图（Bottom Overlay）来做装配示意图，如图 5.166 所示。

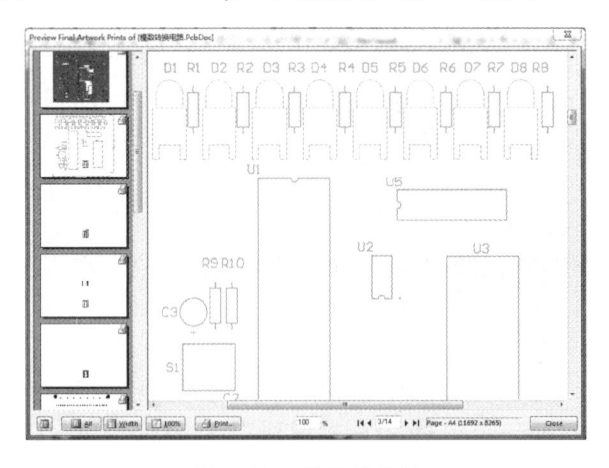

图 5.166　装配示意图

这里还有一些别的输出项目，比如单就测试点文件而言，用户可以用它做一个 ICT，进行在线测试以保证产品质量，或者做一个 PCB 单板的功能测试架进行功能测试检查，或者做一个 MCU 的仿真等。

在实际的应用中，环境和情况总不尽相同，只有认真熟悉 PCB 各种输出文件的设置和应用方式，才能根据情况进行合理的设置和调配，更好地输出对应的技术文件。

拓展训练　层次原理图的绘制

任务描述

本拓展训练是绘制如图 5.167 所示的层次原理图，并以层次原理图为文件名存入练习目录中。

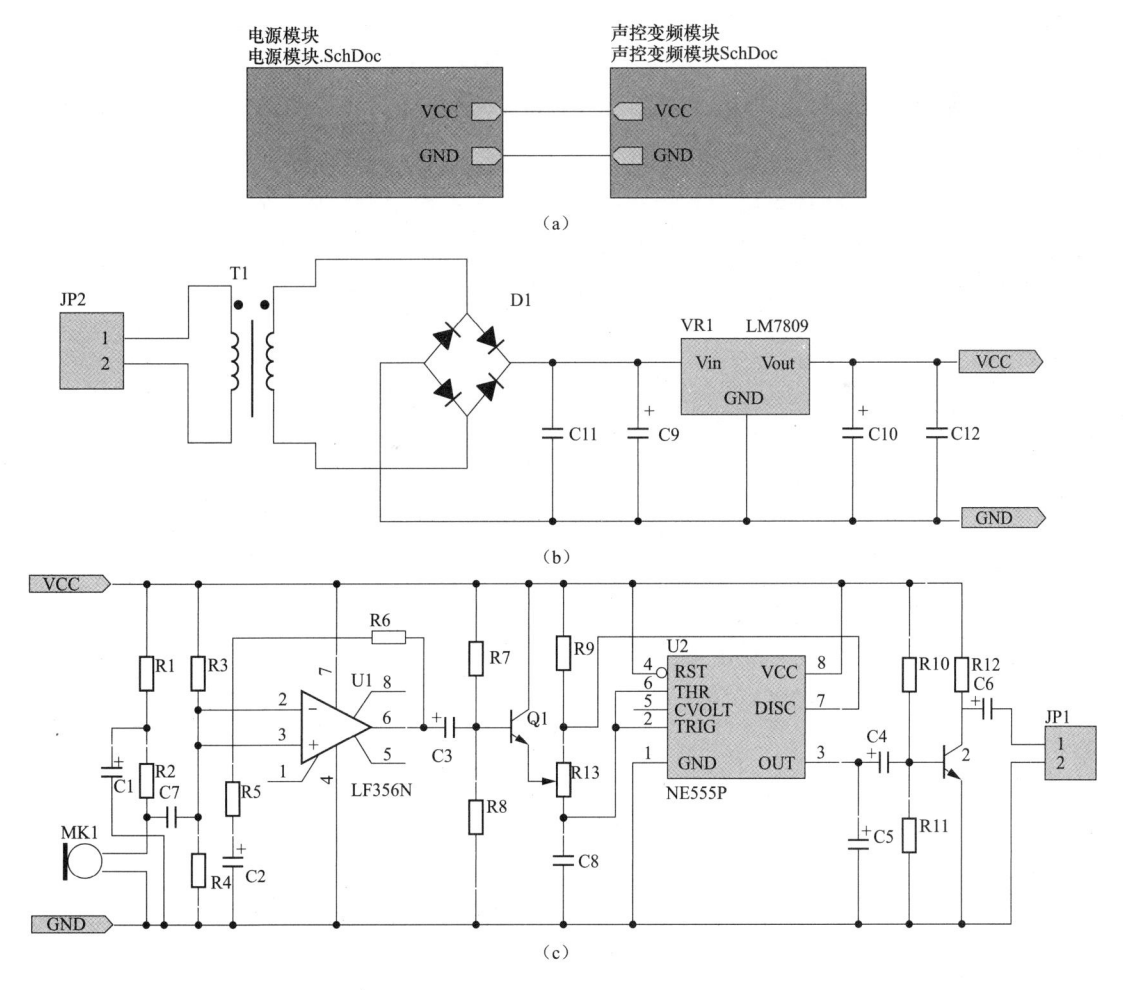

图 5.167　层次原理图

（a）层次原理图的母图；（b）层次原理图的子图——电源模块；（c）层次原理图的子图——声控变频模块

任务分析

要完成此项任务，需要掌握以下的知识：
（1）层次原理图的有关概念。
（2）自上而下绘制层次原理图的基本方法。
（3）自下而上绘制层次原理图的基本方法。

操作步骤

⊙ **步骤一**：启动 Altium Designer 2014
⊙ **步骤二**：新建项目文件
新建工程项目文件并保存，具体过程参看本项目任务一。
⊙ **步骤三**：绘制母图
① 在工程文件中，新建原理图文件并保存，具体过程参看任务一。

② 选择菜单 Place→Sheet Symbol 命令，或单击配线工具栏中的 [按钮] 按钮，放置方块电路。

执行上述命令后，鼠标变成十字，并有一个方块电路随鼠标移动。单击鼠标左键，确定方块电路的第一个顶点。拖动鼠标，将出现一个方块电路虚框，确定方块电路大小后，单击鼠标左键确定另一个顶点，这样就完成一个方块电路的放置，如图 5.168 所示。

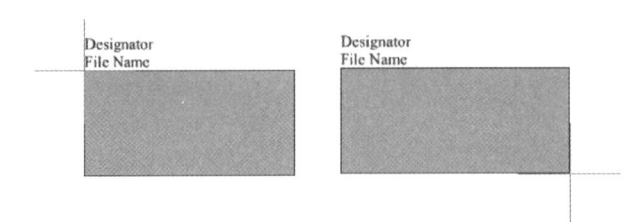

图 5.168　放置方块电路的过程

移动鼠标至方块电路内，双击鼠标左键，系统将弹出"Sheet Symbol"对话框。在该对话框中一般只需要填写方块电路的 Designator 和 Filename 两项，其他采用默认值，如图 5.169 所示。

如图 5.170 所示放置了电源模块和声控变频模块 2 个方块电路。

③ 单击 Wiring 工具栏中的 [按钮] 按钮，放置方块电路端口。

启动放置方块电路端口命令后，光标将变为十字形状，移动鼠标到方块电路内，单击鼠标左键，这时十字光标旁边将出现方块电路端口，且光标沿方块电路边沿移动，依次放置 4 个方块电路端口如图 5.171 所示。

双击方块电路端口，系统将弹出 Sheet Entry 对话框，修改方块电路端口如图 5.172 所示，修改后的方块电路端口如图 5.173 所示。

项目五 Altium Designer 2014 原理图与印制电路板的设计

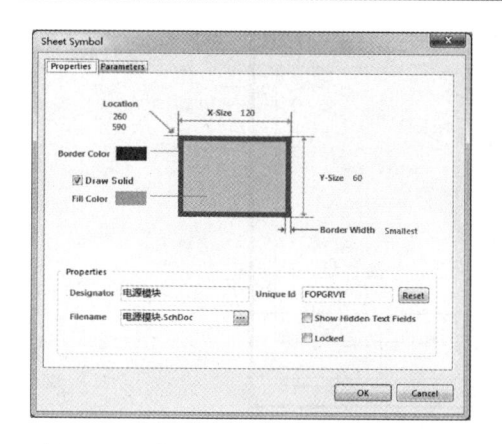

图 5.169 修改后的 Sheet Symbol 对话框

图 5.170 放置两个方块电路

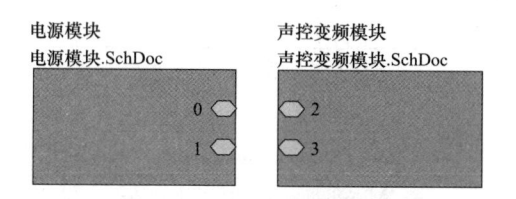

图 5.171 放置方块电路端口

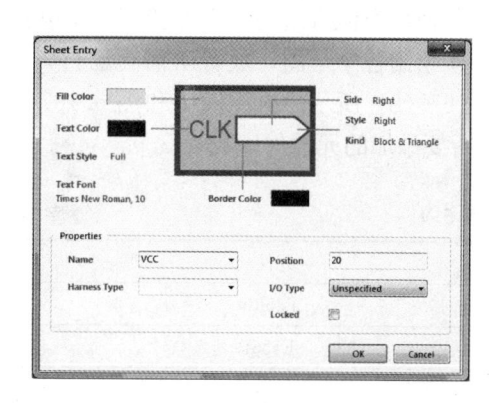

图 5.172 修改后的 Sheet Entry 对话框

④ 连线。根据各方块电路电气连接关系，用导线或总线将端口连接起来，连线完成后的层次原理图母图，如图 5.174 所示。

图 5.173 修改后的方块电路端口

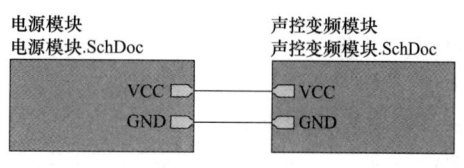

图 5.174 完成后的母图

⊙ **步骤四：创建及绘制子图**

① 在母图中，选择菜单 Design→Creat Sheet From Sheet Symbol 命令，此时光标变为十字形。将十字光标移动到方块电路内，例如移到电源模块内，如图 5.175 所示。

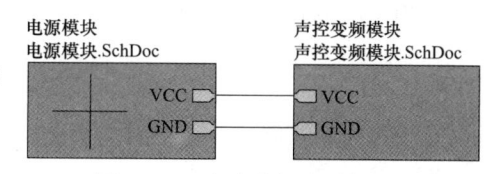

图 5.175 十字光标移入方块内

② 单击鼠标左键，生成电源模块的子图，并且自动布置与该方块电路相对应的 I\O 端口，图 5.176 所示。

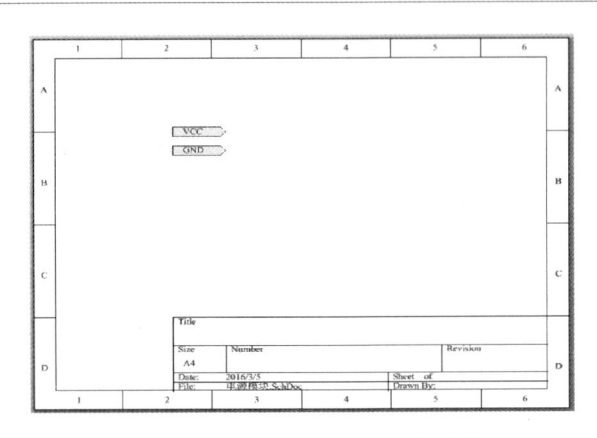

图 5.176 自动生成的原理图子图

③ 使用类似方法创建声控变频模块电路子图。

④ 绘制各个子图，放置所需元器件，以及电源和地线，并调整元件位置，分别按照如图 5.167（b）所示的电源模块和图 5.167（c）所示的声控变频模块修改元器件属性。绘制子图所要添加的元器件库见表 5.9。

表 5.9　　　　　　　　　　　库 元 件 名 称

元件	所在库
LF356N	ST Operational Amplifier
NE555P	ST Analog Timer Circuit
其他元件	Miscellaneous Devices.IntLib
	Miscellaneous Connectors.IntLib

⊙ 步骤五：保存原理图文件

执行菜单 File→Save 命令或"保存"按钮，这样就绘制完成了该层次原理图。

相关知识

一、层次原理图简介

层次原理图设计其实是一种模块化设计方法，就是将整个电路分成多个模块，分别绘制在多张图纸上（子图），并定义模块之间的连接关系（母图）这样就完成了整个项目的设计。下面介绍层次原理图的相关概念。

1. 方块电路图

方块电路图表示母图下层的子图，是各个模块原理图的简化符号，每个方块电路图都与特定的子图相对应，代表着相应的模块电路，是层次原理图所特有的，如图 5.177 所示。

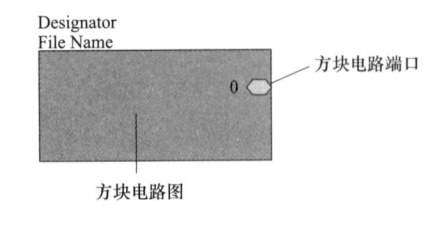

图 5.177　层次电路的相关符号

2. 方块电路端口

方块电路端口代表了一个子图和其他子图相连接的

端口。

二、自上而下绘制层次原理图

自上而下设计方法为先根据电路结构，将整个电路原理图划分为不同功能子模块，然后绘制母图，通过母图表示各个子模块电气连接关系，再由母图生成子图，最终完成整个系统原理图设计，其设计流程如图 5.178 所示。

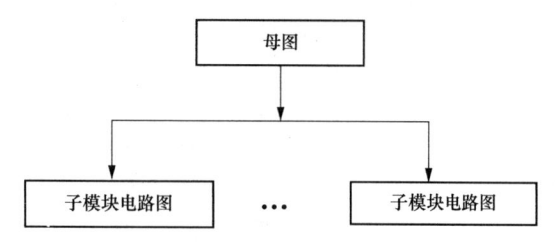

图 5.178　自上而下设计层次原理图

在放置方块电路图时，按 Tab 键或者放置方块电路后双击方块电路，可以弹出方块电路图"Sheet Symbol"对话框，如图 5.179 所示。

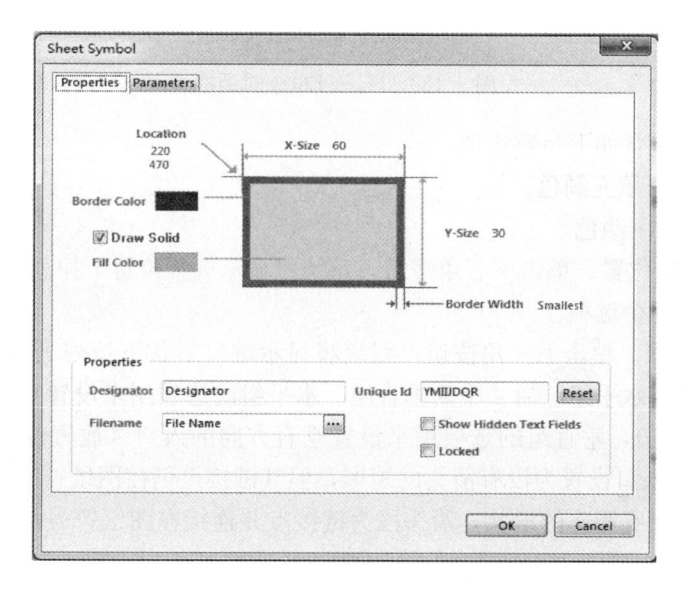

图 5.179　Sheet Symbol 对话框

方块电路主要属性如下。

Designator：方块电路图标识符。

Filename：方块电路所对应的子原理图文件名。

Unique ID：系统给出的编号，一般不用修改。

Draw Solid：选中该复选框，使用 Fill Color 设定的颜色填充，一般选用系统默认设置。

Fill Color：填充颜色。

Location：方块电路位置，一般不用修改。

X-Size：设置该方块电路宽度。

Y-Size：设置该方块电路高度。

Broad Width：设置边框宽度。

放置方块电路端口时，按 Tab 键或者放置方块电路端口后双击该端口，系统将弹出 Sheet Entry 对话框，如图 5.180 所示。

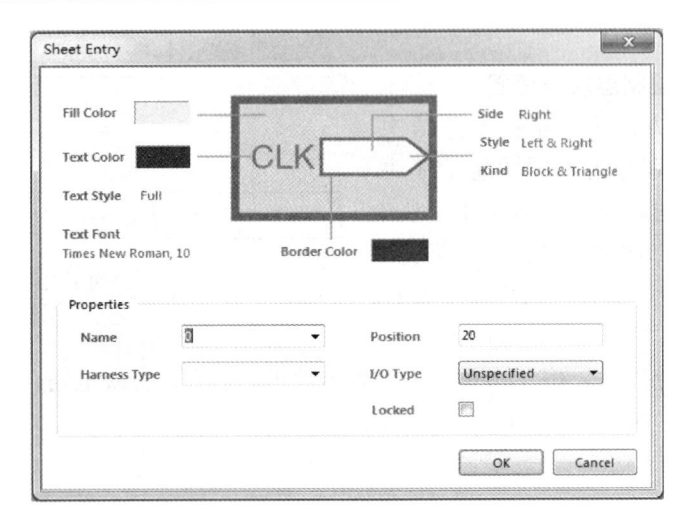

图 5.180　Sheet Entry 对话框

方块电路端口包含如下参数选项。

Fill Color：端口填充颜色。

Text Color：文字颜色。

Side：端口放置位置。单击下三角按钮，系统将显示放置位置下拉列表框，其中有左侧、右侧、顶部和底部 4 个选项。

Style：端口形状。单击下三角按钮，系统将显示端口形状下拉列表框，共有 8 种选择，分为两组。前 4 个为水平组，后 4 个为垂直组。水平组的选项用来设置水平方向的入口（放置位置为左侧或右侧），垂直组的选项用来设置垂直方向的入口（放置位置为顶部或底部）。其中"None"是将入口设置为没有箭头的矩形，但其链接点仍在图纸符号的边框上，"Left"是将入口设置为左侧有箭头的形状，箭头段为链接点并连接在图纸符号的边框上，其他各项的用法类似。

Border Color：方块电路端口的边框颜色。

Name：方块电路端口名称。两块或多块电路方块端口要实现电气连接必须同名。

Position：设置端口在方块电路符号中的数值位置。

I\O Type：端口输入、输出类型。单击下三角按钮，系统将显示 I\O 类型有 Unspecified（不指定）、Output（输出）、Input（输入）、Bidirectional（双向）4 种类型选项。

层次原理图完成后，若想要从母图的某一端口直接切换到子图的同一端口，或者从子图的某一端口直接切换到母图的同一端口，具体操作如下。

首先打开母图，选择菜单 Project→Compile PCB Project… 命令对项目文件进行编译。然后选择菜单 Tool→Up\Down Hierarchy 命令，此时光标变为十字形状，把鼠标移到某一端口上双击鼠标左键，实现母图与子图之间的切换。

> **提示**
>
> 从母图的某一端口直接切换到子图的同一端口，要求母图和子图都要在同一项目文件下，而且要对项目文件进行编译操作。

三、自下而上绘制层次原理图

自下而上的层次原理图设计方法与自上而下的设计方法正好相反。这种设计方法就是利用已绘制好的各个子原理图产生电路方块图，其流程图，如图 5.181 所示。

图 5.181　自下而上设计层次原理图

四、层次设计表

一般的层次化原理图，层次较少，结构也比较简单。但是对于多层次的层次化电路原理图，其结构关系却是相当复杂的，用户不容易看懂。因此，系统提供了一种层次设计表作为用户查看复杂层次化原理图的辅助工具。借助于层次设计表，用户可以清晰地了解层次化原理图的层次结构关系，进一步明确层次化电路图的设计内容。生成层次设计表的主要步骤如下。

① 编译整个项目。

② 执行菜单命令 Reports（报告）→Report Project Hierarch（项目层次报告）则会生成有关该项目的层次设计表。

③ 打开 Projects（项目）面板，可以看到，该层次设计表被添加在该项目下的"Generated\Text Documents\"文件夹中，是一个与项目文件同名但扩展名为".REP"的文本文件。

④ 双击该层次设计表文件，系统转换到文本编辑器，可以对该层次设计表进行查看。

在生成的设计表中，使用缩进格式明确地列出了本项目中的各个原理图之间的层次关系，原理图文件名越靠左，说明该文件在层次化电路图中的层次越高。

项目小结

本项目任务首先介绍了分压式偏置放大电路的原理图和 PCB 图的设计，通过完成该任务来学习绘制简单原理图和 PCB 设计基础及相关工具的使用；其次介绍了模数转换电路的原理图和 PCB 图的设计，通过完成该任务来学习绘制复杂原理图和 PCB 设计，并介绍了网络标号、输入\输出端口、总线分支等工具的基本使用和手动布线、拆除布线、覆铜等基本知识；最后介绍了层次原理图的绘制，通过完成该任务来学习自上而下绘制层次原理图的基本流程，以及自下而上绘制层次原理图的基本流程。

课后训练

1. 设计分压偏置放大电路的原理图和 PCB 图，将完成的原理图和 PCB 图以分压偏置放大电路为文件名存入练习目录中。

2. 设计模数转换电路的原理图和 PCB 图，将完成的原理图和 PCB 图以模数转换电路为文件名存入练习目录中。

3. 设计本拓展训练电路的 PCB 图，将完成的 PCB 图以层次图为文件名存入练习目录中。

4. 设计图 5.182 所示电路的 PCB 图，将完成的 PCB 图以流水灯为文件名存入练习目录中。

5. 设计图 5.183 所示电路的 PCB 图，将完成的 PCB 图以振荡电路为文件名存入练习目录中。

6. 设计图 5.184 所示电路的 PCB 图，将完成的 PCB 图以彩灯电路为文件名存入练习目录中。

7. 设计图 5.185 所示电路的 PCB 图，将完成的 PCB 图以正负电源为文件名存入练习目录中。

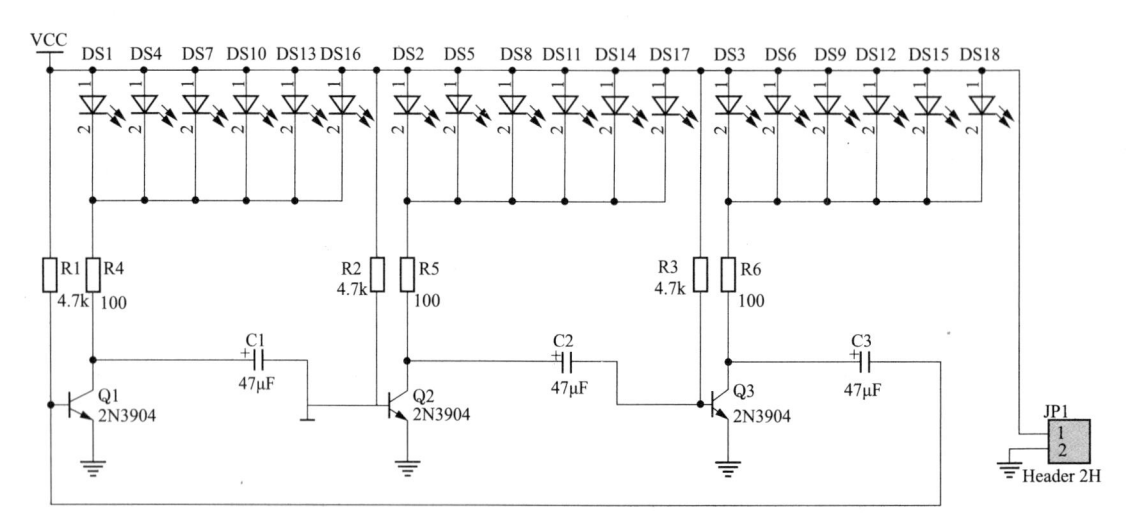

图 5.182　流水灯电路

图 5.183　振荡电路

图 5.184　彩灯电路

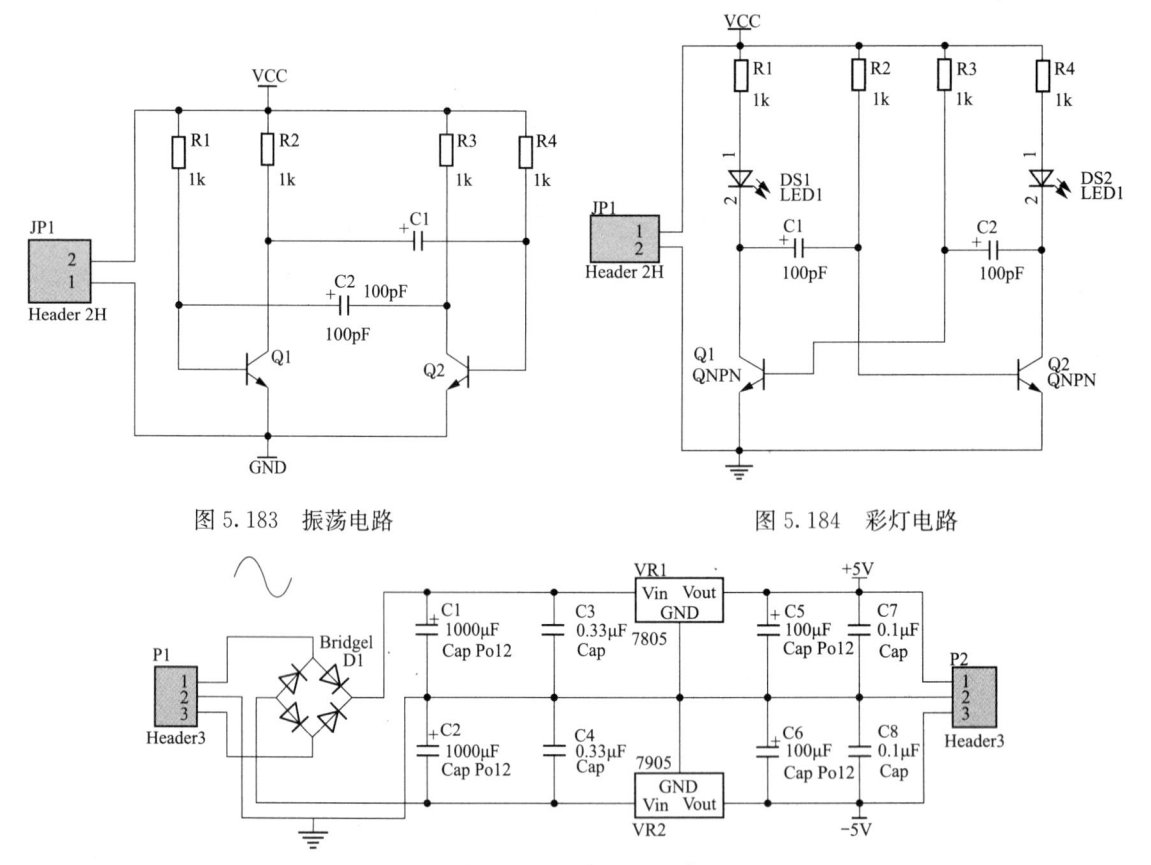

图 5.185　正负电源电路

项目六　Altium Designer 2014 元器件及其封装的制作

Altium Designer 2014 软件提供了丰富的元器件库和元器件封装库，这些元器件库中存放有数万个元器件，并可以通过下载不断更新元器件库，基本可以满足一般原理图和 PCB 板的设计需求。但是随着电子技术的不断发展，一些新开发出来的元器件或者特殊形状的元器件在元器件库中是没有的，这就需要自己制作元器件和元器件封装。

在 Altium Designer 2014 软件中，元器件的制作是原理图元器件库编辑器中完成的，元器件封装的制作是在 PCB 封装库编辑器中完成的。用 Altium Designer 2014 绘制元器件和元器件封装的最终目的是要创建集成元件库。本项目通过实例的讲解，使学习者掌握元器件和元器件封装的制作能力以及具备创建集成元件库的能力。

目标要求

（1）掌握元器件的制作，元器件库的调用。
（2）熟悉元器件编辑器中菜单的基本使用，工具栏的基本使用。
（3）掌握元器件封装的制作，元器件封装库的调用，焊盘的位置、大小与实物尺寸的关系。
（4）熟悉元器件封装编辑器中菜单的基本使用，工具栏的基本使用。
（5）掌握创建集成元件库的过程。
（6）了解工作面板的基本使用。

任务一　数码管的制作

任务描述

本项目的任务是绘制如图 6.1 所示的数码管，从数码管的正面看，以左下侧第一脚为起点，按逆时针方向排序，引脚分别为 1-e，2-d，3-com，4-c，5-dp，6-b，7-a，8-com，9-f，10-g。将完成的数码管（见图 6.2），以数码管为文件名存入练习目录中。

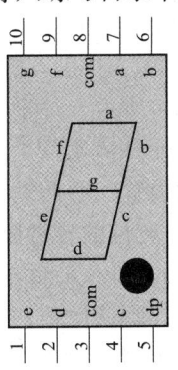

图 6.1　数码管实物　　　　图 6.2　绘制的数码管

任务分析

要完成此项任务，需要掌握以下知识：
(1) 原理图元器件库的创建。
(2) 原理图元器件库编辑器的基本使用。
(3) 原理图元器件库的调用。

操作步骤

⊙ 步骤一：新建原理图元器件库文件

执行菜单 File→New→Library→Schematic Library 命令，选择新建原理图元器件库文件，同时打开了元器件库编辑器，如图 6.3 所示。

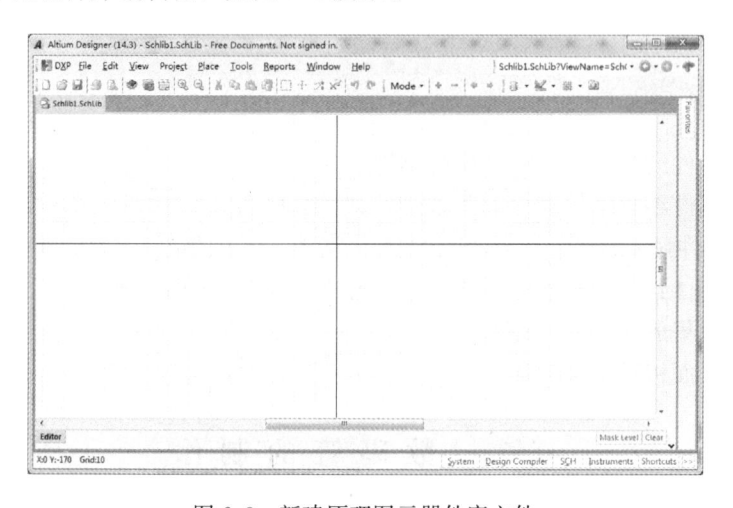

图 6.3 新建原理图元器件库文件

⊙ 步骤二：保存新建原理图元器件库文件

单击"保存"工具，将会弹出"保存文件"对话框。要求用户输入新建元器件库文件名（默认文件名为 SchLib1.SchLib）及保存路径，此处将新建元器件库命名为数码管.SchLib，并保存到练习目录下。

⊙ 步骤三：定义元件属性

新建原理图元器件库文件后，选择界面左下角的"SCH Library"选项，即可显示 SCH Library 面板，如图 6.4 所示。

在 SCH library（元件库编辑）面板中，双击默认文件 Componet_1（或单击 Edit 按钮），弹出"元件属性设置"对话框，如图 6.5 所示。

图 6.5 中，列出了元件的各种属性，需修改的属性如下。

Default Designator：默认元件编号，如电阻的默认编号为 R?，这里选择 DS?。

Default Comment：默认注释，即元件名称，这里选择 DPY-8-SMG。

Description：元件库中的型号，这里选择 DPY-8-SMG。

其他参数不变，修改完后，单击确定按钮如图 6.6 所示。

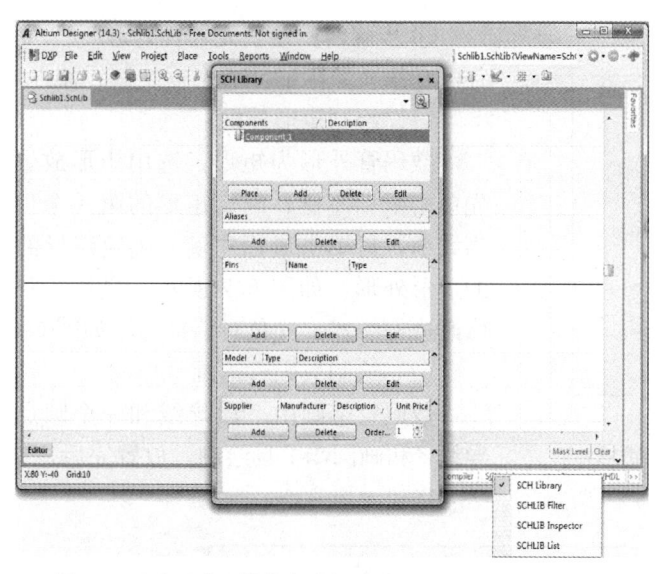

图 6.4　原理图元器件库编辑器中的 SCH Library 面板

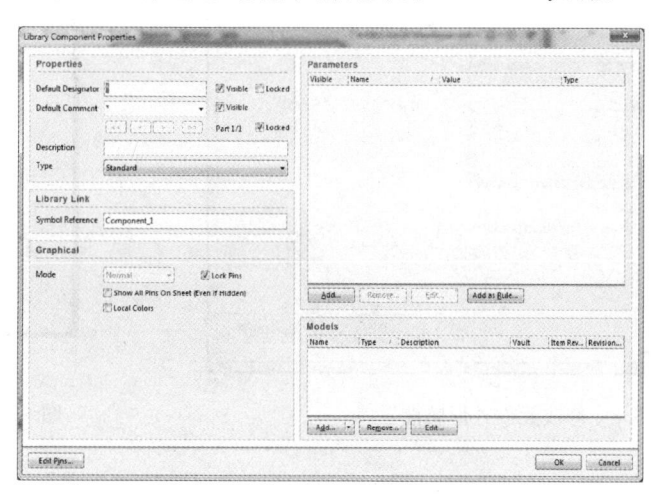

图 6.5　设置元件属性对话框

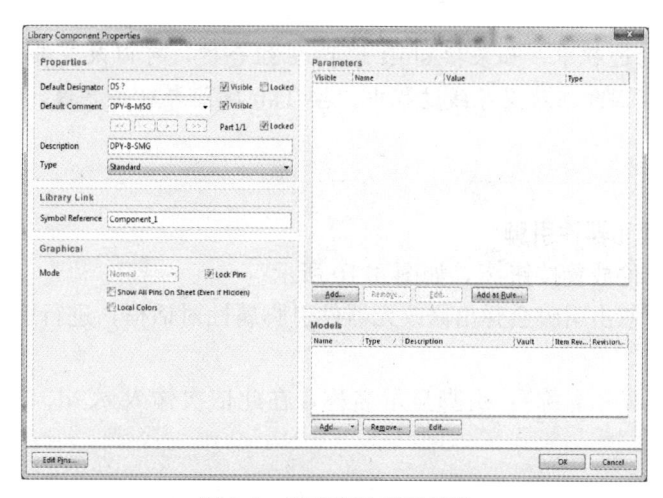

图 6.6　设置完的元件属性

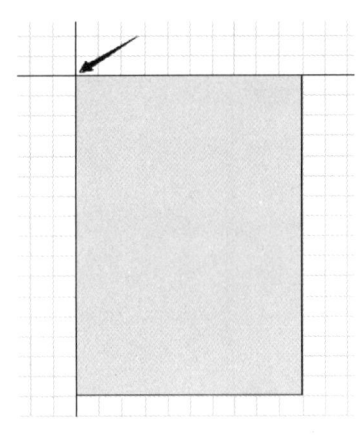

图 6.7 绘制完的矩形外形

⊙ 步骤四：绘制元器件外形

在第 4 象限的原点附近绘制元器件外形。

(1) 绘制矩形外框

数码管外形为矩形，选用矩形放置工具 ■。放置时，先单击鼠标左键，确定矩形的第一个顶点，拖动鼠标至适当大小，再单击鼠标左键，确定矩形的对角顶点，放置后的矩形外形，如图 6.7 所示。最后，双击矩形，将会弹出修改边框线宽、颜色对话框等，如图 6.8 所示。

(2) 绘制数码管笔画

数码管笔画由 7 段导线和一个圆点组成，因此选用画导线 ╱ 和画圆 ○ 工具绘制，放置完后，如图 6.9 所示。

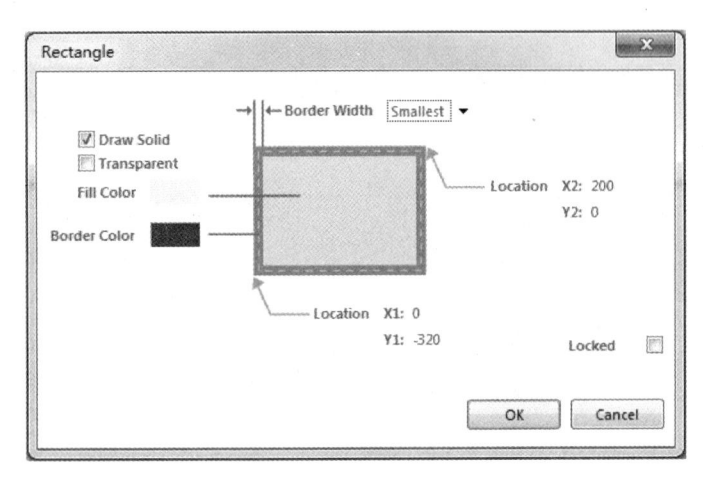

图 6.8 修改元件外形属性

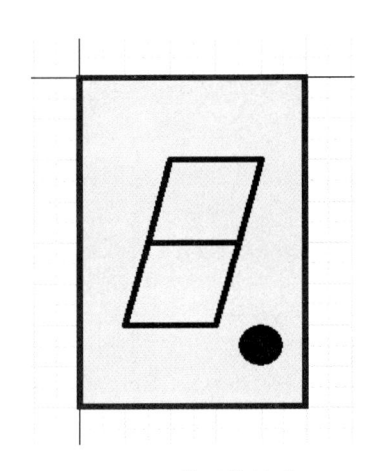

图 6.9 数码管外形

> **提 示**
>
> 在绘制数码管的过程中，如果按 shift+space 组合键，可以改变导线拐角类型。数码管的笔画一般较粗，因此在放置导线过程中，按 Tab 键或者双击导线，可将导线宽度修改为 large。

⊙ 步骤五：放置元器件引脚

单击元器件引脚件放置按钮 ，如图 6.10 所示。

放置完引脚后，双击引脚会弹出修改元器件引脚属性对话框，进行引脚属性的编辑，如图 6.11 所示。

Display Name（显示名称）：引脚显示名称，在此依次输入 e、d、com、c、dp、b、a、com、f 和 g。

Designer（标识符）：引脚序号，在此依次输入 1、2、3、…、10。

Electronical Type（电气类型）：引脚的电气类型，该项有 Input（输入引脚）、IO（输入\输出引脚）、Output（输出引脚）、Open Collector（集电极开路）、Passive（无源引脚）、HiZ（高阻抗引脚）、Emitter（发射极引脚）、Power（电源引脚）共 8 项。这里除脚 3 与脚 8 选用 Power 外，其他引脚均选用 Input。

Length（长度）：引脚长度，这里选用 30mil。

对照图 6.2 所示给出的引脚名称和序号，设置引脚长度与电气类型，其他参数不变，放置元件其他引脚如图 6.12 所示。

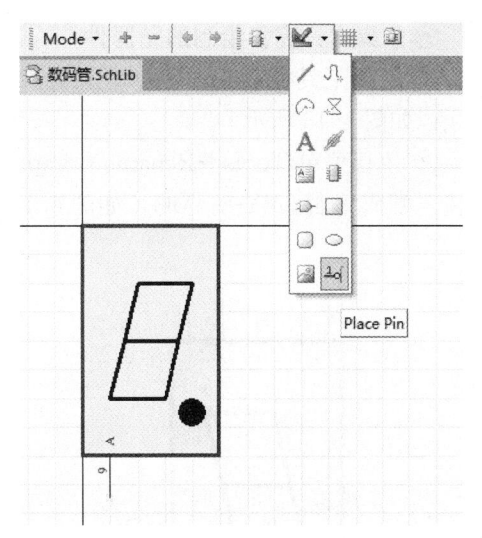

图 6.10　放置元件引脚

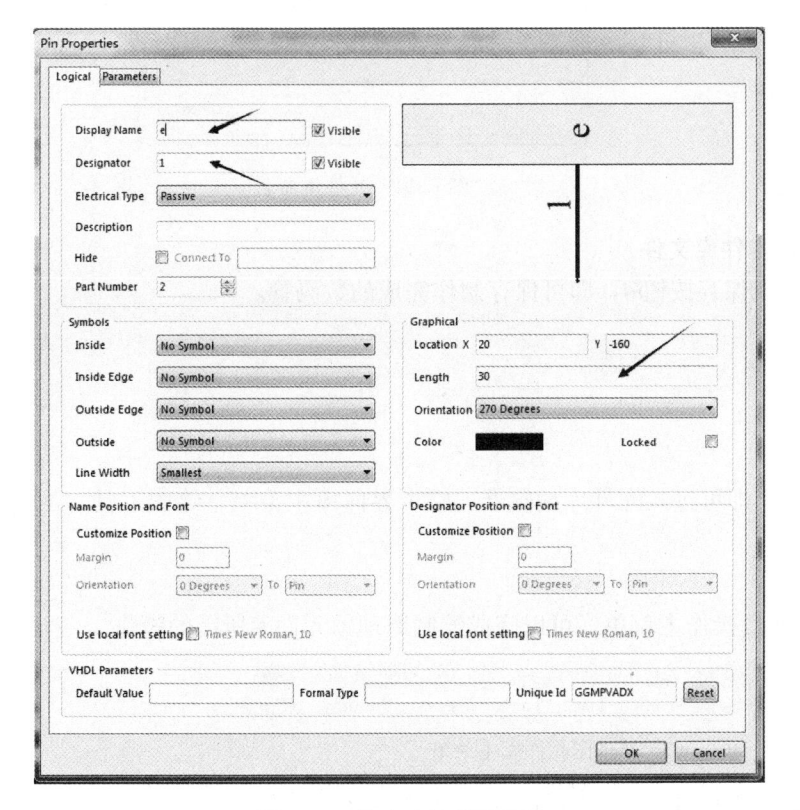

图 6.11　修改元件引脚属性

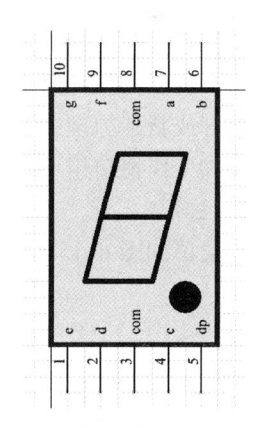

图 6.12　放置完引脚后的数码管

> **提示**
> 放置元件引脚时，须将引脚名称对准元件，即有十字标注的一端朝外，否则制作的原理图元器件库在原理图中调用时，没有电气连接。

⊖ **步骤六：完善绘制的元器件**

① 选择工具栏中放置字符串工具 A，在数码管的 7 段导线上分别放置 a、b、c、d、e、f、g，如图 6.13 所示。

② 执行菜单 Tools→Rename Component 命令，将弹出元件重命名对话框，在该对话框内输入数码管名 DPY-8-SMG，如图 6.14 所示。

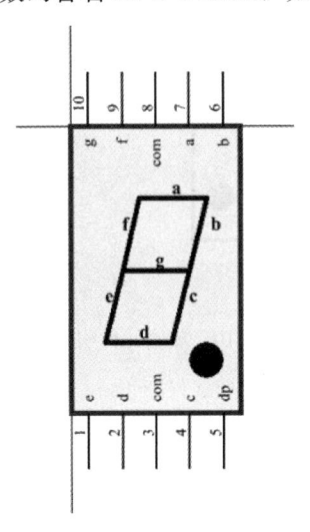

图 6.13　放上标注的数码管　　　　图 6.14　元件重命名

⊖ **步骤七：保存原理图元器件库文件**

执行菜单 File→Save 命令或保存按钮，即可保存制作完成的数码管。

相关知识

一、原理图元件库编辑器

打开或新建原理图元件库，即可进入元件库编辑器，整个界面由主菜单、绘图工具、工作面板和工作窗口组成。

1. 主菜单

主菜单如图 6.15 所示，通过操作主菜单，可以完成绘制原理图元件库所需的操作。

图 6.15　原理图元件库主菜单

DXP：系统菜单，主要包括用户自定义、优先设定、系统信息添加等功能。

File（文件）：主要用于各种文件操作，包括新建、打开、保存等功能。

Edit（编辑）：主要完成各种编辑操作，包括撤销、复制、粘贴等功能。

View（查看）：主要包括改变工作窗口大小、打开与关闭工具栏、显示格点等功能。

Project（项目管理）：用于项目操作。

Place（放置）：用于放置元件符号的组成部分。

Tools（工具）：主要包括新建元件、元件重命名等功能。

Reports（报告）：用于产生元件报告、检查元件规则等。
Windows（视窗）：用于改变窗口的显示方式，切换窗口。
Help（帮助）：提供帮助功能。

2. 标准工具栏与绘图工具

（1）标准工具栏

标准工具栏包括新建、打开、保存、打印、放大、缩小、编辑等常用工具，如图6.16所示。

图6.16 标准工具栏

（2）实用工具栏

实用工具栏包括"IEEE Symbols"工具、绘图工具、栅格工具、模型管理工具，如图6.17所示。其中元件的模型和相关符号可以通过实用工具栏中的工具来绘制完成，"IEEE Symbols"工具栏中按钮和功能见表6.1，绘图工具栏中按钮和功能见表6.2。

图6.17 绘图工具

表6.1　　　　　　　　　"IEEE Symbols"工具栏按钮和功能

按钮	功能	按钮	功能	按钮	功能
○	低电平触发符号	←	信号由右至左传输符号		时钟符号
	低有效输入		模拟信号输入		非逻辑连接
	延迟输出		集电极开路	▽	高阻
▷	大电流		脉冲		延时
	线组	}	二进制组		低有效输出
π	Pi	≥	大于等于		集电极开路上拉
	发射极开路		发射极开路上拉	#	数字信号输入
▷	反相器		或门		输入输出
	与门		异或门		左移位
≤	小于等于	Σ	Sigma		施密特触发器输入符号
	右移位	◇	开路输出		左右信号流
	双向信号流				

表 6.2　　　　　　　　　　　　　绘图工具栏按钮和功能

按钮	功能	按钮	功能	按钮	功能
/	放置直线	⌛	放置多边形	⌒	放置椭圆弧
∩	放置贝塞尔曲线	A	放置文本字符串	✎	放超链接
🖼	放置文本框	🔲	创建新元件	▱	在当前元件中添加一个元件子部分。通常用于一个元件包含几个独立部分的情况
□	放置矩形	▢	放置圆角矩形	○	放置椭圆
🖼	放置图片	1₀	放置元件引脚		

3. 设置库编辑工作区参数

在元器件库文件的编辑环境中，执行 Tools（工具）→Document Options（文档选项）菜单命令，则系统会弹出图 6.18 所示的 Library Editor Workspace（库编辑器工作区）对话框，可以根据需要设置相应的参数。对话框与原理图编辑环境中的 Document Options（文档选项）对话框的内容相似，可以参考原理图编辑环境中的 Document Options 对话框进行设置。

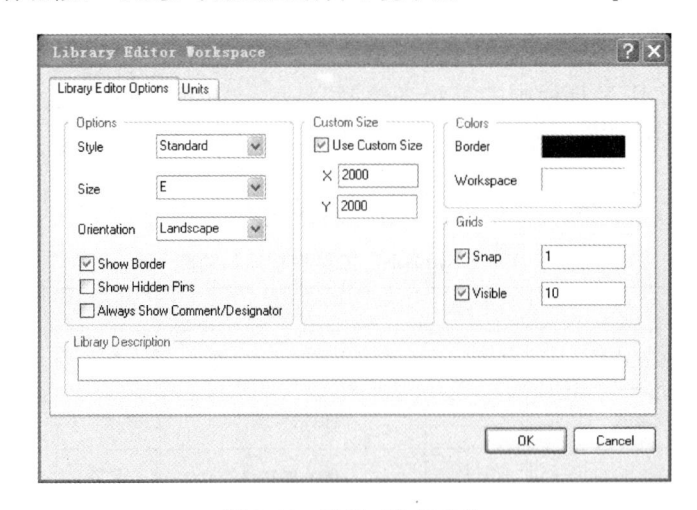

图 6.18　设置工作区参数

Show Hidden Pins：用来设置是否显示元器件的隐藏引脚。若选中该复选框，则元器件的隐藏引脚将被显示出来。将隐藏引脚显示出来并不会改变引脚的隐藏属性，要改变其隐藏属性，只能通过隐藏属性对话框来完成。

Custom Size：选中该复选框后，可以在下面的 X、Y 文本框中分别输入自定义图纸的高度和宽度。

Library Description：用来输入对元器件库文件的说明。设计者应该根据自己创建的库文件在该文本框输入必要的说明，为系统进行元器件库查找提供相应的帮助。

Snap Grid：设计者在放置或移动对象的时候，光标移动的间距。

Visible Grid：在区域内以线或者点的形式显示。

4. 工作面板

进入原理图元件库编辑器后，选择工作面板标签栏 SCH 中的 Library Editor 选项，即可显示 Library Editor 面板。通过操作工作面板，可以浏览和编辑文件，如图 6.19 所示。

(1) 元件栏

元件栏列出了当前元件库中的所有元件，各按钮功能如下。

Place（放置）：将元件放置到当前原理图中。

Add（追加）：在库中添加一个元件。

Delete（删除）：删除选定的元件。

Edit（编辑）：编辑选定的元件。

(2) 别名栏

选定元件栏中一个元件，将在别名栏中列出该元件的别称，各按钮功能如下。

Add（追加）：给选定元件添加一个别称。

Delete（删除）：删除选定元件的别称。

Edit（编辑）：编辑选定元件的别称。

(3) 引脚栏

列出了选定元件的所有引脚信息，包括引脚编号、名称、类型，各按钮功能如下。

Add（追加）：添加其他模型。

Delete（删除）：删除一只引脚。

Edit（编辑）：编辑元件引脚。

图 6.19　原理图元器件库编辑器

(4) 模型栏

模型栏列出了该元件的其他模型信息，包括模型的类型、描述信息等，各按钮功能如下。

Add（追加）：添加其他模型。

Delete（删除）：删除选定模型。

Edit（编辑）：编辑选定模型属。

二、原理图元件库的调用

制作完原理图元件库后，即可采用调用标准元件库的方法调用制作的原理图元件库，具体操作是：在原理图编辑器中选择库文件面板，再单击 Add 按钮，装载制作的元件库。

三、绘制一个含有子部件的元器件实例

部分集成电路内部含有多个同一功能的电路，即多个子件。下面绘制一个含有子部件的元器件 LF353。LF353 是美国 TI 公司所生产的双电源 JFET（结型场效应管）输入的双运算放大器，在高速积分、采样、保持等电路设计中常常用到，采用 8 引脚的 DIP（双列直插式）封装形式。

1. 绘制库元器件的第一个子部件

① 执行 File（文件）→New（新建）→Library（库）→Schematic Library（原理图库）菜单命令启动元器件库文件编辑器，并创建一个新的元器件库文件，命名为 NewLib.SchLib。

② 执行 Tools（工具）→Document Options（文档选项）菜单命令，在弹出的库编辑器

工作区对话框中进行工作区参数设置。

③ 新建自绘元器件,并命名为"LF353",如图 6.20 所示。

④ 单击原理图符号绘制工具栏中的放置多边形按钮,则光标变成十字形状,以编辑窗口的原点为基准,绘制一个三角形的运算放大器符号。

2. 放置引脚

① 单击原理图符号绘制工具栏中的放置引脚按钮,则光标变成十字形状,并附有一个引脚符号。

② 移动该引脚到多边形边框处,单击鼠标左键完成放置。按同样的方法放置引脚 1、2、3、4、8 在三角形符号上,并设置好每一个引脚的相应属性,如图 6.21 所示。这样就完成了一个运算放大器元器件符号的绘制。

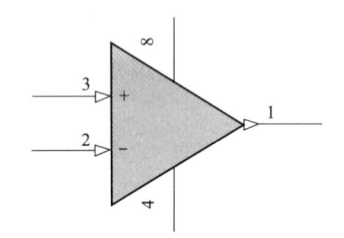

图 6.20 新元器件命名　　　　图 6.21 绘制元器件的第一个子部件

其中,1 引脚为输出引脚"OUT1",2、3 引脚为输入引脚"IN1(-)、IN(+)",8、4 引脚为公共的电源引脚"VCC+、VCC-"。对这两个电源引脚的属性可以设置为"隐藏",这样,执行菜单命令 View(视图)→Show Hidden Pins,可以切换引脚显示或隐藏。

3. 创建元器件的第二个子部件

① 执行 Edit(编辑)→Select(选择)→Inside Area(内部区域)菜单命令,或者单击标准工具栏的区域内选择对象按钮,将图 6.21 中所示的子部件元器件符号选中。

② 单击标准工具栏中的复制按钮,复制选中的子部件原理图符号。

③ 执行 Tool(工具)→New Part(新端口)菜单命令。执行该命令后,在 SCH Library(SCH 库)面板上库元件"LF353"的名称前多了一个 符号,单击 符号打开,可以看到该元器件中有两个子部件,刚才绘制的子部件元器件符号系统已经命名为"Part A",还有一个子部件"Part B"是新创建的。

④ 单击标准工具栏中的粘贴按钮,将复制的子部件原理图符号粘贴到"Part B"中,并改变引脚序号:7 引脚为输出引脚"OUT2",6、5 引脚为输入引脚"IN2(-)、IN2(+)",8、4 引脚仍为公共的电源引脚"VCC+、VCC-",如图 6.22 所示。

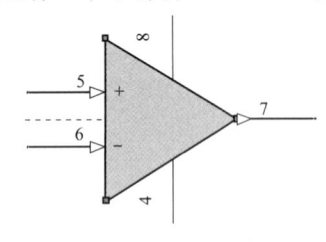

图 6.22 绘制元器件的第二个子部件

这样,一个含有两个子部件的元器件就建立好了。使用同样的方法,可以创建含有多个子部件的元器件。

任务二 数码管封法的制作

任务描述

本项目的任务是制作如图6.23（b）所示的数码管封装，将完成的封装图以数码管为文件名存入练习目录中。

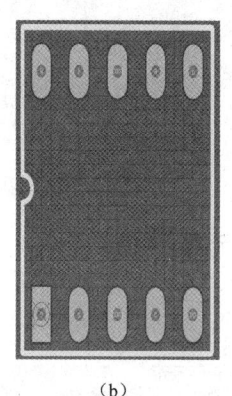

(a)　　(b)

图6.23　数码管实物及其封装图
(a) 数码管实物；(b) 数码管封装图

任务分析

PCB元件库的制作可采用向导或手工绘制，向导工具一般用于制作电阻、电容、双列直插式ID（DIP）等规则元件库，手工绘制主要用于绘制一些不规则元件库。本任务采用向导工具进行制作数码管的封装。

要完成此项任务，需要掌握以下的知识：
（1）PCB封装库的创建。
（2）PCB封装库编辑器的基本使用。
（3）PCB封装库的调用。
（4）焊盘、过孔大小与实物尺寸关系。

操作步骤

⊙ 步骤一：新建PCB封装库文件

执行菜单File→New→Library→PCB Library命令，选择新建PCB封装库文件，进入封装库编辑器，如图6.24所示。

⊙ 步骤二：保存新建PCB封装库文件

单击"保存"工具，将会弹出"保存文件"对话框。要求用户输入新建PCB封装库文件名（默认文件名为PCBLib1.PCBLib）及保存路径，此处将新建PCB封装库命名为数码管.PCBLib，并保存到练习目录下。

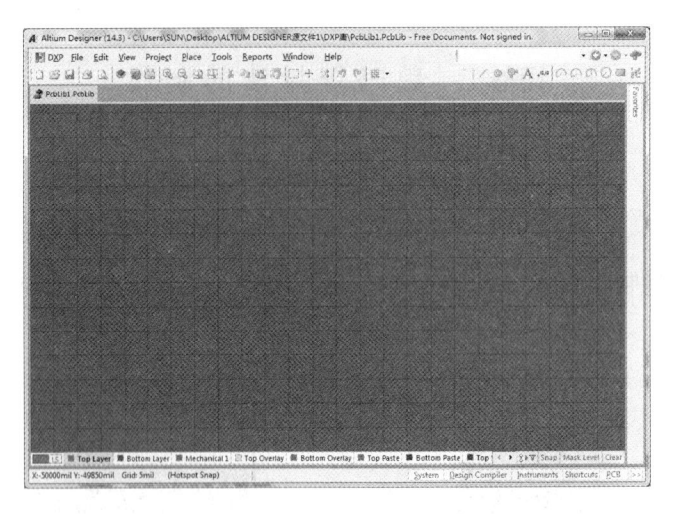

图 6.24 新建一个 PCB 封装库文件

⊙ **步骤三：新建元器件封装**

执行菜单"Tools"→"Component Wizard"命令如图 6.25 所示，启动向导工具，如图 6.26 所示。

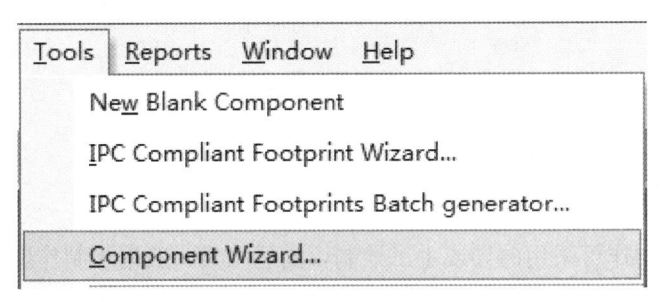

图 6.25 启动向导工具

图 6.26 向导工具

➢ 步骤四：选择元器件模型

单击 Next 按钮，弹出选择元件模型与尺寸单位对话框，如图 6.27 所示。提供可选择的元件模型有电容模型、电阻模型、双列直插式（DIP）模型。由于数码管形状类似 DIP，因此选择"dual in-line package"（DIP）；元件尺寸单位选择英制单位。

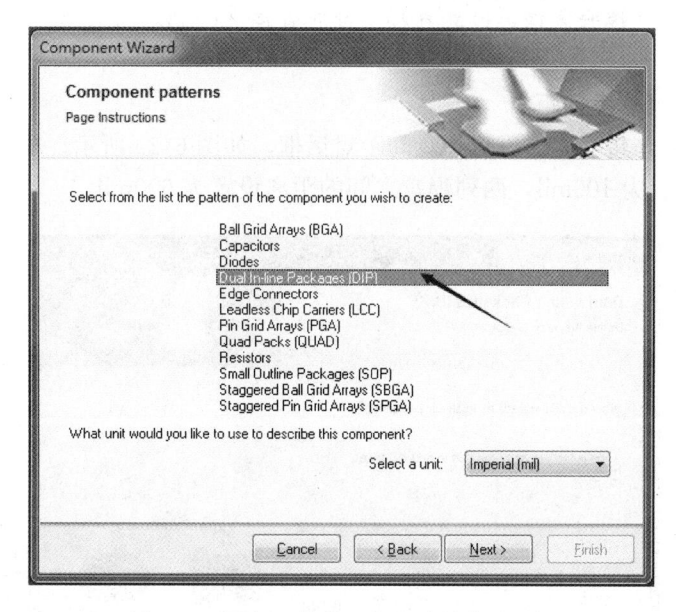

图 6.27 选择元件模型与尺寸单位对话框

➢ 步骤五：设置过孔、焊盘直径

单击 Next 按钮，弹出设置过孔与焊盘直径对话框，如图 6.28 所示。这里过孔直径设置为 25mil，焊盘直径设置为 50mil。

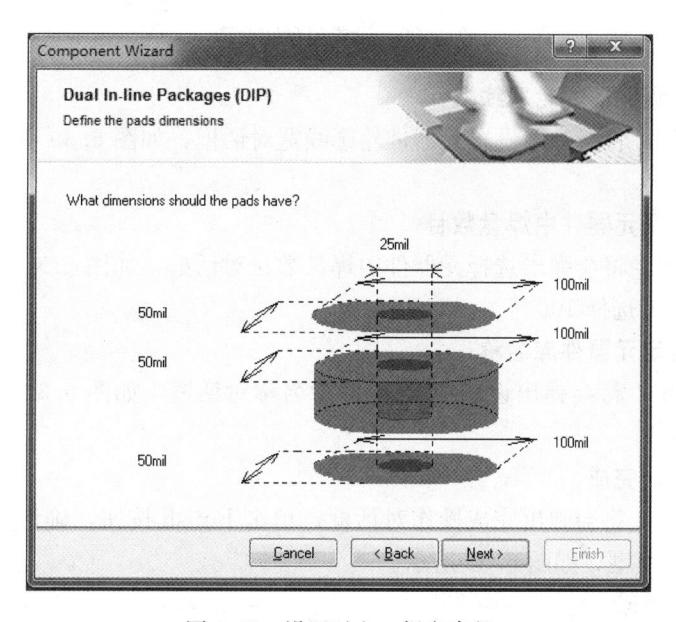

图 6.28 设置过空、焊盘直径

> **提示**
>
> 根据经验,焊盘直径、过孔直径与实物引脚直径一般遵循以下规则。
>
> 过孔直径＝实物引脚直径＋(5mil～10mil)
>
> 焊盘直径＝过孔直径＋过孔直径×(20%～40%)

步骤六:设置焊盘间距离

单击 Next 按钮,将会弹出设置焊盘间距对话框,如图 6.29 所示。根据要求这里同一列焊盘之间的距离设置为 100mil,两列焊盘之间的距离设置为 600mil。

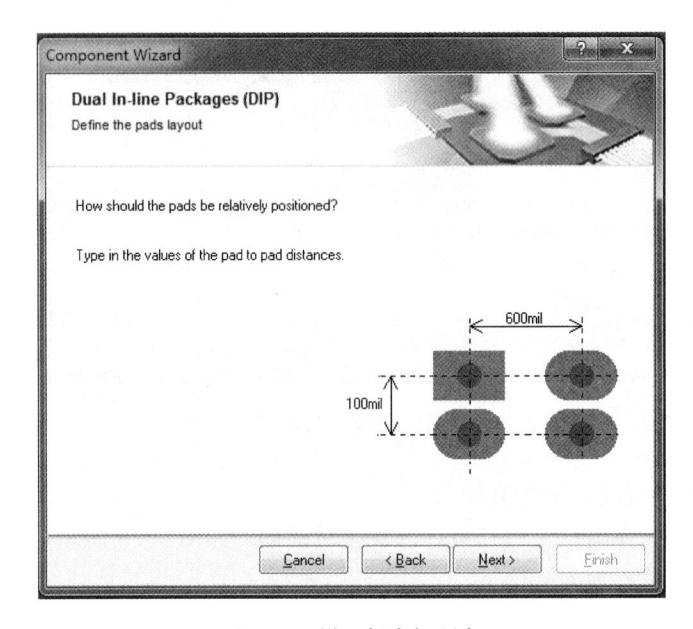

图 6.29 设置焊盘间距离

步骤七:设置元器件轮廓线宽

单击 Next 按钮,将会弹出设置元器件轮廓线宽对话框,如图 6.30 所示,这里采用默认设置。

步骤八:选择元器件中焊盘数目

单击 Next 按钮,将会弹出选择元器件中焊盘数目对话框,如图 6.31 所示。数码管共有 10 只引脚,因此此处选择 10。

步骤九:设定元器件库名称

单击 Next 按钮,将会弹出设定 PCB 元件库名称对话框,如图 6.32 所示。根据要求在名称栏输入 SMG10。

步骤十:确认完成

单击 Next 按钮,将会弹出完成操作对话框,单击 Finish 按钮,确认完成所有操作。完成后的 PCB 元件库模型,如图 6.33 所示。

步骤十一:旋转

图 6.33 中元件引脚方向与数码管不同,需要整体旋转 90°。

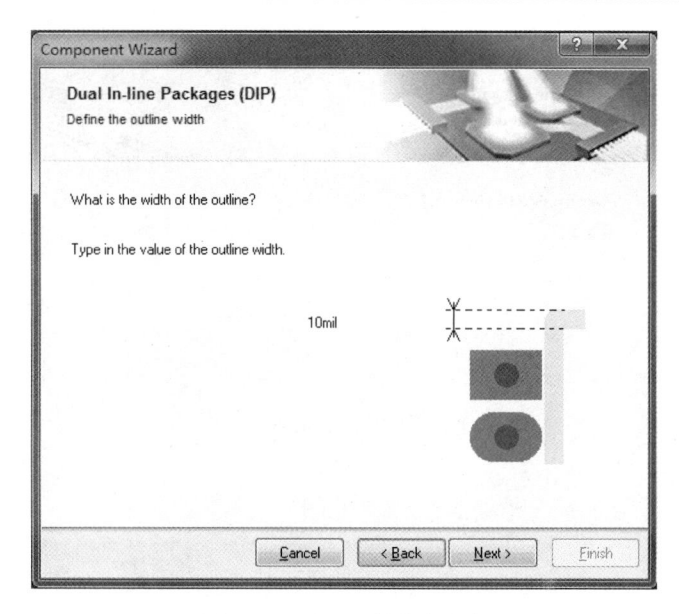

项目六　Altium Designer 2014 元器件及其封装的制作

图 6.30　设置元件轮廓线宽

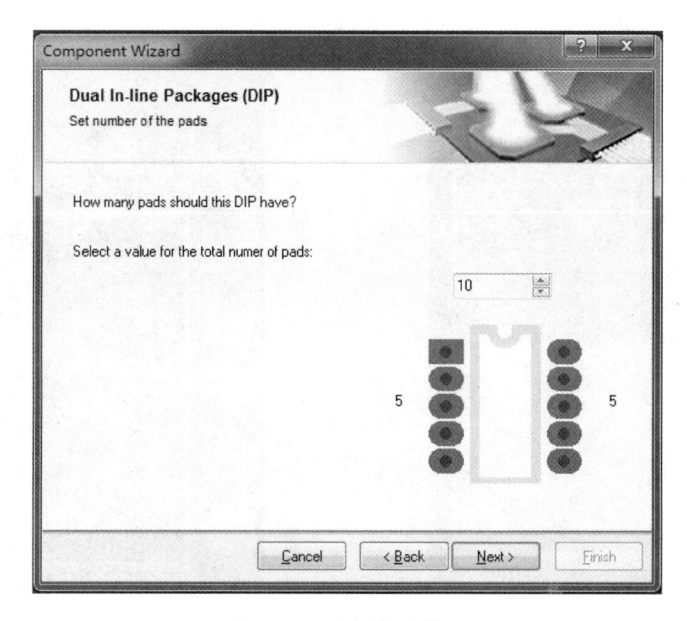

图 6.31　选择焊盘数目

1. 选择整个 PCB 元件库图形

单击主工具栏中的选择工具按钮，将光标移到元件库图形的左上角，单击鼠标左键，再移动光标到元件库图形的右下角，单击鼠标左键，使整个图形处于选中状态，如图 6.34 所示。

2. 执行旋转命令

执行菜单 Edit→Move→Rotation Selection 命令，系统将会弹出旋转角度对话框，如图 6.35 所示。在旋转角度窗口中输入 90°，并单击 OK 按钮，将图形旋转 90°，如图 6.36 所示。

图 6.32 设定元件库名称

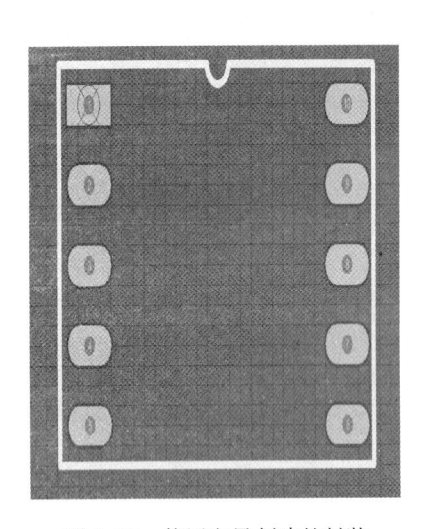

图 6.33 使用向导创建的封装

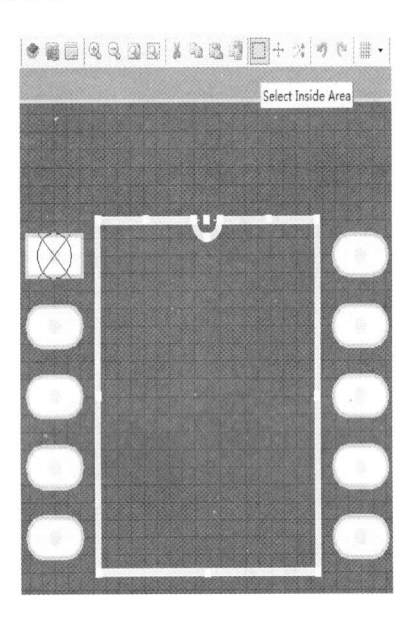

图 6.34 选中整个图形

图 6.35 输入旋转角度

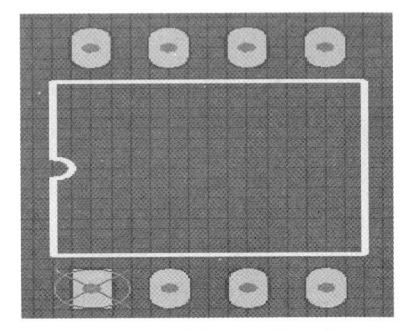

图 6.36 旋转后的数码管

步骤十二：修改引脚焊盘名称

根据数码管引脚及排列规则，依次将鼠标移动到图 6.36 中的焊盘上，双击鼠标左键，进入设置焊盘属性对话框（见图 6.37），逐一修改焊盘名称为 1-e，2-d，3-com，4-c，5-dp，6-b，7-a，8-com，9-f，10-g。

图 6.37　修改焊盘名称

步骤十三：修改外廓线

向导获得的外廓线与图 6.23（b）所示的数码管外廓线不同，应先删除现有轮廓线，然后利用直线和圆弧工具重新绘制轮廓线。

> **提示**
> 利用画线工具绘制数码管轮廓线时，必须将导线设置成 top overlay（表面覆盖层），即默认颜色为黄色。

步骤十四：保存

执行菜单 File→Save 命令或保存按钮，即可保存制作完成的数码管的封装。

相关知识

一、PCB 元件库编辑器

打开或新建 PCB 元件库，即可进入 PCB 元件库编辑器界面，整个界面由主菜单、主工具栏、配线工具栏、工具面板和工作窗口组成。

1. 菜单栏

元件库菜单栏如图 6.38 所示。通过操作菜单栏，可以完成绘制原理图元件库操作。

图 6.38　PCB 元件库主菜单

DXP：主要用于设置优先参数等。
File（文件）：主要用于各种文件操作，包括新建、打开、保存等功能。
Edit（编辑）：主要用于完成各种编辑操作，包括撤销、复制、粘贴等功能。
View（查看）：主要用于放大与缩小工作窗口、打开与关闭工具栏等。
Project（项目管理）：用于项目的保存、关闭等操作。
Place（放置）：用于放置焊盘、过孔、字符串、直线、圆弧、圆、填充、覆铜等。
Tools（工具）：用于新建、删除 PCB 元件库，以及修改元件库属性等。
Reports（报告）：用于产生 PCB 元件报表，提供测量功能。
Windows（视窗）：改变窗口的显示方式，切换窗口。
Help（帮助）：提供帮助功能。

2. 主工具栏与配线工具

（1）主工具栏

主工具栏包括新建、打开、保存、打印、放大、缩小等常用工具，如图 6.39 所示。

图 6.39　主工具栏

（2）配线工具栏

配线工具主要于绘制 PCB 封装模型、放置焊盘与过孔，如图 6.40 所示。配线工具栏按钮和功能见表 6.3。

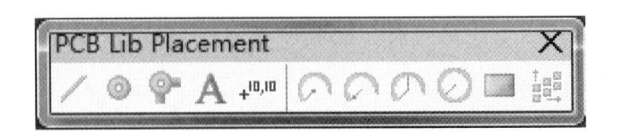

图 6.40　配线工具栏

表 6.3　　　　　　　　　　配线工具栏按钮和功能

按钮	功能	按钮	功能	按钮	功能
╱	绘制直线	◎	放置焊盘	⌬	放置过孔
A	放置字符	+¹⁰,¹⁰	放置坐标	⌒⌒	放置圆弧
⊘	放置圆	▀	放置矩形填充	⊞	粘贴阵列

3. 工作面板

进入 PCB 元器件库编辑器后,单击工作面板标签栏 PCB 中的"PCB Library,即可显示 PCB 元器件库工作面板,如图 6.41 所示。

工作面板包括筛选栏、元件栏、焊盘栏、预览区 4 部分。

1. 筛选栏

筛选栏主要用于过滤元件库中的元件,达到筛选元件目的。操作方法是在屏蔽栏中输入字符,按 Enter 键即可。

2. 元件栏

双击元件栏中的元件名称,可修改元件名称、描述等参数,如图 6.42 所示。

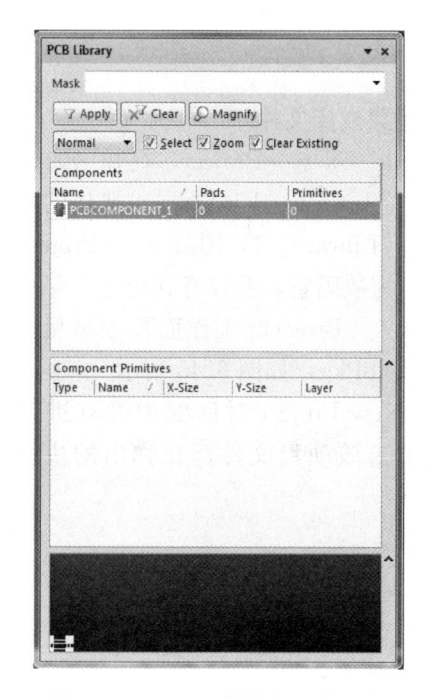

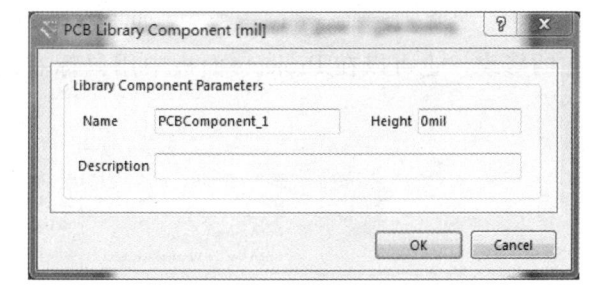

图 6.41　PCB 元器件库工作面板

图 6.42　库元件参数

3. 焊盘栏

双击元件栏中的焊盘,对焊盘参数进行编辑。

4. 预览区

预览整个 PCB 元件库。

拓展训练　数码管集成元件库的创建

任务描述

本拓展训练的任务是创建数码管集成元件库,即将绘制完成后的数码管加载到库面板中,如图 6.43 所示。

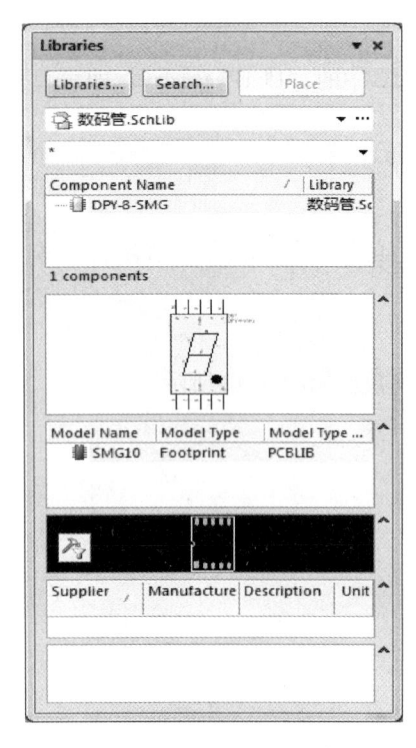

图 6.43　数码管集成元件库在库面板中的显示

任务分析

首先要保证绘制完成的原理图元件库文件和 PCB 元件库文件已追加到创建的集成库文件中，其次在原理图元件库编辑器中打开 SCH Library 工作面板在 Model 区域进行元器件封装的加载或者通过 Model Managerg 工具按钮进行封装的加载，最后对创建的集成库文件进行编译。

操作步骤

⊙ 步骤一：新建集成库文件

执行菜单命令 File→New→Project，在弹出的 New Project 对话框中选择 Integrated Library，默认的项目文件名为 Integrated_Library_1，通过 New Project 对话框修改项目文件名为数码管，并保存在练习目录中如图 6.44 所示。这样，在 Projects 工作面板中项目文件名称将变为数码管.LibPkg，如图 6.45 所示。

如果在弹出的 New Project 对话框中没有进行项目名称的修改，也可以在 Projects 面板中用鼠标右键单击该项目文件，在弹出的快捷菜

（a）

图 6.44　新建集成库项目文件的过程（一）

(b)

图 6.44　新建集成库项目文件的过程（二）
(a) 新建项目文件的菜单；(b) 新建集成库文件

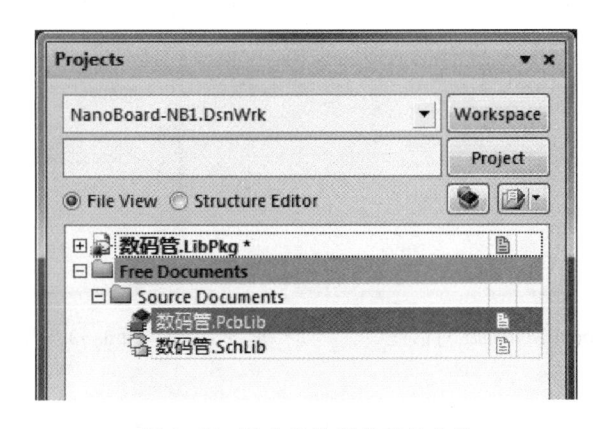

图 6.45　修改名称后的项目文件

单中选择 Save Project As 命令，系统将弹出项目文件另存为对话框，可在对话框中重新确定保存路径和输入项目文件名称，单击"保存"按钮即可。

此时新建的数码管集成库文件没有任何源库文件或者模型文件加入，不能使用工作窗口，如图 6.46 所示。可以在 Project 面板中选中已经创建好的数码管.PcbLib 和数码管.SchLib 的两个文件并分别拖到数码管.LibPkg 集成库文件下，如图 6.47 所示。

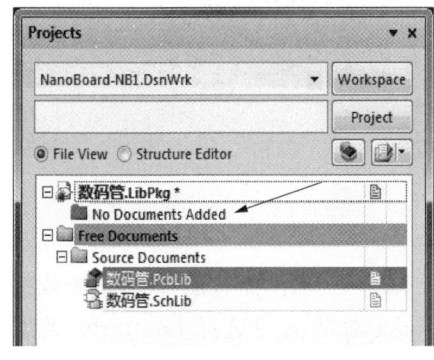

图 6.46　未追加文件的 Project 面板 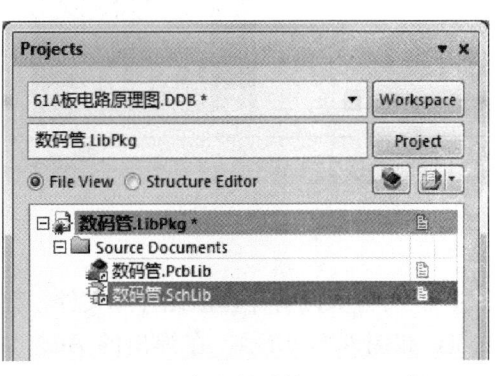　　图 6.47　追加文件后的 Project 面板

⇒ 步骤二：加载封装

下面介绍两种加载封装的方法。

方法 1：单击 Utilitlties 工具 Model Manager 按钮 弹出 Model Manager 对话框如图 6.48 所示。单击 Add Footprint 按钮，弹出 PCB Model 对话框如图 6.49 所示。单击上部 Footpirnt Model 区域 Name 后的 Browse 按钮，弹出如图 6.50 所示 Browse Library 对话框，可以看到已经加入项目中的 PCB 封装库文件数码管.Pcblib。选择 SMG10，单击 OK 按钮返回 PCB Model 对话框如图 6.51 所示，可以看到封装模型区域中名称变为 SMG10。再单击 OK 返回 Model Manager 对话框如图 6.52 所示，即完成元器件封装的加载。

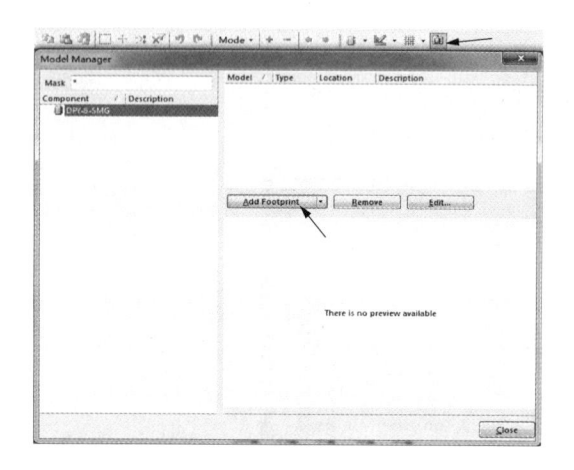

图 6.48　Model Manager 对话框

图 6.49　PCB Model 对话框

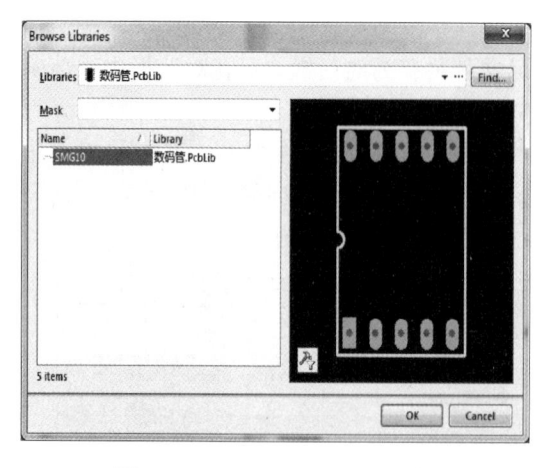

图 6.50　Browse Library 对话框

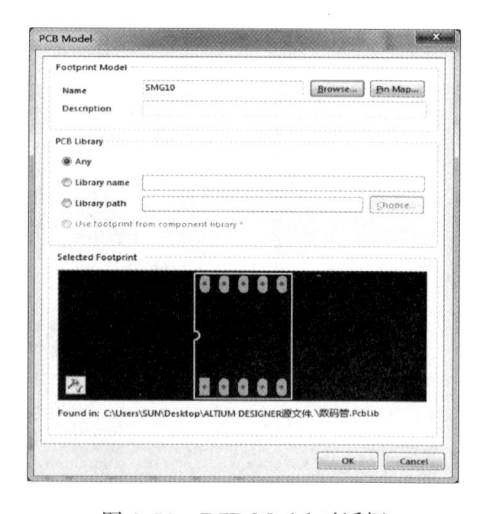

图 6.51　PCB Model 对话框

方法 2：打开数码管原理图元件库文件，在 SCH Library 工作面板的 Model 区域中单击 Add 按钮，如图 6.53 所示，在弹出的 Add New Model 对话框中选择 Footpirnt 类型，如图 6.54 所示，单击 OK 按钮后弹出 PCB Model 对话框，如图 6.55 所示。

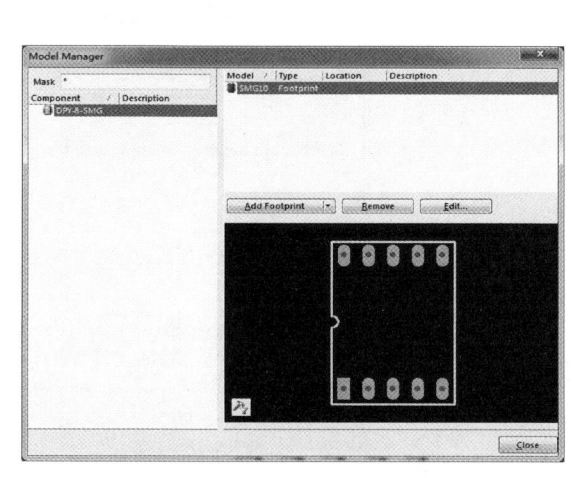

图 6.52　Model Manager 对话框 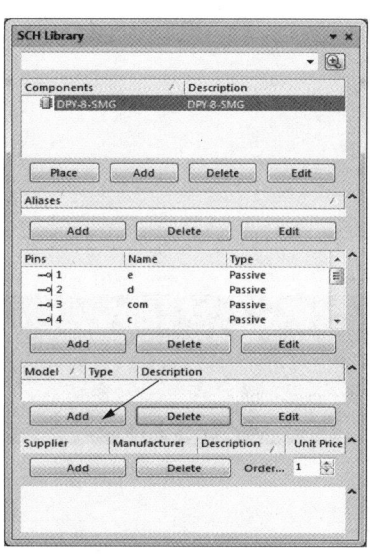　　　　图 6.53　SCH Library 工作面板

单击图 6.55 所示的上部 Footprint Model 区域 Name 后的 Browse 按钮，弹出如图 6.56 所示的 Browse Library 对话框，可以看到已经加入项目中的 PCB 封装库文件数码管.PcbLib。选择 SMG10，单击 OK 按钮返回 PCB Model 对话框，可以看到封装模型区域中名称变为 SMG10，如图 6.57 所示。再单击 OK 按钮完成操作。同时在 SCH Library 工作面板的 Model 区域中会看到加载的封装 SMG10，如图 6.58 所示。

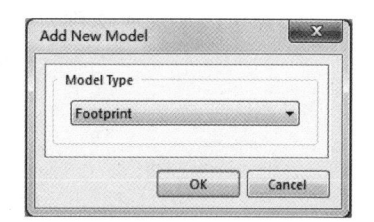

图 6.54　Add New Model 对话框

图 6.55　PCB Model 对话框 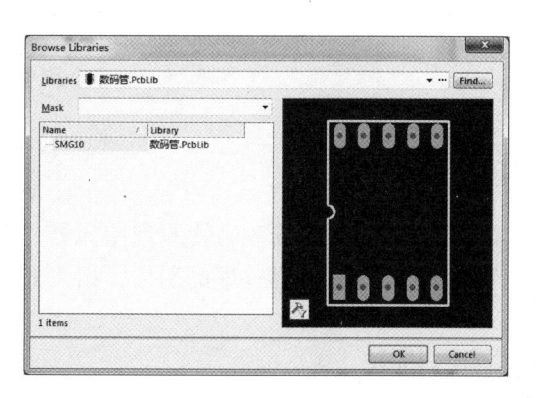　　　　图 6.56　Browse Library 对话框

图 6.57　加载封装后的 PCB Model 对话框 　　　图 6.58　加载的封装在 Model 区域的显示

⊖ 步骤三：集成库文件编译

执行 Project 菜单下的 "Compile Integrated Library 数码管.LibPkg" 命令，如图 6.59 所示，编译生成集成库文件，并自动安装成为当前库文件，如图 6.43 所示。

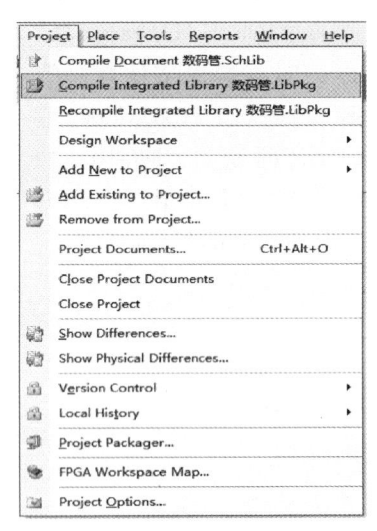

图 6.59　Project 菜单下的编译集成库命令

项目小结

本项目任务通过完成数码管原理图元器件库和 PCB 元器件库的制作，来学习原理图元器件库的制作、PCB 元器件库的制作、相关工具的使用，以及制作的注意事项。

课后训练

1. 制作如图 6.60～图 6.64 所示的元器件及封装，将完成的元器件及封装以 D 触发器、数码管、89C51 芯片、USB 微控制器芯片、电感为文件名存入练习目录中。

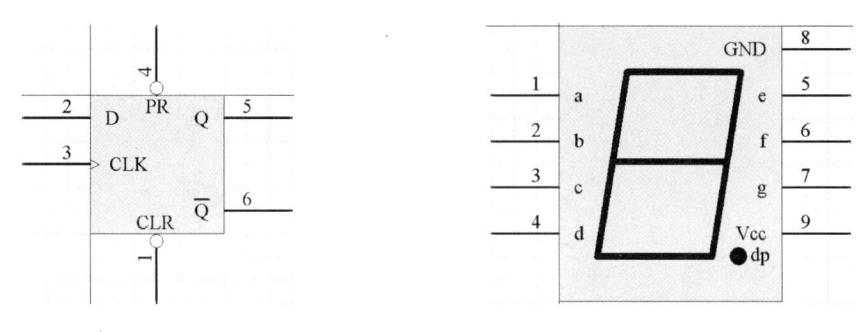

图 6.60　D 触发器

图 6.61　数码管

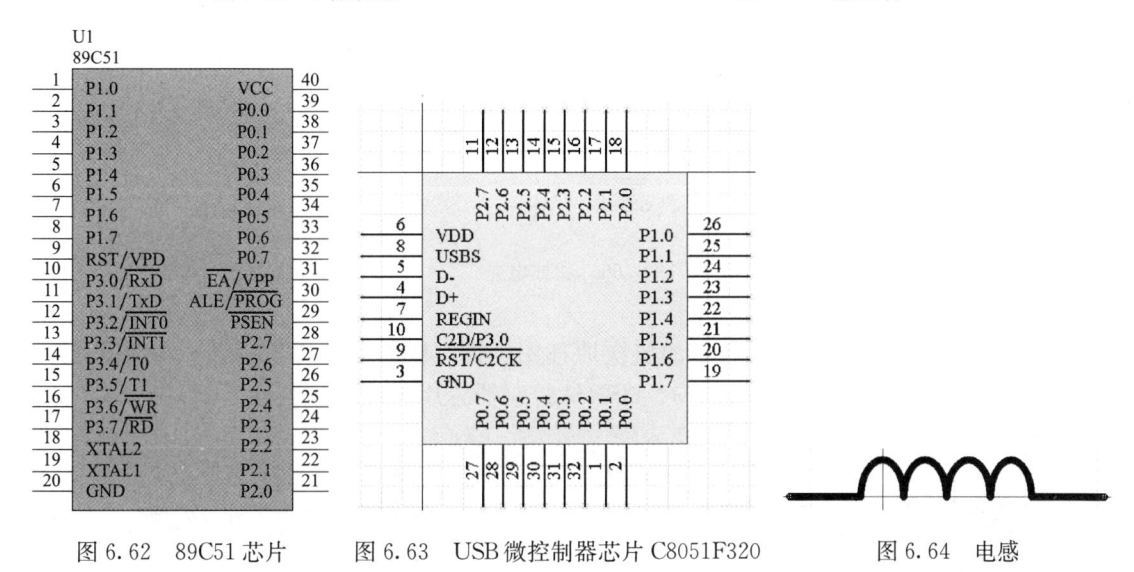

图 6.62　89C51 芯片

图 6.63　USB 微控制器芯片 C8051F320

图 6.64　电感

2. 绘制如图 6.65 所示的电路，将完成的原理图和 PCB 图以秒信号发生电路为文件名存入练习目录中。

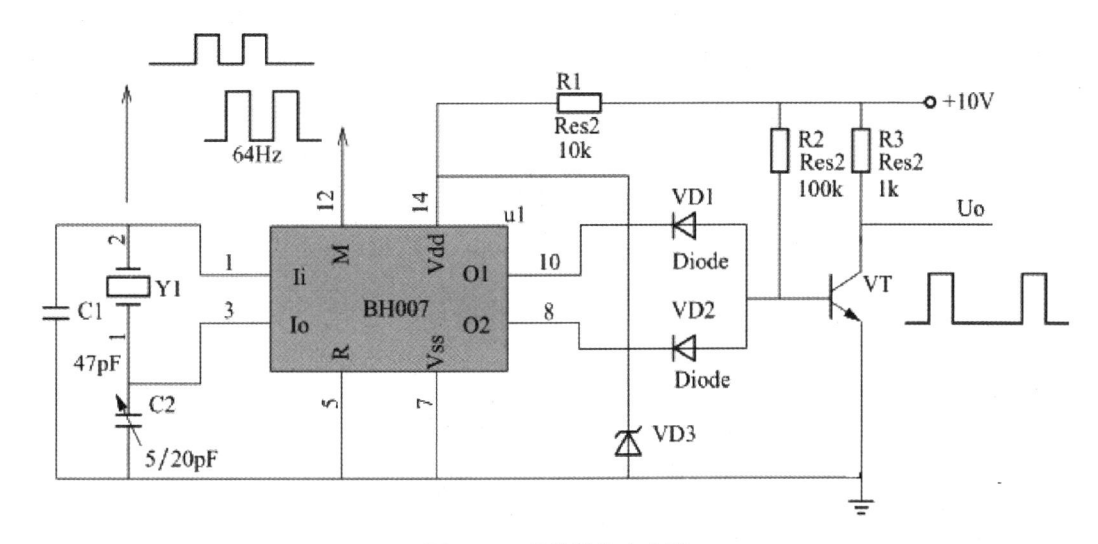

图 6.65　秒信号发生电路

3. 绘制如图 6.66 所示的电路，将完成的原理图和 PCB 图以功放电路为文件名存入练习目录中。

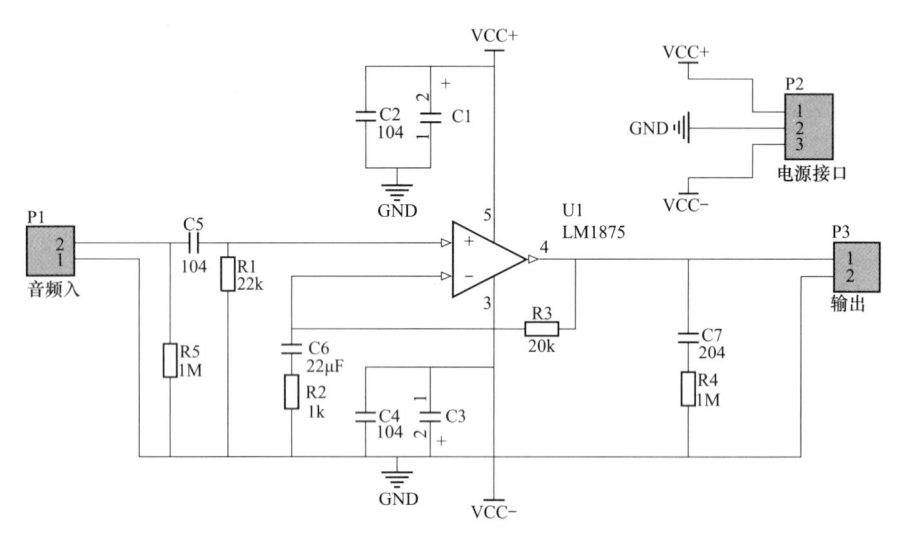

图 6.66　功放电路

4. 绘制如图 6.67～图 6.71 所示的层次原理图，将完成的元器件及封装以数据采集系统、Cpu、Sensor1、Sensor2、Sensor3、USB 微控制器芯片为文件名存入练习目录中。

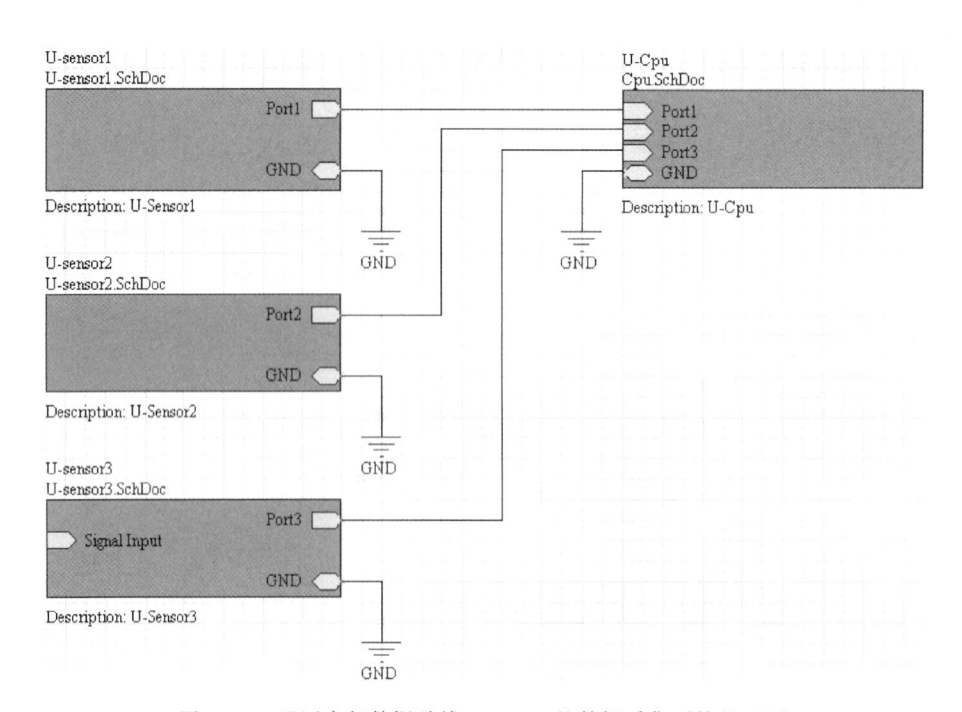

图 6.67　通用串行数据总线（USB）的数据采集系统的母图

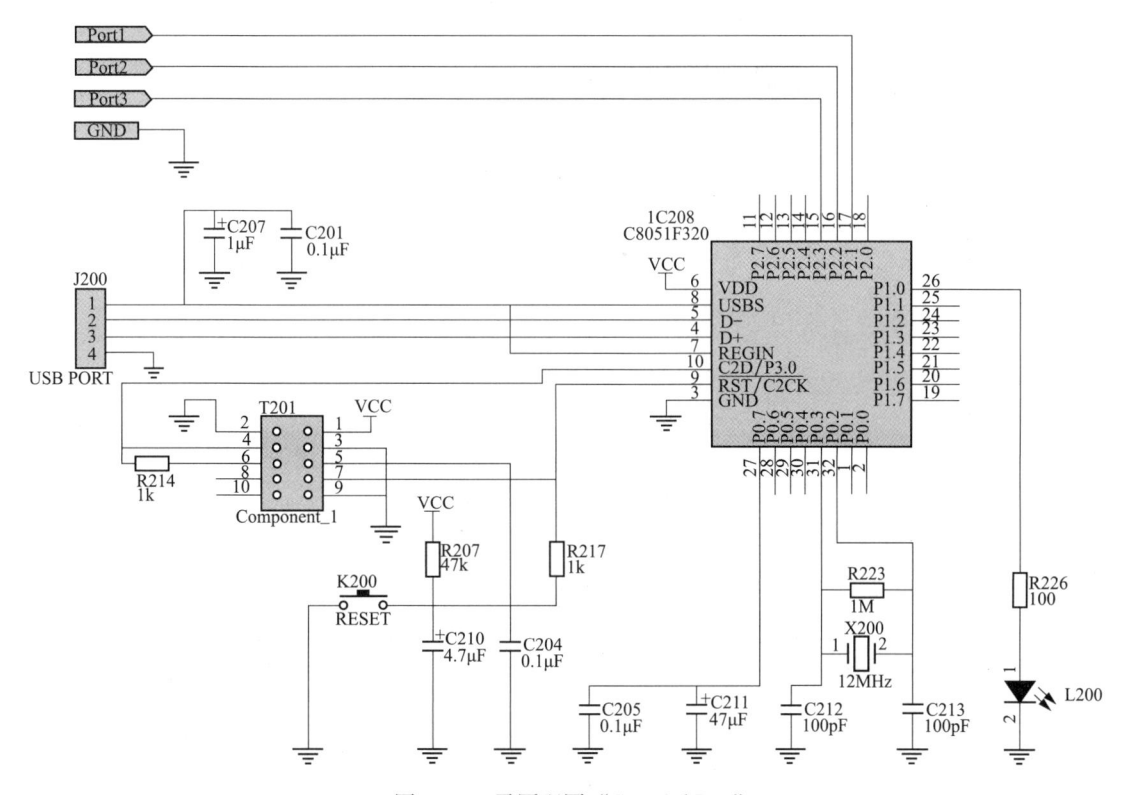

图6.68 子原理图"Cpu.SchDoc"

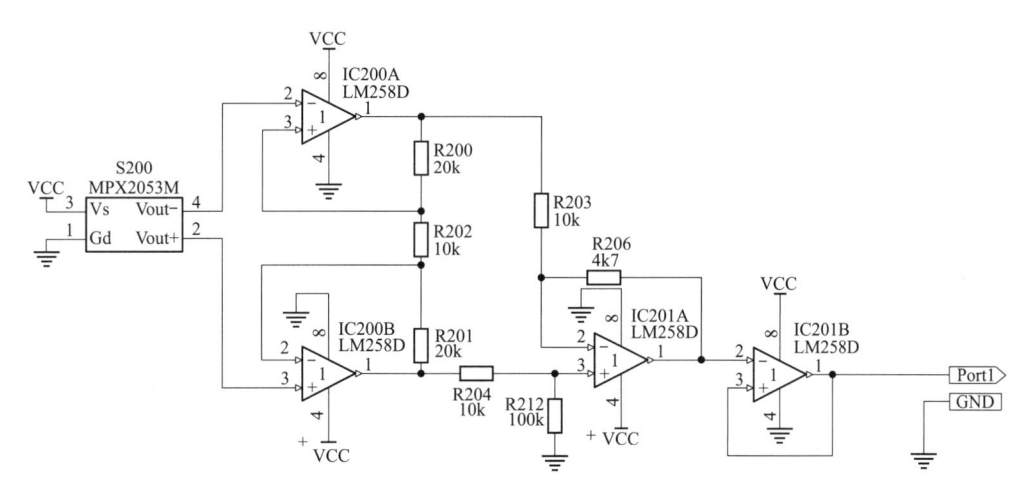

图6.69 子原理图"Sensor1.SchDoc"

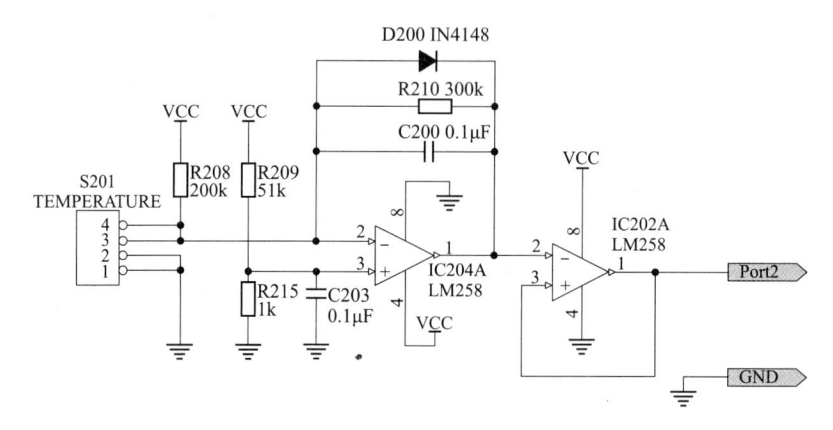

图 6.70 子原理图 "Sensor2.SchDoc"

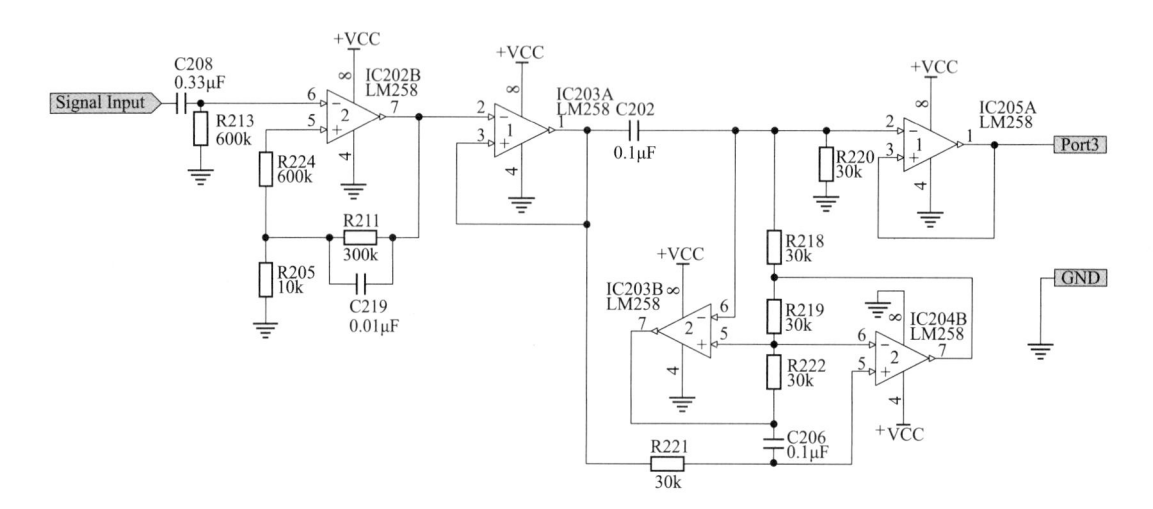

图 6.71 子原理图 "Sensor3.SchDoc"

参 考 文 献

[1] 陈冠玲. 电气 CAD [M]. 3 版. 北京：高等教育出版社，2014.
[2] 艾克木·尼牙孜，葛跃田. 电气制图技能训练 [M]. 北京：电子工业出版社，2010.
[3] 丁绪东. AutoCAD 2015 实用教程 [M]. 北京：中国电力出版社，2014.
[4] 欧阳波仪. AutoCAD 2009 中文版机械设计项目教程 [M]. 北京：北京航空航天大学出版社，2012.
[5] 夏江华. Protel DXP 电路设计与制板 [M]. 2 版. 北京：北京航空航天大学出版社，2012.
[6] 杨旭方. Protel DXP 2004 SP2 应用技术与技能实训 [M]. 修订版. 北京：电子工业出版社，2012.
[7] 王正勇. Protel DXP 实用教程 [M]. 2 版. 北京：高等教育出版社，2014.
[8] 李俊婷. 计算机辅助电路设计与 Protel DXP 2004 SP2 [M]. 2 版. 北京：高等教育出版社，2014.
[9] 王静，刘亭亭. Altium Designer 2013 案例教程. 北京：中国水利水电出版社. 2014.